天然气脱汞技术

Mercury Removal Technology of Natural Gas

汤 林 李 剑 班兴安 严启团 等 著

科 学 出 版 社

北 京

内 容 简 介

本书主要内容包括天然气中汞的危害性及汞的成因与分布，含汞天然气、凝析油、气田采出水和气田污泥中汞的检测技术及脱除工艺技术，天然气生产过程中汞危害防护措施及管理制度。

本书可供含汞天然气勘探生产工作者及石油院校相关专业师生参考，特别是为含汞天然气处理工艺设计及天然气处理厂生产作业人员提供理论指导。

审图号：GS(2021)7068号

图书在版编目(CIP)数据

天然气脱汞技术 = Mercury Removal Technology of Natural Gas / 汤林等著. —北京：科学出版社，2021.11

ISBN 978-7-03-065779-4

Ⅰ. ①天… Ⅱ. ①汤… Ⅲ. ①天然气-汞-气液分离-研究 Ⅳ. ①TE645

中国版本图书馆CIP数据核字(2020)第145124号

责任编辑：万群霞 / 责任校对：王萌萌
责任印制：师艳茹 / 封面设计：蓝正设计

科学出版社 出版
北京东黄城根北街16号
邮政编码：100717
http://www.sciencep.com
北京九天鸿程印刷有限责任公司 印刷
科学出版社发行 各地新华书店经销
*
2021年11月第 一 版 开本：787×1092 1/16
2021年11月第一次印刷 印张：17 3/4
字数：418 000

定价：248.00元

(如有印装质量问题，我社负责调换)

序　一

汞不仅具有毒性还具有腐蚀性，天然气中汞的存在给油气田生产带来潜在的环境污染和生产安全隐患。因此，必须对高含汞气田进行脱汞处理，以降低气田发生汞污染危害的风险。

天然气中汞的成因与含煤地层有关，煤成气比油型气汞含量高，这是因为腐殖型母质对汞有强的吸聚能力，而腐泥型生气母质对汞的吸聚能力低。我国的煤成气分布广且储量大，煤成气产量占全国天然气总产量近 70%，因此，中国高含汞气田多。中国石油天然气气质团队通过十余年的攻关研究，形成了一整套高含汞气田全流程、全环节汞污染控制技术，对中国石油发现的高含汞气田天然气生产实施了脱汞处理，实现了天然气汞含量达标外输，消除了天然气中汞的潜在危害，有效地保障了天然气生产作业安全和工作人员健康，以及天然气下游千家万户用气的健康安全。

《天然气脱汞技术》是中国石油天然气气质项目团队多年研究成果的总结，系统地论述了天然气中汞的相关理论知识及天然气脱汞工程实践，包括汞的成因及贫富分布规律，汞的检测技术，含汞天然气、凝析油、气田采出水及污泥脱汞技术理论体系及工程实践，最后提出了汞污染防治措施，为气田脱汞及汞污染防治工作者提供了很好的借鉴。

该书是一部理论和技术相融，研究和创新相依，防患和安全相扣的有关天然气脱汞的重要专著。汤林、李剑、班兴安和严启团等著者是学识渊博，有新思维、新技术和新方法的研究人员。贵专著出版是可喜可贺的，值得读者一阅，并可受益匪浅。

中国科学院院士

戴金星

2021 年 10 月

序　二

高含汞是我国大部分气田的重要特征之一。汞的毒性很大，危及工作人员和用气居民的身体健康，对设备也有很强的腐蚀性，严重时会发生爆炸。因此，必须对高含汞气田天然气进行脱汞处理。

中国石油天然气气质项目团队通过十多年的攻关研究，研发形成了一整套高含汞气田全流程、全环节汞污染控制技术。对中国石油发现的高含汞气田天然气生产实施脱汞处理，实现了天然气汞含量达标外输，消除了天然气中汞的潜在危害，有效保障了天然气生产作业安全和工作人员健康，以及天然气下游千家万户用气的健康安全。

中国石油天然气气质项目团队将十多年攻关形成的理论、方法、技术及实践进行了系统总结，形成了《天然气脱汞技术》一书。该书论述了天然气中汞的相关理论知识、天然气脱汞工艺技术及工程应用实例，包括汞的成因及分布规律，汞的检测技术，含汞天然气、凝析油、气田采出水及污泥脱汞技术理论体系、工艺技术及工程应用实例。

该书是中国石油天然气气质项目团队多年研究成果的总结，其出版将为我国气田脱汞及汞污染防治工作提供很好的借鉴，为保障我国天然气绿色发展做出应有的贡献。

中国工程院院士

胡文瑞

2021 年 9 月

前　言

含汞天然气在集输、处理及输送过程中会产生一系列危害，主要体现在可能腐蚀设备，引发安全事故；可能造成作业人员汞中毒；可能污染水体、土壤及大气。为了消除汞的危害，保障天然气生产安全和作业人员健康，保护环境，必须对高含汞气田采取应对措施，实施含汞天然气脱汞工程。

2005 年，中国石油天然气股份有限公司(简称中国石油)在天然气生产中发现汞的危害后，组织专家团队进行了国内外技术考察；成立了气质检测中心，研发了汞含量快速检测技术，对中国石油所有天然气产区进行了汞含量普查，发现了多个高含汞气田；组织了由研究院、油田、高校和社会力量组成的专项攻关团队，产学研相结合，进行高含汞气田汞污染控制技术攻关研究。在多家单位共同努力下，经过 10 多年的联合攻关和技术应用，针对天然气开发生产中气、水、污泥建立了全流程、全环节脱汞系列技术，解决了中国石油高含汞气田生产过程中汞的污染问题，取得了一系列创新成果。目前，对所有高含汞气田安装了天然气脱汞装置，实现了天然气产品汞含量达标外输，保护了生产作业人员健康及生产设备安全，保障了千家万户安全使用天然气免受汞的污染危害，践行了绿色环保的发展理念，实现了天然气的绿色环保利用。

本书以天然气脱汞技术为主线，全面论述了有关天然气脱汞相关理论、技术及其工程实例。第 1 章论述了天然气中汞及汞化合物的性质、汞的地质成因及分布、天然气集输过程中汞的分布等相关知识，指导天然气脱汞；第 2 章论述了天然气及其分离物凝析油、气田采出水及含汞污泥等气田介质中总汞及汞形态的检测技术原理、仪器及方法；第 3 章论述了气田介质脱汞过程中不同类型脱汞剂性能特征，并重点论述了不可再生脱汞剂的评价方法；第 4 章论述了含汞天然气脱汞工艺技术及工程应用，可再生、不可再生两类脱汞剂与湿气、干气的脱汞新技术；第 5 章论述了含汞气田采出水脱汞处理技术，适合气田水的高效脱汞剂和含汞气田水一体化处理技术，达到了气田水回注要求及外排指标；第 6 章论述了含汞凝析油脱汞处理工艺技术原理及方法；第 7 章论述了含汞气田污泥的脱汞处理技术和含汞污泥无害化处置工艺技术；第 8 章论述了汞污染容器清洗技术，汞污染容器密闭式高温蒸气循环除汞技术，对于不宜高温清洗的容器，采用化学清洗除汞方法；第 9 章论述了天然气生产过程中汞防护措施与管理制度。

本书由汤林、李剑、班兴安、严启团组织撰写并统稿、定稿；其中，前言由汤林撰写，第 1 章由李剑、严启团、韩中喜、王淑英撰写，第 2 章由严启团、李剑、韩中喜、王淑英、葛守国撰写，第 3 章由李剑、严启团、陈彰兵、蒋洪、韩中喜、王用良、李森撰写；第 4 章由汤林、班兴安、陈彰兵、王用良、荣少杰、韩中喜、吴昊、徐建军、吴国华、刘恩国撰写；第 5 章由班兴安、蒋洪、赵琼、杨萍萍、李森、严启团、吴浩、杨洋、谢亮、韩中喜撰写；第 6 章由汤林、蒋余巍、蒋洪、汤晓勇、李剑、苗新康、陈亚兵、崔兰德、文韵豪撰写；第 7 章由班兴安、蒋洪、熊新强、李剑、严启团、李森、邹应勇撰写；第8章由严启团、赵建彬、张锋、卢庆庆、刘明璐、赵晓东、浦硕、李虎、东静波、张洪杰撰写；第9章由汤林、蒋余巍、班兴安、陈亚兵、崔兰德、李斌、吉万成、王玉柱撰写。

感谢中国石油勘探与生产分公司、勘探开发研究院、塔里木油田分公司、新疆油田分公司、大庆油田分公司、吉林油田分公司、青海油田分公司，以及西南石油大学及贵州美瑞特环保科技有限公司等作者单位领导对本书相关项目的大力支持。感谢戴金星院士、胡文瑞院士、龙庆晏教授、孟宪杰教授、李景明教授对本书相关研究项目的指导与帮助，感谢李东旭、汤达祯、杨少平、张庆男、田闻年、黄恒等同志在本书出版过程中做了大量的审阅、校对等工作。

本书主要以十多年来天然气脱汞技术系列研究成果为基础，总结了中国石油天然气气质项目团队的研究成果，描述了研究成果的工业化推广应用情况或前景。由于国内天然气脱汞相关技术处于快速发展阶段，脱汞技术理论与实践在不断创新中，书中疏漏之处敬请各位读者批评、指正！

汤　林

2020年11月

目　录

第1章 天然气中汞的成因及分布

汞是一种常见的有害重金属元素，气藏中汞的存在给天然气生产带来潜在安全隐患。汞在气藏中的主要存在形式为气态单质汞，在天然气开采、集输、净化及管输过程中，单质汞会发生相态或价态的变化。部分气态汞析出变成液态汞，沉积在生产容器底部或进入凝析油、气田采出水、气田污泥中；部分汞吸附在生产材质的表面，对仪器仪表或生产设备造成汞腐蚀，甚至酿成生产事故。当天然气中单质汞相态发生变化进入不同介质后，汞形态也会发生变化，单质汞可转变为无机汞或有机汞。天然气中汞的成因与天然气成藏背景相关，高含汞天然气一般为热演化程度高、埋藏深度大的煤成气。本章以天然气中汞的性质为主线介绍汞的有关基础知识、汞在气田介质中的存在形态及危害、天然气中汞的成因及生产过程中汞的分布。

1.1 汞及汞化合物的性质

在天然气开发生产过程中，不同形态的汞表现出的物理化学性质不同。在汞的脱除及危害预防时需要掌握汞的形态特征及其危害机理。

1.1.1 汞形态的分类

依据汞赋存介质的不同和研究目的不同，汞形态的分类有多种方法。依据天然气生产过程中脱汞需求，汞的形态可以按照化学形态、物理相态、溶解性及吸附性等几种方法分类(图 1.1)。

通常采用化学形态分类方法表征气田不同介质(天然气、气田采出水、凝析油及含汞气田污泥)中汞的特征，即分为单质汞、无机汞化合物(简称无机汞)及有机汞化合物(简称有机汞)。但是在气田不同介质脱汞机理及应用研究中，依据需要可按照其他分类方法表征汞特征。在天然气低温处理过程中，不同的温度下汞表现出气、液、固三种物理相态，因此可按照汞的物理相态进行分类，即分为气态汞、液态汞和固态汞；气田采出水、凝析油中汞赋存形态可按溶解性分为溶解态和难溶态，实际检测时水样通过 0.45μm(凝析油通过 0.22μm)微孔滤膜过滤，滤液中的汞称为溶解态汞，固相滤渣中的汞称为难溶态汞，也称悬浮态汞；根据汞在材质表面的吸附特征，可将其分为物理吸附态和化学吸附态等。

1.1.2 单质汞的性质

1. 单质汞的物理性质

1)单质汞的特征参数

单质汞是自然界中唯一能在常温下呈液态且易流动的金属，常用于冶金、化工及医学等领域。单质汞的特征参数如表 1.1 所示。汞原子的直径为 3.006×10^{-10}m，比烃类气体中直径最小的甲烷分子(3.8×10^{-10}m)还要小，且小于水分子的直径(4×10^{-10}m)。

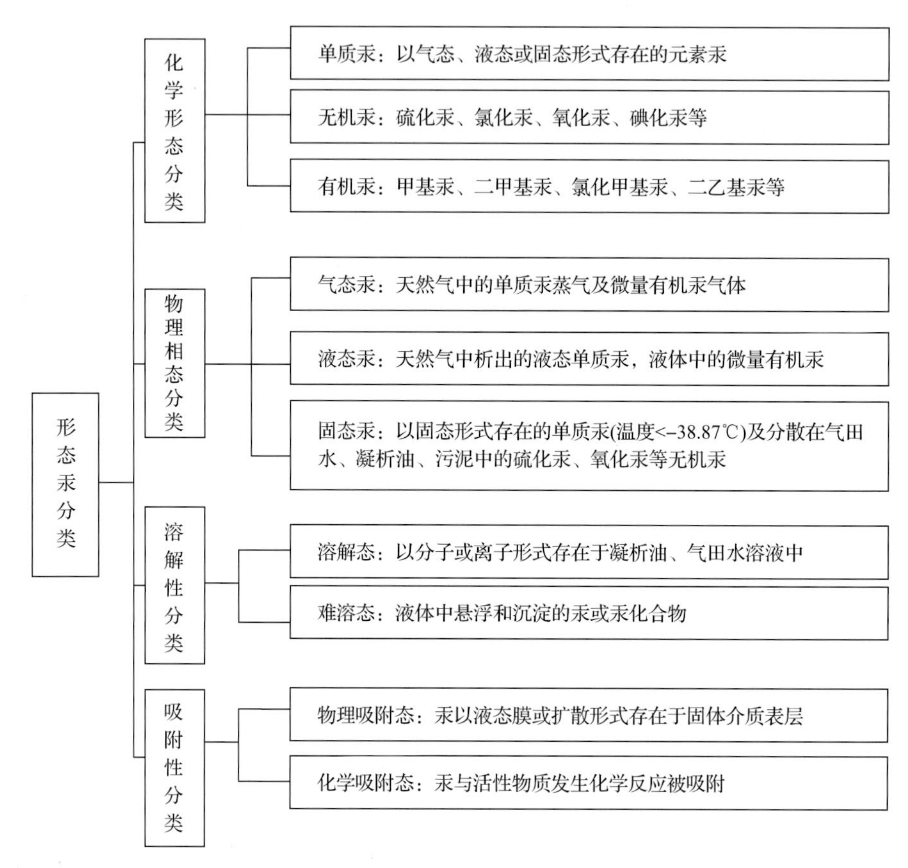

图 1.1　气田介质中汞形态分类

表 1.1　汞的相关特征参数[1]

元素符号	原子序数	相对原子质量	原子体积/(cm^3/mol)	原子密度/(g/cm^3)	熔点/℃
Hg	80	200.59	14.76	13.5939	–38.87
沸点/℃	**电子构型**	**电负性**	**地壳丰度/10^{-6}**	**化合价**	**原子半径/10^{-10}m**
356.58	$5d^{10}6s^2$	1.8	0.08	0，+1，+2	1.503

2) 单质汞的挥发性

单质汞具有很强的挥发性，饱和蒸气压与饱和浓度随温度变化见表 1.2。常压下饱和汞蒸气浓度随温度的升高呈指数增加(图 1.2)。单质汞在天然气藏高温条件下为气态，在天然气低温处理过程中由于温度降低，大部分气态汞会转变为液态汞，温度低于–38.87℃时会变为固态，固态汞的硬度不大。气态单质汞在大气中可以远距离传输，遇到粉尘被吸附，随降雨可以从大气中沉降到地表及水体中。

表 1.2 汞在不同温度下的饱和蒸气压与饱和浓度[2]

温度/℃	饱和蒸气压/Pa	饱和浓度/(mg/m³)	温度/℃	饱和蒸气压/Pa	饱和浓度/(mg/m³)
0	0.0247	2.19	70	6.433	452.5
10	0.0653	5.55	80	13.33	906.2
20	0.1601	13.18	90	21.09	1402
30	0.3702	29.48	100	36.38	2354
40	0.8105	62.68	110	60.95	3840
50	1.689	126.2	120	99.42	6104
60	3.365	243.8	130	158.1	9468

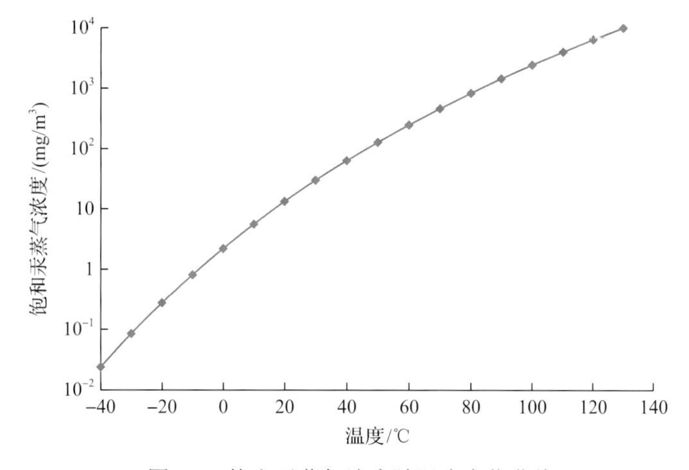

图 1.2 饱和汞蒸气浓度随温度变化曲线

3) 单质汞的溶解性

常温下，单质汞在水中溶解度很低，但随着温度的升高，在水中溶解度逐渐增大。20℃时单质汞在水中溶解度为 56μg/L，在 200℃时可达 14500μg/L，主要数据见表 1.3。气田采出水矿化度的变化及水型不同，对汞的溶解度略有影响。试验数据表明，单质汞在气田采出水中的溶解度比在纯水中的溶解度略有增加(表 1.4)。单质汞在凝析油中溶解度相对于水中溶解度高很多，20℃时在某气田凝析油中溶解度约为 2831μg/L，80℃时溶解度约为 8294μg/L。汞在天然气处理厂工作介质乙二醇、三甘醇及胺液中的溶解度介于气田采出水与凝析油之间。表 1.4 表明在温度大于 60℃时，汞在气田五种溶液中的溶解度大小顺序为：凝析油＞三甘醇＞乙二醇＞胺液＞气田采出水。气田采出水的离子含量数据如表 1.5 所示，气田采出水和纯水对单质汞的溶解能力对比试验表明，高矿化度的气田采出水对单质汞的溶解能力略大于纯水对单质汞的溶解能力。

表 1.3　不同温度下单质汞在水中的溶解度[3]

温度/℃	溶解度/(μg/L)
20	56
50	102
100	447
150	2630
200	14500
250	75900
300	407000

表 1.4　汞在气田不同介质中的溶解度试验数据

介质	溶解度/(μg/L)				
	0℃	20℃	40℃	60℃	80℃
气田凝析油	2488	2831	3451	5630	8294
80%三甘醇溶液	326	594	974	2461	5725
82%乙二醇溶液	24.6	52.9	119	386	917
胺液(45% MDEA)	—	61.3	152	339	614
气田采出水	25.2	52.4	103	193	285
纯水	20.4	41.1	91.6	168	269

注：MDEA 为 *N*-甲基二乙醇胺。

表 1.5　试验用气田采出水中主要离子浓度

离子成分	Cl^-	HCO_3^-	Na^+	Ca^{2+}	Mg^{2+}
离子浓度/(g/L)	20.700	0.739	10.812	3.316	0.359

2. 单质汞的基本化学性质

1) 汞齐化反应

单质汞易与其他金属(金、银、铜、铅、锌、锡、铝等)反应形成汞合金，这些汞合金统称为汞齐。形成汞齐的难易程度，与金属在汞中的溶解度有关。一般说来，与汞性质相近的金属易溶于汞。在汞中的溶解度比较大的金属有锌、镁、铅、锡，20℃时溶解度超过 0.1%(质量分数，下同)，金为 6%，铝为 2.3%。铁在汞中的溶解度最小，18℃时为 1.0×10^{-19}，因此，常用铁制作盛汞容器。某些金属在汞中的溶解度见图 1.3。不同金属形成的汞齐与金属自身的性质差别很大，如铝汞齐的脆性强，机械强度远低于铝，极易造成铝质设备的汞腐蚀损坏。由于天然气深冷处理设备中用到铝制材料，要求深冷处理的原料天然气汞含量低于 $10ng/m^3$。对于含汞天然气集输及处理系统的仪器仪表不得含有铜、铝等易于与汞反应的材质。

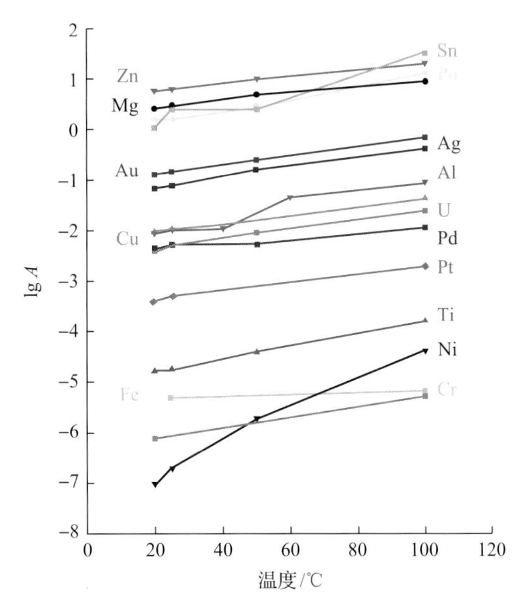

图 1.3 某些金属在液态单质汞中的溶解度

A-各种金属在液态单质汞中的原子百分含量

2) 氧化反应

单质汞在常温干燥气体中很稳定，在高温时与氧气发生反应，加热到 300～500℃时形成氧化汞[式(1.1)]，当加热到 500℃以上时，氧化汞又分解成单质汞[式(1.2)]。单质汞可与氯气在常温下发生猛烈反应生成氯化汞[式(1.3)]，也容易与硫、碘反应而生成硫化汞[式(1.4)]和碘化汞[式(1.5)]。

$$2Hg+O_2 \longrightarrow 2HgO(300～500℃) \tag{1.1}$$

$$2HgO \longrightarrow 2Hg+O_2(>500℃) \tag{1.2}$$

$$Hg+Cl_2 \longrightarrow HgCl_2 \tag{1.3}$$

$$Hg+S \longrightarrow HgS \tag{1.4}$$

$$Hg+I_2 \longrightarrow HgI_2 \tag{1.5}$$

1.1.3 无机汞化合物的性质

含汞气田采出水、污泥及凝析油中常见无机汞化合物包括氯化汞($HgCl_2$)、硫化汞(HgS)及氧化汞(HgO)，属于二价汞的无机化合物。一价汞化合物常见有氧化亚汞(Hg_2O)和氯化亚汞(Hg_2Cl_2)，其性质极不稳定且在自然界中很稀少。氯化汞、硫化汞、氧化汞的主要物理化学性质见表 1.6。几种常见无机汞化合物固态颜色如图 1.4 所示。

1. 氯化汞($HgCl_2$)

氯化汞也称氯化高汞或升汞，无色或白色结晶性粉末，常温下微量挥发，能够溶于水、乙醇，不溶于二硫化碳。氯化汞在水中溶解度随温度升高而增大。大多数氯化汞以未离解

的 $HgCl_2$ 分子形式存在于气田采出水溶液中，所以有假盐之称，只有少量发生离解。

表 1.6　主要无机汞化合物的性质

名称	氯化汞	硫化汞	氧化汞
化学文摘社登记号(CAS No.)	7487-94-7	1344-48-5	21908-53-2
分子式	$HgCl_2$	HgS	HgO
分子量	271.49	232.66	216.59
物理状态	白色晶体粉末	黑色或红色粉末	黄色、橘黄色或红色的晶体粉末
熔点/℃	276	1450	500
沸点/℃	302	—	—
密度/(g/cm^3)	5.43	8.10	11.14
水溶性/(mg/L)	70000	—	25
油溶性/(mg/L)	＞10	＜0.01	低
乙二醇中醇溶性/(mg/L)	＞50	＜0.01	—
溶解性	易溶于水、甲醇、乙醇、乙醚、丙酮、乙酸乙酯	能溶于硫化钠溶液与王水，不溶于盐酸、硝酸和水	易溶于稀盐酸、稀硝酸、氰化钾和碘化钾溶液，不溶于乙醇和水
毒性	剧毒	较高	剧毒

氯化汞

硫化汞

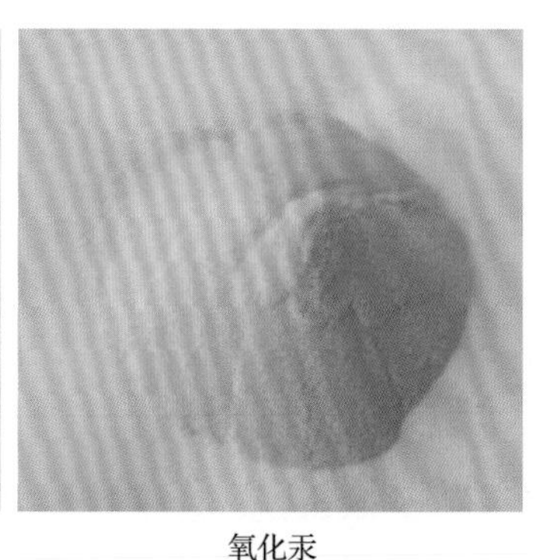

氧化汞

图 1.4　几种常见无机汞化合物(固态粉末)颜色

2. 硫化汞(HgS)

硫化汞也称朱砂或辰砂，自然界中呈红褐色。天然硫化汞是制造汞的主要原料，也用作印泥、印油、朱红雕刻漆器和绘画等的红色颜料。硫化汞不溶于水，不溶于盐酸与硝酸，能溶于硫化钠溶液、王水。在气田采出水中以悬浮微粒形式存在。

3. 氧化汞(HgO)

氧化汞通常为黄色、橘黄色或红色鳞片状结晶或结晶性粉末。氧化汞加热至 500℃以上或燃烧时，分解生成含汞和氧的高毒性烟雾；与氯气、过氧化氢、次磷酸镁(受热时)、氯化硫和三硫化二氢能够发生猛烈反应；在光的作用下缓慢变为暗黑色。氧化汞不溶于水，在气田采出水中以悬浮微粒形式存在。

4. 汞的配合物

Hg^{2+}易在水体中形成配合物，Hg^{2+}易和 Cl^-、Br^-、I^-、CN^-、SCN^-等形成稳定的配离子[4]，配位数一般为 2 或 4，配位数为 4 的配合物为四面体构型。配离子的组成同配位体的浓度有直接关系。例如，在 0.1mol/L Cl^-溶液中，$HgCl_2$、$HgCl_3^-$ 和 $HgCl_4^{2-}$ 的浓度大致相等，在 1mol/L Cl^-溶液中主要是 $HgCl_4^{2-}$。气田采出水中普遍存在氯离子，容易形成 $HgCl_4^{2-}$ 配合物，反应式见式(1.6)～式(1.10)。

$$Hg^{2+} + 4Cl^- \rightleftharpoons HgCl_4^{2-} \qquad K_{稳}^{\ominus} = 1.2 \times 10^{15} \tag{1.6}$$

$$Hg^{2+} + 4Br^- \rightleftharpoons HgBr_4^{2-} \qquad K_{稳}^{\ominus} = 1.0 \times 10^{21} \tag{1.7}$$

$$Hg^{2+} + 4SCN^- \rightleftharpoons Hg(SCN)_4^{2-} \qquad K_{稳}^{\ominus} = 1.7 \times 10^{21} \tag{1.8}$$

$$Hg^{2+} + 4I^- \rightleftharpoons HgI_4^{2-} \qquad K_{稳}^{\ominus} = 6.8 \times 10^{29} \tag{1.9}$$

$$Hg^{2+} + 4CN^- \rightleftharpoons Hg(CN)_4^{2-} \qquad K_{稳}^{\ominus} = 2.5 \times 10^{41} \tag{1.10}$$

1.1.4　有机汞化合物的性质

当汞与有机基团结合时，这种化合物形态称为有机汞。有机汞主要有两种，一种是结构较简单的有机汞，其结构通式是 R—Hg—R 或 R—Hg—X，R 为有机基团，常为烷基(如甲基或乙基)、芳基或烷氧基，X 基团是阴离子，通常为卤素阴离子(如氯化甲基汞、氯化乙基汞)、乙酸根离子、磷酸根离子等。在自然界存在许多有机汞(如二甲基汞、苯基汞、乙基汞及甲基汞)，且其沸点比单质汞低。气田采出水、污泥及凝析油中常见的典型有机汞化合物是甲基汞、二甲基汞、氯化甲基汞及二乙基汞，基本性质如表 1.7 所示。另一种是在自然界中存在的汞的有机配合物，如汞-有机酸配合物、汞-腐殖酸配合物，形成的配合物性质稳定。在凝析油中存在配合物汞(HgK 型或 HgK_2 型，K 代表有机酸基、卟啉基或硫醇基等)，但目前在气田采出水及凝析油中未检测汞配合物含量。

1. 甲基汞(CH_3Hg)

甲基汞常温常压下为无色液体，挥发性强，有剧毒。常温下较稳定，遇高温或明火产生剧毒蒸气。可溶于水，可与凝析油混溶。

表 1.7　典型有机汞化合物的性质

名称	甲基汞	二甲基汞	二乙基汞	氯化甲基汞
分子式	CH_3Hg	$(CH_3)_2Hg$	$(CH_3CH_2)_2Hg$	CH_3HgCl
CAS No.	22967-92-6	593-74-8	627-44-1	115-09-3
分子量	215.63	230.66	258.71	251.07
外观与性状	无色透明液体，特殊气味	无色，易挥发液体，易燃，带甜味	无色液体，具有刺激气味	红色结晶，具有特殊臭味
熔点/℃	5.5	–43	—	170
沸点/℃	80.1	96	15	—
密度/(g/cm^3)	0.88(25℃)	2.961	2.47	4.063
水溶性/(mg/L)	1800	＜1	＜1	＞10000
油溶性/(mg/L)	可混溶	可混溶	可混溶	1000
溶解性	可溶于油、水	易溶于乙醚、乙醇，易溶于原油和凝析油	微溶于乙醇，易溶于乙醚，易溶于原油和凝析油	溶于水、油和乙二醇
毒性	剧毒	剧毒	剧毒	剧毒

2. 二甲基汞[$(CH_3)_2Hg$]

二甲基汞常温常压下为无色液体，熔点低、易燃、易挥发、易扩散、渗透性强，毒性非常高，数微升即可致死。能渗过乳胶，溶解橡胶和生胶。不溶于水，易溶于凝析油。

3. 二乙基汞[$(CH_3CH_2)_2Hg$]

二乙基汞常温常压下为无色液体，具有刺激气味，有剧毒，遇明火能燃烧，能与氧化性物质发生反应。当受热分解或接触酸、酸性气体能生成有毒的汞蒸气。不溶于水，微溶于乙醇，易溶于凝析油。

4. 氯化甲基汞(CH_3HgCl)

氯化甲基汞为红色结晶，具有特殊臭味，有剧毒，遇明火、高热可燃。受高热分解产生有毒的腐蚀性烟气，燃烧(分解)产物有一氧化碳、二氧化碳、氯化氢、氧化汞。易溶于水、乙二醇和凝析油。

1.2　汞在气田介质中的赋存形态

高含汞天然气净化处理过程中，部分汞会进入天然气分离物凝析油、气田采出水、气田污泥等介质中。天然气中汞的形态主要为单质汞；凝析油中有机汞占比较高；气田采出水中含有悬浮的硫化汞、单质汞及氧化汞，溶液中含有大量的汞离子；气田污泥中含有各种形态的汞。气田不同介质中各种形态的汞含量大致如表 1.8 所示。

表 1.8　不同形态的汞在气田介质中的含量特征

汞形态的名称	气田不同介质中汞含量范围/%			
	天然气	凝析油	气田采出水	气田污泥
Hg^0	D	S(D)	S	D(S)
$HgCl_2$	N	S	S(D)	S
HgS	N	S	S	S
HgO	N	N	S(?)	S
$(CH_3)_2Hg$	T	S	T	T
CH_3HgCl	T	S	T	T

注：D 表示主要形式，多于总量的 50%；S 表示占总量的 1%～50%；T 表示少于总量的 1%；N 表示几乎不可测；“?”表示可能超范围。

1.2.1　汞在天然气中的存在形态

在气藏条件下由于天然气中汞蒸气浓度远低于饱和汞蒸气浓度，汞以气态单质形式存在。地下采出的天然气可能为高含水、高含烃、高含二氧化碳等成分复杂的混合气体。含汞天然气集输和处理过程中可能会导致汞物理相态或化学形态转变，气态单质汞会转变为液态汞沉积在容器底部或进入气田采出水、污泥及凝析油中；单质汞可能与含硫化合物发生反应形成硫化汞。例如，含硫气井的混合气体或混合凝析气将导致单质汞或汞离子与硫化氢发生反应，形成硫化汞微粒，这些微粒可能发生沉积。

经过净化处理并脱汞后的天然气中，气态单质汞含量大幅降低，须达到汞含量外输指标才能进入商品气管道，保障下游天然气用户的健康安全。

1.2.2　汞在气田采出水中的存在形态

气田采出水是指天然气处理厂气液分离器底部排出水及天然气脱水过程中产生流向排污池的水。气田采出水中理论上存在的主要汞的形态：以分子或离子形式溶解于水中的无机汞及无机汞配合物；微量溶解的单质汞；微量溶解的有机汞；以悬浮物形式存在的难溶态汞。

气田采出水中主要为无机汞(质量分数为 70%以上)，其次是单质汞(质量分数为 0%～30%)，仅有少量有机汞(质量分数小于 0.1%)。它们以可溶的离子或分子形式存在于水溶液中，或以难溶形式吸附于悬浮的固体颗粒物上。如果气田采出水中含有大量的氯离子，溶解在其中的汞离子可与氯离子结合形成氯化汞配合物。由于单质汞、硫化汞及氧化汞溶解度非常低，它们能以分散的微颗粒形式呈悬浮状存在，悬浮颗粒物也可能为其他成分并可以吸附各种化学态的汞。

在气田采出水汞含量检测时，通过 0.45μm 微孔滤膜过滤，先分别测定滤液中溶解态总汞含量及固相滤渣中难溶态总汞含量，然后分别测定滤液及固相滤渣中单质汞、无机汞及有机汞含量。例如，某气田采出水中难溶态汞占比 27%，溶解态汞占比 73%[图 1.5(a)]；固相滤渣中单质汞为主，占比 60.43%，无机汞约占 39.53%，有机汞(仅测定甲基汞)约占 0.04%[图 1.5(b)]；滤液中溶解态汞含量为 2345μg/L，多以无机汞为主，在液相中占比 95.04%，单质汞占 4.88%，仅含有少量的有机汞，约为 0.08%[图 1.5(c)]。

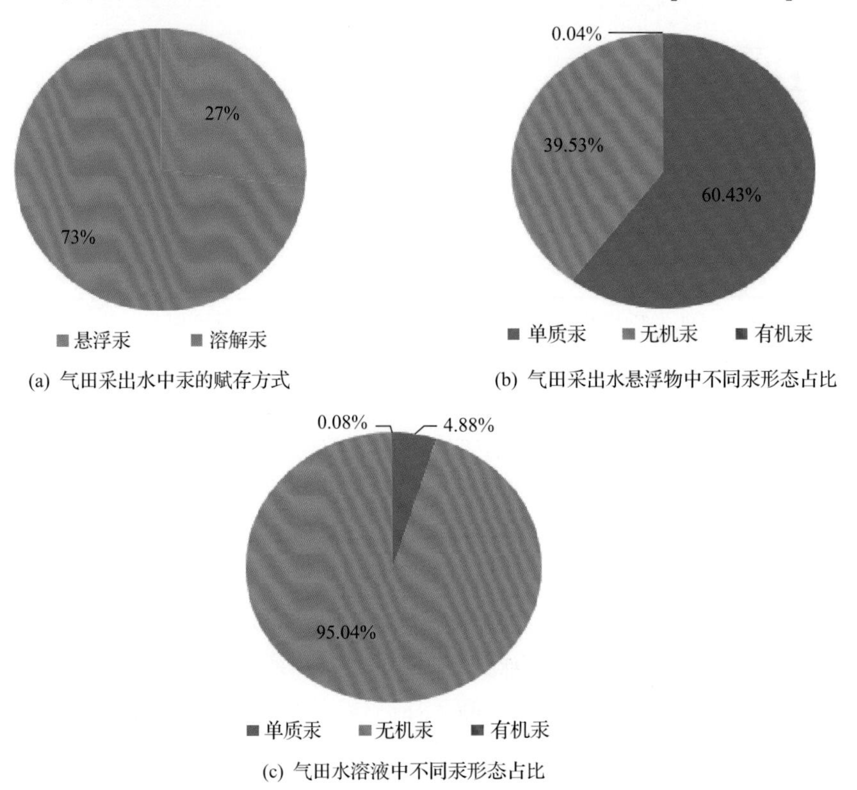

(a) 气田采出水中汞的赋存方式

(b) 气田采出水悬浮物中不同汞形态占比

(c) 气田水溶液中不同汞形态占比

图 1.5 某气田采出水中汞形态分布特征

1.2.3 汞在气田污泥中的存在形态

气田含汞污泥主要来源于污水罐沉降的底泥和水处理过程中产生的污泥。沉降罐底泥中单质汞含量较高，其次是硫化汞。在污水净化处理过程中由于添加各类化学药剂导致污泥中汞形态发生变化，汞通过细菌表面和矿物颗粒表面吸附或以氧化汞和硫化汞共沉淀等多种方式最终被浓缩在污泥中。

通过对我国不同气田产生的含汞污泥中汞形态分布特征研究发现，单质汞和无机汞占总汞含量的 99.9%以上，其中无机汞以氧化汞、氯化汞和硫化汞为主，而有机汞(甲基汞)占比极低。

污水罐底泥中[图 1.6(a)]以单质汞为主(占 68.53%)，其次为氯化汞(占 23.39%)，然后是氧化汞(占 6.48%)和硫化汞(占 1.58%)，有机汞(甲基汞)仅占 0.02%。

污泥通过稳定化或稳定化+减量化处理后汞形态发生了很大的变化[图 1.6(b)]，大部分单质汞转化为硫化汞，半数以上的氯化汞也被转化成硫化汞，使硫化汞占比达到 65%以上，同时也有少量转化为氧化汞，使氧化汞占比从 6.48%上升到 10.77%，单质汞从 68.53%下降到 13.56%。

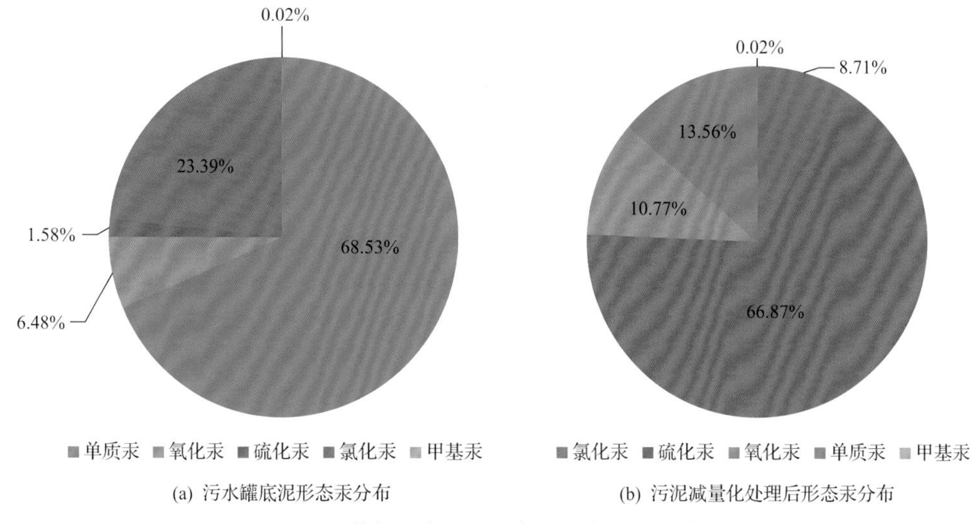

(a) 污水罐底泥形态汞分布　　(b) 污泥减量化处理后形态汞分布

图 1.6　某气田含汞污泥中汞形态的分布特征

1.2.4　汞在凝析油中的存在形态

凝析油中理论上存在的主要的汞形态：溶解态的单质汞；可溶解的有机汞；以分子形式溶解于凝析油中的无机汞及配合物汞(HgK 型或 HgK_2 型，K 代表有机酸基、卟啉基或硫醇基等)；以悬浮物形式存在的难溶态汞等。

检测凝析油中汞形态时，先对凝析油进行过滤，然后分别测定凝析油滤渣和凝析油滤液中总汞含量。目前凝析油中汞的形态含量检测主要以凝析油滤液为对象，分别测定单质汞、无机汞及有机汞含量，三种汞形态占比普遍超过 10%。其中，单质汞含量占比较高；无机汞主要为氯化汞，含少量硫化汞，基本不含氧化汞；有机汞主要为可溶解的二甲基汞，还存在少量的氯化甲基汞。以某气田凝析油汞检测数据为例(图 1.7)，总汞含量为 2684μg/L，其中单质汞为 622.7μg/L，占比 23.2%；无机汞为 1393μg/L，占比 51.9%；有机汞为 668.3μg/L，占比 24.9%。

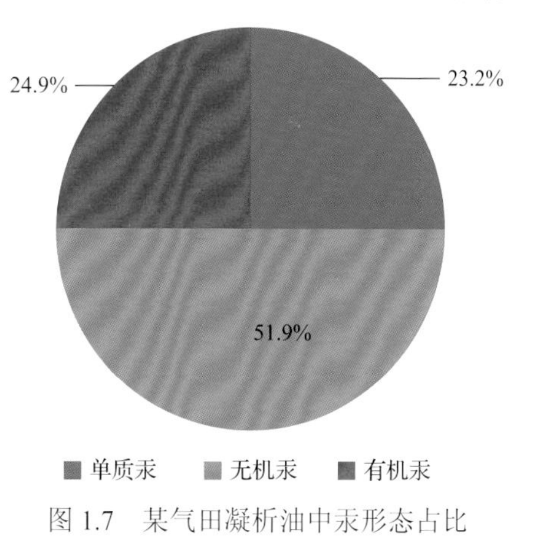

图 1.7　某气田凝析油中汞形态占比

1.3　气田介质中汞的危害

在天然气集输及处理过程中，气田介质中汞危害主要体现对人体的危害、对环境的危害及对设备的危害。

1.3.1　汞对人体的危害

汞危害的人体部位主要包括神经、呼吸器官、消化器官、肾脏、血液、皮肤等。汞中毒会引起肾损伤、精神和行为障碍，影响生殖系统，引发感觉异常、共济失调、智力发育迟缓、语言和听觉障碍等临床症状。

1. 汞的毒性及危害机理

汞是一种剧毒重金属，不能被分解或降解成无毒物质，《职业性接触毒物危害程度分级》(GBZ 230—2010)中将汞及其化合物定义为Ⅰ类毒物(极度危险毒物)。微量汞在人体内不会引起危害，可经尿液、粪便和汗液等途径排出体外，如数量过多可损害人体健康。汞对人体的危害虽然很大，但在天然气行业正常运行中，通常不易造成汞中毒。只有当含汞天然气处理和使用过程中发生了泄漏，或工作人员检修天然气处理设备期间，打开了汞污染的设备进行维修的情况下，若没有采取适当的预防措施，工作人员暴露在汞含量超标环境中可能会导致汞中毒[5]。导致汞中毒吸入汞蒸气的浓度范围见表1.9。

表1.9　导致汞中毒时吸入的汞蒸气浓度范围

分项指标	危害剂量/(mg/m^3)
致死	10
急性中毒	1.2～8.5
慢性中毒	长期高于0.01

汞在循环过程中可以改变其状态和价态，单质汞、无机汞及有机汞的毒性机理见表1.10。吸入高浓度汞蒸气或误食无机汞盐或接触有机汞都有可能造成汞中毒。

表1.10　不同汞形态的毒性机理

汞形态	吸收途径	主要蓄积器官/系统	人体半衰期(估值)	毒性机理
单质汞	主要以蒸气形式经呼吸道进入人体(消化道吸收的量极少，可忽略不计)	肾脏、脑	60d	①具有高度脂溶性，促进其扩散到人体循环中，进入人体的亲脂性区域，穿过血脑屏障、中枢神经系统、胎盘和细胞膜 ②进入人体后很快被氧化成汞离子，汞离子可以与体内酶或蛋白质中许多带负电的基团结合
无机汞	主要通过胃肠道和皮肤吸收	肾脏	40d	①脂溶性差，分布不均匀 ②二价汞与金属硫蛋白(MT)有很强亲和力 ③汞离子不易穿过血脑屏障或胎盘 ④可腐蚀肠道黏膜，具有腐蚀性
有机汞	主要通过胃肠道吸收	血液和中枢神经系统	70d	①芳基和长链烷基汞被吸收后呈现无机汞毒性，短链烷基汞被吸收后保持初始形式 ②烷基汞具有高脂溶性，甲基汞对巯基具有高亲和力，二甲基汞具有致命毒性 ③有机汞可以穿过血脑屏障、胎盘和红细胞膜 ④具有较弱的腐蚀性 ⑤毒性高，能伤害大脑，较稳定，少量也可累积致毒

2. 汞的中毒诊断及分类

汞对人体的毒性分为急性毒性和慢性毒性。汞的急性毒性靶器官主要是肾脏，其次是脑、肺、消化道(包括口腔)及皮肤；汞的慢性毒性靶器官主要是脑、消化道及肾脏。

汞的急性中毒多因短期内吸入高浓度汞蒸气所致，通常发生于通风不良、温度较高、汞蒸气积聚的环境。

日常生活中，汞中毒多为慢性毒性，长期在空气中汞浓度高于 10μg/m^3 环境下工作或生活，可致慢性汞中毒。国外研究表明，空气中汞浓度在 14～17μg/m^3 时，慢性汞中毒发病率约为 3.5%；在 20～40μg/m^3 时，发病率约为 4.5%；在 50～100μg/m^3 时，发病率为 5%～12%。

我国发布了《职业性汞中毒诊断标准》(GBZ 89—2007)，其中对汞的中毒诊断症状做出了详细的说明，职业性汞中毒诊断及分级标准见表 1.11。

表 1.11　职业性汞中毒诊断及分级标准

汞中毒分级		临床医学诊断症状	备注
急性中毒	轻度中毒	口腔-牙龈炎及胃肠炎；急性支气管炎	短期内接触大量汞蒸气，尿汞增高，出现发热、头晕、头痛、震颤等全身症状并具诊断症状之一者即是此类中毒
	中度中毒	间质性肺炎；明显蛋白尿	在轻度中毒基础上，具备诊断症状之一者即是此类中毒
	重度中毒	急性肾功能衰竭；急性中度或重度中毒性脑病	在中度中毒基础上，具备诊断症状之一者即是此类中毒
慢性中毒	轻度中毒	神经衰弱综合征；口腔-牙龈炎；手指震颤，可伴有眼睑、舌震颤；尿汞增高；近端肾小管功能障碍，如尿中低分子蛋白含量增高	长期密切接触汞后，具备诊断症状之三者即是此类中毒
	中度中毒	性格情绪改变；上肢粗大、震颤；明显肾脏损害	在轻度中毒基础上，具备诊断症状之一者即是此类中毒
	重度中毒	慢性中毒性脑病	具备诊断症状者即是此类中毒

3. 人体摄入汞含量控制指标

现行国家标准《食品安全国家标准 食品中污染物限量》(GB 2762—2017)中规定了 10 大类食品中重金属汞的污染限量值，其中，矿泉水的总汞最低，为 1μg/L；其他食品为 0.01～0.1mg/kg；水产动物及其制品(肉食性鱼类及其制品除外)甲基汞限值为 0.5mg/kg；肉食性鱼类及其制品甲基汞限值为 1.0mg/kg。水产动物及其制品可先测定总汞，当总汞水平不超过甲基汞限量值时，不必测定甲基汞；否则，需再测定甲基汞。

汞只有在机体内累积达到一定水平之后才会导致中毒，其毒性取决于汞相对体重的摄入量，不同的专业机构确定汞摄入量的安全水平为 0.7～3.3mg/(kg·周)，美国环境保护署(Environmental Protection Agency，EPA)设定汞的最高摄入量为 0.7mg/(kg·周)，世界卫生组织(World Health Organization，WHO)建议汞限值为 3.3mg/(kg·周)，这些限值都低于安全上限 10 倍。美国食品药品监督管理局(Food and Drug Administration，FDA)允许汞限值为 0.5μg/(kg·d)，毒性物质及疾病登记局(Agency for Toxic Substances and Disease Registry，ATSDR)的允许汞限值为 0.3μg/(kg·d)。

检测人体中汞含量水平的样品主要有头发、血液及尿液。同时，指甲也可作为汞含量检测的样品，可以反映出汞的暴露水平。头发中的汞浓度一般比血液中的浓度高 250 倍，其中的含硫蛋白与甲基汞(80%～98%是甲基汞形式)结合，因此头发是检测总汞含量最常用的样品。然而，头发中的汞浓度受毛发类型、颜色、外部污染的影响及一些头发处理而浸出，这些因素会对检测结果造成很大的影响，导致数据不精确。

尿液中汞的主要形式是无机汞，反映了无机汞积累在肾脏中的含量。根据我国《职业性汞中毒诊断标准》(GBZ 89—2007)规定，尿汞的正常参考值应不高于 2.25μmol/mol 肌酐(4μg/g 肌酐)，其中肌酐为肌肉在人体内的代谢产物，每 20g 肌肉代谢可产生 1mg 肌酐。急性汞中毒时，尿汞往往明显高于正常参考值。长期从事汞作业劳动者尿汞增高是指尿汞高于其生物接触限值 20μmol/mol 肌酐(35μg/g 肌酐)。

1.3.2 汞对环境的危害

高含汞天然气在净化处理过程中，如果不经过脱汞处理，有可能通过天然气燃烧、含汞气田采出水排放及含汞污泥堆积等途径污染大气、水体或土壤，通过汞在环境中的迁移和转化等途径，对环境造成不同程度的汞污染危害。

1. 汞在环境中的迁移和转化

自然环境中的汞主要来自三个方面：地球内部地质作用造成的富集，是自然界中汞的主要来源；局部地球表面化学作用的富集，如黑海沉积物中高含量的汞；人为污染，目前全世界每年开采利用的汞约 1 万 t 以上，其中一半以上最终以“三废”形式进入了环境。汞具有较高的电离势和挥发性，各种汞化合物容易被还原成单质汞，并常以气态分散于岩石圈、沉积圈、水圈和大气圈中。研究表明，世界各地区大气汞的含量差别很大，大气中汞的自然背景值如表 1.12 所示，大气汞含量普遍小于 10ng/m^3，在城市和工业区，大气汞含量有可能高于此值。自然界中几大类物质的汞含量范围如表 1.13 所示。汞在大气、陆地、河海水域及其沉积物之间的循环关系如图 1.8 所示。反映了汞在生物圈迁移和转化的规律如图 1.9 所示。

表 1.12 大气中汞的自然背景值

	欧洲、北美洲	日本	北京	重庆	西藏
汞的背景值/(ng/m^3)	1～4	5～10	6～23	11.4	2～4.3

表 1.13 自然界中汞的分布情况

	汞含量
岩石/(ng/g)	变质岩：2～3900；火成岩：4.5～1600000；沉积岩：5～2000000
土壤/(ng/g)	1～290
大气/(ng/m^3)	1～10
雨水(μg/L)	0.2
陆地水/(μg/L)	内陆地下水：0.1；海水：0.03～2；湖水、河水：≤0.1
海产品/(μg/g)	贝类：0.02；鱼类：0.10；虾蟹：0.03；软体类：0.12

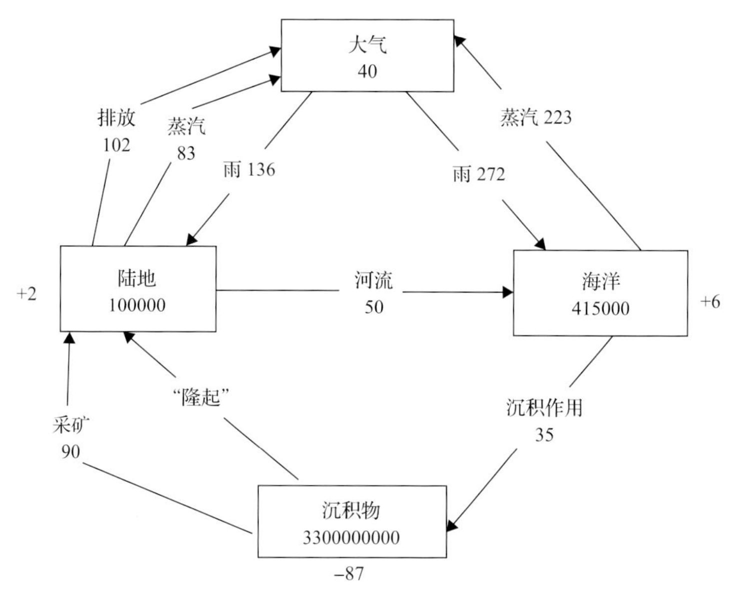

图 1.8　汞在自然环境中的循环及蓄积量

蓄积量以 10^8g 为单位，获得为“+”，失去为“−”

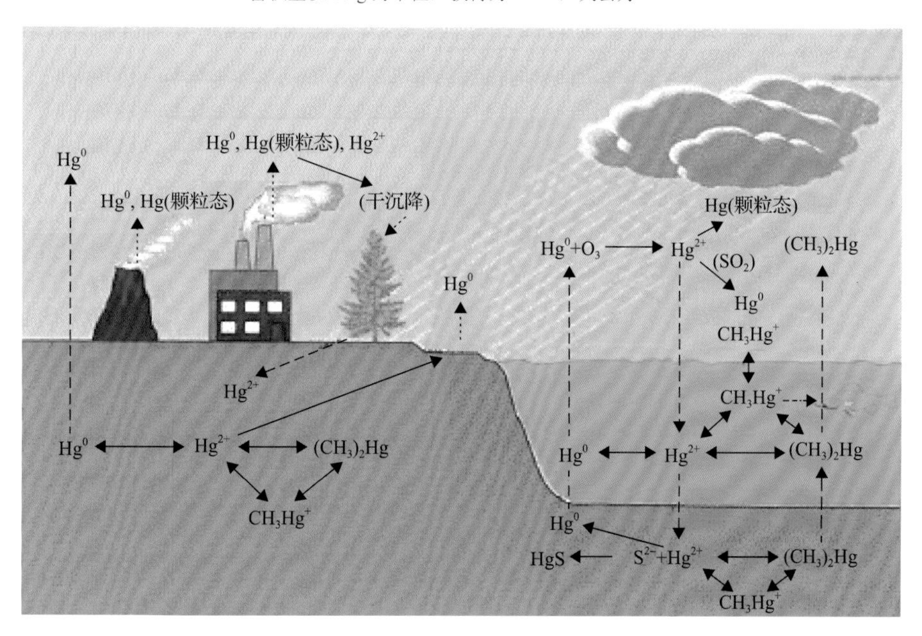

图 1.9　生物圈中汞的迁移和转化

2. 汞对大气的污染

汞主要通过人为和自然因素的排放而进入大气。人为排放的约占 3/4，其中燃煤释放的汞占全球人为排放总量的 60%。汞被运用到生活用品、商业产品及工业过程中，如果操作不当，这些汞都可能释放到大气中，而天然气处理厂中的汞可能通过废气燃烧、泄漏等方式进入大气。

大气环境中汞含量的增加最为直接的效应就是促使汞从无机的岩石圈向有机的生物圈转移。一旦化石燃料或者埋藏在陆地沉积矿藏中的汞释放进入生物圈，它将具有极高的迁移性，并在陆地表层和大气圈中进行循环，从而带来了持久而复杂的环境效应。汞在大气中能够远距离传送，并且能与大气中其他化学物质结合，形成亲水性的物质，如此一来更容易被雨水洗除。被洗除到地面上的汞，可能会转换成更具毒性的甲基汞，随着食物链影响环境与人体健康。

大气中汞的迁移方式取决于其化学形态，汞在大气中可分为气态总汞(total gaseous mercury，TGM)和颗粒态汞(particulate bound mercury，PBM)。气态总汞主要由 Hg^0 组成，占大气总汞量的95%以上，另外还有少量的其他挥发性汞化合物，如 $HgCl_2$、$HgBr_2$、CH_3HgCl 和 $(CH_3)_2Hg$ 等。其中，$HgCl_2$、$HgBr_2$ 及 $Hg(OH)_2$ 等由于易溶于水并可能被还原为 Hg^0，称为活性气态汞(reactive gaseous mercury，RGM)。大气中的甲基汞和二甲基汞则称为甲基形态汞。颗粒态汞指利用石英滤膜(＜2.5μm)过滤采集到的结合或吸附于大气颗粒物的形态汞，既包括吸附于颗粒物表面的挥发性汞(如 Hg^0 和 $HgCl_2$)，也包括与颗粒物结合的HgO、HgS等。颗粒态汞存在的另一种方式为各种形式的气态汞被吸附在大气气溶胶颗粒上，通过干沉降及湿沉降迁移到地表。

含汞天然气燃烧、泄漏及含汞天然气处理厂尾气排放如果控制不当都有可能造成大气污染。根据《大气污染物综合排放标准》(GB 16297—1996)含汞尾气排放指标要求，见表1.14，含汞废气排放浓度应小于 $12\mu g/m^3$。

表1.14 新污染源大气汞排放限值

污染物	最高允许排放浓度/(μg/m³)	最高允许排放速率/(kg/h)			无组织排放监控浓度限值	
		排气筒高度/m	二级	三级	监控点	浓度/(μg/m³)
汞及其化合物	12	15	1.5×10^{-3}	2.4×10^{-3}	周界外浓度最高点	1.2
		20	2.6×10^{-3}	3.9×10^{-3}		
		30	7.8×10^{-3}	13×10^{-3}		
		40	15×10^{-3}	23×10^{-3}		
		50	23×10^{-3}	35×10^{-3}		
		60	33×10^{-3}	50×10^{-3}		

注：根据标准规定，现有污染源分为一、二、三级，新污染源分为二、三级。按污染源所在的环境空气质量功能区类别，执行相应级别的排放速率标准，即位于一类区的污染源执行一级标准(一类区禁止新、扩建污染源，一类区现有污染源改建时执行现有污染源的一级标准)；位于二类区的污染源执行二级标准；位于三类区的污染源执行三级标准。

3. 汞对水体的污染

随着天然气工业的迅速发展，含汞天然气集输及处理装置将产生含汞污水，如果含汞污水直接排放进入河流、水库等水域，将造成水体的严重汞污染。

天然水中汞的迁移主要取决于汞在水体中的形态：一种为非极性化合物结构，如 $(CH_3)_2Hg$ 和 $C_2H_5HgCOOCH_3$ 等，这类化合物几乎不溶于水，但具有极大的脂溶性和挥发性，进入水体后很容易通过气化过程转移到大气中去。另一种为极性化合物结构，即 R—Hg—X 结构，有机基团 R 为烷基、苯基，无机离子 X 为卤素、OH^-等，这种化合物兼具水溶性和脂溶性，会在水中长期滞留。气田含汞采出水在脱汞处理过程中主要是通过化学方法改变汞形态(将可溶态转变为难溶态)，通过物理分离方法将汞迁移至污泥中，从而实现气田水脱汞。

水体中的汞主要通过物理转化、化学转化和生物转化的方式转化，其中微生物对汞转化主要是氧化还原和甲基化作用：①氧化还原作用主要是 Hg^0 与 Hg^{2+}之间的转化，在有氧条件下，某些细菌，如柠檬酸细菌、枯草芽孢杆菌、巨大芽孢杆菌使单质汞氧化。另外，有些细菌如铜绿假单胞菌、大肠埃希氏菌、变形杆菌，使无机或有机汞化合物中的 Hg^{2+}还原为单质汞。酵母菌也有这种还原作用，在含汞培养基上的酵母菌菌落表面呈现汞的银色金属光泽。②甲基化作用主要是 Hg^{2+}与 CH_3Hg 之间的转化，无论在好氧或厌氧条件下，都会存在能使汞甲基化的微生物。能形成甲基汞的细菌有产甲烷菌、匙形梭菌、荧光假单胞菌、草分枝杆菌、大肠埃希氏菌、产气肠杆菌、巨大芽孢杆菌等，真菌有粗糙链孢霉、黑曲霉、短柄帚霉及酿酒酵母等。汞的生物甲基化与甲基钴胺素有关。甲基钴胺素是钴胺素的衍生物，钴胺素即维生素 B_{12}，是一种辅酶，存在于大多数微生物细胞中。甲基钴胺素中的甲基是活性基团，易被亲电子的汞离子夺取而形成甲基汞。甲基钴胺素将甲基转移给汞等重金属离子后，本身成为还原态(B_{12}-r)。

由以上特征可知，汞进入水体后，会给水生动植物带来影响，危害水生动植物的健康状况，甚至改变其基因。更为严重的是，汞被水生动植物摄入后，会在其体内存积，人如果食用了这些动植物，就会造成汞中毒。1956 年，日本水俣湾出现了一种奇怪的病。这种“怪病”就是日后轰动世界的“水俣病”，是最早出现的由于工业废水排放污染造成的公害病。症状表现为轻者口齿不清、步履蹒跚、面部痴呆、手足麻痹、感觉障碍、视觉丧失、震颤、手足变形；重者精神失常，或酣睡，或兴奋，身体弯弓高叫，直至死亡。日本水俣病事件被称为世界八大公害事件之一。

为了防止汞对水体的污染，国家制定了《污水综合排放标准》(GB 8978—1996)，规定污水排放总汞限值为 0.05mg/L，烷基汞不得检出。国内各个地方在此基础上制定了更加严格的排放标准。例如，北京市、天津市及上海市等地方标准规定见表 1.15，北京市及天津市标准相对于 GB 8978—1996 而言总汞排放标准要求更高。

表 1.15　不同地方标准中的汞排放限值

地方标准号	污染物	排放限值/(μg/L)		
		直接排放		间接排放
		一级	二级	三级
北京市 DB11/307—2013	总汞	1	2	2
	烷基汞	不得检出	不得检出	不得检出
天津市 DB12/356—2018	总汞	1	1	5
	烷基汞	不得检出	不得检出	不得检出
上海市 DB31/199—2018	总汞	5		
	烷基汞	不得检出		

4. 汞对土壤的污染

如果对排放的含汞废气、含汞污水及含汞污泥不进行脱汞处理，汞有可能对土壤造成污染。大气中的汞蒸气可以沉降到地表土壤中，土壤中的汞也可以扩散进入大气。

汞在土壤中存在一系列的氧化还原反应。土壤中二价汞还原生成单质汞的主要机制有三种：①光致还原，土壤中有机物作为电子供体，在光照的激发下将二价汞还原；②微生物还原，有可能是微生物汞还原酶的作用，也可能是某类汞敏感还原菌的作用；③有机物还原，新沉降的汞具有较高的反应活性，有机物中的某些含氧官能团能快速将其还原。

此外，土壤中的有机物也可以将单质汞氧化，这主要涉及有机物中的还原性硫基团的络合氧化作用。此外，土壤中单质汞的吸脱附过程也会影响到土壤向大气的汞排放。土壤表层的汞主要来自大气沉降，输入方式主要为穿透水（经过林冠的湿沉降）和枯落物。

土壤中的汞主要以三种相态保持一种动态平衡，即壤中气汞、吸附态汞和汞的化合物。以游离状态存在于土壤孔隙中的汞称为壤中气汞，其同大气进行着强烈的交换，同时又与土壤各组分中的汞存在着复杂的相平衡，是土壤汞和大气汞交换的媒介。被吸附于土壤颗粒表面的单质汞称为吸附态汞，它同土壤颗粒以分子间力相结合，汞具有很强的被吸附性，因而需供给一定的能量，破坏分子间的作用力，才能将其从土壤中解析出来。化合态的氯化汞，以化学吸附、胶体吸附及沉淀物形式存在于土壤中，必须供给足够的能量才能破坏原子间这种化学结合力，这种结合力远大于分子间力，因而化合态汞的释汞温度远高于吸附态汞的释汞温度。不同的地球化学景观区，由于土壤性质、土壤水性质、区域地质构造和含矿性等差异，汞在三种相态间的分配是不同的，造成了土壤中汞地球化学背景变化的差异。

汞及其化合物对土壤的危害表现在以下几个方面：①重金属汞或汞盐能够使土壤板结，而使土壤失去种植生产能力；②存在于土壤中的汞能够影响植物的生长，甚至使植物发生基因变异；③一些植物可以吸取土壤中的汞，这些汞通过食物链会进入动物或人体中，给动物或人体造成危害；④由于汞挥发性较强，壤中气汞很容易从土壤中挥发出来，在汞污染较重且自然通风不佳的地区可能会形成局部汞蒸气聚集。

土壤中的汞会迁移到植物中，不同植物对汞的吸收累积不同，如美国大多数植物含汞量为0.01～0.20mg/kg，广州市几种植物含汞量为0.034～0.188mg/kg[6]。为了防止土壤污染，保持生态环境，保障农林生产，维护人体健康，《土壤环境质量 农用地土壤污染风险管控标准》（GB 15618—2018）规定了土壤中汞的限值（表1.16）。

表1.16　土壤环境质量标准中汞的风险筛选值

	土壤汞的风险筛选值/(mg/kg)			
	pH≤5.5	5.5＜pH≤6.5	6.5＜pH≤7.5	pH＞7.5
水田	0.5	0.5	0.6	1.0
其他	1.3	1.8	2.4	3.4

注：农用地土壤污染风险筛选值指农用地土壤中污染物含量等于或者低于该值的，对农产品质量安全、农作物生长或土壤生态环境的风险低，一般情况下可以忽略；超过该值的，对农产品质量安全、农作物生长或土壤生态环境可能存在风险，应当加强土壤环境监测和农产品协同监测，原则上应当采取安全利用措施。

1.3.3　汞对设备的危害

汞易冷凝和吸附在管壁或设备内表面，如图 1.10 所示。1979 年，德国 Grotewold 等研究表明天然气的汞浓度会随着天然气在管道和设备中的不断流动而逐渐减少，这主要是由管壁粗糙度、表面黏附力、汞在管线析出和化学处理试剂中的溶解等因素引起。若汞长期聚集在管线和设备中会严重危害油气处理厂的管线及设备，增加其腐蚀破裂风险。在阿尔及利亚、印度尼西亚、美国、澳大利亚和中国等国家都曾经发生汞腐蚀事故。

1. 汞腐蚀引发的事故

1973 年，汞腐蚀导致阿尔及利亚的斯基克达(Skikda)液化天然气工厂的铝制换热器事故引起爆炸；2004 年 1 月 19 日晚又发生强烈爆炸(图 1.11)，造成 27 人死亡、72 人受伤。1991 年，美国 Anschutz Ranch East 液化天然气厂冷箱铝制管道发生汞齐脆化腐蚀事故，图 1.12 是该冷箱失效铝制管道 X 射线扫描图片。2004 年，澳大利亚的 Moomba 天然气处理厂因铝制换热器发生汞齐脆化腐蚀造成火灾。2007 年，汞腐蚀引起了海南海然高新

图 1.10　汞在设备内壁中聚集

图 1.11　阿尔及利亚 Skikda 液化天然气工厂事故现场图

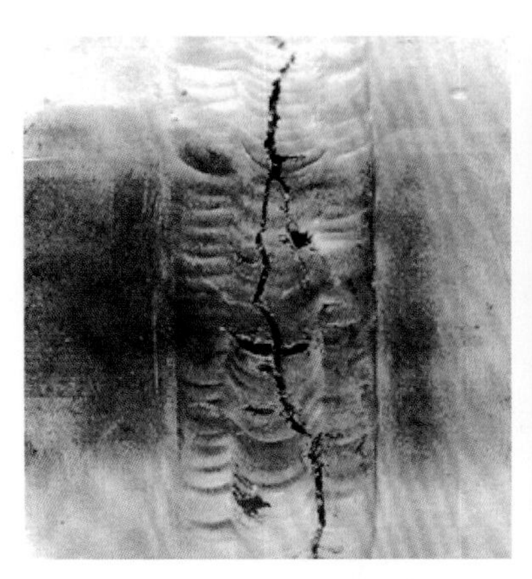
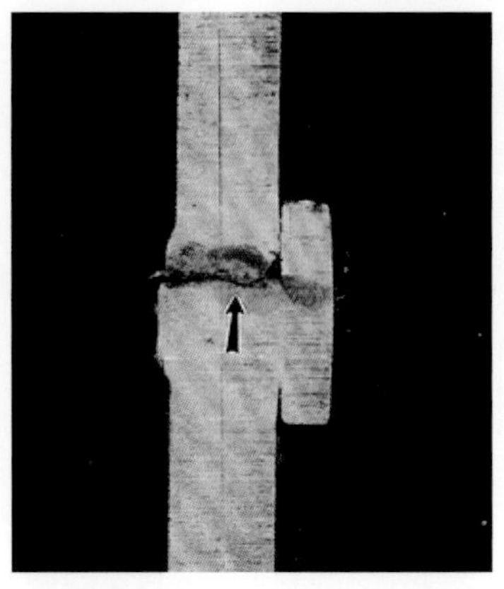

图 1.12 液化天然气厂冷箱及其铝制管道腐蚀图

能源有限公司液化天然气的主冷箱(铝制板翅式换热器)漏气；2009 年 1 月 29 日，中国石化西北油田分公司雅克拉集气处理站主冷箱内板束体侧面底部出现一道长约 15cm 的不规整裂纹，并在刺漏口发现有汞存在。

2. 汞对不同金属材质的腐蚀机理分析

液态汞与某些金属(铝、铜、金、银等)反应形成汞齐(铝汞齐 AlHg、铜汞齐 CuHg、金汞齐 AuHg、银汞齐 AgHg)，改变了金属的物理化学性能(如降低强度)。当有空气或水时，汞齐中的金属会发生氧化反应或电化学反应且反应速度会很快，产生腐蚀。单质汞的渗透作用使金属脆化，单质汞与金属的电势差造成电偶腐蚀。所有腐蚀都在汞润湿金属前提下发生且每一种腐蚀速率的控制因素不一样：汞齐化受原子扩散控制；汞齐化腐蚀受电化学反应控制；液态金属脆化受外界应力或残余的正应力控制；电偶腐蚀是在特定的 Hg^{2+}与活泼金属接触条件下的电化学反应。

汞齐化：汞与金属反应过程为汞齐化，产物为汞齐。汞与某些金属直接接触，汞原子开始在汞与金属接触的表面扩散，降低局部金属原子之间的键能。某些金属表面存在着致密的氧化膜阻止液态汞与基体金属接触，但是汞蒸气可以穿过氧化膜冷凝并溶解在基体金属中，一般来说设备在运行过程中其表面的氧化膜容易破裂，液态汞便可直接与基体金属接触。

汞齐化腐蚀：汞与某些金属形成汞齐后，一种情况是在有水的条件下，汞齐中的活泼金属发生电化学反应，活泼金属失去电子，以离子态溶解在溶液中，同时置换出水中的氢，要在室温自发发生这个反应必须满足两个条件：①必须有水存在；②基体金属电位序必须排在镍之前。另一种情况是在有氧环境中，汞齐中的活泼金属发生氧化反应。

液态金属脆化：液态汞渗透进固态金属的晶间并溶解晶界，导致晶粒之间的结合力减弱，表现为固态金属断裂应力降低，在受到外界应力或残余正应力作用下，裂纹沿晶界界面扩散，其裂纹扩展速率非常快。液态金属脆化发生条件：①金属表面无氧化膜或其他化合物覆盖；②在有拉应力存在条件下；③温度必须高于汞的熔点，即汞需呈液态时才能发生。

电偶腐蚀：当 Hg^{2+} 与其他活泼金属接触时，Hg^{2+} 易得电子形成汞单质并沉积在金属表面，活泼金属失电子溶解在溶液中。只有当 Hg^{2+} 存在时才会存在这种腐蚀形式。

1) 汞对铝的腐蚀机理

天然气处理厂中的冷箱材料主要是铝合金，冷箱的冷端物流工作温度一般在–30℃以下，原料气中的汞在低温环境下转变为液态，容易沉积在冷箱中，对冷箱造成严重腐蚀。

在潮湿的环境下，汞齐的形成会促进铝的氧化反应，反应见式(1.11)，与此同时汞齐中的汞与铝形成一个个小原电池，发生电化学反应，反应见式(1.12)。

$$4AlHg + 3O_2 + 2nH_2O \longrightarrow 2Al_2O_3 \cdot nH_2O + 4Hg \tag{1.11}$$

$$2AlHg + 6H_2O \longrightarrow 2Al(OH)_3 + 3H_2\uparrow + 2Hg \tag{1.12}$$

在有液态汞沉积时，单质汞可能引起铝发生液态金属脆化断裂，其实质是汞沿着铝的晶界渗入金属铝母材，破坏了金属铝的晶格结构，使其塑性或强度下降，最终使其表面细微的腐蚀裂纹迅速扩大，最终导致铝制设备破裂失效。图 1.13 中(a)为透平膨胀机叶轮被汞脆化，图 1.13 中(b)为铝制换热器产生的液态金属汞脆化裂纹。

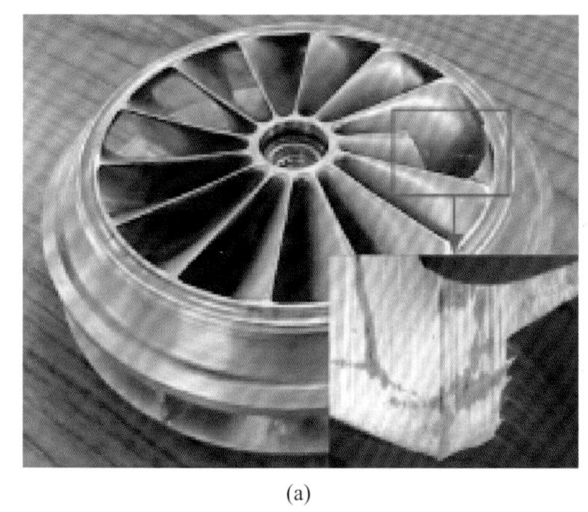

(a)

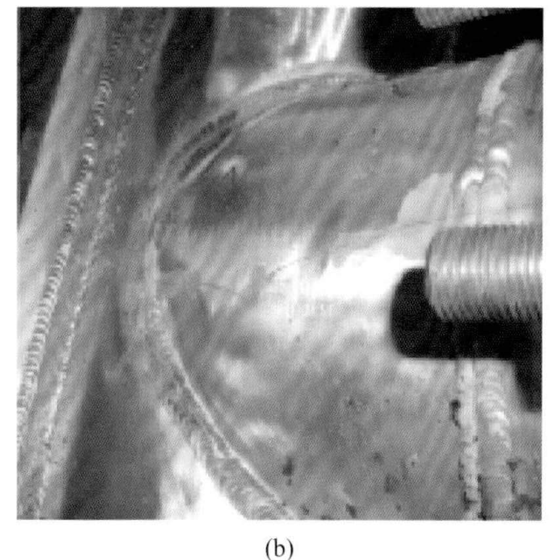

(b)

图 1.13　铝制设备破裂

一般铝制设备的腐蚀是汞齐化腐蚀和液态金属脆化共同作用的结果，图 1.14 为一铝制设备发生两种腐蚀的情况，表面白色的粉末是汞齐化腐蚀产物，即三氧化二铝及氢氧化铝的腐蚀产物，产生的裂纹是液态金属脆化的结果。这也说明了由汞腐蚀造成铝质设备破坏的外表面形式一般为破裂，而不是表面上的溶解和穿孔。

2) 汞对铜的腐蚀机理

汞与铜形成汞齐后，有水存在的情况下，汞齐中的铜将与水反应而被腐蚀，反应见式(1.13)。

$$CuHg + 2H_2O \longrightarrow Cu(OH)_2 + Hg + H_2\uparrow \tag{1.13}$$

在 18℃时，汞对铜腐蚀总反应的焓差 ΔH 和吉布斯自由能差 ΔG 分别为+125.35kJ/mol

和+116.73kJ/mol。其焓差和吉布斯自由能差均为正数且值较大，表明汞对铜的腐蚀需要较高的温度，同时还要有稳定的热量输入，否则汞不会腐蚀铜。

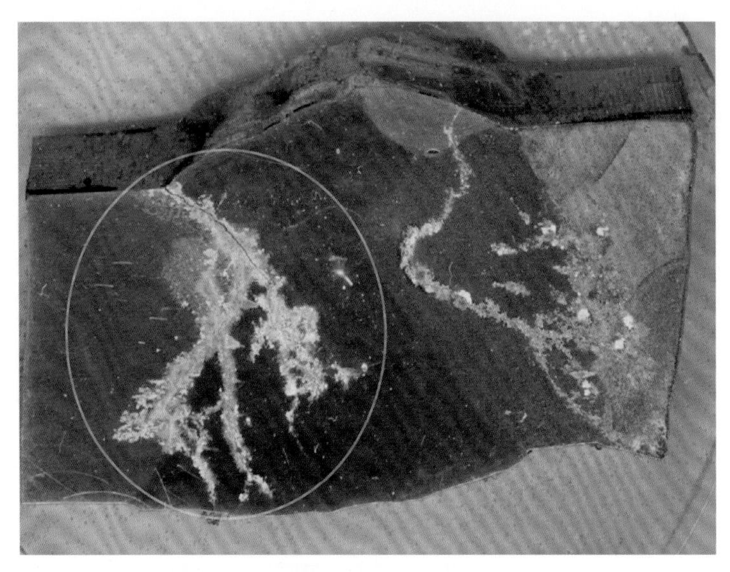

图 1.14　换热器被汞腐蚀和脆化的图片

在含汞的环境中黄铜易发生液态金属脆化，其腐蚀实质与铝相同，汞渗透进铜的晶间，造成金属塑性降低，发生脆化。图 1.15 为黄铜温度计在有汞存在的腐蚀环境下发生脆裂。有研究表明具有高度应力的黄铜在汞盐中只要几秒钟就会断裂。

图 1.15　黄铜温度计发生破裂宏观形貌

3) 汞对碳钢的腐蚀

汞与铁形成铁汞齐后，有水存在的情况下，汞齐中的铁将与水反应而被腐蚀，反应见式(1.14)。18℃时，汞在铁中的溶度积仅为 1.0×10^{-19}，这表明铁汞齐很难生成，故汞对铁的腐蚀性极其微弱，所以以碳钢为主体材质的管道和设备不易发生汞腐蚀。

$$3FeHg + 4H_2O \longrightarrow Fe_3O_4 + 4H_2 \uparrow + 3Hg \tag{1.14}$$

4) 汞对不锈钢的腐蚀

不锈钢中成分除了铁以外还含有其他金属元素以提高其强度及耐腐蚀性，如铬、镍。不锈钢的汞腐蚀主要是汞与不锈钢中这些金属形成汞齐后降低不锈钢耐腐蚀性能的结果，产生的点蚀如图 1.16 所示。其腐蚀机理主要是因为表面致密的氧化膜(Cr_2O_3)破裂，汞会与铬在常温下形成汞齐，在有游离水的条件下，汞齐中的铬与汞形成原电池，发生电化学反应，促进铬的氧化及铬在汞中的溶解，反应见式(1.15)。不锈钢中的镍元素可以提高不锈钢在高温卤素环境中的防腐性能，但汞在高温时易与镍形成汞齐，在有游离水的条件下，汞齐中的镍与汞形成原电池，发生电化学反应，促进镍的氧化和镍在汞中的溶解，反应见式(1.16)。

$$2CrHg + 3H_2O \longrightarrow Cr_2O_3 + 3H_2 \uparrow + 2Hg \tag{1.15}$$

$$Ni + H_2O \longrightarrow NiO + H_2 \uparrow \tag{1.16}$$

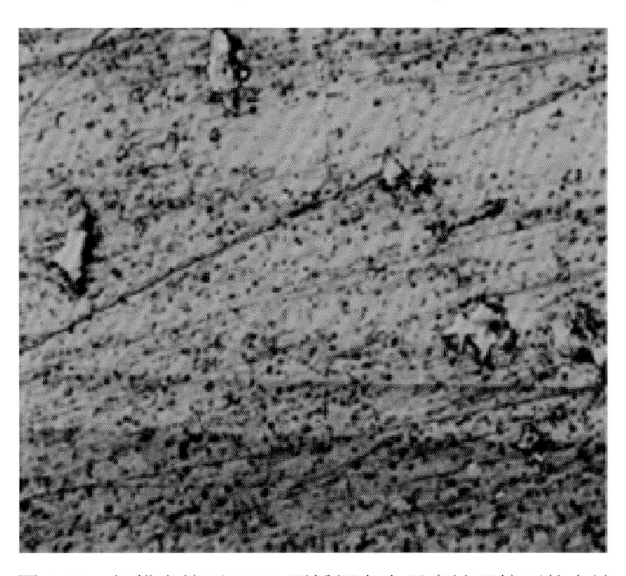

图 1.16 扫描电镜下 316L 不锈钢在含汞腐蚀环境下的点蚀

汞对不同金属的腐蚀程度有很大的差异，汞对铝制设备的腐蚀极为严重，对碳钢和不锈钢为材质的管道和设备腐蚀较轻微，应当关注汞腐蚀累积效应引发汞腐蚀事故的可能性。

1.4 天然气中汞的地质分布与成因

1.4.1 天然气中汞的地质分布

1. 国外天然气中汞的分布

国外不同地区的天然气汞含量差异较大，高含汞天然气主要出现在欧洲、北非、东南亚和南美等区域，见表 1.17 和图 1.17。欧洲天然气汞含量相对较高，在德国北部，天然气汞含量高达 1500～4350μg/m^3 [7]。荷兰格罗宁根(Groningen)气田是著名的高含汞气田，其天然气汞含量平均为 180μg/m^3 [8]，年回收液态汞 6500kg[9]。1983 年，在克罗地亚波德拉维纳(Podravina)地区生产的天然气也发现具有较高的汞含量，天然气汞含量在 200～2500μg/m^3 [10]。

表 1.17　国外天然气汞含量数据表

区域	国家	气田/地区	天然气汞含量/(μg/m^3)
欧洲	德国	德国北部	1500～4350
	荷兰	格罗宁根(Groningen)	180
	克罗地亚	波德拉维纳(Podravina)	200～2500
非洲	埃及	卡斯尔(Qasr)	75～175
	阿尔及利亚	—	50～80
	尼日利亚	尼日尔三角洲(Niger Delta)	10
东南亚	泰国	泰国湾(Gulf of Thailand)	100～400
	印度尼西亚	阿隆(Arun)	180～300
	马来西亚	—	1～200
南美	—	—	50～120
北美	美国	美国东部管道(eastern US pipeline)	0.019～0.44
		美国西部管道(midwest US pipeline)	0.001～0.10
		墨西哥湾(Gulf of Mexico)	0.02～0.4
中东	伊朗	—	1～9

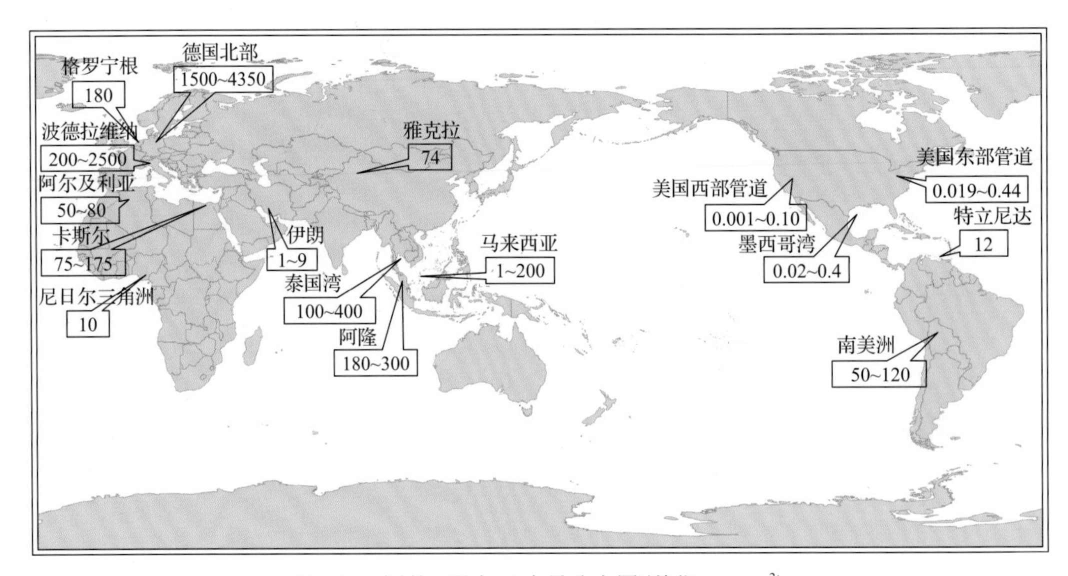

图 1.17　国外天然气汞含量分布图(单位：μg/m^3)

北非天然气汞含量也比较高，埃及 Khalda 石油公司的 Salam 天然气处理厂入口天然气汞含量介于 75～175μg/m³ [11]，阿尔及利亚天然气汞含量在 50～80μg/m³。非洲中部尼日利亚尼日尔三角洲地区天然气汞含量在 10μg/m³ 左右。

东亚和东南亚地区天然气汞含量比较高。泰国湾盆地天然气也具有较高的汞含量。根据 Wilhelm 于 1995 年的统计，泰国湾地区天然气汞含量在 100～400μg/m³ [12]。印度尼西亚阿隆(Arun)凝析气田天然气汞含量为 180～300μg/m³ [13,14]。Sainal 等[15]于 2007 年报道了马来西亚地区的天然气汞含量也比较高，在 1～200μg/m³。

南美地区的天然气也具有一定的汞含量，天然气汞含量介于 50～120μg/m³ [15]。

北美和中东地区天然气汞含量较低。美国东部管道天然气汞含量在 0.019～0.44μg/m³，美国西部管道天然气汞含量在 0.001～0.10μg/m³ [14]。美国墨西哥湾地区的天然气汞含量在 0.02～0.4μg/m³。伊朗天然气汞含量在 1～9μg/m³ [16]。

2. 中国天然气中汞的分布

中国天然气中汞的分布也明显具有地域性。李剑等[17]于 2012 年对中国陆上八大含气盆地 500 多口气井开展了天然气汞含量检测与分析，发现中国天然气汞含量最高为 2240μg/m³，最低小于 0.01μg/m³。松辽盆地和塔里木盆地是中国高含汞天然气的主要分布区，很多气井天然气汞含量超过了 500μg/m³。渤海湾盆地、鄂尔多斯盆地、准噶尔盆地和柴达木盆地天然气也含有一定量的汞，很多气井天然气汞含量超过了 50μg/m³。四川盆地和吐哈盆地则相对较低，天然气汞含量在 0～42μg/m³ [17](表 1.18 和图 1.18)。

表 1.18 中国八大含气盆地天然气汞含量

盆地名称	天然气汞含量/(μg/m³)	
	最低值	最高值
松辽盆地	＜0.01	2240
塔里木盆地	＜0.01	1500
渤海湾盆地	0.20	230
鄂尔多斯盆地	0.05	210
准噶尔盆地	1.7	110
柴达木盆地	＜0.01	72
四川盆地	＜0.01	42
吐哈盆地	0.053	0.275

中国天然气汞含量差异不仅体现在不同含气盆地之间，就是同一盆地不同构造部位也有很大不同。下面以四川盆地和辽河拗陷为例进行说明。四川盆地位于中国中部，扬子准地台的西北部，面积约 18.8×10⁴km²，是一个在中、上元古界变质基底之上发育的多旋回克拉通盆地[18]。盆地发育了震旦纪到中三叠世海相地层沉积及晚三叠世至第四纪的陆相地层沉积，形成多套含气层系，天然气资源非常丰富。四川盆地按照断褶构造的发育程度大致可分为川东高陡断褶构造区、川南中—低缓断褶构造区和川西中—低缓断褶构造区。李剑等[17]于 2012 年对该盆地 106 口气井的汞含量分析数据表明虽然四川盆地天

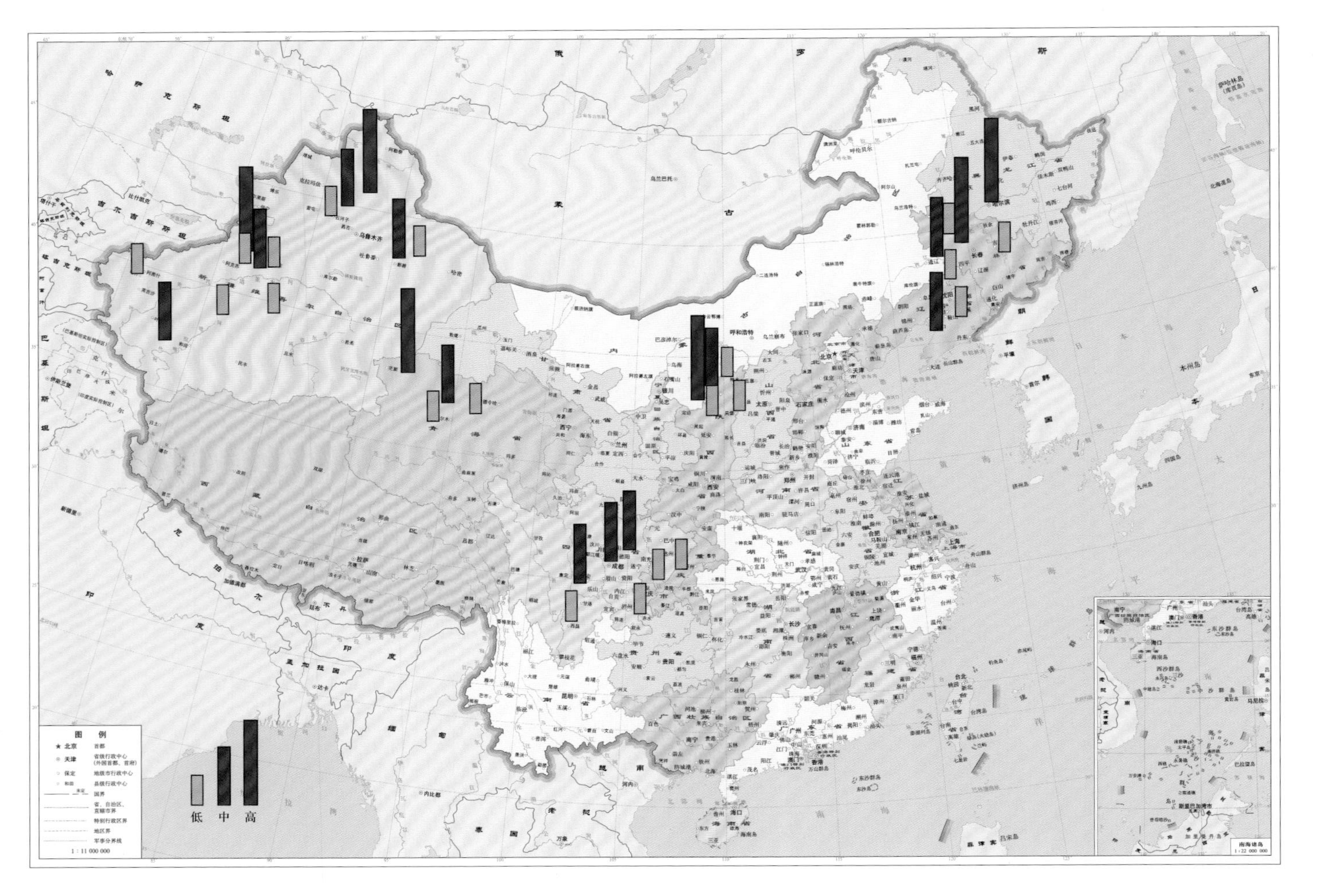

图 1.18　中国不同盆地天然气汞含量分布

然气汞含量整体不高，但不同地区的差异非常明显(图 1.19)。川西中—低缓断褶构造区及川中平缓构造区构成了该盆地前陆区主体[19]，这一地区天然气汞含量远高于川南和川东地区，天然气汞含量介于 5～50μg/m^3，川南和川东地区天然气汞含量一般不超过 5μg/m^3。四川盆地天然气汞含量在不同类型沉积地层中的分布不同，陆相地层中天然气汞含量总体要高于海相地层。多口气井的天然气汞含量数据表明，在陆相地层中天然气汞含量介于 5～50μg/m^3 的气井占 51%，介于 0.5～5μg/m^3 的气井占 22%，介于 0～0.5μg/m^3 的气井占 27%；在海相沉积地层中，没有天然气汞含量超过 5μg/m^3 的气井，0.5～5μg/m^3 的气井占 26%，0～0.5μg/m^3 的气井占 74%，见图 1.20。

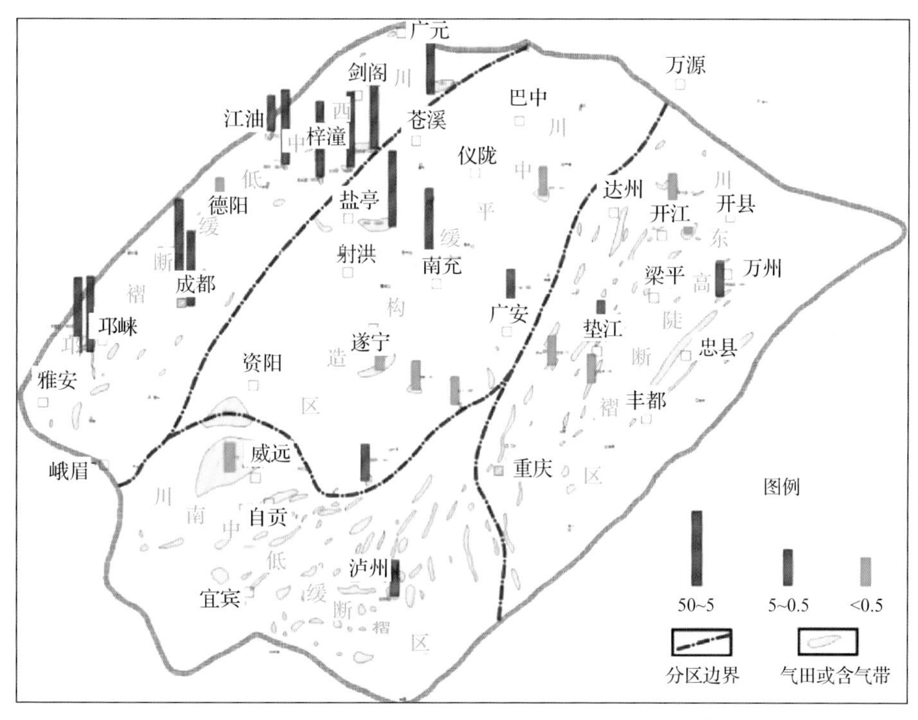

图 1.19　四川盆地天然气汞含量分布(单位：μg/m^3)

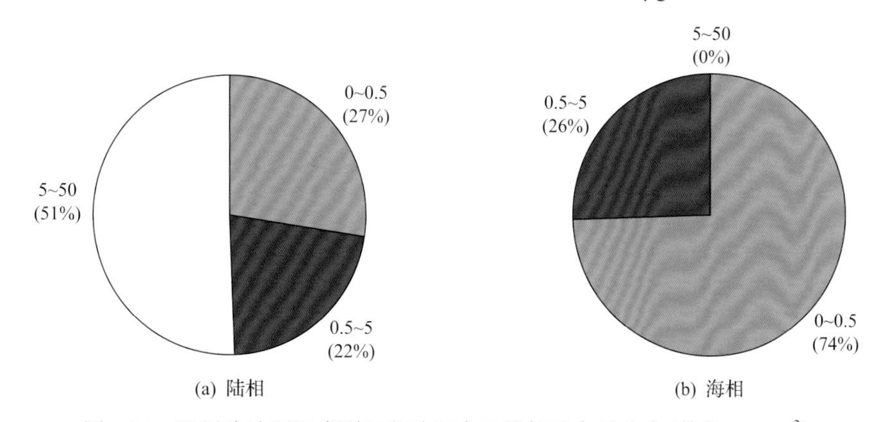

图 1.20　四川盆地不同类型沉积地层中天然气汞含量分布(单位：μg/m^3)

辽河拗陷是在古隆起背景上发育起来的新生代大陆裂谷部分，属渤海湾裂谷系的北部分支，断裂活动和断块活动是该区基本的运动形式，从古新世至今发育多期的岩浆活动[20]。在陆地上辽河拗陷可划分为 6 个三级构造单元，其中，负向单元有西部凹陷、东部凹陷和大民屯凹陷；正向单元有西部凸起、东部凸起和中央凸起(图 1.21)。韩中喜等于 2012 年对辽河拗陷天然气中汞的分布进行研究[21],发现辽河拗陷天然气汞含量总体偏低，12 口井汞含量算术平均值为 3.08μg/m^3，大部分属于低含汞天然气(表 1.19)，但辽河拗陷不同天然气井汞含量差异很大。总体上，西部凹陷的欢喜岭地区明显偏高，尤其是齐 2-2-012 井汞含量高达 31.1μg/m^3，高升、兴隆台和热河台地区汞含量相对很低。

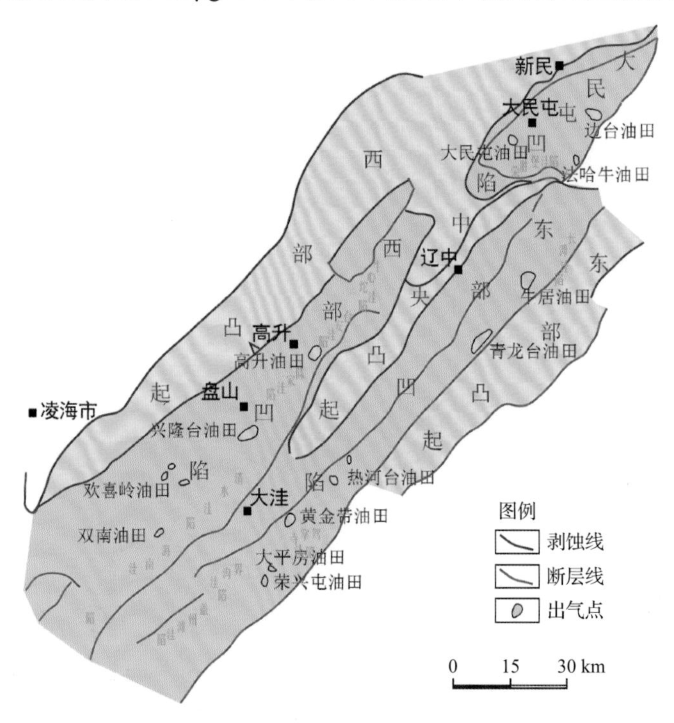

图 1.21　辽河拗陷构造划分及出气点分布示意图

表 1.19　辽河拗陷不同地区各井汞含量数据表

采样地点	井号	层位	岩性	产层深度/m	天然气汞含量/(μg/m^3)
高升	高 3-5-051	E_2s^3	砂岩	1442～1469	0.025
	高 2-4-06	E_2s^3	砂岩	1434～1497	0.015
	高 3-4-42	E_2s^3	砂岩	1400～1469	<0.01
兴隆台	兴气 12	E_3s^1	砂岩	1818～1835	<0.01
欢喜岭	齐 2-20-012	E_2s^3	砂岩	3018～3045	31.1
	双 31-24	E_3s^2	砂岩	2460～2498	2.98
	双 32-24	E_3s^2	砂岩	2351～2404	1.59
热河台	热 1003c	E_3d	砂岩	1475～1479	0.028
	热气 2	E_3s^1	砂岩	1594～1661	<0.01
黄金带	大 4	E_2s^3	砂岩	2079～2095	0.513
荣兴屯	荣 151-24	E_3s^2, E_3d^3	砂岩	1715～2124	0.623
	荣 151-26	E_3d^3	砂岩	1960～1983	0.071

1.4.2　天然气中汞的成因

很多学者就天然气中汞的成因做过大量探索，但由于缺乏综合性研究，观点尚存在分歧。Bailey 等认为位于加利福尼亚州 San Joaquin Valley 原油中的汞为热液成因，其根据是在 San Joaquin Valley 地区热液汞矿与含汞原油存在着某种联系[22]。戴金星在总结了国内外研究成果基础上，认为天然气中汞的成因主要有两种假说[23]：一是煤系成因说，一是岩浆成因说。煤系成因说认为天然气中的汞主要来自煤层，汞在煤生烃过程中被释放出来；岩浆成因说认为天然气中的汞主要来源于岩浆，汞随岩浆的脱气作用一起运移并进入气藏。Zettlitzer 等认为位于北德 Rotliegand 砂岩储集层天然气中的汞来源于其下方的火山岩[7]。Frankiewicz 等认为泰国湾天然气中的汞与靠近产层的煤和碳质页岩有关[24]。韩中喜等认为辽河拗陷天然气中的汞主要与气源岩的热演化程度有关[21]。刘全有认为塔里木盆地天然气中汞含量主要与天然气成因类型、沉积环境、构造活动和火山活动有关[25]。涂修元认为天然气中的汞含量与油气的成熟度有密切关系[26]。

李剑等在天然气汞含量检测数据和实验室模拟数据的基础上对天然气中汞的成因做了进一步分析，其基本观点为天然气中的汞主要来自气源岩，随着埋藏深度的增加，地层温度不断升高，在热力的作用下气源岩中的汞随生成的烃类气体一起进入气藏，天然气汞含量与天然气成因类型、产层深度和储层条件等因素有关[17,27]。

1. 天然气汞含量与成因类型

天然气按照成因类型可以分为两大类，即无机气和有机气，其中有机气按成熟度可分为生物气、热解气和裂解气，按生气母质类型又可分为油型气和煤型气[28]。无机气如松辽盆地南部万金塔气藏，生物气如柴达木盆地涩北气田，煤型气和油型气涵盖了中国陆上大部分含气盆地。由表 1.20 可以看出，无机成因的万金塔气田[29]汞含量很低，被检测的多口气井汞含量均小于 0.01μg/m^3。在有机气中，生物气汞含量最低，通常小于 0.039μg/m^3。在热演化程度较高的煤型气和油型气中，煤型气汞含量介于 0.018～2240μg/m^3，油型气汞含量小于 28μg/m^3。

表 1.20　不同成因类型天然气汞含量数据表

天然气类型		汞含量/(μg/m^3)
无机气	纯二氧化碳气	＜0.01
有机气	生物气	＜0.039
	煤型气	0.018～2240
	油型气	＜28

韩中喜等于 2012 年通过对中国八大含气盆地中的 500 多口气井的汞含量分析发现，只有 5%左右的油型气汞含量介于 10～30μg/m^3，10%左右介于 5～10μg/m^3，85%的油型气汞含量均小于 5μg/m^3；煤型气汞含量大于 30μg/m^3 和小于 5μg/m^3 的各占 30%左右，介于 10～30μg/m^3 和 5～10μg/m^3 的各占 20%左右。煤型气汞含量算术平均值约 30μg/m^3，油型气汞含

量算术平均值则只有 3μg/m^3，煤型气汞含量总体要高出油型气一个数量级(表 1.21)。

表 1.21 煤型气和油型气天然气汞含量分布统计

汞含量范围/(μg/m^3)	煤型气汞含量分布/%	油型气汞含量分布/%
<5	30	85
5～10	20	10
10～30	20	5
>30	30	0

戴金星于 1984 年对国内外 12 个盆地(四川盆地、渤海湾盆地、鄂尔多斯盆地、江汉盆地、南襄盆地、苏北盆地、琼东南盆地、松辽盆地和中欧盆地、北高加索盆地、卡拉库姆盆地及德涅泊-顿涅茨盆地)的煤型气和油型气汞含量进行统计分析[30]，发现煤型气汞含量介于 0.01～3000μg/m^3(表 1.22)，算术平均值为 79.6μg/m^3，油型气汞含量介于 0.004～142μg/m^3(表 1.23)，算术平均值为 6.88μg/m^3，煤型气汞含量算术平均值是油型气的 11.6 倍。

表 1.22 国内外煤型气中汞含量[30]

盆地	气(油)田	产层	汞含量/(ng/m^3)	盆地	气(油)田	产层	汞含量/(ng/m^3)
四川盆地	中坝	$T_3x^{2\text{-}3}$	1700~5000 4502(31)	鄂尔多斯盆地	胜利井	P_1x	936~48000 24468(2)
	八角场	T_3h	50~18143 6976(7)	卡拉库姆盆地	加兹里	K_1	<4800
	文兴场	T_3x^{3+4}	5067		乌奇克尔	K	100~1500 800(2)
	大兴场	$T_3x^{2\text{-}3}$	600~12500 6656(3)	北高加索盆地	拉夫宁气田	J_2(II层)	800~5900 3350(2)
	玉泉	T_3x^4	5200~18150 11675(2)		斯捷普气田	J_2(II层)	270~2000 1135(2)
	孝泉	T_3x^4	6500~8300 7400(2)	德国西部(中欧)盆地	格罗宁根气田	P_1	18000
	遂宁-磨溪	T_3h	463~9472 3119.3(4)		武斯特洛夫气田等	P_1	1000000~3000000 2000000(2)
渤海湾盆地	文留	Es^4	1110~51100 26105(2)		阿纳文气田	C	300000
						T_1	200000
	苏桥	O	199000~204000 201500(2)		戈利坚什捷德特气田	C	340000
	深县西	O	180000~254000 217000(2)		南巴仑博尔斯特尔气田	T_1	240000
琼东南盆地	崖 13-1	E	43000~45000 44000(3)		北巴仑博尔斯特尔气田	T_1	450000

续表

盆地	气(油)田	产层	汞含量/(ng/m³)	盆地	气(油)田	产层	汞含量/(ng/m³)
德国西部(中欧)盆地	林根气田	—	100000	德涅泊-顿涅茨盆地	彼烈舍皮诺气田	C_{1-2}	140~600 / 297(3)
	奥斯特鲁夫-大波尔斯基气田	P_1	10000~900000 / 455000(2)		普罗列塔尔气田	C_{1-2}	200~900 / 490(5)
	巴里延气田	T_1	30000		马舍夫气田	C_3	100
	亨格斯特拉格气田	T_1	15000		加佳奇气田	C_1	1500
德涅泊-顿涅茨盆地	谢别林卡气田	P_1	220~1300 / 760(2)		奥波什尼杨气田	C_1	5000
		C_3	10~4000 / 9118				

注：分子为范围值，分母为平均值，括号内为样品数，下同。

表 1.23　我国油型气中汞含量

盆地	气(油)田	层位	汞含量/(ng/m³)	盆地	气(油)田	层位	汞含量/(ng/m³)
四川盆地	中坝	T_2r	41~1446 / 690(8)	渤海湾盆地	卫城	Es^{1-2}	273
	八角场	Jt^4	1097~5492 / 690(8)		濮城	Es^2上	431~905 / 668(2)
	遂宁-磨溪	Tc^2	438~529 / 483(2)			Es^2	140000
	河湾场	P	100~401 / 218(5)		柳泉	Es	147~637 / 424(3)
	邓井关	T_1c	500~1200 / 244(7)		别古庄	Es^4	500
	威远	Z_1b	10~805 / 117(9)		八里庄西	—	142000
	卧龙河和相国寺	C_2	4~3000 / 209(6)	鄂尔多斯盆地	马家滩	T	75~875 / 475(2)
	自流井和观音场	P_1	100~6300 / 447(10)		红井子	J	3940
江汉盆地	王场	E_3	170~450 / 310(2)	松辽盆地	红岗、木头、新业	K_1	35~3270① / 537(73)
	广华寺	E_3	340		红岗	K_2	270~460 / 367(3)
苏北盆地	刘庄气藏	E_2	98~271 / 185(4)	南襄盆地	双河镇	E_3	15~3500 / 526(65)
	天长油藏	E_2	338~410 / 374(2)		下二门	E_3	11~307 / 69(20)
	真武寺	E_3	199~373 / 310(3)				

① 几何平均值，其他为算术平均值。

煤型气汞含量较高与成气母质腐殖质对汞具有很强的吸聚能力有关。腐殖质胶体汞吸附量平均为 3～4g/kg，在相同的地质环境中比其他胶体的吸附量都高。在土壤和沉积物中腐殖质含量的多少决定着含汞量的高低。例如，腐殖泥含汞量高达 1000μg/kg 以上，而一般淡水沉积物含汞量仅为 73μg/kg；腐殖泥较多的森林土壤含汞量为 100～290μg/kg，而一般土壤含汞量则为 10～50μg/kg；煤的含汞量平均不低于 1000μg/kg，而一般泥岩和页岩含汞量只有 150～400μg/kg；煤型气的母质腐殖质有机质含汞量明显高于其他沉积物载体[23]。

煤型气汞含量分布范围大，但这并不意味着所有的煤型气均具有较高的汞含量，煤型气汞含量介于 0～2240μg/m^3，这说明天然气汞含量并不完全取决于气源岩类型。

2. 天然气汞含量与产层深度

统计表明，中国天然气汞含量总体随产层深度的增加而变大，下面分别以吉拉克气田和双坨子气田为例说明。吉拉克凝析气田位于新疆维吾尔自治区巴音郭楞蒙古自治州轮台县城以南 50km 处的塔里木河北岸。该气田发育了三叠系、石炭系上下 2 套含油气层系，5 个凝析气藏，其中三叠系 4 个、石炭系 1 个[31]。三叠系 4 个凝析气藏分别位于 T_{II}^1、T_{II}^2、T_{II}^3、T_{II}^4 油层组，天然气类型为油型气[32]，本次研究对象是 T_{II}^1 油层组，检测结果见表 1.24。

表 1.24　吉拉克凝析气田天然气汞含量

井名	汞含量/(μg/m^3)	产层深度/m	产层深度中值/m	层位
JLK106	0.547	4321.5～4327	4324.3	T_{II}^1
LN58	1.579	4335.5～4339	4337.3	T_{II}^1
JLK102	1.670	4336～4342	4339.0	T_{II}^1
LN57	1.848	4338.5～4341.5	4340.0	T_{II}^1
JLK103	2.208	4341.5～4345	4343.3	T_{II}^1

从表 1.24 中可以看出，在检测的 5 口气井当中，天然气汞含量最高为 2.208μg/m^3，最低只有 0.547μg/m^3。从图 1.22 中可以看出，天然气汞含量与产层深度具有很好的正相关关系，汞含量随着产层深度的增加而逐渐增大，线性拟合相关系数可达 0.9882。

双坨子气田位于松辽盆地南部，是吉林油田开发史上第一个整装具有 $100\times10^8m^3$ 储量规模的纯气藏气田[33]，产气层位从登娄库组(K_1d)至姚家组(K_1y)均有分布。该气田位于松辽盆地中央凹陷区华字井阶地南部，整体表现为一被近南北向断层垂直切过的鼻状构造，深层介于长岭、伏龙泉断陷之间，浅层西为长岭凹陷，东为东南隆起区的登娄库背斜带，处于油气运聚的有利区带，天然气地质条件优越[34]。

根据气田生产实际情况和研究的需要，选取了该气田 7 口气井进行天然气汞含量检测，其中，中、浅层气井 2 口，深层气井 5 口。检测结果如表 1.25 所示，可以看出双坨子气田不同气井天然气汞含量差异大，最低只有 0.011μg/m^3，最高为 29.2μg/m^3，算术平均值为 17.6μg/m^3。

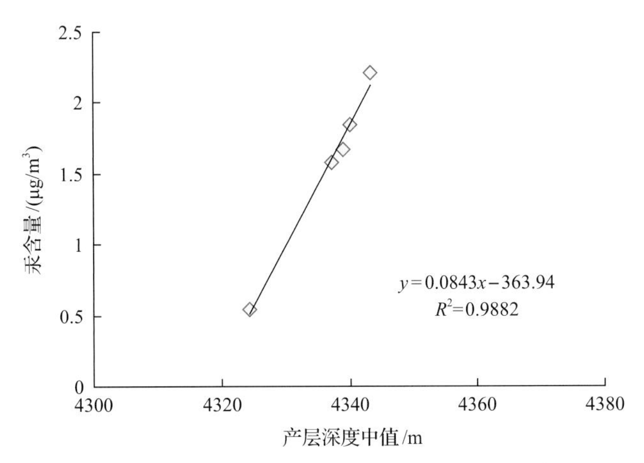

图 1.22　吉拉克凝析气田天然气汞含量随产层深度变化

表 1.25　双坨子气田部分气井天然气汞含量

井号	层位	层段/m	产层中深/m	汞含量/(μg/m³)
T3-10	K_2y^{2+3}	610.2～611.6	610.9	0.011
TA4-2	K_1q^3	1224.0～1230.2	1227.1	0.054
T113	K_1q^1	1950.0～1955.0	1952.5	17.4
T106	K_1q^1	1903.4～2060.8	1982.1	19.1
T17	K_1q^1	2046.0～2061.0	2053.5	28.2
T103	K_1q^1	2056.8～2073.0	2064.9	29.0
TS1	K_1q^1	2060.0～2072.6	2066.3	29.2

双坨子气田天然气汞含量同样也是随产层深度增加而不断增大(图 1.23)。两口中、浅层气井天然气汞含量平均仅为 0.033μg/m³，深层气井天然气汞含量平均为 24.6μg/m³，中、浅层天然气汞含量远低于深层天然气。

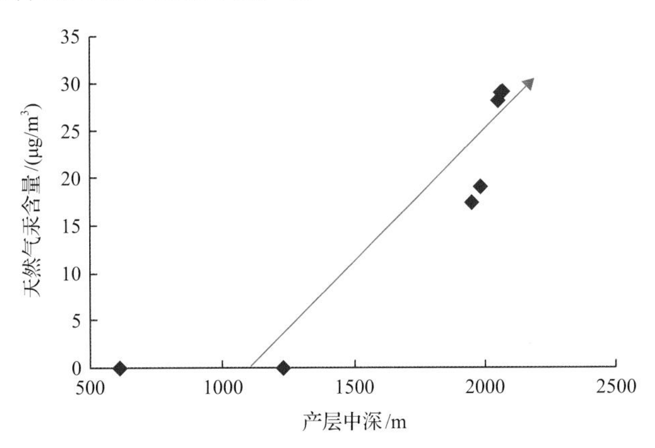

图 1.23　双坨子气田天然气汞含量随产层深度变化

3. 天然气中汞的来源

关于天然气中汞的来源还存在一定分歧，一部分学者认为天然气中的汞主要来自气源岩，一部分学者认为天然气中的汞主要来源于地球深部，如地幔。之所以存在这两种观点，是因为高含汞天然气均为煤型气，其形成的地质背景构造活动比较强，岩浆和断裂活动发育。为明确天然气中汞的来源，韩中喜等于 2012 年对松辽盆地的高含二氧化碳气井进行了天然气汞含量分析[21]。

松辽盆地是中国东部发育的中新生代大型裂谷盆地，盆地深层火山岩发育，天然气除含烷烃气外还含有较多的二氧化碳，部分气井二氧化碳含量甚至超过了 90%。很多学者都对松辽盆地深层二氧化碳的成因进行过探讨，比较统一的认识是松辽盆地深层二氧化碳气为幔源成因[35-37]。根据这一认识，如果说松辽盆地深层天然气中的汞为幔源成因，那么高含二氧化碳气井的天然气汞含量应该随二氧化碳含量的增加而增加。为了求证这一问题，选取松辽盆地深层 5 口高含二氧化碳气井作为研究对象，在进行天然气汞含量检测的同时也对天然气样品进行组分分析。检测结果显示天然气汞含量不仅没有随二氧化碳含量的增加而增加，反而是随二氧化碳含量的增加而逐渐下降，见图 1.24。这说明松辽盆地深层天然气中的汞主要来自气源岩。

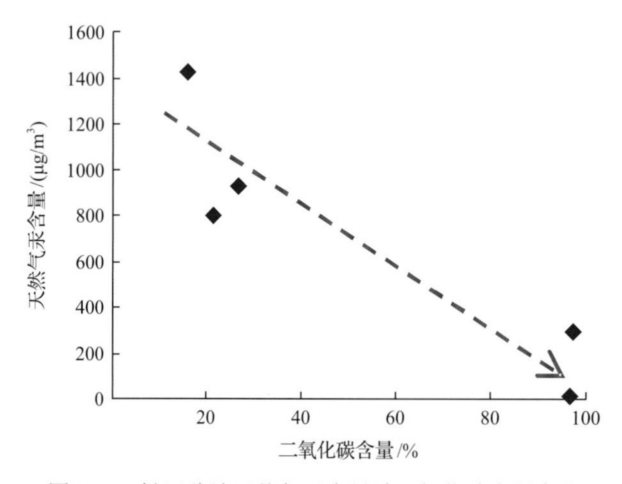

图 1.24　松辽盆地天然气汞含量随二氧化碳含量变化

大量的数据表明，作为生气母质的煤具备形成高含汞气田的条件。煤在热演化过程中不仅会释放出大量的烃类气体，还会释放气态汞。因此可以根据煤的产气率和汞含量计算其所形成的天然气汞含量。戴金星等[38]对中国不同地区的煤岩进行人工热模拟试验，得到了不同煤阶下煤的产气率，如表 1.26 所示。从表中可以发现，煤岩产气率随演化程度的增加而变大，到无烟煤阶段产气率可达 206～458m^3/t。Galbreath 等[39]和王起超等[40]曾对美国和中国不同产煤区中的煤岩汞含量进行过统计(表 1.27)，这些地区煤岩汞含量均在 0.003～2.9μg/g，若按照这两组数据，可得出煤岩以其自身的汞含量就可以形成 6.55～14077.67$\mu g/m^3$ 的天然气汞含量。在中国及世界范围内均未发现天然气汞含量超过此上限值(报道的世界最高天然气汞含量为位于德国北部的气田，大体在 1700～4350$\mu g/m^3$ [41])。由此推断，煤系烃源岩具备形成高含汞气田的物质基础。

表 1.26　中国不同地区煤岩产气率[42]

煤阶	镜质体反射率/%	煤岩产气率/(m^3/t)
褐煤	＜0.50	38～68*
长烟煤	0.50～0.65	42～99
气煤	0.65～0.90	45～126
肥煤	0.90～1.20	64～179
焦煤	1.20～1.70	86～244
瘦煤	1.70～1.90	124～298
贫煤	1.90～2.50	152～389
无烟煤	＞2.50	206～458

*褐煤的产气率（38～68m^3/t）系借用国外文献数据。

表 1.27　美国与中国不同产煤区煤岩汞含量[40,39]

地区	含量范围/(μg/g)	平均值/(μg/g)	地区	含量范围/(μg/g)	平均值/(μg/g)
Appalachian	0.003～2.9	0.20	黑龙江	0.02～0.63	0.12
Eastern Interior	0.007～0.4	0.10	吉林	0.08～1.59	0.33
Fort Union	0.007～1.2	0.13	辽宁	0.02～1.15	0.20
Green River	0.003～1.0	0.09	北京	0.06～1.07	0.28
Hams Fork	0.02～0.6	0.09	内蒙古	0.23～0.54	0.34
Gulf Coast	0.01～1.0	0.22	安徽	0.14～0.33	0.22
Pennsylvania Anthracite	0.003～1.3	0.18	江西	0.08～0.26	0.16
Powder River	0.003～1.4	0.10	河北	0.05～0.28	0.13
Raton Mesa	0.01～0.5	0.09	山西	0.02～1.59	0.22
San Juan River	0.003～0.9	0.08	陕西	0.02～0.61	0.16
South West Utah	0.01～0.5	0.10	山东	0.07～0.30	0.17
Uinta	0.003～0.6	0.08	河南	0.14～0.81	0.30
Western Interior	0.007～1.6	0.18	四川	0.07～0.35	0.18
Wind River	0.007～0.8	0.18	新疆	0.02～0.05	0.03

4. 天然气中汞的成因模式

汞要想从气源岩中释放出来，地层必须要具备一定的热力条件。韩中喜等[43]认为只有地层温度达到 110℃后，气源岩中的汞才开始大量释放出来，在地层温度较低时，气源岩不仅不能将汞释放出去，反而对汞有较强的吸附能力，这一点可以在所研究的 500 多口气井的统计数据中得到验证。从图 1.25 中可以看出，天然气汞含量总体随产层深度的增加而增大。当产层深度低于 1800m 时，天然气汞含量很低，一般不超过 2μg/m^3。根据我国目前的地温场，地温梯度在 1.9～3.5℃/100m[44]，在 1800m 埋藏深度下，地层温度大体在 48～88℃。在此温度下，天然气中的汞更倾向于吸附在有机质地层中，当汞在天然气和岩层之间的分配达到相对平衡状态时，进入到天然气中的汞将减少。

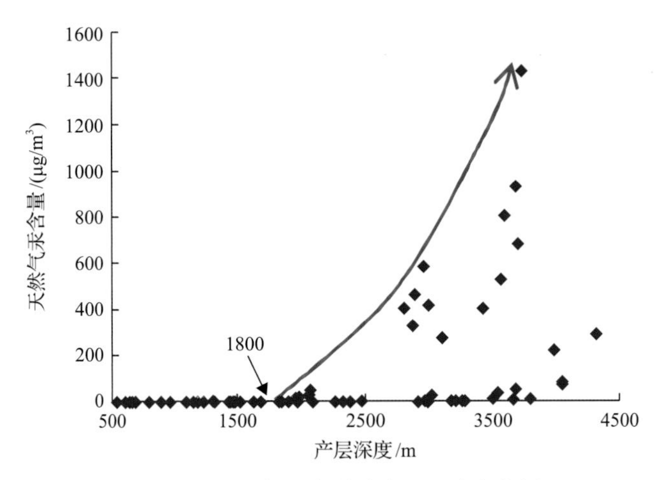

图 1.25　天然气汞含量随产层深度变化图

汞是亲硫元素，自然界中的朱砂矿就是汞与硫反应形成的。在碳酸盐岩储集层中，石膏等硫酸盐矿物在还原菌和热化学还原作用(TSR)下，氧化性的硫变成还原性的硫，如硫化氢、单质硫，以及噻吩、硫醇、硫醚等含硫化合物。当气体中的汞遇到还原性的硫时很容易被捕获形成硫化汞，硫化环境越强，天然气汞含量越低。四川盆地含硫化氢的天然气汞含量均未超过 5μg/m^3。渤海湾盆地王官屯构造王古 1 井尽管产层深度高达4515～4580m，但由于硫化氢含量高达 8.6%，因此天然气汞含量小于 0.01μg/m^3。

根据以上讨论可以发现，高含汞天然气的形成必须同时具备以下三个条件：①富含汞的气源岩，如煤或偏腐殖型气源岩；②充足的热力，气源岩温度高，汞容易从气源岩中释放出来；③必要的保存条件，储层硫化环境要弱，以防止汞与硫黄或硫化物发生反应。

根据汞在自然界中的循环过程和天然气的形成过程，可将天然气中汞的形成划分为五个演化阶段，即搬运、沉积、埋藏、释放和保存阶段。火山喷发物及各种岩石风化的产物是沉积地层中汞的原始来源(图 1.26 和图 1.27)，它们以各种形态被气流、水流等搬运进入湖泊或海洋中并沉积下来。在搬运和沉积过程中，由于有机质胶体对汞具有较强的吸附能力，汞在有机物中富集并埋藏下来。随着埋藏深度的增加和地层温度的不断升高，汞在热力的作用下随生成的天然气一起从气源岩中释放并在合适的圈闭中聚集得以保存。

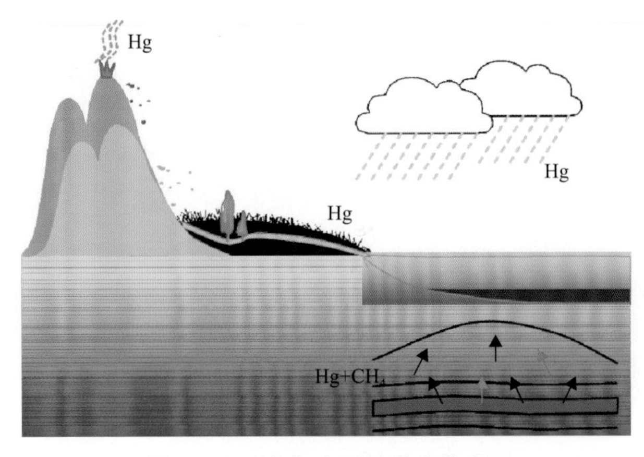

图 1.26　天然气中汞的形成模式图

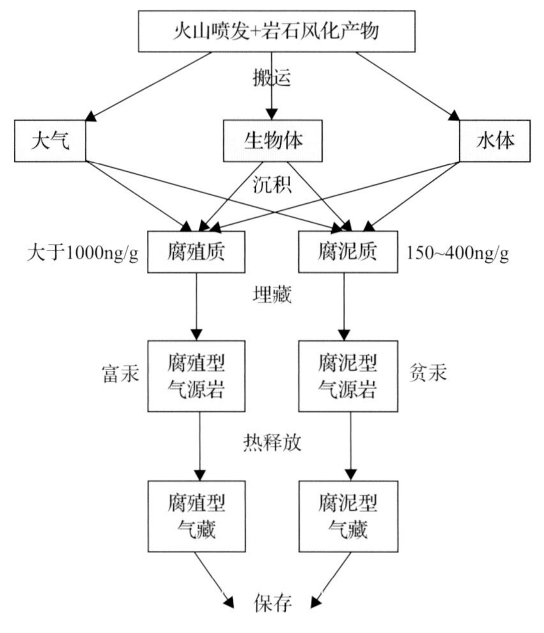

图 1.27　天然气中汞的形成阶段

1.5　天然气生产过程中汞的分布

天然气生产过程包括天然气集输过程和天然气处理过程，汞在天然气集输和处理过程中的分布存在很大不同，即使是在天然气处理过程中，由于天然气处理工艺的不同，汞在天然气处理过程中的分布也存在很大差异。

1.5.1　天然气集输过程中汞的分布

当天然气进入到集输管线，由于管道壁对汞的吸附，天然气汞含量会出现下降的现象[8]。Grotewold 等报道一段长度为 110km 的管线，天然气汞含量从 $50\mu g/m^3$ 下降至 $20\mu g/m^3$ [45]，天然气汞含量下降幅度受管壁粗糙程度和黏附力的影响。Leeper 认为微量的硫化氢是汞与管道内壁上氧化铁反应[式(1.17)]的催化剂，形成的硫化汞沉淀[式(1.18)]会吸附到管道内壁上，该化学反应是导致天然气汞含量下降的原因[46]。

$$H_2S + Fe_2O_3 \longrightarrow 2FeO + S + H_2O \tag{1.17}$$

$$S + Hg \longrightarrow HgS \tag{1.18}$$

管道对汞的吸附是一个动态平衡过程。当高含汞天然气通过一段管道时，管道内壁会吸附天然气中的汞，直至管道内壁吸汞达到饱和。

对于某一段天然气管线来说可能需要数月或者数年才能达到汞吸附饱和，而在吸附汞后可能需要数月才能将汞释放干净。国外某天然气处理厂安装脱汞塔后，管线末端(420km)处的汞含量需要 60d 的时间才从 $580\mu g/m^3$ 下降至 $0\mu g/m^3$ 附近，如图 1.28 所示。

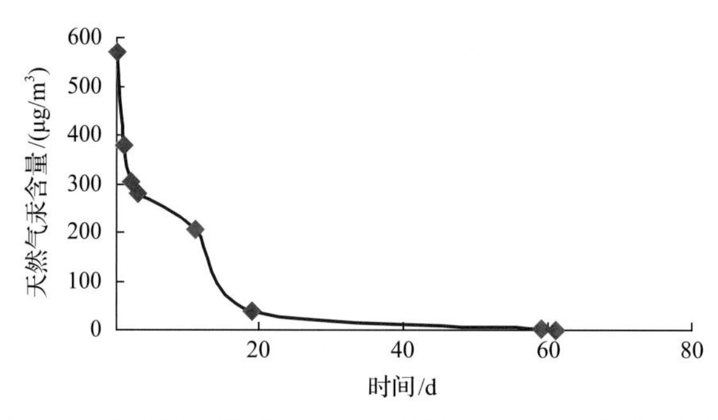

图 1.28　安装脱汞塔后 420km 处管道天然气汞含量监测数据

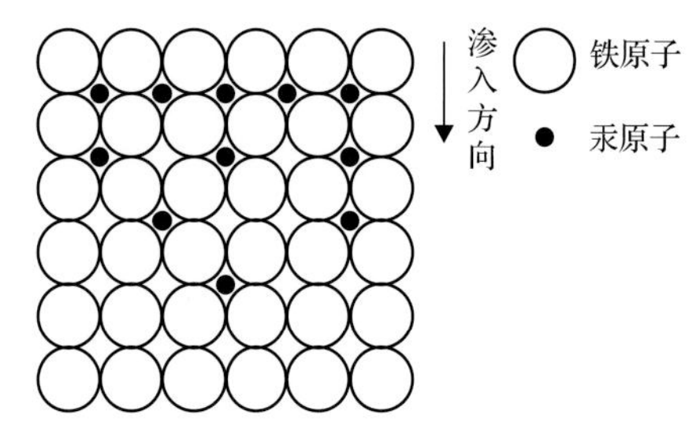

图 1.29　汞原子向金属晶格渗透示意图

Mussig 和 Rothmann[47]认为汞会渐渐吸附到钢的表面上并且缓慢渗入到微裂缝和孔隙中，原因可能是汞可以沿着颗粒边界进入金属晶格(图 1.29)。在高压作用下汞可以深入金属内部 0.5mm，钢中的汞含量从内壁表皮 0.8mg/kg 下降至 0.1mg/kg(表 1.28)。

表 1.28　管壁表层不同深度中汞含量

深度/mm	汞含量/(mg/kg)
0～0.3	0.8
0.3～0.4	0.2
0.4～0.5	0.1

Mussig 和 Rothmann[47]认为很难建立管道壁汞含量与操作条件的关系，如流速、温度、压力、钢材成分、气体组成等。但监测数据可帮助认识管道对汞的吸附能力。图 1.30 是对某管线天然气汞含量检测的结果，可以看出天然气汞含量在 A 站为 1060μg/m^3，至 25km 后的 B 站后下降至 139μg/m^3，再经过 73km 后至 E 站，天然气汞含量下降至 97μg/m^3。

对中国西气东输管线上不同站点处的天然气汞含量进行检测发现，在西气东输首站天然气汞含量为 10.6μg/m^3，在郑州输气站天然气汞含量降至 0.057μg/m^3，至上海输气站后进一步降至 0.01μg/m^3 以下(图 1.31)。

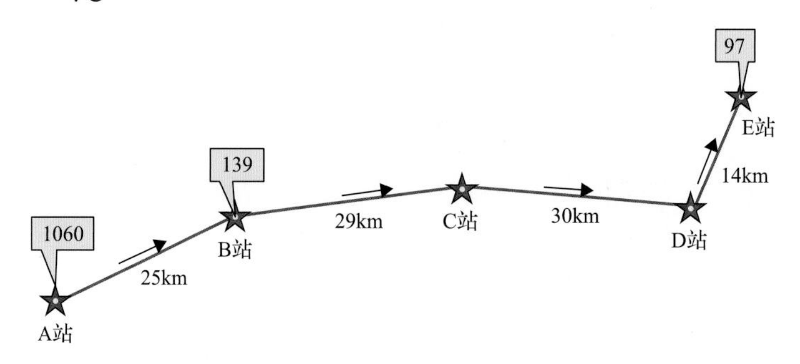

图 1.30　某管线天然气汞含量变化(单位：μg/m^3)

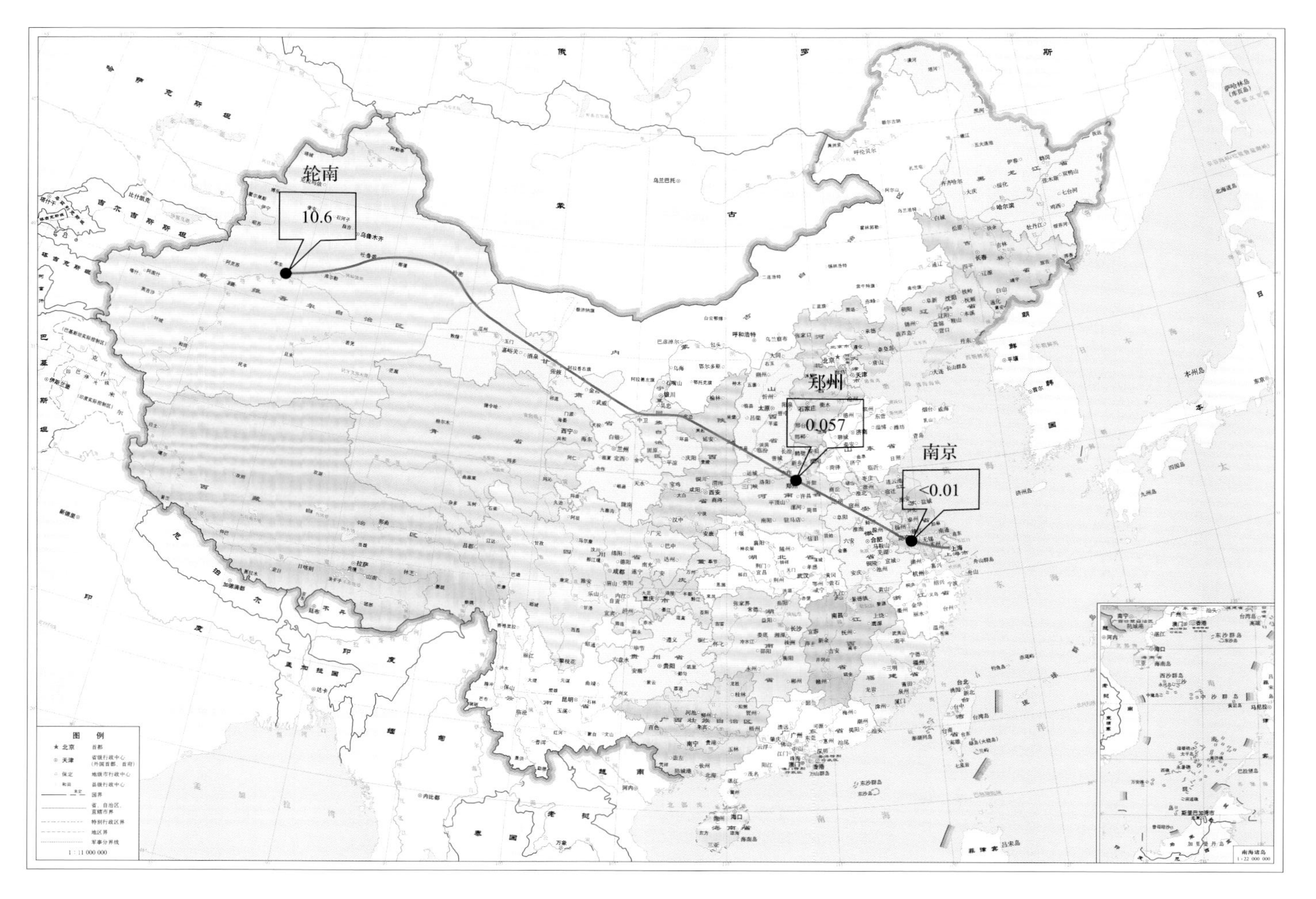

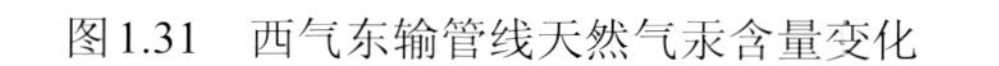
图1.31　西气东输管线天然气汞含量变化

1.5.2 天然气处理工艺对汞的脱除作用

1. 低温处理工艺对汞的脱除作用

低温处理工艺不仅具有脱水、脱烃的作用，而且具有很强的脱汞作用，其脱汞原理与脱水、脱烃相同，都是利用饱和蒸气压原理，即温度越低，汞的饱和蒸气压越低，汞的饱和蒸气浓度越低，天然气中的汞越容易析出，低温处理后的天然气汞含量一般在5～15μg/m^3[48]。

Zettlizer等[7]对北德地区的一些天然气井进行天然气汞含量检测。该地区井口天然气汞含量在700～4400μg/m^3，经过低温处理工艺后外输。低温处理装置安装在井口位置，工艺流程如图1.32所示。井口天然气温度在100℃左右，压力高达40MPa，经过压降和风冷后，气体温度下降至25℃左右，压力下降至10.5～12MPa，水、汞和液烃被分离出来。为了进一步脱水、脱烃和脱汞，添加乙二醇并经过热交换器后，温度进一步下降至–20℃。二次节流后温度进一步下降至–30℃以下，压力降至7MPa。在低温分离器中，汞、水和液态烃被有效脱除。在低温分离后，各井点天然气中汞的脱除效率在99.4%以上，外输天然气汞含量降至10μg/m^{3}以下(表1.29)。

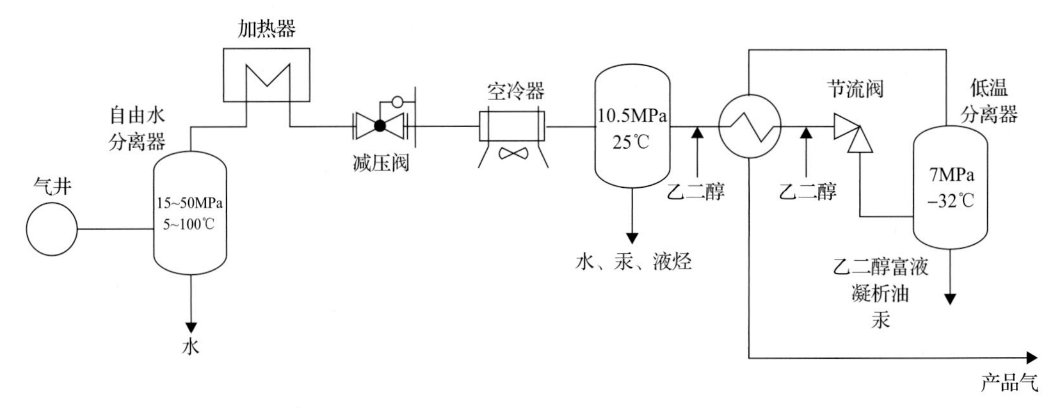

图1.32 北德地区井口天然气处理工艺流程图

表1.29 北德地区部分气井原料气和产品气汞含量

井号	原料气/(μg/m^3)	产品气/(μg/m^3)	脱除率/%
A	1700	2.6	99.8
B	2200	24.0	98.9
C	2200	6.0	99.7
D	1500	3.3	99.8
E	1750	7.4	99.6
F	4350	5.0	99.9
G	1700	9.0	99.5

表1.30是对国内多套低温处理装置前后的天然气汞含量检测结果。从该表中可以看出低温处理工艺对汞具有较强的脱除作用，低温处理工艺对汞的脱除率在81.4%～

95.9%，平均为 90.0%。

表 1.30　低温处理装置对汞的脱除作用

处理装置编号	装置前天然气汞含量/(μg/m^3)	装置后天然气汞含量/(μg/m^3)	脱除率/%
低温处理装置 1	326	28.1	91.4
低温处理装置 2	272	50.5	81.4
低温处理装置 3	591	24.1	95.9
低温处理装置 4	644	54.5	91.5

笔者团队对天然气 J-T 阀节流制冷工艺脱汞因素进行了探讨。利用稳态流程模拟 VMGSim 软件对含汞气田的 J-T 阀节流制冷工艺流程进行模拟，研究了原料气汞含量、天然气处理量、乙二醇注入量、原料气组成及 J-T 阀制冷温度对天然气中汞的脱除率的影响。

对于采用 J-T 阀节流制冷脱水脱烃工艺的含汞气田天然气处理厂，主要工艺单元包括脱水脱烃单元、乙二醇再生及注醇单元和凝析油稳定单元。脱水脱烃单元的工艺流程如图 1.33 所示。来自集气装置的原料天然气，从上部进入原料气预冷器。来自乙二醇再生及注醇装置的乙二醇贫液通过雾化喷头雾化，喷射入原料气预冷器，和原料气在管程中充分缓和接触后，与来自干气过滤分离器的冷干气进行换热，被冷却至–10℃左右。原料天然气再经 J-T 阀做等焓膨胀，气压降至 8.1MPa，温度降至–25℃左右，再从中部进入低温分离器进行分离，分离出液态醇、烃，醇、烃经三相分离器分离后，醇流向乙二醇再生及注醇单元，烃流向凝析油稳定单元。干气进入原料气预冷器壳程与原料天然气逆流换热，换热后的干气至脱汞装置。

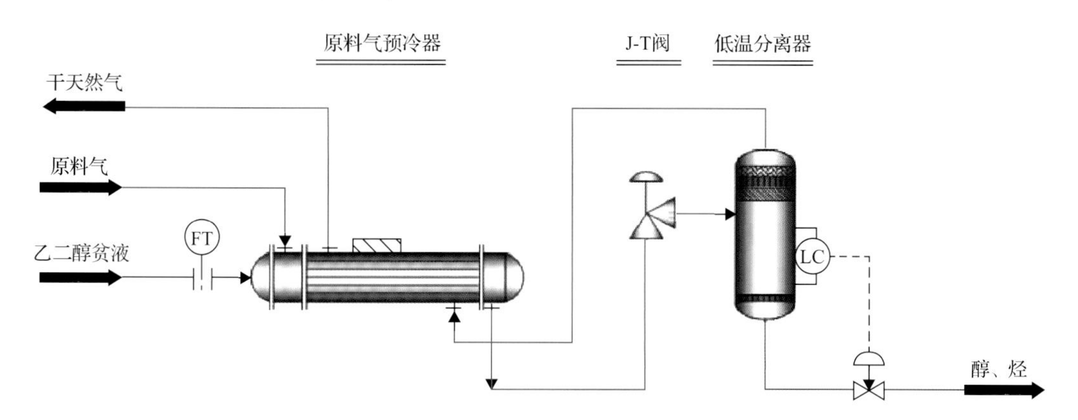

图 1.33　脱水脱烃单元工艺流程示意图

LC. 液位控制；FT. 流量计

假设某含汞气田天然气处理厂脱水脱烃装置的处理规模为 500×10^{4}m^3/d(20℃，101.325kPa，下同)，原料气温度为 25℃，压力为 12.0MPa，汞浓度为 500～2000μg/m^3，原料气组成如表 1.31 所示。所用乙二醇贫液流量为 1965kg/h(3 倍理论注醇量)，质量浓度为 80%。要求外输干气的水露点≤–5℃，烃露点≤–5℃。

表 1.31　原料气组成

组分	摩尔分数/%	组分	摩尔分数/%
CH_4	94.6742	C_7H_{16}	0.0987
C_2H_6	2.9305	C_8H_{18}	0.0948
C_3H_8	0.4591	C_9H_{20}	0.0384
n-C_4H_{10}	0.0998	$C_{10}H_{22}$	0.0199
i-C_4H_{10}	0.1130	H_2O	0.0958
n-C_5H_{12}	0.0511	N_2	0.7561
i-C_5H_{12}	0.0350	CO_2	0.4701
C_6H_{14}	0.0633	Hg	500～2000（μg/m^3）

利用 VMGSim 软件模拟含汞天然气脱水脱烃流程。原料气节流前的温度为–10℃、压力为 12.0MPa，节流后的温度为–25℃、压力为 8.16MPa，外输干气的水、烃露点满足商品气的气质指标要求。汞浓度在 500～2000μg/m^3 变化时，低温分离器顶部干气中汞含量变化如表 1.32 所示。通过模拟分析可知，含汞天然气经过 J-T 阀节流制冷低温分离器后，原料气中 92.88%的汞进入了液态醇、烃中，7.12%的汞进入了低温分离器顶部干气中。随原料气中汞含量增大，低温分离后的干气中汞含量成比例增大，但天然气中汞的脱除率不变。根据产品天然气汞含量控制要求，干气中汞含量应小于 28μg/m^3，故应在低温分离器后设置干天然气脱汞装置，以保证产品天然气达到管输要求。另外，从理论上分析，在该工况条件下，当原料气中汞含量低于 390μg/m^3 时，便可不设置天然气脱汞装置。此外，根据模拟结果，原料气中大部分汞进入了乙二醇富液，经乙二醇再生后最终进入再生塔塔顶未凝气及污水中，因此，需要经过脱汞处理后才能排放。

表 1.32　J-T 阀节流制冷工艺天然气中汞浓度变化

处理量/（10^4m^3/d）	80%（质量分数）乙二醇注入量/（t/h）	原料气汞含量/（μg/m^3）	低温分离器顶部干气汞含量/（μg/m^3）	天然气脱汞率/%
500	1.965	500	35.6	92.88
500	1.965	1000	71.2	92.88
500	1.965	2000	142.4	92.88

为了定量分析含汞天然气低温分离过程中天然气脱汞率的影响因素，以上工况作为基本条件，固定原料气汞含量为 1000μg/m^3，利用 VMGSim 软件对 J-T 阀节流制冷工艺流程进行模拟，分别考察了乙二醇注入量、天然气处理量、原料气组成及 J-T 阀制冷温度对天然气脱汞率的影响。

乙二醇注入量及天然气处理量对脱汞率的影响如图 1.34 所示。

由图 1.34 可知，根据软件模拟结果，当原料气中不注入乙二醇抑制剂时，处理量为 500×10^4m^3/d 和 1000×10^4m^3/d 的天然气脱汞率仅有 19.5%（图 1.34），随乙二醇注入量的增加，天然气脱汞率迅速增大。当注入量为 1.5t/h，处理量为 500×10^4m^3/d 的天然气脱汞率达 90.24%；注入量为 3t/h 时，处理量为 1000×10^4m^3/d 的天然气脱汞率也是 90.24%。这说明乙二醇对汞的富集作用十分明显，且达到同样脱汞率所需的乙二醇注入量与天然气处理量成正比。

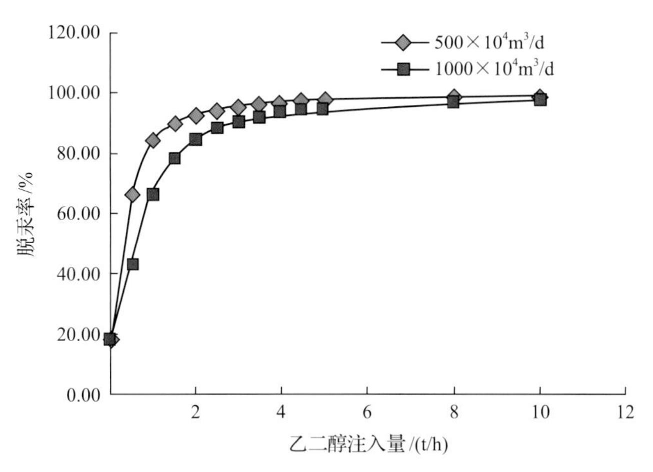

图 1.34　不同处理量时脱汞率与乙二醇注入量关系

通过调整原料气的组成分别为 A、B、C 三种组分(表 1.33)，模拟分析了三种原料气组成情况下的天然气脱汞率情况，结果如图 1.35 所示。

表 1.33　原料气组成

组成 A		组成 B		组成 C	
组分	摩尔分数/%	组分	摩尔分数/%	组分	摩尔分数/%
CH_4	97.9139	CH_4	94.6742	CH_4	93.2681
C_2H_6	0.9760	C_2H_6	2.9305	C_2H_6	3.1501
C_3H_8	0.2320	C_3H_8	0.4591	C_3H_8	0.7490
n-C_4H_{10}	0.0505	n-C_4H_{10}	0.0998	n-C_4H_{10}	0.1630
i-C_4H_{10}	0.0572	i-C_4H_{10}	0.1130	i-C_4H_{10}	0.1840
n-C_5H_{12}	0.0258	n-C_5H_{12}	0.0511	n-C_5H_{12}	0.0834
i-C_5H_{12}	0.0177	i-C_5H_{12}	0.0350	i-C_5H_{12}	0.0571
C_6H_{14}	0.0320	C_6H_{14}	0.0633	C_6H_{14}	0.1030
C_7H_{16}	0.0499	C_7H_{16}	0.0987	C_7H_{16}	0.1610
C_8H_{18}	0.0480	C_8H_{18}	0.0948	C_8H_{18}	0.1550
C_9H_{20}	0.0194	C_9H_{20}	0.0384	C_9H_{20}	0.0627
$C_{10}H_{22}$	0.0101	$C_{10}H_{22}$	0.0199	$C_{10}H_{22}$	0.0325
H_2O	0.0485	H_2O	0.0958	H_2O	0.1560
N_2	0.2810	N_2	0.7561	N_2	0.9080
CO_2	0.2380	CO_2	0.4701	CO_2	0.7670

注：原料气中汞含量均为 1000μg/m³。

由图 1.35 可知，对于原料气组成 A，轻组分多，重组分少，无乙二醇的情况下脱汞率最低，仅为 6.92%；对于原料气组成 C，轻组分少，重组分多，无乙二醇的情况下脱汞率最高，为 26.06%。这说明天然气中的重烃对汞也有一定的富集作用。但随乙二醇的注入，含重烃较多的原料气 C 的脱汞率增加幅度却不如重组分少的原料气 A、B，说明乙二醇对轻组分较多的天然气中汞的富集作用更强。

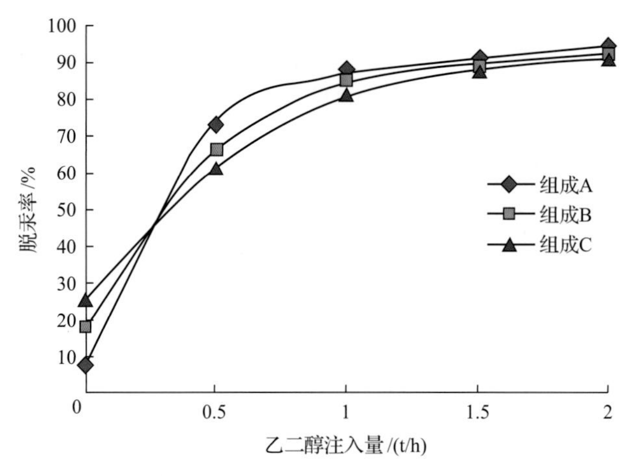

图 1.35　原料气组成对脱汞率的影响

通过调整 J-T 阀后温度分别为–25℃、–30℃、–35℃，模拟分析了三种制冷温度下的天然气脱汞率情况，结果如图 1.36 所示。由图可知，通过调整 J-T 阀后制冷温度，可以改变天然气脱汞率，且温度越低，脱汞率越高。

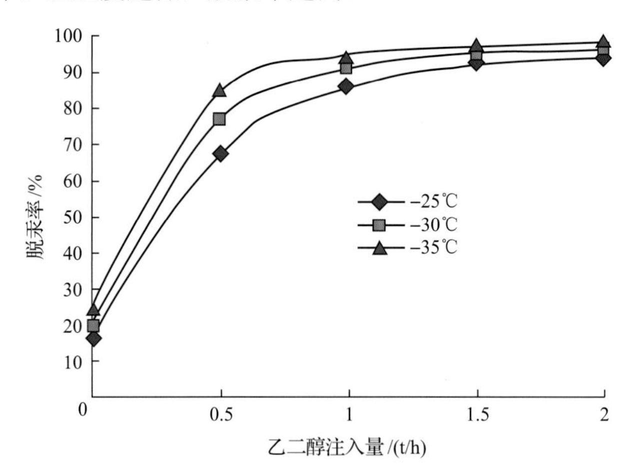

图 1.36　J-T 阀制冷温度对脱汞率的影响

2. 三甘醇脱水工艺对汞的脱除作用

三甘醇脱水工艺是利用三甘醇对水具有极强的亲和力这一原理来实现天然气脱水的一种工艺。三甘醇之所以对水具有极强的亲和力是因为三甘醇分子中的羟基和醚键能与水形成氢键(图 1.37)。

对于重烃含量较少且对水露点要求不高的天然气来说，一般采用三甘醇脱水工艺，三甘醇脱水工艺流程如图 1.38 所示。

表 1.34 是三套三甘醇脱水装置前后的天然气汞含量，可以看出三甘醇脱水工艺对天然气中汞的脱除率只有 1.5%～6.6%，三甘醇脱水工艺对天然气中汞的脱除作用是有限的。

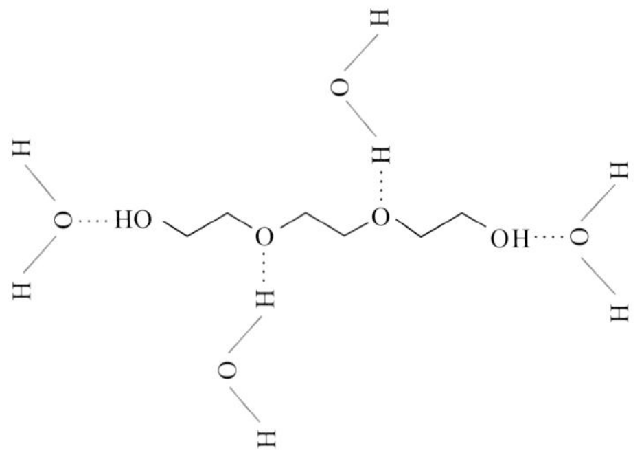

图 1.37　三甘醇与水结合氢键形成示意图

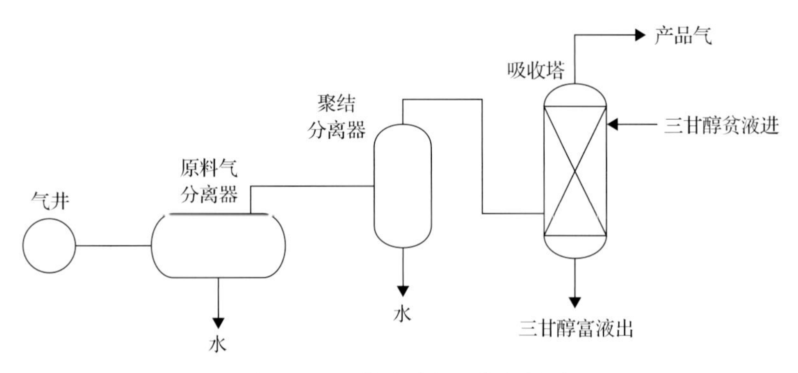

图 1.38　三甘醇脱水工艺流程图

表 1.34　三甘醇脱水装置前后天然气汞含量

脱水装置编号	塔前汞含量/(μg/m³)	塔后汞含量/(μg/m³)	脱除率/%
D1	676	666	1.5
D2	453	425	6.2
D3	275	257	6.6

3. 分子筛脱水工艺对汞的脱除作用

分子筛脱水工艺是利用分子筛强大的比表面积来吸附天然气中水分的一种工艺，分子筛能够在分子水平上筛选分离气体分子，大于分子筛孔径的分子不能进入分子筛内部，只有小于分子筛孔径的分子才能进入分子筛内部，从而达到分离的目的。在分子筛脱水过程中，通常是一塔吸附，另一塔再生，双塔交替使用(图 1.39)。天然气生产过程中常用的分子筛为 4A 分子筛和 5A 分子筛。分子筛孔径大小与气体分子大小见表 1.35 和表 1.36。可以看出汞原子直径小于分子筛孔径，因此汞原子是可以进入 4A 或 5A 分子筛的，但汞原子不属于极性分子，不同分子筛对汞的吸附性能有差异。

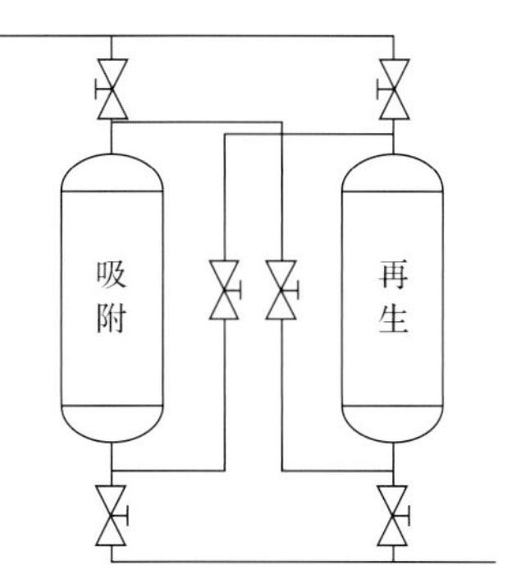

图 1.39　分子筛脱水工艺流程图

对分子筛脱水工艺的天然气处理厂开展天然气汞含量检测，结果如表 1.37 所示。分子筛脱水前天然气汞含量为 771μg/m^3，分子筛脱水后天然气汞含量为 755μg/m^3，分子筛基本没有脱汞效果。这说明分子筛对汞没有脱除作用。

表 1.35　分子筛类型及孔径大小

分子筛类型	孔径/nm
3A	0.3
4A	0.4
5A	0.5

表 1.36　分子类型及直径

气体分子	直径/nm
Hg	0.306
H_2O	0.32
CO_2	0.28
CH_4	0.38
C_2H_6	0.44
C_3H_8	0.49

表 1.37　分子筛脱水前后天然气汞含量

分子筛型号	装置前天然气汞含量/(μg/m^3)	装置后天然气汞含量/(μg/m^3)	脱除率/%
5A	771	755	2.1

4. 脱碳工艺对汞的脱除作用

甲基二乙醇胺(MDEA)脱碳工艺是利用弱碱性的 MDEA 与弱酸性的 CO_2 之间可发生可逆反应来实现天然气脱碳的一种工艺，见式(1.19)。MDEA 结构为 $CH_3—N(CH_2CH_2OH)_2$。MDEA 脱碳工艺流程如图 1.40 所示。

$$CH_3(CH_2CH_2OH)_2N+CO_2+H_2O \rightleftharpoons CH_3(CH_2CH_2OH)_2NH^++HCO_3^- \tag{1.19}$$

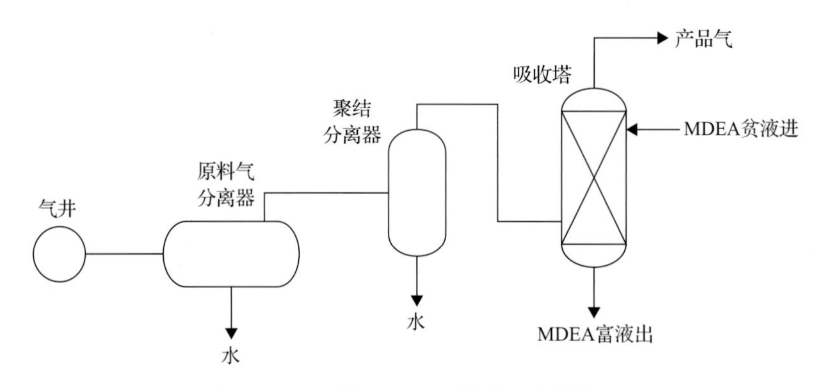

图 1.40　天然气 MDEA 脱碳工艺流程图

对脱碳装置前后的天然气进行汞含量检测，发现胺液脱碳工艺对天然气中的汞具有一定的脱除作用，不同脱碳装置对汞的脱除率在 14.7%～67.2%，见表 1.38。

表 1.38　MDEA 脱碳前后天然气汞含量

脱碳装置编号	脱碳装置前汞含量/(μg/m³)	脱碳装置后汞含量/(μg/m³)	脱除率/%
T1	1340	440	67.2
T2	667	569	14.7
T3	500	337	32.6

1.5.3　天然气处理厂内汞的分布

关于天然气处理厂内汞的分布，国内外研究得比较多。Grotewold 等曾报道过有 50%～60%的汞会聚集在低温分离器的底部，15%～20%的汞会在气体洗涤过程中被分离掉，残留 20%～35%的汞进入到下游管线[45]。

Mussig 和 Rothmann[47]认为对于某一特定气田建立物料平衡是非常困难的，主要有以下原因：一是由采样和检测导致的结果偏差；二是很难精确测定滤芯所能去除的汞量；三是难以确定在设备维护和更换时汞的去除量；四是难以确定有多少汞被管道和设备管壁吸附。此外，其还对天然气生产过程中汞的分布进行了评估，认为大约 95%的汞在设备清洗、维修和维护过程中被处理掉，其他 5%进入到空气或管道系统，见图 1.41。

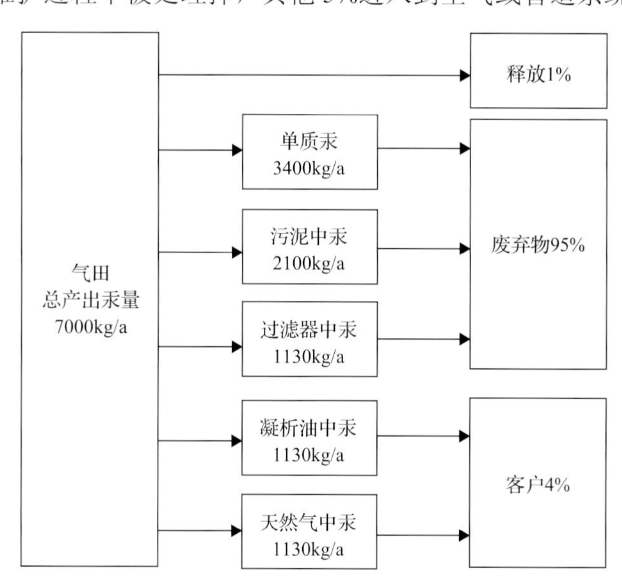

图 1.41　典型气田汞的质量平衡

Pongsiri 对 Unocal 石油公司在泰国湾地区油气开发过程中汞分布进行研究，在凝析油、气田采出水和污泥中均发现了汞的存在。凝析油中汞含量在 500～800μg/L，气田水汞含量在 30～800μg/L，通过表 1.39 可以看出，接近 65%的汞存在于固体污泥中，小于 3%的单质汞出现在外输气中，大约 28%的汞溶解于凝析油中，其余 4%悬浮或溶解于气田水中[48]。

表 1.39　泰国湾地区天然气处理厂内汞的分布

汞的存在位置	汞的占比/%
容器污泥	65
凝析油	28
天然气	3
排出水	4
总计	100

Ezzeldin 等对埃及 Obailyed 天然气处理厂内汞的分布进行了研究[49]。Obailyed 天然气处理厂有两套并行的处理装置，每一套由入口分离器、酸气脱除单元、脱水单元和低温分离器组成。入口分离器分离天然气、凝析油和气田水。酸气脱除单元采用 110℃碳酸氢钾溶液脱除天然气中的硫化氢，富酸的碳酸氢钾溶液通过再生进入下一次循环。脱酸的气体直接进入三甘醇脱水单元。脱水后的气体进入低温分离器以便脱除液烃。脱液烃后的天然气外输至国家管网。分离后的凝析油进入储罐并外输。

Ezzeldin 等对处理厂内各个节点的天然气、凝析油、气田水、碳酸氢钾溶液和三甘醇采样并进行汞含量分析，检测结果如图 1.42 所示[49]。

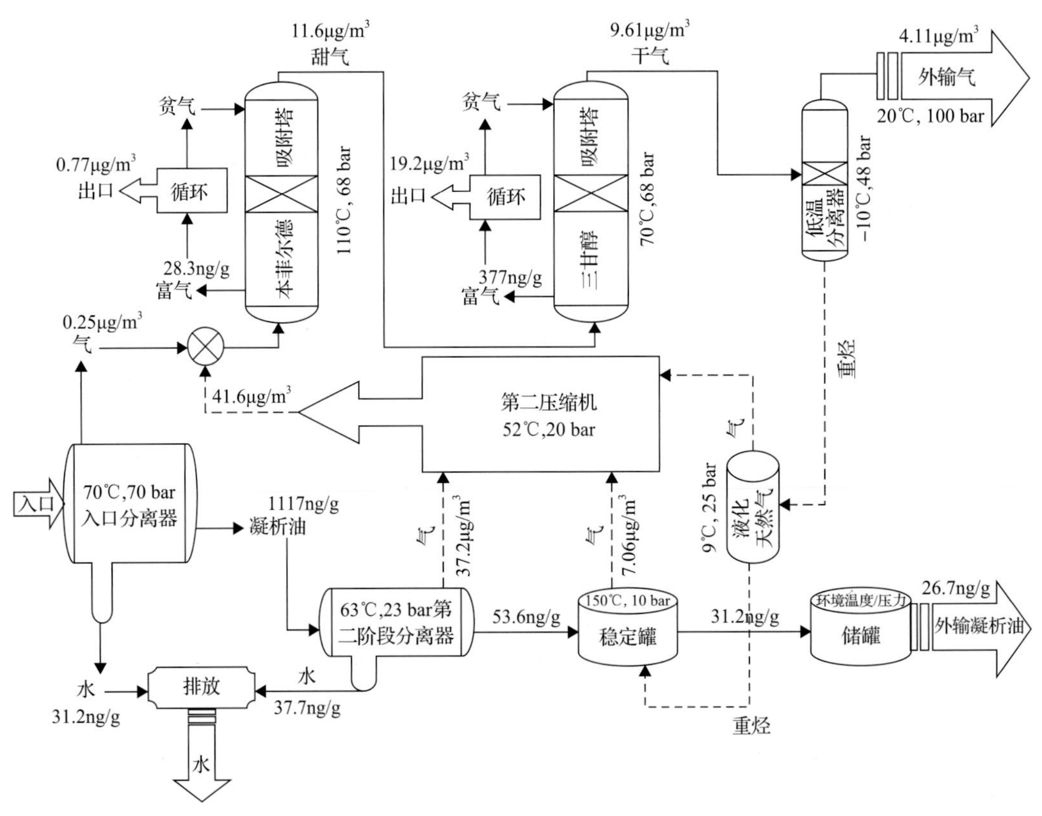

图 1.42　Obailyed 天然气处理流程图及各采样点信息和汞含量

从图 1.42 可以看出，经入口分离器后天然气汞含量为 0.25μg/m³，但外输气汞含量上升至 4.11μg/m³。很显然，天然气中汞的富集发生在脱酸步骤，因为脱酸后的天然气汞含量为 11.6μg/m³，而碳酸氢钾溶液再生气汞含量只有 0.77μg/m³。

在凝析油循环过程中，大量的汞损失在第二阶段分离上，入口分离器分离出的凝析油汞含量为 1117ng/g，但第二阶段分离出口凝析油汞含量为 53.6ng/g。稳定单元后凝析油汞含量进一步下降，为 31.2ng/g。外输凝析油汞含量经过储罐后为 26.7ng/g。

气田水有两个来源，分别是入口分离器和第二阶段分离器，来自这两个部位的气田水汞含量分别为 31.2ng/g 和 37.7ng/g。与凝析油不同，这两个部位的气田水汞含量相差不大。

根据天然气和液体的流速数据，可以计算出汞的流量。入口汞的流量总计有 163.98g/d(包括天然气和凝析油，分别为 89.19g/d 和 74.79g/d)。外输口处天然气中汞的流量降为 51.88g/d，外输口处凝析油降为 1.99g/d，也就是说超过 110.11g/d 的汞通过排放口释放到大气和气田水中。

蒋洪等于 2011 年对天然气低温分离工艺中汞的分布进行了模拟。某含汞气田天然气处理厂采用节流制冷低温分离脱水脱烃、注乙二醇防止水合物形成的处理工艺，主要工艺单元包括脱水脱烃单元、乙二醇再生单元及凝析油稳定单元。脱水脱烃单元的工艺流程如图 1.43 所示，来自集气装置的原料天然气，从上部进入原料气冷却器(E-22101)。来自乙二醇再生及注醇装置的乙二醇贫液通过雾化喷头雾化，喷射入原料气冷却器，和原料气在管程中充分混合接触后，与来自干气过滤分离器(F-22101)的冷干气进行换热，被冷却至−5℃左右。原料天然气经 J-T 阀做等焓膨胀，气压降至 6.4MPa，温度降至−30℃左右，再从中部进入低温分离器(D-22101)进行分离，分离出液态含醇液和凝析油。干气进入干气过滤分离器(F-22101)进一步分离出夹带的少量含醇液和凝析油，再进入 E-22101 壳程与原料天然气逆流换热，换热后的干气输送至增压站。

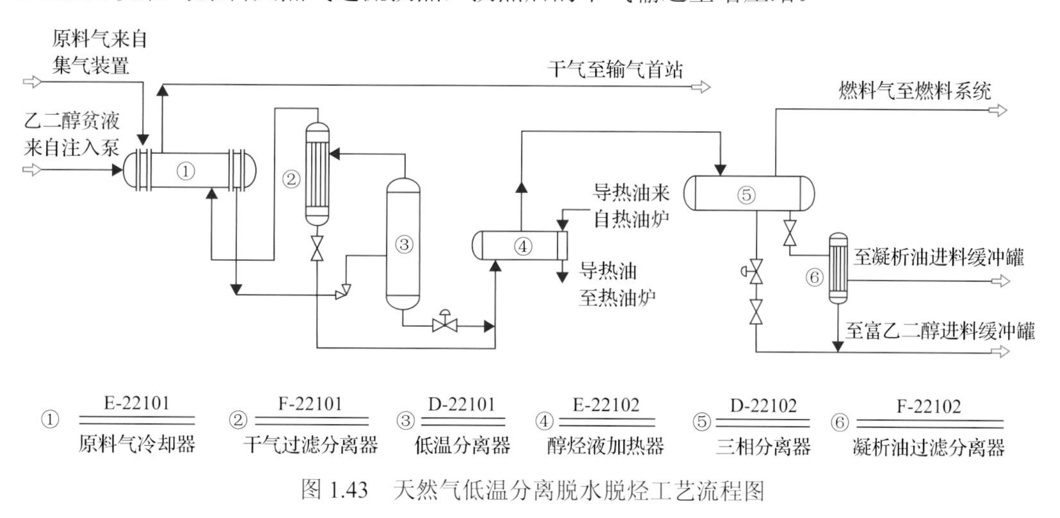

图 1.43　天然气低温分离脱水脱烃工艺流程图

乙二醇再生采用了塔底重沸器加热、塔顶冷回流的精馏方法，提取乙二醇富液使其再生，要求乙二醇贫液的浓度为 85%(质量分数)。再生塔塔顶回流罐排出的不凝气体主要为水蒸气、CO_2、微量乙二醇和烃类，经灼烧后排入大气。再生塔塔顶回流罐排出的污水进入污水池。

某含汞气田天然气处理厂脱水脱烃装置的处理规模为 $500\times10^4m^3/d$，原料气温度为48.5℃，压力为 12.1MPa，汞浓度范围为 50～150μg/m³(检测结果)，原料气其他组分组成(摩尔分数)为：氮气 0.598%，二氧化碳 0.721%，甲烷 97.826%，乙烷 0.550%，丙烷 0.044%，异丁烷 0.007%，正丁烷 0.012%，异戊烷 0.005%，正戊烷 0.005%，己烷 0.008%，苯 0.050%，庚烷 0.008%，甲苯 0.007%，辛烷 0.020%，水 0.139%。所用乙二醇贫液流量为 1686.29kg/h，浓度为 85%(质量分数)。要求外输干气的水露点不高于−10℃，烃露点不高于−5℃(输气管道末端操作压力为 1.6MPa 时)。模拟过程不计热损失。

利用 VMGSim 软件模拟含汞天然气脱水脱烃流程，其模拟流程如图 1.44 所示。原料天然气节流前的温度为−5℃、压力为 12.05MPa，节流后的温度为−29.77℃、压力为6.4MPa，外输干气的水露点、烃露点满足商品气的气质指标要求。汞浓度在 50～150μg/m³之间变化时，低温分离工艺各关键物流中汞的质量流量如表 1.40 所示，其变化趋势如图 1.45所示。通过模拟分析可知，在含汞天然气处理过程中，容易发生汞富集的设备主要有低

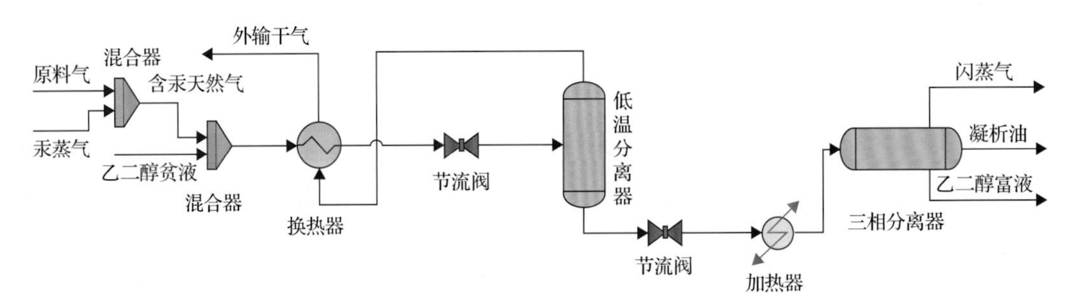

图 1.44　含汞天然气脱水脱烃模拟流程图

表 1.40　天然气脱水脱烃流程中关键物流点汞质量流量表

原料气汞含量/(μg/m³)	闪蒸气中汞质量流量/(kg/h)	凝析油中汞质量流量/(kg/h)	乙二醇富液中汞质量流量/(kg/h)	外输干气中汞质量流量/(kg/h)
50	3.11×10^{-5}	1.85×10^{-4}	9.57×10^{-3}	6.35×10^{-4}
60	3.73×10^{-5}	2.22×10^{-4}	1.15×10^{-2}	7.62×10^{-4}
70	4.36×10^{-5}	2.59×10^{-4}	1.34×10^{-2}	8.90×10^{-4}
80	4.98×10^{-5}	2.95×10^{-4}	1.53×10^{-2}	1.02×10^{-3}
90	5.60×10^{-5}	3.32×10^{-4}	1.72×10^{-2}	1.14×10^{-3}
100	6.22×10^{-5}	3.69×10^{-4}	1.91×10^{-2}	1.27×10^{-3}
110	6.84×10^{-5}	4.06×10^{-4}	2.10×10^{-2}	1.40×10^{-3}
120	7.47×10^{-5}	4.43×10^{-4}	2.30×10^{-2}	1.53×10^{-3}
130	8.09×10^{-5}	4.80×10^{-4}	2.49×10^{-2}	1.65×10^{-3}
140	8.71×10^{-5}	5.17×10^{-4}	2.68×10^{-2}	1.78×10^{-3}
150	9.33×10^{-5}	5.54×10^{-4}	2.87×10^{-2}	1.91×10^{-3}

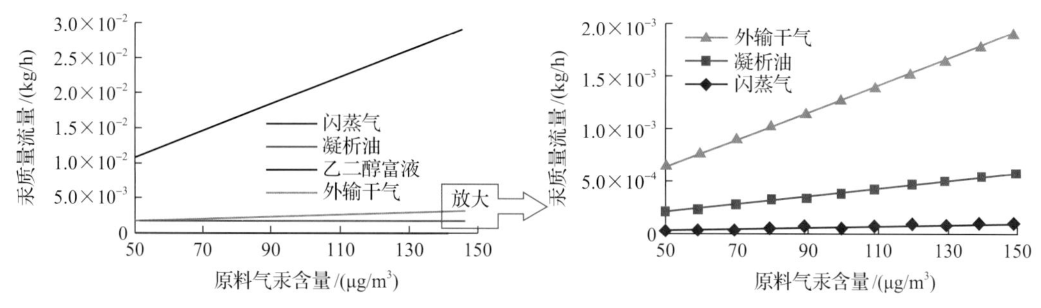

图 1.45　天然气脱水脱烃流程中关键物流点的汞质量流量变化趋势图

温分离器、三相分离器、乙二醇再生塔和含醇污水罐等。汞在天然气低温分离工艺中的分布情况具有以下规律。

(1) 天然气低温分离过程中，原料气中的汞可能进入乙二醇富液、外输干气、凝析油和三相分离器闪蒸气等物流中。

(2) 原料气中绝大多数的汞进入了乙二醇富液中，乙二醇对汞的富集作用十分明显；少数汞进入了外输干气中，外输干气的汞含量约比原料气的汞含量低一个数量级，低温分离过程可有效降低外输干气中的汞浓度；极少数汞进入了凝析油和三相分离器闪蒸气中。

(3) 乙二醇富液、外输干气、凝析油和闪蒸气中的汞含量随着原料气中汞含量的增加而增加，其趋势依次减弱，乙二醇富液中汞含量增加的趋势最显著，闪蒸气中汞含量增加的趋势最弱。

为了定量分析含汞天然气低温分离过程中汞的分布规律，以原料气汞含量为 100μg/m³ 为例，利用 VMGSim 软件对天然气脱水脱烃工艺流程进行模拟，其关键物流点的汞浓度见表 1.41。根据模拟结果，可计算出标准状态下(20℃，101.325kPa)闪蒸气、未稳定凝析油、乙二醇富液和外输干气中的汞浓度分别为 1960.43μg/m³、80.77μg/L、4.69mg/L 和 6.11μg/m³。原料气中的汞在各物流中的分布情况如图 1.46 所示。

表 1.41　关键物流中汞浓度的变化表

原料气汞含量/(μg/m³)	闪蒸气汞含量/(μg/m³)	凝析油汞含量/(μg/L)	乙二醇富液汞含量/(mg/L)	外输干气汞含量/(μg/m³)
50	980.22	40.39	2.34	3.06
60	1176.27	48.46	2.81	3.67
70	1372.31	56.54	3.28	4.28
80	1568.35	64.62	3.75	4.89
90	1764.40	72.70	4.22	5.50
100	1960.43	80.77	4.69	6.11
110	2156.47	88.85	5.15	6.72
120	2352.51	96.93	5.62	7.33
130	2548.55	105.01	6.09	7.94
140	2744.59	113.08	6.56	8.55
150	2940.63	121.16	7.03	9.16

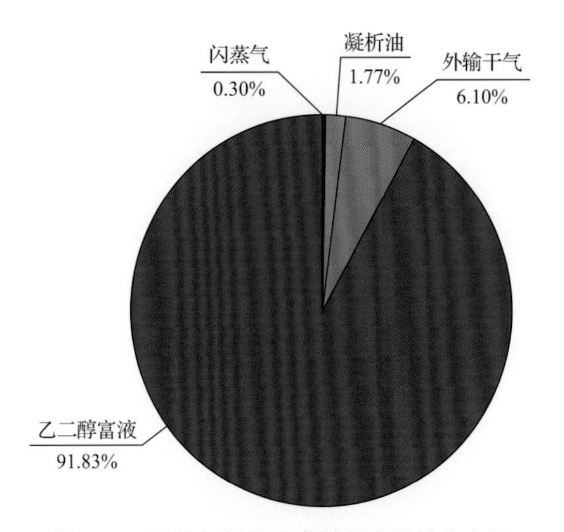

图 1.46 天然气低温分离过程中汞的分布图

由图 1.46 可知，含汞天然气经过低温分离后，原料气中 91.83%(质量分数，下同)的汞进入了乙二醇富液中，6.10%的汞进入了外输干气中，1.77%的汞进入了未稳定的凝析油中，剩余 0.30%的汞进入了三相分离器闪蒸气中。

为了进一步了解汞在天然气生产过程中的分布，对国内部分天然气处理厂也进行了分析。图 1.47 是国内某低温分离工艺处理厂流程示意图，该厂气液分离器处天然气产量为 $148.8\times10^4m^3/d$，污油产量为 $0.67m^3/d$，污水产量为 $11m^3/d$，天然气汞含量为 $194\mu g/m^3$，污油汞含量为 695μg/L，污水汞含量为 848μg/L。低温分离后的天然气汞含量为 $29\mu g/m^3$。醇烃三相分离器闪蒸气汞含量为 $1210\mu g/m^3$，流量未知；乙二醇富液汞含量为 2046μg/L，流量为 14.4t/d；凝析油汞含量为 1351μg/L，流量为 $1.25m^3/d$；乙二醇贫液汞含量为 6.6μg/L，如表 1.42 所示。

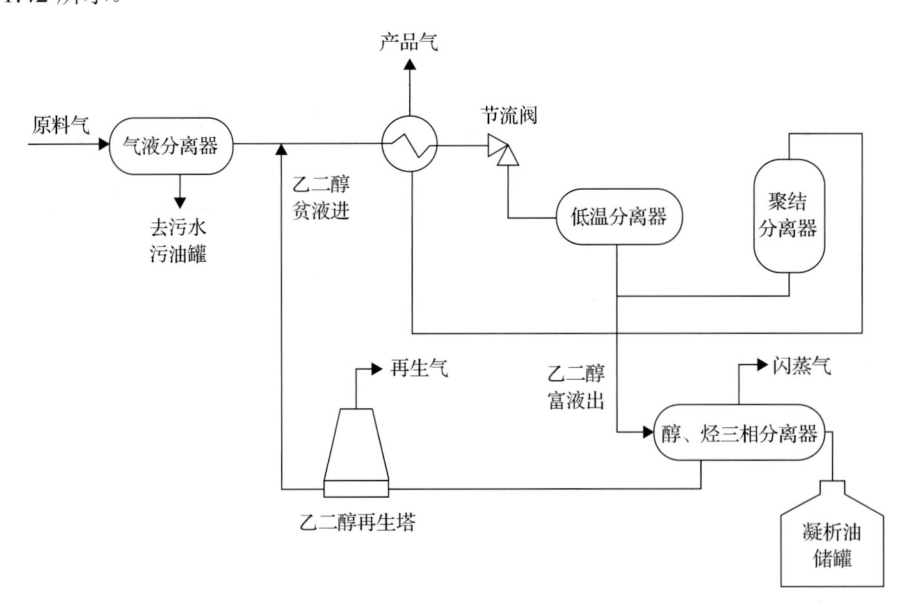

图 1.47 国内某低温分离工艺处理厂流程示意图

表 1.42 国内某低温分离工艺处理厂运行参数及汞含量

位置	温度/℃	压力/MPa	流体类型	流量/(m^3/d)	流量/(t/d)	气体汞含量/(μg/m^3)	液体汞含量/(μg/L)
气液分离器	40.7	10.52	天然气	1488000		194	
			污油	0.67			695
			污水	11			848
低温分离器	−16.2	6.77	天然气			29	
醇烃三相分离器	9.85	1.8	闪蒸气			1210	
			乙二醇富液		14.4		2046
			凝析油	1.25			1351
乙二醇再生塔			乙二醇贫液				6.6

根据图 1.47 和表 1.42，将该厂气液分离器处存在于天然气、污油和污水中的汞量之和作为该厂总的汞量。之后在低温分离器处，部分汞依然存在于天然气中进入外输管道，部分汞进入凝析油中，部分汞进入乙二醇中，还有部分以液态汞的形式析出。乙二醇富液在闪蒸和再生过程中会将溶解的汞释放至闪蒸气和再生气中。由此，可以得出该厂汞的流向主要有以下六种途径，即污油、污水、凝析油、乙二醇闪蒸气和再生气、外输气及低温分离器底部的液态汞。可以根据污油、污水、凝析油和外输气的汞含量及其流量来计算出汞在这些介质中的汞流量。虽然无法直接计算进入到乙二醇闪蒸气和再生气中的汞流量，但可以根据乙二醇富液和贫液的汞含量及流量来间接计算。在低温分离器底部析出的液态汞量可以根据天然气汞含量的变化来间接计算。由表 1.43 可以看出，在该厂以低温分离器底部的液态汞占比最高，达到了 75.10%，外输气及乙二醇闪蒸气和再生气占有一定比例，此外还有部分汞进入到污水中，污油和凝析油中占比较低。

表 1.43 国内某低温分离工艺处理厂内汞的流向及占比

流向	汞流量/(g/d)	占比/%
污油	0.47	0.14
凝析油	1.69	0.52
污水	9.33	2.85
乙二醇闪蒸气和再生气	26.78	8.19
外输气	43.15	13.20
低温分离器底部的液态汞	245.52	75.10

图 1.48 是国内某天然气处理厂处理工艺流程图，该处理厂采用三甘醇脱水工艺，原料气经过气液分离器后在进脱汞塔之前先经过高效分离器和聚结过滤器，高效分离器和聚结过滤器的作用就是充分去除天然气中的液态物质以便保护下游脱汞塔中的脱汞剂，经脱汞后进入三甘醇脱水塔，再经分液后外输。

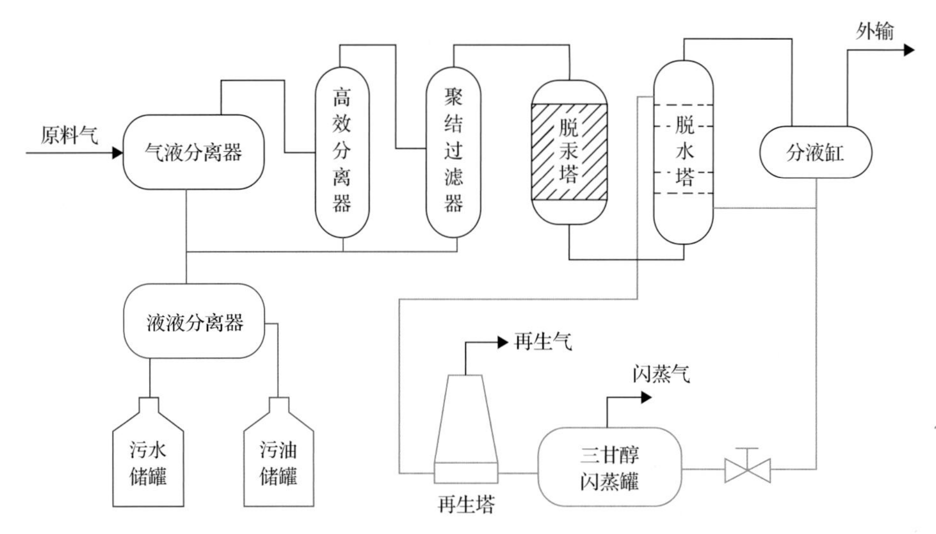

图 1.48　国内某天然气处理厂三甘醇脱水工艺流程示意图

采用三甘醇脱水工艺的天然气处理厂生产参数及汞含量检测数据如表 1.44 所示，汞的流向如表 1.45 所示，这些流向的汞包括脱汞塔中吸附态的汞、外输气中的汞、三甘醇闪蒸气和再生气中的汞、污油储罐中的汞及污水池中的汞。

表 1.44　采用三甘醇脱水工艺天然气处理厂生产参数及汞含量

位置	存在介质	流量/(m^3/d)	气相汞含量/(μg/m^3)	液相汞含量/(μg/L)
气液分离器	天然气	2340000	150	—
	气田水	1.425	—	350
	凝析油	0.3	—	2000
脱汞塔	天然气	—	0.308	—
脱水塔	天然气	—	0.040	—
	三甘醇贫液	69.8	—	31.3
	三甘醇富液	—	—	51.4

表 1.45　采用三甘醇脱水工艺天然气处理厂内汞的流向

序号	汞的流向位置	汞的流向介质	汞的流向占比/%
1	脱汞塔	脱汞剂	98.90
2	外输管道	外输气	0.03
3	三甘醇闪蒸气	闪蒸气	0.76
4	三甘醇再生塔	再生气	
5	污油储罐	污油	0.17
6	污水池	污水	0.14

鉴于三甘醇闪蒸气和再生气的汞含量与气体流量未知，将其合并成一项，认为这两项与脱水塔中三甘醇中的溶解汞量相当，即三甘醇闪蒸气和再生气中汞等于三甘醇中富液溶解的汞减去三甘醇贫液中的汞。如表 1.45 所示，在各种流向当中，以脱汞塔中的汞

所占比例最大，占比高达 98.90%，其余流向所占比例很低。

参 考 文 献

[1] 刘英俊, 曹励明, 李兆麟, 等. 元素地球化学[M]. 北京: 地质出版社, 1984: 37-342.

[2] 康春丽, 杜建国. 汞的地球化学特征及其映震效能[J]. 地质地球化学, 1999, 27(1): 74-184.

[3] Varekamp J C, Buseck P R. The speciation of mercury in hydrothermal systems, with applications to ore deposition[J]. Geochimica et Cosmochimica Acta, 1984, 48(1): 177-185.

[4] 李玉锋, 商海立, 赵甲亭, 等. 汞的环境生物化学[M]. 北京: 科学出版社, 2018: 17-19.

[5] 王德铭. 水环境汞污染及其毒理反应系统的研究进展[J]. 水科学进展, 1997, (4): 359-364.

[6] 王定勇, 牟树森, 青长乐. 大气汞对土壤-植物系统汞累积的影响研究[J]. 1998, (2): 3-5.

[7] Zettlitzer M. Determination of elemental, inorganic and organic mercury in North German gas condensates and formation brines[C]. International Symposium on Oilfield Chemistry, Houston, 1997.

[8] Bingham M K. Field detection and implications of mercury in natural gas[C]. SPE Production Engineering, 1990, 5(2): 120-124.

[9] van B len R T, van Bergen F, de Leeuw C, et al. Modeling the hydrocarbon generation and migration in the West Netherlands Basin, the Netherlands[J]. Netherlands Journal of Geosciences, 2000, 79(1): 29-44.

[10] Spiric Z, Mashyanov N R. Mercury measurement in ambient air near natural gas processing facilities[J]. Fresenius Journal of Analytical Chemistry, 2000, (366): 429-432.

[11] Ela M A E, Mahgoub I, Nabawi M, et al. Egyptian gas plant employs absorbents for hg removal[J]. Oil and Gas Journal, 2006, 104(50): 52-57.

[12] Wilhelm S M, Alan M A. Removal and treatment of mercury contamination at gas processing facilities[C]. SPE 29721, 1995.

[13] Muchlis M. Analytical methods for determining small quantities of mercury in natural gas[C]. 10th Annual Convention Proceedings, Jakarta, 1981.

[14] Abbott J, Openshaw P. Mercury removal technology and its application[C]. 81st GPA Annual Convention Proceeding, Dallas, 2002.

[15] Sainal M R, Shafawi A, Mohamed A J H. Mercury removal system for upstream application: Experience in treating mercury from raw condensate[C]. SPE 106610, 2007.

[16] Situmorang M S, Muchlis M. Mercury problems in the Arun LNG Plant[C]. 8th International Conference on LNG, Los Angeles, 1986.

[17] 李剑, 韩中喜, 严启团, 等. 中国气田天然气中汞的成因模式[J]. 天然气地球科学, 2012, 23(3): 413-419.

[18] 李德生. 中国含油气盆地构造学[M]. 北京: 石油工业出版社, 2002: 572.

[19] 魏国齐, 刘德来, 张林, 等. 四川盆地天然气分布规律与有利勘探领域[J]. 天然气地球科学, 2005, 16(4): 437-442.

[20] 张占文, 陈振岩, 郭克园, 等. 辽河盆地天然气地质[M]. 北京: 地质出版社, 2002: 33-34, 94.

[21] 韩中喜, 严启团, 王淑英, 等. 辽河拗陷天然气汞含量特征简析[J]. 矿物学报, 2010, 30(4): 508-511.

[22] Bailey E H, Snavely P D, White D E. Chemical analysis of brines and crude oil, Cymric field, Kern County, California[J]. United States Geological Survey Professional Paper D424, 1961: D306-D309.

[23] 戴金星. 煤成气的成分及成因[J]. 天津地质学会志, 1984, 2(1): 11-18.

[24] Frankiewicz T C, Curiale J A, Tussaneyakul S. The geochemistry and environmental control of mercury and arsenic in gas, condensate, and water produced in the Gulf of Thailand[J]. AAPG Bulletin, 1998, (82): 3.

[25] 刘全有. 塔里木盆地天然气中汞含量与分布特征[J]. 中国科学: 地球科学, 2013, 43(5): 789-797.

[26] 涂修元. 天然气和表土中汞蒸气含量及分布特征[J]. 地球化学, 1992, (3): 294.

[27] 李剑, 韩中喜, 严启团, 等. 中国煤成大气田天然气汞的分布及成因[J]. 石油勘探与开发, 2019, 46(3): 443-449.

[28] 戴金星, 陪锡古, 戚厚发. 中国天然气地质学(卷一)[M]. 北京: 石油工业出版社, 1992: 10.

[29] 戴金星, 胡国艺, 倪云燕, 等. 中国东部天然气分布特征[J]. 天然气地球科学, 2009, 20(4): 471-486.

[30] 戴金星, 戚厚发, 郝石生. 天然气地质学概论[M]. 北京: 石油工业出版社, 1989: 68-70.

[31] 伍轶鸣. 吉拉克凝析气田自流注气提高采收率方案研究[J]. 天然气工业, 1999, 19(2): 58-62.

[32] 胡守志, 付晓文, 王廷栋, 等. 吉拉克三叠系凝析气藏成藏地球化学研究[J]. 西南石油学院学报, 2005, 27(3): 14-16.

[33] 王殿军, 李文革. 井下节流工艺技术在双坨子气田开发中的应用[J]. 特种气藏, 2005, 12(1): 70-73.

[34] 景成杰, 牛世忠, 黄玉欣. 松辽盆地红岗地区浅层气地球化学特征研究[J]. 石油实验地质, 2012, 34(1): 53-56.

[35] 霍秋立, 杨步增, 付丽. 松辽盆地北部昌德东气藏天然气成因[J]. 石油勘探与开发, 1998, 25(4): 17-19.

[36] 谈迎, 刘德良, 李振生. 松辽盆地北部二氧化碳气藏成因地球化学研究[J]. 石油实验地质, 2006, 28(5): 480-483.

[37] 张庆春, 胡素云, 王立武, 等. 松辽盆地含 CO_2 火山岩气藏的形成和分布[J]. 岩石学报, 2010, 26(1): 109-119.

[38] 戴金星, 戚厚发, 王少昌, 等. 我国煤系的气油地球化学特征、煤成气藏形成条件及资源评价[M]. 石油工业出版社, 2001.

[39] Galbreath K C, Zygarlicke C J. Mercury transformation in coal combustion flue gas[J]. Fuel Processing Technology, 2000, 65(8): 289-310.

[40] 王起超, 沈文国, 麻壮伟. 中国燃煤汞排放量估算[J]. 中国环境科学, 1999, (4): 318-321.

[41] 张子枢. 世界大气田概论[M]. 北京: 石油工业出版社, 1990: 177.

[42] 戚厚发, 戴金星, 宋岩. 东濮凹陷天然气富集因素及聚集模式[J]. 石油勘探与开发, 1986, 13(4): 1-10.

[43] 韩中喜, 严启团, 李剑, 等. 沁水盆地南部地区煤层气汞含量特征简析[J]. 天然气地球科学, 2010, 21(6): 1054-1059.

[44] 姚足金. 从地热水分布论中国地温场特征[C]. 1990 年中国地球物理学会第六届学术年会论文集, 武汉, 1990.

[45] Grotewold G, Fuhrberg H D, Philipp W. Production and processing of nitrogen-rich natural gases from reservoirs in the NE part of the Federal Republic of Germany[C]. 10th World Petroleum Congress, Bucharest, 1979, 4: 47-54.

[46] Leeper J E. Mercury-LNG's Problem[J]. Hydrocarbon Processing, 1980: 237-240.

[47] Mussig S, Rothmann B, Erdgas B E B, et al. Mercury in natural gas-problems and technical solutions for its removal[C]. The SPE Asia Pacific Oil and Gas Conference and Exhibition, Kuala Lumpur, 1997.

[48] Pongsiri N. Thailand's initiatives on mercury[C]. The SPE Asia Pacific Oil and Gas Conference and Exhibition, Kuala Lumpur, 1997.

[49] Ezzeldin M F, Gajdosechova Z, Mohamed M B. Mercury speciation and distribution in an Egyptian natural gas processing plant[J]. Energy & Fuels, 2016, 30(12): 10236-10243.

第 2 章　汞的检测技术

在天然气中，汞的主要形态为单质汞，目前已发现天然气汞含量最高为 4350μg/m^3。在天然气分离液(气田采出水、凝析油)和污泥中，汞除了以单质汞的形态存在外，还可能以化合物的形态存在。为消除汞的危害，掌握天然气、气田采出水、凝析油及污泥中汞的检测技术至关重要。

2.1　技 术 概 况

2.1.1　检测原理及仪器

关于汞的检测仪器常用的有原子吸收光谱仪(AAS)、原子荧光光谱仪(AFS)、电感耦合等离子体质谱仪(ICP-MS)、气体汞含量测定仪等。

原子吸收光谱仪是根据基态汞原子对汞灯辐射(253.7nm)的选择吸收原理设计而成(图 2.1)。当汞灯辐射通过含汞的介质时，由于汞原子对汞灯辐射的吸收，使透射光强度减弱。其透射光的衰减程度与吸收室中汞的浓度和吸收室长度成正比，其定量关系服从比尔定律。原子吸收光谱仪主要由汞灯、吸收室和光电检测器构成，为提高仪器的稳定性，通常采用双光路设计。

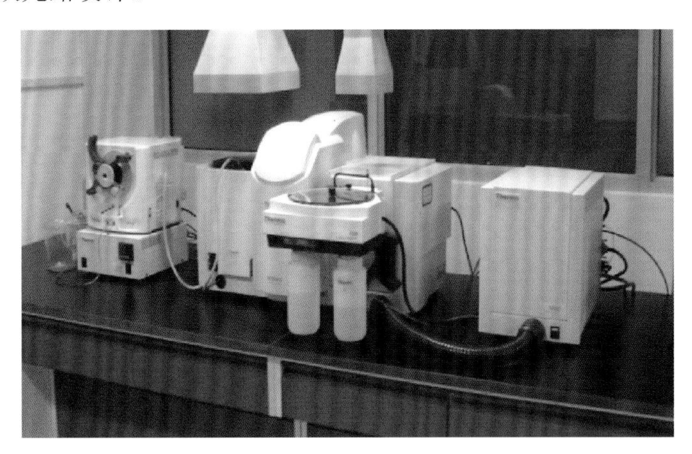

图 2.1　原子吸收光谱仪

原子荧光光谱仪从机理看属于发射光谱仪器类，以原子在辐射能激发下发射的荧光强度进行定量分析(图 2.2)。原子荧光是原子蒸气受具有特征波长的光源照射后，其中一些自由原子被激发跃迁至较高能态，然后去活化回到某一较低能态(常常是基态)而发射出特征光谱的物理现象。当激发辐射的波长与产生的荧光波长相同时，成为共振荧光，它是原子荧光分析中最主要的分析线。另外还有直跃线荧光、阶跃线荧光、敏华荧光、阶跃激发荧光等。各元素都有其特定的原子荧光光谱，根据原子荧光强度的高低可测得试样中的待测元素含量。原子荧光光谱仪主要由激发光源、光学系统和检测器等部件构成。

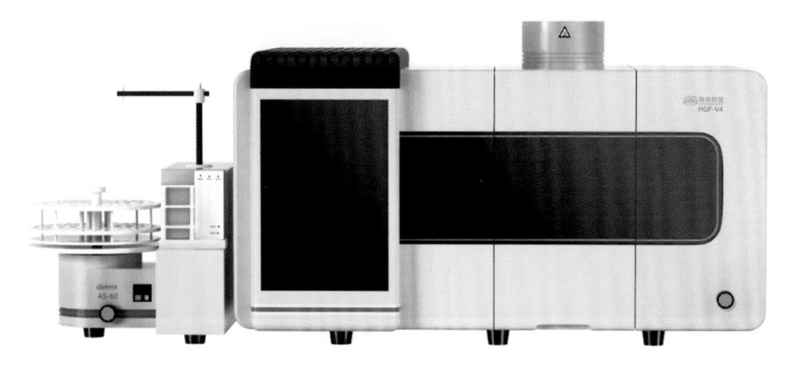

图 2.2　原子荧光光谱仪

电感耦合等离子体质谱仪是一种将 ICP 技术和质谱技术结合在一起的分析仪器(图 2.3)。ICP 利用在电感线圈上施加的强大功率的射频信号在线圈包围区域形成高温等离子体，并通过气体的推动，保证等离子体的平衡和持续电离，在电感耦合等离子体质谱仪中，ICP 起到离子源的作用，高温的等离子体使大多数样品中的元素都电离出一个电子而形成了一价正离子。质谱是一个质量筛选器，通过选择不同质核比(m/z)的离子通过并到达检测器，来检测某个离子的强度，进而分析计算出某种元素的强度。

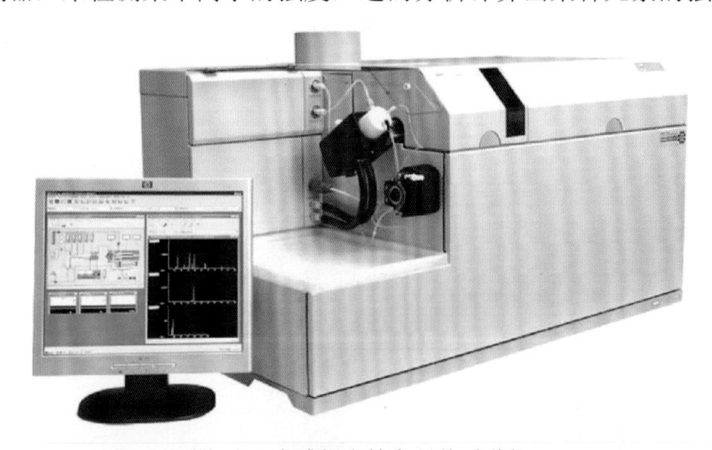

图 2.3　电感耦合等离子体质谱仪

气体汞含量测定仪不需要对样品做任何化学前处理，可以将样品直接接入汞含量测定仪进样口，气体样品通过仪器内置采样泵把样品带入检测池，通过对汞灯辐射波长 253.7nm 吸收强度测量获得气体中单质汞含量。气体汞含量测定仪通常用于大气、无腐蚀性的烟道气、天然气及其他气体汞含量的检测。仪器采用冷原子吸收(CAAS)原理设计，体积小，便于携带。图 2.4 显示了几种常用的气体汞含量检测仪实物照片。

2.1.2　天然气中汞的检测技术

关于天然气中汞的检测方法比较多，现已形成了系列检测标准，主要包括美国材料与试验协会(ASTM)标准、国际标准化组织(ISO)标准、中国国家标准和中国行业标准(表 2.1)。

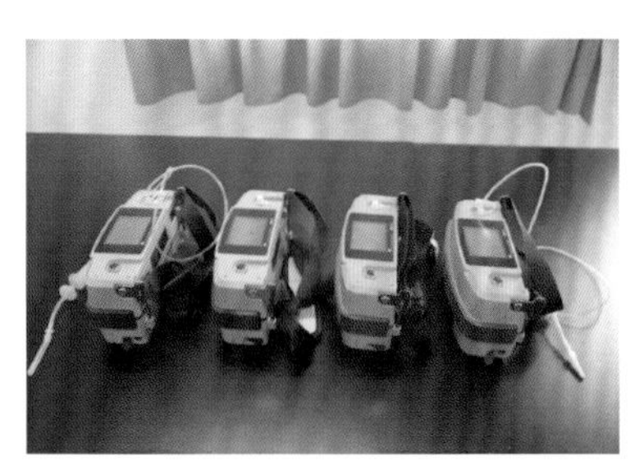

(a) EMP测汞仪

(b) RA915测汞仪

(c) UT 3000测汞仪

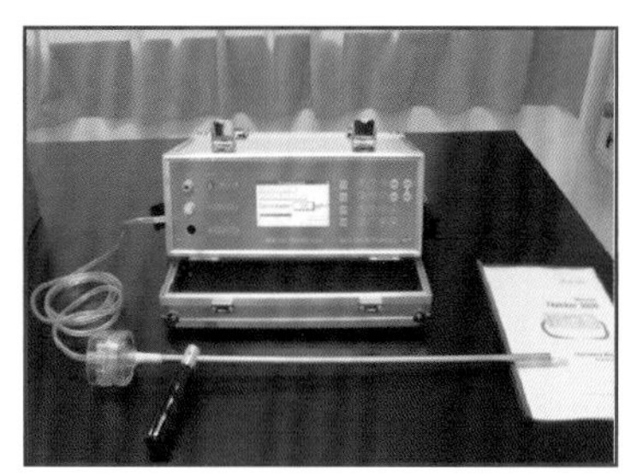

(d) Tracker 3000测汞仪

图 2.4　几种常用的气体汞含量检测仪

美国材料与试验协会于 1998 年发布两项天然气中汞的检测标准 ASTM D5954-98《用于天然气中汞取样和原子吸收光谱检测的标准测试方法》(Standard Test Method for Mercury Sampling and Measurement in Natural Gas by Atomic Absorption Spectroscopy)和 ASTM D6350-98《用于天然气中汞采样和原子荧光光谱检测的标准测试方法》(Standard Test Method for Mercury Sampling and Analysis in Natural Gas by Atomic Fluorescence Spectroscopy)。ASTM D5954 经历了一次批准和一次编辑上的修改，最新版本为 ASTM D5954-98(2014)^{e1}。ASTM D6350 经历了一次修订，最新的版本为 ASTM D6350-14。总的来说，历次版本的变化不大。这两项标准采样时均采用金汞齐法，即首先让天然气通过镀金石英砂，天然气中的汞与石英砂表面上的金发生汞齐反应，通过给镀金石英砂加热，在热力的作用下，吸附到镀金石英砂上的汞就会解吸下来，解吸下来的汞在清洁气流的吹扫下送入测汞仪检测。

国际标准化组织于 1992 年发布了天然气中汞的检测标准《天然气中汞的测定》(Natural Gas–Determination of Mercury)(ISO 6978:1992)。ISO 6978:1992 介绍了两种方法，方法 A 用于高含汞天然气(>0.5μg/m^3)的测定，在环境压力下，用高锰酸钾溶液吸收天然气中的汞，然后还原汞离子，用无火焰原子吸收光谱仪测定。方法 B 用于低含汞天然气(0.001～1μg/m^3)的测定，可在环境压力和高压下采样，用金-银汞齐法吸附，然后热解吸，再用无火焰原子吸收光谱仪测定。方法 A 已被最新检测标准《天然气中汞的测定　第 1 部分：碘化学吸附法采集汞》(Natural Gas–Determination of Mercury–Part 1: Sampling of Mercury by Chemisorption on Iodine)(ISO 6978-1:2003)所取代，方法 B 已被 ISO 6978-2:2003《天然气中汞的测定　第 2 部分：金-铂合金汞齐采集汞》(Natural Gas–Determination of Mercury–Part 2: Sampling of Mercury by Amalgamation on Gold/Platinum Alloy)所取代。ISO 6978-1:2003 采用载碘的硅胶球吸附天然气中的汞，测量范围为 0.1～5000μg/m^3。适用范围为天然气硫化氢含量低于 20mg/m^3，液态烃含量低于 10g/m^3。ISO 6978-2:2003 采用金-

表 2.1　国内外天然气中汞的检测标准

序号	标准名称	适用样品	前处理方法	检测方法	反应成分	量程/检出限
1	《用于天然气中汞采样和原子吸收光谱检测的标准测试方法》(Standard Test Method for Mercury Sampling and Measurement in Natural Gas by Atomic Absorption Spectroscopy) (ASTM D5954-98(2014)^{e1})	天然气	汞齐法	原子吸收光谱法	金	量程＞0.001μg/m^3
2	《用于天然气中汞采样和原子荧光光谱检测的标准测试方法》(Standard Test Method for Mercury Sampling and Analysis in Natural Gas by Atomic Fluorescence Spectroscopy) (ASTM D6350-14)	天然气	汞齐法	原子荧光光谱法	金	量程＞0.001μg/m^3
3	《天然气中汞的测定　第 1 部分：碘化学吸附法采集汞》(Natural Gas–Determination of Mercury–Part 1: Sampling of Mercury by Chemisorption on Iodine) (ISO 6978-1:2003)	天然气	氧化法	原子吸收或原子荧光光谱法	碘	量程 0.1～5000μg/m^3
4	《天然气中汞的测定　第 2 部分：金/铂合金汞齐采集汞》(Natural Gas–Determination of Mercury–Part 2: Sampling of Mercury by Amalgamation on Gold/Platinum Alloy) (ISO 6978-2:2003)	天然气	汞齐法	原子吸收或原子荧光光谱法	金/铂合金	量程 0.01～100μg/m^3 (常压) 0.001～1μg/m^3 (高压)
5	《天然气汞含量的测定　第 1 部分：碘化学吸附取样法》(GB/T 16781.1—2017)	天然气	氧化法	原子吸收或原子荧光光谱法	碘	量程 0.1～5000μg/m^3
6	《天然气汞含量的测定　第 2 部分：金-铂合金汞齐化取样法》(GB/T 16781.2—2010)	天然气	汞齐法	原子吸收或原子荧光光谱法	金/铂合金	量程 0.01～100μg/m^3 (常压) 0.001～1μg/m^3 (高压)
7	《井口天然气中汞含量的测定　差减法》(SY/T 7321—2016)	天然气	差减法	原子吸收光谱法	碘、金、铂、银	量程＞0.001μg/m^3
8	《热解、汞齐和原子吸收光谱法测定固体和溶液中的汞》(Mercury in Solids and Solutions by Thermal Decomposition, Amalgamation, and Atomic Absorption Spectrophotometry) (EPA 7473)	土壤、沉积物、污泥、废水、地下水	燃烧法	原子吸收光谱法	燃烧	量程 0.05～600ng
9	《水质　电感耦合等离子体质谱法(ICP-MS)的应用　第 2 部分》(Water Quality–Application of Inductively Coupled Plasma Mass Spectrometry(ICP-MS)–Part 2) (ISO 17294-2:2016)	水(如饮用水、地表水、地下水、废水、提取液)	消解法	ICP-MS 法	王水	量程 0.1～1.0μg/L (清洁水)

续表

序号	标准名称	适用样品	前处理方法	检测方法	反应成分	量程/检出限
10	《水质 烷基汞的测定 气相色谱法》(GB/T 14204—1993)	地面水、污水	非衍生化法	气相色谱法	巯基棉	甲基汞检出浓度为 10ng/L，乙基汞检出浓度为 20ng/L
11	《水中甲基汞的测定 蒸馏、水相乙基化、吹扫和捕集及冷原子荧光光谱法》(Methyl Mercury in Water by Distillation, Aqueous Ethylation, Purge and Trap, and Cold Vapor Atomic Fluorescence Spectrometry)(EPA 1630)	从海水至污水	衍生化法	气相色谱-原子荧光光谱法	四乙基硼化钠	甲基汞量程为 0.02～5ng/L
12	《水质 烷基汞的测定 吹扫捕集/气相色谱-冷原子荧光光谱法》(HJ 977—2018)	地表水、地下水、生活污水、工业废水、海水	衍生化法	气相色谱-原子荧光光谱法	四丙基硼化钠	甲基汞、乙基汞测定下限均为 0.08ng/L
13	《总汞和液态烃中的汞形态》(Total Mercury and Mercury Species in Liquid Hydrocarbons)(ASTM UOP938-00)	液态烃	燃烧法	原子吸收光谱法	燃烧	量程为 0.1～10000μg/L
14	《沉积物中的汞(手动冷蒸汽技术)》(Mercury in Sediment (Manual Cold Vapor Technique)(EPA Method 245.5)	沉积物、土壤、污泥	消解法	原子吸收光谱法	王水、高锰酸钾、氯化亚锡	量程为 200～5000μg/kg
15	《土壤质量 总汞、总砷、总铅的测定 原子荧光法 第 1 部分：土壤中总汞的测定》(GB/T 22105.1—2008)	土壤	消解法	原子荧光光谱法	王水、硼氢化钾	检出限为 2μg/kg
16	《固体废物 汞、砷、硒、铋、锑的测定 微波消解/原子荧光法》(HJ 702—2014)	固体废物、污泥	消解法	原子荧光光谱法	王水、硼氢化钾	取样量为 0.5g 时，检出限为 2μg/kg
17	《农田土壤中甲基汞、乙基汞的测定 高效液相色谱-电感耦合等离子体质谱联用法》(DB22/T 1586—2018)	土壤	提取法	电感耦合等离子体质谱法	硝酸	取样量为 0.5g 时，甲基汞检出限为 4μg/kg，乙基汞检出限为 8μg/kg

铂丝吸附天然气中的汞，在常压下采样时检测范围为 0.01～100μg/m^3；在高压下采样时检测范围为 0.001～1μg/m^3。由于金丝表面很容易受液态烃或液态水的污染而失活，因此该方法主要用于检测不含凝析物的天然气。

国家标准《天然气汞含量的测定 第 1 部分：碘化学吸附取样法》(GB/T 16781.1—2017)和《天然气汞含量的测定 第 2 部分：金-铂合金汞齐化取样法》(GB/T 16781.2—2010)，这两项天然气汞含量的检测标准分别修改采用了 ISO 6978-1:2003 和 ISO 6978-2:2003。

上述检测标准由于采样和分析过程比较复杂，给天然气中汞的检测带来一定困难。基于此，中国石油勘探开发研究院制订了石油天然气行业标准《井口天然气中汞含量的测定 差减法》(SY/T 7321—2016)，可实现天然气汞含量的快速测定，检测工作更加便捷，极大提高了工作效率。该方法的测定范围为 10ng/m^3～10mg/m^3，检测范围更大。

2.1.3 气田采出水中汞的检测技术

气田采出水中汞的检测技术包括气田采出水中总汞的检测技术和汞形态的检测技术。气田采出水中的悬浮物颗粒可以参照污泥中汞的检测方法进行。

1. 总汞检测技术

关于气田采出水中总汞的检测方法可供参照的标准比较多，如国际标准化组织方法、美国环境保护署(EPA)方法、国标(GB)方法和水利行业(SL)标准方法。美国《热解、汞齐和原子吸收光谱法测定固体和溶液中的汞》(EPA 7473)方法提供了一种用热解的方式测定废水中总汞的方法，废水中的汞及化合物热解后释放出汞蒸气，冷却后被金阱捕集，然后给金阱加热，释放的汞送入原子吸收光谱仪检测。由于该方法不需要对样品进行化学处理，因而检测速度快，大多数样品的分析时间少于 5min。

《水质 汞的测定 富集和无富集的原子吸收光谱法》(Water Quality–Determination of Mercury–Method Using Atomic Absorption Spectrometry(AAS) with and without Enrichment)(ISO 12846:2012)提供了先氧化后还原的水中汞含量测定方法。该方法首先用氧化剂溴酸钾-溴化钾($KBrO_3$-KBr)将水中的一价汞和有机汞化合物转化为二价汞，然后在酸性介质中用氯化亚锡将二价汞还原为单质汞，单质汞在惰性气体或无汞空气的吹扫下从溶液中分离，直接送入测汞仪进行检测。如果需要富集，汞蒸气在惰性气体的吹扫下用装有金-铂丝的石英管富集，然后在 800℃以上的高温下加热释放并送入测汞仪检测。

《水质 电感耦合等离子体质谱法(ICP-MS)的应用 第 2 部分》(Water Quality–Application of Inductively Coupled Plasma Mass Spectrometry(ICP-MS)–Part 2)(ISO 17294-2:2016)法采用硝酸或王水消解样品，消解后溶液样品中的元素通过雾化器引入等离子体中并发生电离，元素电离后在电场的作用下被送入质谱仪进行测定。

《水质 总汞的测定 冷原子吸收分光光度法》(GB/T 7468—1987)等效采用 ISO 5666-1 和 ISO 5666-3 两部分，样品经消解后再进行还原测定。消解时样品在硫酸-硝酸介质及加热条件下用高锰酸钾-过硫酸钾或溴酸钾-溴化钾将所含汞全部转化为二价汞。用盐酸羟胺将过剩的氧化剂还原，再用氯化亚锡将二价汞还原成单质汞，室温下在空气或氮气吹扫下通入原子吸收测汞仪检测。

《水质 汞的测定 原子荧光光度法》(SL 327.2—2005)同样提供了两种消解各种汞形态的方式，即重铬酸钾-过硫酸钾法和溴酸钾-溴化钾法，消解后各种形态的汞转化成二价汞，加入硼氢化钾(或硼氢化钠)与其反应生成单质汞，然后在氩气的吹扫下送入原子荧光光度计检测。

综上所述，气田水中总汞的检测方法大体可以划分为两类，一类是热解法，如美国 EPA 7473，另一类是消解法，如 ISO 12846:2012、ISO 17294-2:2016、GB/T 7468—1987 和 SL 327.2—2005。

2. 汞形态检测技术

国内外关于水中汞形态的检测标准主要有三个，即《水质 烷基汞的测定 气相色谱法》(GB/T 14204—1993)、《水中甲基汞的测定 蒸馏、水相乙基化、吹扫和捕集及冷原子荧光光谱法》(EPA 1630)和《水质 烷基汞的测定 吹扫捕集/气相色谱-冷原子荧光光谱法》(HJ 977—2018)。

GB/T 14204—1993 方法给出了测定水中烷基汞(甲基汞、乙基汞)的方法，该方法适用于地面水及污水中烷基汞的测定。该方法实际达到的最低检出浓度随仪器灵敏度和水样基体效应而变化，当水样取 1L 时，甲基汞通常检出浓度为 10ng/L，乙基汞检出浓度为 20ng/L。

EPA 1630 方法给出了水中的甲基汞的测定方法，即通过蒸馏、水相乙基化、吹扫和捕集、解吸、热解和冷原子荧光光谱仪实现水中甲基汞的测定，量程 0.02～5ng/L。

中华人民共和国环境保护行业标准或中国环境科学研究院制订的 HJ 977—2018 方法与 EPA 1630 方法类似，即都是用衍生化的方法将水中的烷基汞进行烷基化，所不同的是在 EPA 1630 方法中所用的衍生化试剂为四乙基硼化钠，在 HJ 977—2018 方法中所使用的衍生化试剂为四丙基硼化钠，另外由于 EPA 1630 仅用于测定水中的甲基汞，因此衍生化后的甲基乙基汞采用石墨化碳管进行捕集，捕集后未经色谱柱进行分离，而在 HJ 977—2018 方法中衍生化后的甲基丙基汞和乙基丙基汞经 Tenax 管捕集后还要再经色谱柱进行分离后检测。该标准适用于地表水、地下水、生活污水、工业废水和海水中烷基汞(甲基汞、乙基汞)的测定，当取样体积为 45mL 时，甲基汞和乙基汞的方法检出限均为 0.02ng/L，测定下限均为 0.08ng/L。

除上述标准外，部分学者建立了高效液相色谱-电感耦合等离子体质谱联用测定环境水样中的二价汞、甲基汞、乙基汞与苯基汞的方法。该方法采用乙酸铵/L-半胱氨酸缓冲液及甲醇体系组成的流动相按一定比例进行梯度洗脱，通过高效液相色谱-电感耦合等离子体质谱联用技术(HPLC-ICPMS)测定二价汞、甲基汞、乙基汞、苯基汞等四种汞形态。

综上所述，气田采出水中汞形态的检测方法可以划分为两类，一类是非衍生化的方法，如 GB/T 14204—1993，另一类是衍生化法，如 EPA 1630 和 HJ 977—2018。

上述方法为气田水中汞的检测提供了很好的借鉴经验，使用者可以根据自身气田水的特点做适当调整后参考使用。

2.1.4 凝析油中汞的检测技术

凝析油中汞的检测技术包括凝析油中总汞的检测技术和汞形态的检测技术。

1. 总汞检测技术

美国《总汞和液态烃中的汞形态》(Total Mercury and Mercury Species in Liquid Hydrocarbons)(ASTM UOP938-00)介绍了一种测定液态烃中总汞的检测方法。该方法采用热解的方式对样品进行热裂解，释放的汞蒸气用 NIC 公司的汞分析仪进行测定。该方法适用于汞含量在 0.1～10000μg/L 的样品。

Shafawi 等[2]于 1998 年通过在 400℃下蒸发样品，并在 200℃下用金阱吸附不同形态的汞。吸附不同形态的汞后的金阱随后被加热到 800℃，释放的汞蒸气用原子荧光光谱测定。

Zettlitzer 等于 1997 年采用三种不同的氧化性的酸或混合物(HNO_3、$HNO_3/HClO_4$和王水)来测试有机溶剂中无机和有机汞化合物的回收率，结果显示只有王水才会产生定量的回收率，并被选为凝析油和地层水的消解液。消解时，样品和王水的体积比为 1∶8，在 160℃下消解 3h。消解后的水溶液用 $SnCl_2$ 还原，然后用冷原子吸收光谱法(CVAAS)检测[1]。

《进口食品级润滑油(脂)中锑、砷、镉、铅、汞、硒元素的测定方法 电感耦合等离子体质谱(ICP-MS)法》(SN/T 4759—2017)介绍一种微波消解的方法测定润滑油中的汞，检测限为 0.60μg/kg。试样经过微波消解、定容，将待测试液引入电感耦合等离子体质谱仪进行测定，计算出待测元素的含量。消解时称取约 0.5g 试样，置于微波消解罐中，加入 7mL 硝酸和 1mL 过氧化氢，60℃电热板上加热 30min，于微波消解系统中进行消解。待消解罐，开罐冷却后将溶液转移至 50mL 容量瓶中，用水冲洗罐壁 2～3 次后定容至刻度，摇匀后进行测定。

中国石油勘探开发研究院同样采用 ICP-MS 法对消解液进行测定，所不同的是在样品前处理时，用王水在微沸水浴中加热消解，消解液稀释后用 ICP-MS 检测。

综上所述，凝析油中汞形态的检测方法可以分为两类，一是热解法，如 ASTM UOP938-00、Shafawi 法，另一类是消解法，如 Zettlitzer 法[1]和 SN/T 4759—2017。

2. 汞形态检测技术

关于凝析油中汞形态的检测标准及研究文献较少。《总汞和液态烃中的汞形态》(Total Mercury and Mercury Species in Liquid Hydrocarbons)(ASTM UOP938-00)介绍了一种汞形态的分析方法，其将凝析油中的汞形态分为三类，即单质汞、有机非离子汞和离子汞(包括无机离子汞和有机离子汞)。

Zettlitzer 等[1]于 1997 年对凝析油中的单质汞(Hg^0)、单烷基汞和单芳基汞(CH_3Hg^+、$C_2H_5Hg^+$和 $C_6H_5Hg^+$)、二价离子汞(Hg^{2+})、二烷基汞和二苯基汞(R—Hg—R)及硫化汞(HgS)进行了测定。单烷基汞和单芳基汞的测定采用高效液相色谱分离-紫外线消解-柱后氧化-冷原子吸收光谱(HPLC-UV-PCO-CVAAS)法。这一方法是建立在离子汞化合物(包括 Hg^{2+})非极性络合物的形成基础之上，通过吡咯烷二硫代氨基甲酸钠(SPDC，是 HPLC

洗脱液的组分）进行络合，在注入色谱系统后立即络合。R—Hg—PDC 络合物在反相 C_{18} 柱子分离并在紫外线辐射下分解，用硼氢化钠还原为单质汞，并用氮气吹扫与溶液相剥离。含汞的氮气流用 nafion 干燥管干燥，并通过 CVAAS 的吸收室检测。在进行单质汞测定时，将 100μL 的样品添加到 150mL 的蒸馏水中，混合物用氮气吹扫，Hg^0 用金阱捕集，之后金阱被加热到 800℃，释放的汞蒸气通过 CVAAS 测定。二价离子汞的检测是向溶液中添加还原剂（有两种还原溶液可以用，第一种是 5%的 $SnCl_2$+1.1%的 HCl，第二种是 5%的 $NaBH_4$+5%的 NaOH），再用还原溶液与 100μL 样品混合后，用氮气吹扫，金阱捕集单质汞并进行测定，获得的汞含量为单质汞和二价离子汞的总和，与单质汞相减即为二价离子汞的含量。二烷基汞和二苯基汞的测定采用 GC-MS 法，可分别得到二甲基汞、二乙基汞和二苯基汞的含量。硫化汞测定时采用差减法进行，首先测定过滤后凝析油的总汞含量，然后减去单质汞、二价离子汞、单烷基汞和单苯基汞、二烷基汞和二苯基汞[1]。

Tao 等于 1998 年介绍了一种凝析油中汞形态的简便快速测定方法，即 GC-ICP-MS 法。该方法使用 HBr 预处理的极性 DB-1701 柱，不需要衍生化，可实现单烷基汞及其他形态的汞的检测。采用脉冲不分流进样模式，6 种有机汞（DMeHg、MeEtHg、DEtHg、MeHgCl、DBuHg 和 EtHgCl）可在 6min 实现分离。Hg^0 和 $HgCl_2$ 的分离采用柱头进样模式。对于脉冲不分流模式，按汞计检测限分别是 Hg^0 为 150fg、$HgCl_2$ 为 340fg、DMeHg 为 200fg、MeEtHg 为 19fg、DEtHg 为 35fg、MeHgCl 为 74fg、DBuHg 为 50fg 及 EtHgCl 为 36fg。采用柱头进样时，Hg^0 和 DMeHg 的检测限可分别改善至 34fg 和 130fg。DEtHg、MeHgCl 和 EtHgCl 在凝析油中的回收率在 90%～103%，但 Hg^0、$HgCl_2$ 和 DMeHg 与 100%偏离很大，这是与之共存的烃类物质的过载所致。在 GC 分离时烷基转移反应在两种进样模式下都没有发生，但在脉冲无分流模式下观察到了分解。这种方法被应用到了凝析油、石脑油馏分和原油样品中。五种汞形态（Hg^0、$HgCl_2$、DMeHg、MeEtHg 和 DEtHg）在实际样品中被检测到，从次 ppb 级至几十个 ppb 级。MeEtHg 在凝析油中首次被检测到[3]。

综上所述，凝析油中汞形态的检测方法可以分为两类，一类是萃取法，如 ASTM UOP938-00，另一类是色谱法，如 HPLC-UV-PCO-CVAAS 法和 GC-ICP-MS 法。

2.1.5　污泥中汞的检测技术

污泥中汞的检测技术包括污泥中总汞的检测技术和汞形态的检测技术。

1. 总汞检测技术

关于污泥中总汞的检测方法可借鉴的标准较多，如美国（EPA 7473），其检测原理见 2.1.3 节，这里不再赘述。美国 EPA Method 245.5 介绍了一种沉积物中汞的测定方法，其同样适用于土壤和污泥等类似的样品。样品在测定之前，首先在 60℃下进行干燥处理，此时并不会出现样品中的汞因干燥而发生损失。干燥的样品粉碎后，首先在 95℃的水浴中用王水消解 2min，然后添加高锰酸钾进行氧化 30min，再用氯化钠-硫酸羟胺（或盐酸羟胺）还原过量的高锰酸钾，最后用硫酸亚锡（或氯化亚锡）还原，吹扫出的单质汞通入原子吸收光谱仪进行检测。

《土壤质量 总汞、总砷、总铅的测定 原子荧光法 第1部分：土壤中总汞的测定》(GB/T 22105.1—2008)标准采用硝酸-盐酸混合试剂在沸水浴中加热消解土壤试样，再用硼氢化钾(或硼氢化钠)将样品中所含汞还原成原子态汞，由载气(氩气)导入原子化器中，在特制汞空心阴极灯照射下，基态汞原子被激发至高能态，在去活化回到基态时，发射出特征波长的荧光，其荧光强度与汞的含量成正比，与标准系列比较，求得样品中汞的含量。

《固体废物 汞、砷、硒、铋、锑的测定 微波消解/原子荧光法》(HJ 702—2014)规定了固体废物和固体废物浸出液中汞、砷、硒、铋、锑的测定方法。固体废物和浸出液试样经微波消解后，进入原子荧光仪，其中的汞元素在硼氢化钾溶液的还原作用下生成汞原子蒸气等气体，这些气体在氩氢火焰中形成基态原子，在元素灯(汞灯)发射光的激发下产生原子荧光，原子荧光强度与试样中元素含量成正比。

《危险废物鉴别标准 浸出毒性鉴别》(GB 5085.3—2007)附录S“固体废物 金属元素分析的样品前处理 微波辅助酸消解法”，给出了污泥和固体废物浸出液的前处理方法；附录B“固体废物 元素的测定 电感耦合等离子体质谱法”，给出了固体废物和固体废物浸出液中汞的检测方法，在实践中应用较多。

综上所述，污泥中总汞的检测方法可分为两类，一类是热解法，如EPA 7473，另一类是消解法，如EPA Method 245.5、GB/T 22105.1—2008、HJ 702—2014和GB 5085.3—2007。

2. 汞形态检测技术

关于污泥中汞形态的检测可借鉴的方法很多，但由于不同样品汞形态的组成可能存在一定差异，大多数方法并没有形成统一的标准。吉林省地方标准《农田土壤中甲基汞、乙基汞的测定 高效液相色谱-电感耦合等离子体质谱联用法》(DB22/T 1586—2018)给出了土壤中甲基汞和乙基汞的检测方法。该方法在称样量5g、提取液定容体积为100mL时，甲基汞和乙基汞检出限分别为0.004mg/kg和0.008mg/kg，定量限分别为0.013mg/kg和0.025mg/kg。

吴圣姬等用MS研究汞化合物固体粉末在程序升温过程中的热解特征[4]，这些化合物包括HgS(黑辰砂和朱砂)、HgO、$HgSO_4$、$HgCl_2$和Hg_2Cl_2(图2.5)。尤其是$HgCl_2$在煤燃烧的烟道气和煤气氛围下的稳定性和活动性。关于稀释物(如石英、SiC、Al_2O_3、TiO_2和活性炭)对热解的影响也做了研究。在石英作为稀释物、氦气作为载气下，出峰顺序为HgS(黑辰砂)=HgO<HgS(朱砂)<$HgSO_4$。

唐德宝研究了汞精矿矿浆悬浮电解渣中氯化汞、氧化汞、单质汞和硫化汞的分离方法。该方法用无水乙醇浸取氯化汞，离心分离；不溶物用硫酸溶液浸取氧化汞，离心分离；不溶物用硝酸溶液浸取单质汞，离心分离；不溶物转入锥形瓶中，用逆王水溶液在电热板上微沸溶浸硫化汞[5]。

Sakamoto等给出了用原子吸收光谱法测定沉积物中有机汞、氧化汞和硫化汞的方法。该方法采用连续提取的方式，有机汞首先用氯仿进行提取，提取物再用硫代硫酸钠溶液进行提取，为了从 HgS 中分离出 HgO，残余物用硫酸处理，以便提取出 HgO。HgS 用含 NaCl 的盐酸提取。提取物用原子荧光测定。向沉积物中添加标准物质，有机汞、HgO 和 HgS 的回收率分别为 99.9%、99.5%和 98.2%[6]。

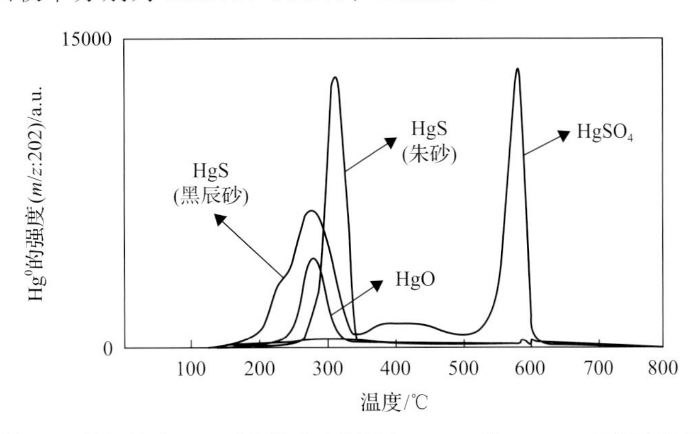

图 2.5　氦气流中 HgS（朱砂和黑辰砂）、HgO 和 $HgSO_4$ 的程序控温分解和脱附技术（TPDD）质谱图

2.2　天然气中汞的检测技术

天然气中汞的检测方法分为三类，即汞齐法、氧化法和差减法。下面分别以《天然气汞含量的测定 第 2 部分：金-铂合金汞齐化取样法》（GB/T 16781.2—2010）、《天然气汞含量的测定 第 1 部分：碘化学吸附取样法》（GB/T 16781.1—2008）和《井口天然气中汞含量的测定 差减法》（SY/T 7321—2016）三个标准为例对这些方法进行介绍。

2.2.1　汞齐法

1. 技术原理

汞齐法测定技术首先利用金（或银、铂等金属）易与汞发生汞齐反应的性质将天然气中的汞富集到金阱（图 2.6），然后对金阱加热，富集在金阱上的汞就会在热力的作用下将单质汞释放出来，在清洁气流的吹扫下送入测汞仪进行检测（图 2.7）。

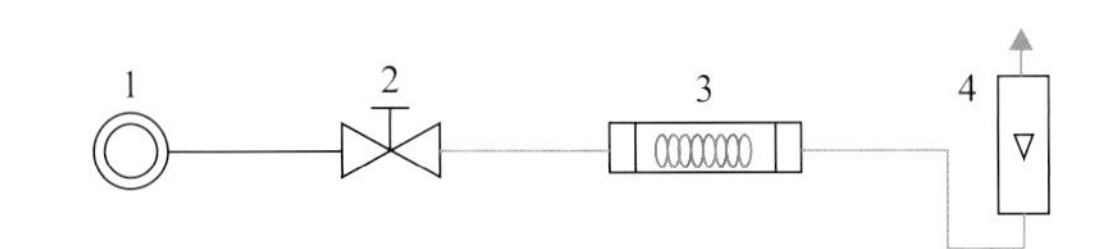

图 2.6　汞齐法采样装置示意图

1-天然气管道；2-流量控制阀；3-金阱；4-流量计

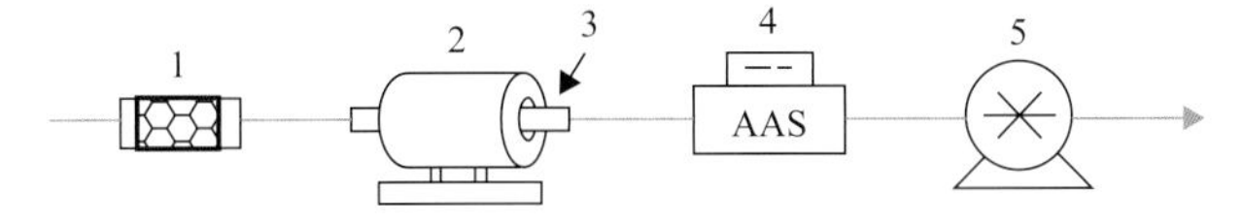

图 2.7　汞齐法测定装置示意图

1-汞过滤器；2-管式炉；3-金阱；4-测汞仪；5-气泵

在 GB/T 16781.2—2010 中，为了克服烃类的干扰，采用二次汞齐化进行样品采集和测定，即首先用取样管(金阱)将天然气中的汞富集起来，然后 700℃加热取样管，使取样管上的汞释放并用分析管(金阱)收集释放的汞，在 800℃加热分析管，使分析管上的汞释放并在清洁气流的吹扫下送入原子吸收光谱仪或原子荧光光谱仪测定。

2. 样品采集

样品采集装置如图 2.8 所示，为防止凝析物对金-铂带来的不利影响，采样管放入加热铝块中。当低流量采样时，首先应充分吹扫采样系统，通常要用至少 10 倍于采样系统体积的气体吹扫。为了最大程度减少采样管线中高压部分汞的吸附，需要使用快速旁通，旁通流速至少是采样管流速的 10 倍。当采样必须降低压力时，用热交换器加热气流，使膨胀后气体温度比露点高 10℃以上。

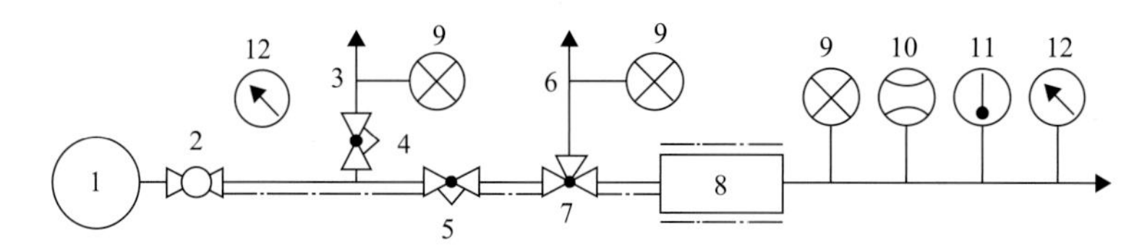

图 2.8　采样装置

1-管道；2-采样阀；3-一级旁通；4-旁通阀；5-流量控制阀；6-二级旁通；7-三通阀；8-加热铝块；9-流量计；10-气表；11-温度计；12-压力表

3. 样品测定

将解吸装置中(图 2.9)每支采样管依次连接到分析管，确保流动方向与取样过程中的流动方向相反。将采样管置入冷的管式炉(<200℃)中，用聚乙酸乙烯(PVA)管通过汞捕集器连接到空气泵。用流量指示器调节空气流量至 500mL/min，加热管式炉至 700℃，1min 后停止加热。从分析管和气源卸下采样管并将其从管式炉中取出，在吸附后一周内解吸采样管内的汞。用 PVA 管将分析管连接到原子吸收光谱仪或原子荧光光谱仪入口并将分析管置入温度低于 200℃的管式炉中。将管式炉快速加热至 800℃，用合适的载气将汞蒸气转移到测汞仪中，记录仪器的响应值。进而通过校准曲线的换算就可以得到天然气的汞含量。

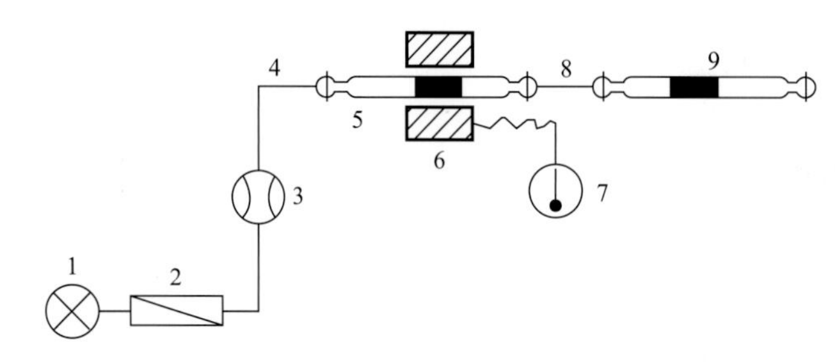

图 2.9　解吸装置

1-气泵；2-汞过滤器；3-流量计；4-PVA 管；5-采样管；6-管式炉；7-温度计；8-玻璃连接管；9-分析管

4. 注意事项

(1)采样时，必须保证采样温度高出天然气露点温度10℃以上。

(2)为了避免汞从金-铂合金丝表面扩散至内部，导致在规定转移条件下汞的回收率降低，采样管应在一周内完成测定。

(3)采样装置对汞的吸收会导致分析结果偏低。汞很容易被很多材料吸收，为了减小误差，采样管线通常采用石英玻璃、硼硅酸盐玻璃和不锈钢。建议根据管线的长度、使用的材质和流速对取样系统进行预处理。将汞蒸气转移到光谱仪的连接管宜采用PVA，但也可以使用其他合适的塑料，如聚四氟乙烯(PTFE)和聚酰胺(PA)。采样管线和转移管线应尽可能短。

(4)在采样之前吹扫系统除去沉积物或杂质，避免过度吹扫，因为气体膨胀(焦耳-汤姆孙效应)可能引起采样阀结冰。

(5)在采样管旁设置快速旁通，这样可以保证在采样系统中气体高速流动，使吸收现象降低到最小。当采样压力降低和采样方法只需要相对较小的气量时，采用快速旁通尤为重要。

(6)用塑料膜或者橡胶塞密闭采样管，然后放在一个封闭的容器中，这样可以放置一周。为了控制汞在储存过程中的污染，至少将一只空白采样管与采到的样品放在一起储存。

(7)为了避免测汞仪中汞的过载(净化可能需要数小时)，被检测的汞量应在原子吸收光谱仪或原子荧光光谱仪的量程之内。

2.2.2 氧化法

1. 技术原理

GB/T 16781.1—2017规定了用碘化学吸附取样进行天然气汞含量测定的方法。气体通过装有碘浸渍硅胶的玻璃管，气体中以元素或有机汞化合物如二甲基汞 $Hg(CH_3)_2$ 或二乙基汞 $Hg(C_2H_5)_2$ 形式存在的汞被化学吸附，反应原理见式(2.1)和式(2.2)。

$$Hg+I_2 \longrightarrow HgI_2 \tag{2.1}$$

$$Hg(CH_3)_2+2I_2 \longrightarrow HgI_2+2CH_3I \tag{2.2}$$

在实验室用碘化胺/碘溶液(NH_4I/I_2)溶解生成的碘化汞(HgI_2)，并用真空气提除去烃凝析物。以水溶性络合物形式存在的汞被氯化亚锡($SnCl_2$)溶液还原成单质汞。用惰性气体将汞从溶液中吹扫出来，将汞蒸气转移到冷原子吸收光谱仪或原子荧光光谱仪进行测定。用基液与样品相匹配的汞标准溶液按同样方式对汞的最终测定进行修正。

2. 样品采集

取样前吹扫取样系统(取样探头和取样阀)除去沉积物或杂质。避免过度吹扫，因为气体膨胀(焦耳-汤姆孙效应)可引起取样阀结冰。取样管线和转移管线应尽可能短。推荐使用快速回路绕过吸附管，以保证取样系统(取样探头和取样阀)中气体高速流动，并使吸附现象降低到最弱。

高压取样允许大量的气体在其压力和温度不变的情况下短时间内通过取样管。高压取样还可防止烃类的反凝析。降压前需用热交换器加热气体以保证准确测量气体样品的体积。由于安全原因，应将旁通气流再次引入低压管线/或放空口，高压装置如图 2.10 所示。

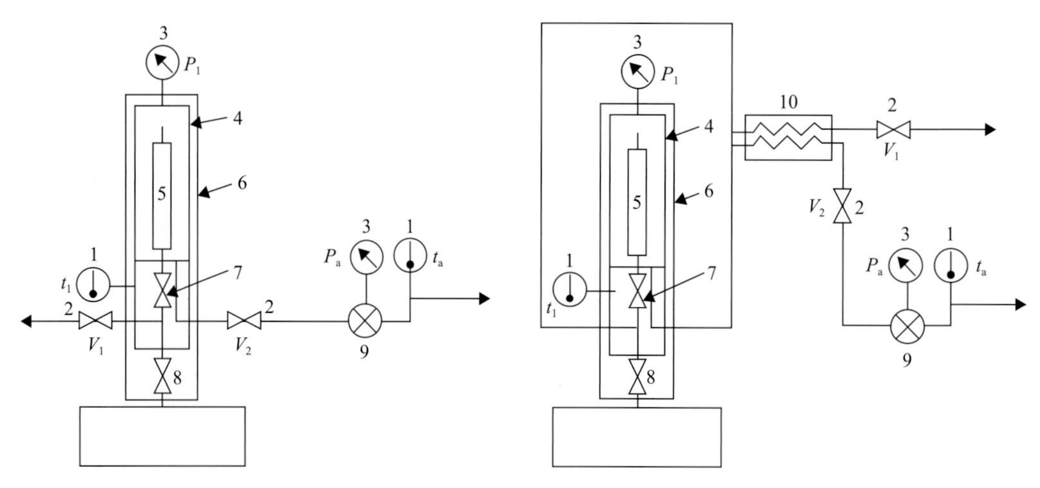

图 2.10 高压取样设备

1-温度表(t_1，t_a)；2-卸压阀(V_1，V_2)；3-压力表(P_1，P_a)；4-高压取样池；5-取样管；6-绝热体；7-单元阀；8-取样阀；9-气体流量计；10-热交换器

3. 样品处理

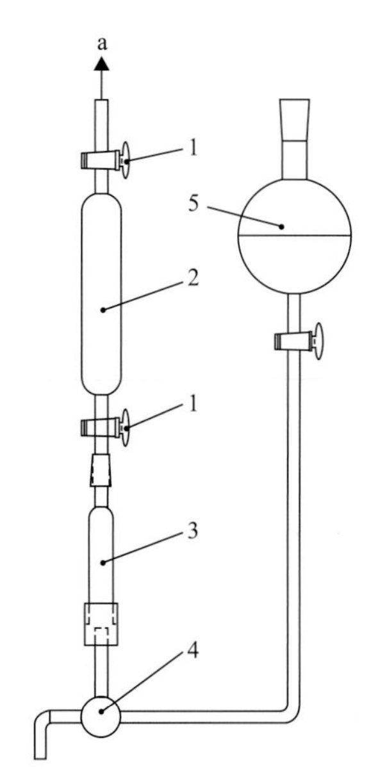

图 2.11 分解用玻璃仪器

1-旋塞；2-带刻度的接收器；3-取样管；4-三通；5-圆底容器；a-抽真空

将取样管安装在分解设备(图 2.11)上。用真空泵从带刻度的 50mL 接收器的上端旋塞抽空取样管并保持三通阀关闭。关闭带刻度的接收器下端旋塞后，打开三通阀，使取样管内的所有硅胶与来自圆底容器的 NH_4I/I_2 溶液完全接触。轻轻打开带刻度接收器的下端活塞，使 NH_4I/I_2 溶液进入带刻度的接收器，大约 10min 内使 50mL 该溶液通过取样管进入带刻度的接收器。在上述过程中，保持连接真空泵的带刻度接收器的上端旋塞开启。由于真空仍然保持，因此吸附的烃类被大部分蒸发，避免对后续测试产生不利影响。关闭带刻度接收器的两端旋塞和三通阀，取下连接件。将装有 NH_4I/I_2 溶液的接收器摇动几次，然后将溶液转移到棕色样品瓶中。

4. 样品测定

用具有本底校正功能的原子吸收光谱仪或具有还原单元的原子荧光光谱仪进行分析测定，系列步骤中可以使用分批法、流动注入法和连续流动法。

将 20mL 氢氧化钾溶液和 20mL 水注入原子吸收光谱仪或原子荧光光谱仪的汞还原容器中。然后加入 10～100μL 样品溶液。确保汞含量处于原子吸收光谱仪或原子荧光光谱仪的线性范围内。用 NH_4I/I_2 溶液稀释汞含量高的样品。加入 1.25mL 还原溶液将含汞化合物还原为单质汞。用惰性气体吹扫出汞并使用原子吸收光谱仪或原子荧光光谱仪检测。采用流动注入和连续流动系统时，同样使用还原溶液。溶液中冷凝物的存在会影响汞的测定，除非使用具有本底校正功能的原子吸收光谱仪。

5. 注意事项

(1) GB/T 16781.1—2017 适用的取样压力最高可达 40MPa，天然气汞含量范围为 0.1～5000μg/m^3，所取样品体积中的硫化氢质量小于 20mg，且在取样条件下液烃总量小于 10g/m^3。

(2) 汞容易被用于取样的大多数材质吸附。因此，为了得到可接受的结果，应使用石英玻璃、硅酸盐玻璃和不锈钢。建议根据管线的长度、使用的材质和流量对取样系统进行预处理。将汞蒸气转移到光谱仪的连接管建议使用 PVA 管，但也可以使用其他合适的塑料，如 PTFE 或 PA。

(3) 如果在取样过程中取样管内吸收层几乎完全变色，如碘已蒸发或取样管已饱和，则应插入一支新的取样管以较少的取样体积重新取样。

2.2.3　差减法

1. 技术原理

SY/T 7321—2016 提供一种测定天然气汞含量的快捷方法。由于天然气中的汞主要为单质汞，可以直接将天然气通入测汞仪进行测定。但天然气中常常含有芳香族化合物，这些化合物与单质汞一样会对波长为 253.7nm 的紫外光产生吸收作用，造成测定结果偏高。为了消除芳香族化合物的影响，可先将天然气样品通入测汞仪测得带有干扰物影响的检测值，然后用汞过滤器将天然气中的单质汞过滤后再通入测汞仪，该过滤器只对天然气中的汞有吸附作用而对干扰物无吸附作用，这样就可测得仅有干扰物影响的检测值，两者相减即为天然气的汞含量(图 2.12)。

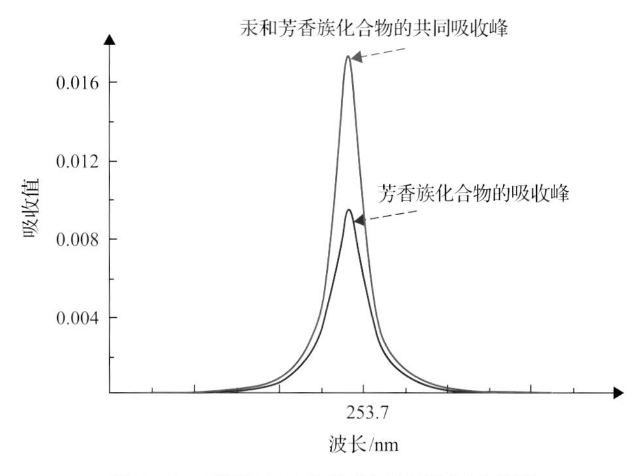

图 2.12　天然气汞含量差减法测定原理图

2. 样品采集

样品采集装置如图 2.13 所示。采样前应排出采样阀处可能存在的油、水及污物。将流量控制阀与采样阀相连，并用硅胶管将气体采样袋与流量控制阀相连，打开采样阀、流量控制阀并快速将气体采样袋充满，充满后应立即关闭流量控制阀、取下采样袋。样品采集至少有一个重复样。若采样过程中发生冰堵，应对流量控制阀采取加热措施。

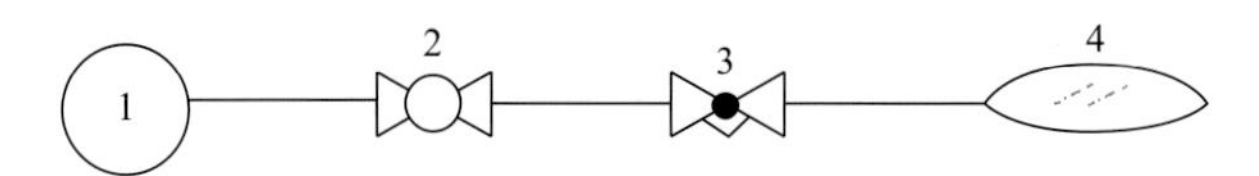

图 2.13　天然气采样装置示意图

1-天然气管道；2-采样阀；3-流量控制阀；4-气体采样袋

3. 样品测定

将采样袋连接到汞含量测定装置中(图 2.14)，在检测未知汞含量范围的样品时，通常使用中量程测汞仪进行初测，再选用量程合适的测汞仪。当检测值落入低量程测汞仪的测量范围时，选用低量程测汞仪进行正式检测；当检测值超过测量范围时，选用高量程测汞仪进行正式检测。若采集的气体样品含有较多的油、水和污泥时，需保持采样袋气嘴朝上并静置 5min 以上，再接入测定流程。

测定时，首先将三通阀扳向测汞仪方向，测得带有干扰物的检测值，然后将三通阀扳向汞过滤器方向，测得仅有干扰物的检测值。两者相减即为天然气中汞的真实含量。

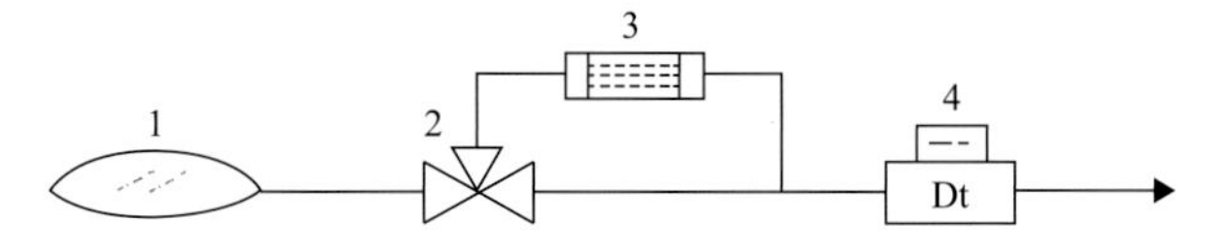

图 2.14　差减法测定装置示意图

1-气体采样袋；2-三通阀；3-特殊汞过滤器；4-测汞仪

4. 注意事项

(1) 采样时，向气体采样袋充注天然气的速度要足够快，以消除管壁吸附带来的影响。

(2) 汞过滤器仅吸附天然气中的汞，不吸附天然气中的芳香族化合物，汞过滤器内充填物可以是载碘的脱脂棉，也可以是金丝、银屑或镀金的石英砂等。

(3) 采集的采样袋气体，应尽快检测，以防止气体泄漏或汞的吸附。

2.2.4　不同方法适用性

在上述方法中，由于差减法检测速度快、检测效率高，且可以现场检测，在油气田得到越来越广泛的应用。汞齐法主要应用于低含汞天然气的检测，如 LNG 生产中要求原料气汞含量控制指标小于 $10ng/m^3$，这时就需要先对天然气中的汞进行富集，再进行检测。氧化法由于操作比较复杂，且用到较多的化学试剂和溶液，目前国内外使用相对较少。

2.3　气田水中汞的检测技术

2.3.1　总汞检测技术

气田水中总汞的检测方法可以划分为两类，即热解法和消解法。美国《热解、汞齐和原子吸收光谱法测定固体和溶液中的汞》(EPA 7473)属于热解法，其余均属于消解法。下面重点以《热解、汞齐和原子吸收光谱法测定固体和溶液中的汞》和《水质 电感耦合等离子体质谱法(ICP-MS)的应用 第 2 部分》(ISO 17294-2:2016)为例对这两种方法进行介绍。

1. 热解法

1)技术原理

EPA 7473 方法可用于土壤、沉积物、污泥、废水和地下水中总汞的测定。仪器的氧化分解炉用于从固体及液体样品中释放汞，样品在分解炉中被干燥及分解，分解产物通过氧气直接被输送到炉的还原部分，氧化物、卤素及氮硫氧化物在此被捕获，剩下的分解产物被带入汞齐化管，当所有的剩余气体及分解产物都通过汞齐化管后，汞齐化器被充分加热而释放汞蒸气。载气将汞蒸气带入原子吸收分光光度计的吸收池中，波长 253.7nm 处为汞的吸收峰(峰高或峰面积)(图 2.15)。

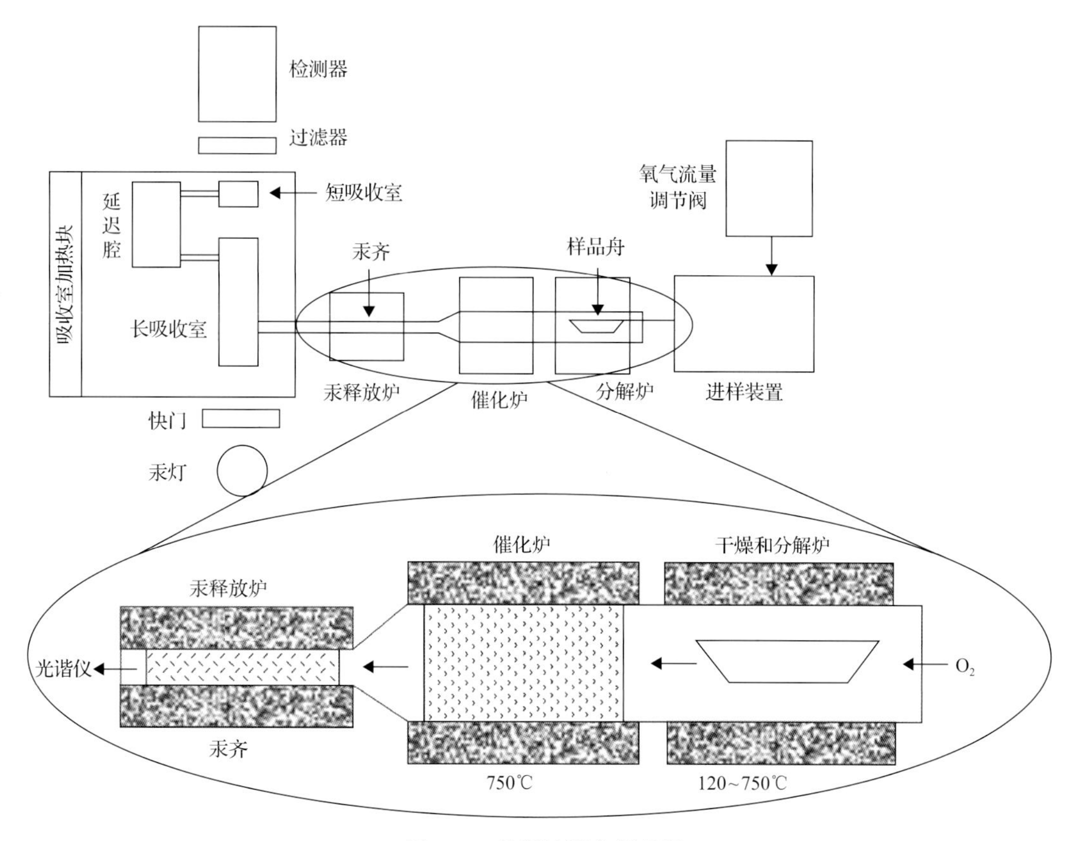

图 2.15　热解法测定原理图

2)样品采集

所有样品容器必须用清洁剂、酸及超纯水预先清洗。玻璃、塑料及聚四氟乙烯容器都是相匹配的。聚合体材料容器不适合用于盛装样品。

单质汞、无机汞及有机汞都是不稳定且易挥发的，应尽快地分析样品中的总汞，不要超过28d的期限。

3)样品测定

样品舟须经过预先清洗。准确称取气田水样品于样品舟中。仪器参数设定完毕后，将样品舟推入分解炉中进行测定。

4)注意事项

汞蒸发时会在催化管、齐化管及吸收池中残留下来，对下一个样品分析带来正偏离。例如，做高浓度样品后会对下一个低浓度样品分析带来影响。为使记忆效应达到最小，建议将样品分批进行测量，先批量做低浓度样品，再做高浓度样品。如果批量做比较困难，可在做高浓度样品后做一个空白分析以减少记忆效应。

2. 消解法

1)技术原理

硝酸或者王水具有很强的氧化性，可将水中的汞及其化合物完全转化为可溶的二价离子汞，经消解的溶液稀释后送入电感耦合等离子体质谱仪检测。

2)样品预处理

(1)用移液管量取一定量的气田采出水(≤1mL)并放置于25mL的试管中，加入王水10mL。

(2)将上述试管置于90℃左右的水浴锅中，保持1h以上，期间每隔20min取出振荡一次。

(3)加热完毕后冷却至室温，用稀硝酸稀释至仪器可检测的范围。

3)样品测定

稀释后的样品通过蠕动泵引入电感耦合等离子体质谱仪，根据加入试管中的样品量、溶液稀释倍数和校准曲线计算出所测样品中的汞含量。

4)注意事项

(1)为了保存和消解，硝酸应该被用来减少多原子的干扰。

(2)样品和校准用溶液的稳定性依赖容器的材质。对于低含汞样品的测定，不要使用玻璃或聚氯乙烯(PVC)材质，推荐使用全氟烷氧基(PFA)、六氟乙烯丙烯(FEP)或石英容器，清洗时在密闭系统中用热的硝酸。对于高含量元素的测定，高密度的聚乙烯(HDPE)或聚四氟乙烯(PTFE)容器也可以使用。在使用之前，所有的玻璃容器都应当用稀硝酸(如质量分数为10%的硝酸)清洗并用水漂洗数次。

2.3.2 汞形态检测技术

下面分别以《水质 烷基汞的测定 气相色谱法》(GB/T 14204—1993)和《水质 烷基汞的测定 吹扫捕集/气相色谱-冷原子荧光光谱法》(HJ 977—2018)为例介绍水中汞形态的分析方法，即非衍生化法和衍生化法。

1. 非衍生化法

1)技术原理

GB/T 14204—1993 基本原理是用巯基棉富集水中的烷基汞，用盐酸氯化钠溶液解吸，然后用甲苯萃取，用带电子捕获检测器的气相色谱仪测定。

2)样品采集

样品采集在塑料瓶中，如在数小时内样品不能进行分析，应在样品瓶中预先加入硫酸铜，加入量为 1g/L(水样处理时不再加硫酸铜溶液)，水样在 2～5℃条件下储存。

3)样品测定

取均匀水样置于分液漏斗中，加入少量硫酸铜溶液并调 pH 至 3～4。将巯基棉装入吸附管中，吸附水样中的烷基汞，然后加入一定量的解析液，将巯基棉上吸附的烷基汞解析到具塞离心管中，向试管中加入甲苯，加塞、振荡提取、静置分层，用离心机离心，离心分离有机相与盐酸氯化钠溶液，取有机相进行色谱测定；或者分层后吸出有机相，加入少量无水硫酸钠脱水，进行色谱测定。

4)注意事项

(1)样品中含硫有机物(硫醇、硫醚、噻吩等)均可被富集萃取，在分析过程中积存在色谱柱内，使色谱柱分离效率下降，干扰烷基汞的测定。定期向色谱柱内注入二氯化苯饱和溶液，可以去除这些干扰，恢复色谱柱分离效率。

(2)对于含悬浮物较多的污水，还需要用滤纸过滤水样，收集滤液转移到分液漏斗中，在漏斗下玻璃毛过滤、巯基棉管富集。

(3)配制基体加标标准液浓度低于 1mg/L 的烷基汞溶液不稳定。1mg/L 以下的基体加标标准溶液需要一周重新配制一次。所有烷基汞标准溶液必须避光、低温保存(冰箱内保存)。

2. 衍生化法

1)技术原理

采集的水样经蒸馏后，馏出液中的烷基汞经四丙基硼化钠衍生，生成挥发性的甲基丙基汞和乙基丙基汞，经吹扫捕集、热脱附和气相色谱分离后，再高温裂解为汞蒸气，用冷原子荧光测汞仪检测。根据保留时间定性，外标法定量。

2)样品采集

样品采集至样品瓶后，每升样品加入 4mL 盐酸，加酸后的样品 pH 应在 1～2，否则应适当增加盐酸的加入量，然后加入 2mL 饱和硫酸铜溶液摇匀，并用干净的聚乙烯袋密封采样瓶，置于 4℃以下避光冷藏保存，避免存放在高汞环境中或与高汞浓度样品一起保存，3d 内完成分析，如果只测定甲基汞，8d 内完成。

3) 样品预处理

量取一定量的样品于蒸馏瓶中，在接收瓶中加入水和乙酸-乙酸钠缓冲溶液摇匀。

预先将加热装置温度设定在 125～130℃，用聚四氟乙烯材质管线连接蒸馏瓶和接收瓶，确保蒸馏瓶密封。先放入蒸馏瓶进行加热，待蒸气进入接收瓶时再将接收瓶放入冷却装置，防止接收瓶中的液体结冰。

当蒸馏出约 80%的样品量(接收瓶中溶液体积约 41mL，整个蒸馏过程持续 3～4h)时，停止蒸馏，此时馏出液 pH 为 5.0～6.0。蒸馏过程如图 2.16 所示。如果样品蒸馏量超过 85%，用 pH 试纸检测馏出液的 pH，如果小于 5.0，则该样品作废。

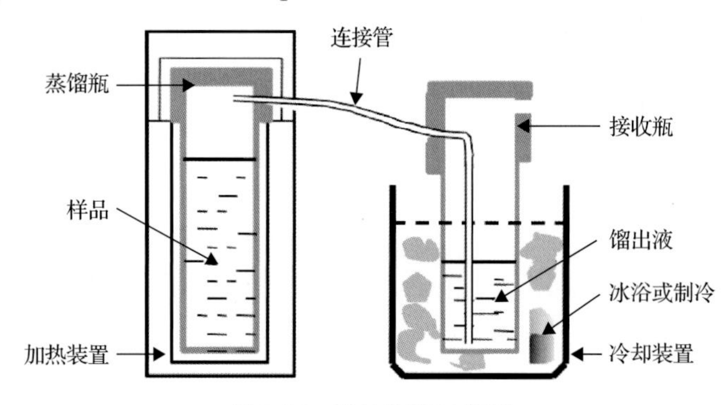

图 2.16　样品蒸馏示意图

4) 样品测定

样品测定的过程包括吹扫捕集、热脱附、色谱分离、高温裂解和冷原子荧光检测一系列连续步骤。

吹扫捕集、热脱附参考条件：吹扫气为氮气或氩气，流速为 350mL/min；吹扫时间约 10min。载气为氩气，热脱附温度为 130℃，热脱附时间为 10s(载气流速为 35mL/min)或 60s(载气流速为 15mL/min)。

色谱与裂解参考条件：填充柱温度为 40℃，色谱载气流速为 35mL/min，毛细管柱以 5℃/min 的升温速率从 93℃升至 97℃，然后以 4.5℃/min 的升温速度升温至 100℃，裂解载气流速为 15mL/min，裂解温度为 800℃。

冷原子荧光测汞仪参考条件：光电倍增管(PMT)负高压约 690V，载气流速 35mL/min。

5) 注意事项

(1) 硫化物、水溶性有机质和氯离子等对烷基汞的测定有负干扰，对样品进行蒸馏可以去除或减少干扰。

(2) 部分样品(如被油类污染的样品)中的有机小分子会与烷基汞衍生物一起吹扫吸附于捕集管，加热脱附后会对原子荧光信号产生猝灭效应，应稀释后再进行蒸馏和分析。

(3)样品中 Hg^{2+}浓度高于 440ng/L 时对烷基汞测定产生正干扰，应稀释后再进行蒸馏和分析。

(4)对于存在严重汞污染的水体不宜采用蒸馏法分离烷基汞和 Hg^{2+}。

(5)四丙基硼化钠有毒，取用或加入时应快速并及时密封。四丙基硼化钠溶液不稳定，一次性使用。失效的四丙基硼化钠溶液应放入盛有盐酸溶液的大烧杯中，于 80℃加热分解残留物，待烧杯中溶液体积减小 1/2 时，收集剩余的废酸液，统一处理。

(6)样品蒸馏过程中，应注意观察所有蒸馏瓶中馏出液的体积，避免样品蒸馏过度。蒸馏结束后，应及时将蒸馏瓶与接收瓶之间的连接管线断开，并移出蒸馏瓶。

(7)馏出液在分析前应当室温避光保存，并于 48h 内进行分析。

(8)试样分析过程中 Hg^{2+}出现异常高值或在设定时间内无法出峰完全时，应加测一个空白试样，防止影响后续样品的分析。

(9)实验所用的所有器皿(采样瓶、蒸馏瓶、接收瓶、进样瓶、聚四氟乙烯管等)应在硝酸溶液中浸泡至少 24h，用水洗净。玻璃瓶放入马弗炉中于 400℃下灼烧 4h，冷却后待用。聚四氟乙烯材质的蒸馏瓶、接收瓶及管线需在洁净试验台上用无汞干燥空气或氮气吹干，然后用干净的双层聚乙烯袋包装，标记之后存放待用。

2.4 凝析油中汞的检测技术

凝析油中汞的检测技术包括凝析油中总汞的检测技术和汞形态的检测技术。

2.4.1 总汞检测技术

下面分别以《总汞和液态烃中的汞形态》(ASTM UOP938-00)和中国石油勘探开发研究院的方法为例，分别介绍热解法和消解法。

1. 热解法

1)技术原理

ASTM UOP938-00 测定液态烃中的总汞时，使用 NIC 公司的汞分析仪，型号为 SP-3D，该仪器由控制器、汞原子化器和汞检测器组成。样品通过在仪器内加热分解形成汞蒸气，然后用金阱收集。为了避免燃烧产物在金阱上吸附，金阱的温度保持在 150℃。在金阱富集完汞后，金阱被加热，所释放的汞会在第二个金阱上再次富集。在两次富集之后，金阱被加热到 800℃。挥发出的汞蒸气在清洁气流的吹扫下送入吸收室通过冷蒸气原子吸收技术检测。

2)样品采集

单质汞和有机汞不稳定，它们会与采样容器壁发生反应。不要用金属容器采集样品，样品中存在的任何汞都会吸附到金属上。样品应用酸洗的玻璃容器采集 500mL，采集的样品应尽早分析检测。如果样品需要存储，应保存在冰箱内。如果样品需要运输到另外的地点进行分析，用耐压密闭容器并用最快的方式运输。

3) 样品测定

ASTM UOP938-00 方法根据液烃成分的不同建立了两种分析总汞的方法，即轻烃分析法和重烃法，结合凝析油的特点，这里重点介绍轻烃分析法。

在样品分析时，将冷却的样品舟从样品盒中取出并将其放置在燃烧管的入口(图 2.17)。用注射器向含有添加剂 B(活性氧化铝粉末)的样品舟底部注入 100μL 样品。对于不熟悉的样品应当按 1000ng 的含量进行筛查。如果样品中含有硫化合物，除了添加剂 B 外还需要添加物 M(用 350g 氢氧化钙和 500g 碳酸钠制备而成)。

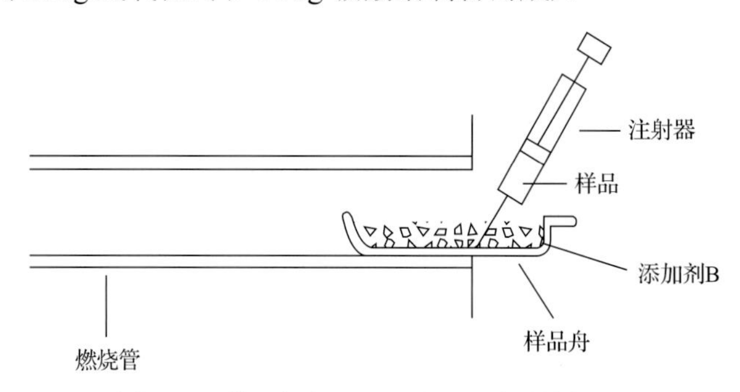

图 2.17　带添加剂 B 用于轻烃分析的样品舟

将样品舟按照图 2.18 所示推入燃烧管的入口，并用进样口盖盖上燃烧管。这个盖子具有内置的推杆。将分析仪设置为“Mode4”，并按“START”开始加热和吹扫。在控制台程序中输入样品的体积。允许系统保持 5min，这是让含有轻烃物质的样品缓慢地挥发。当仪器显示出 5min 的蒸发时间结束时，用推杆将样品转入燃烧炉中，撤走推杆，重新按“START”。分析完毕后将样品舟移出并放置在样品盒中。用另一只样品舟开始下一次检测。

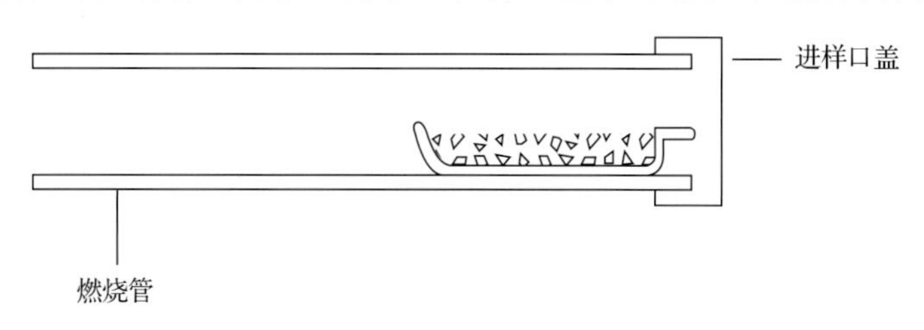

图 2.18　用于轻烃分析的样品舟初始位置

4) 注意事项

(1) 所有的玻璃器皿必须用 1∶1(体积比)的硝酸清洗，用水、丙酮冲洗，然后用氮气或无油清洁空气吹干。

(2) 将样品舟从马弗炉中拿出，并放置在样品盒内。放置在样品盒内的目的是防止被空气中的汞污染。

2. 消解法

1) 技术原理

王水具有很强的氧化性，可将凝析油中的汞及其化合物完全转化为可溶的二价离子汞，消解后的溶液稀释后送入电感耦合等离子体质谱仪检测。

2) 样品预处理

(1) 用移液管量取一定量的凝析油(≤1mL)并放置于 25mL 的试管中，加入王水 10mL。

(2) 将上述试管置于 90℃左右的水浴锅中，保持 1h 以上，期间每隔 20min 取出振荡一次。

(3) 加热完毕后冷却至室温，用稀硝酸稀释至仪器可检测的范围。

3) 样品测定

稀释后的样品通过蠕动泵引入电感耦合等离子体质谱仪，根据加入试管中的样品量、溶液稀释倍数和校准曲线计算样品汞含量。

4) 注意事项

水浴加热消解时，如出现沸腾现象，应将试管从水浴中取出并振荡，待气泡消失后再重新放入水浴锅中继续消解。

2.4.2　汞形态检测技术

凝析油中汞形态的分析是一项非常复杂的工作。ASTM UOP938-00 方法简便易操作，下面对其详细介绍。

1. 技术原理

该方法首先将凝析油通过 0.22μm 的疏水性滤膜以便将任何不溶物质去除，通过高温热解法测定得到可溶总汞含量；将原始样品放入冰水浴中并用氮气吹扫得到单质汞含量值；向吹扫后的样品中添加 1% 左旋半胱氨酸溶液以便将离子汞转移至水相中，而油相中的残余汞即为有机非离子汞。然后分别测定转移至水相中的离子汞和油相中的有机非离子汞。

2. 样品采集

采集的样品应有代表性，不要用金属容器采集样品。任何形态的汞都会吸附到金属上。样品应该采集到预先酸洗的玻璃容器中，大约 500mL，然后尽可能快地运输与分析。如果样品需要存储，应该冷藏。

3. 样品分析

按照总汞的检测方法，首先测得凝析油中的总汞含量。用移液管移取凝析油 50mL 至 250mL 的气洗瓶中，将氮气源与气洗瓶的入口相连，将数字流量计与气洗瓶的出口相连。将气洗瓶放入冰水浴中冷却 30min 左右，然后开始用氮气吹扫。吹扫氮气流速在 350mL/min 左右，吹扫 2h。吹扫出的汞为单质汞。

将氮气源和流量计与气洗瓶分离，并将其移出冰水浴。通过气洗瓶进口添加己烷，直到其中的液态烃体积重新回到气洗之前的体积。旋转摇匀气洗瓶中的液体，使之混合均匀，然后将熔结头吹干并将其移出气洗瓶。将样品溶液转移至125mL分液漏斗中，分液漏斗内有磁力搅拌棒。将熔结头放回气洗瓶，然后向气洗瓶进口加入25mL的1%左旋半胱氨酸溶液，摇匀溶液大约2min，注意润洗所有的玻璃内壁以便将所有的汞从瓶壁上解吸下来，将溶液转移至分液漏斗中，整个水溶液体积为 50mL。将分液漏斗塞住，将其放在磁力搅拌器上，并用铅圈给其增加质量，见图2.19。将两相在高速下搅拌15min，然后将分液漏斗放在支撑架上，进行两相分离，需要 10min。上部液态烃样品为有机非离子汞，底部为离子汞。按照ASTM UOP 938-00总汞的测试方法分别对离子汞和有机非离子汞进行测定。对水相中的离子汞按照水中汞形态的检测方法做进一步测定。

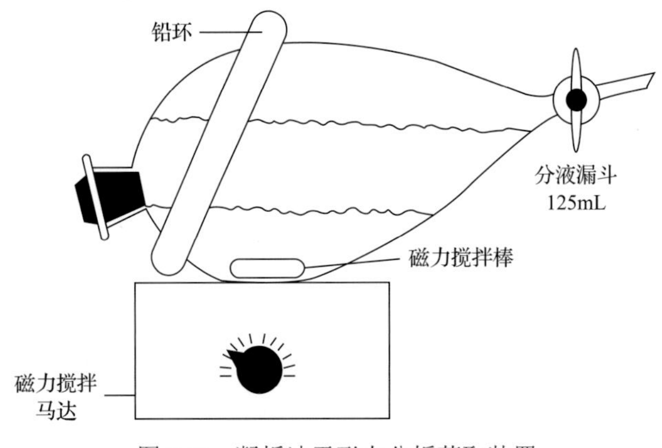

图2.19 凝析油汞形态分析萃取装置

4. 注意事项

(1)整个气洗过程应当在通风橱中进行。

(2)如果样品中存在固体颗粒物，应用压滤的方式过滤样品。由于单质汞和轻的有机汞化合物的挥发性会导致分析物的损失，因此不要用真空过滤的方式过滤。使用玻璃离心管离心是一种可接受的过滤方式。

(3)用移液管移取的样品应当含有不超过10μg的汞。如果样品含有超过200μg/L的可溶汞，取少量样品并用己烷稀释至50mL。

2.5 污泥中汞的检测技术

污泥中汞的检测技术包括污泥中总汞的检测技术和污泥中汞形态的检测技术。

2.5.1 总汞检测技术

《危险废物鉴别标准 浸出毒性鉴别》(GB 5085.3—2007)附录S“固体废物 金属元素分析的样品前处理 微波辅助酸消解法”，给出了污泥和固体废物浸出液的前处理方法；附录B“固体废物 元素的测定 电感耦合等离子体质谱法”，给出了固体废物和固体废物浸出液中汞的检测方法，下面重点介绍。

1. 技术原理

将污泥样品和浓硝酸定量地加入密封消解罐中，在设定的时间和温度下微波加热。利用微波对极性物质的“内加热作用”和“电磁效应”对样品迅速加热，提高样品的消解速度和效果。经消解并过滤或离心后按一定的体积稀释，可用电感耦合等离子体质谱法进行测试。

2. 样品采集

样品容器必须提前用洗涤剂、酸和水清洗干净。选用塑料和玻璃容器均可。收集的样品必须冷藏存放，并尽早分析。

3. 样品消解

消解前将所使用的消解罐和玻璃容器先用稀硝酸(体积分数约 10%)浸泡，然后用自来水和去离子水依次冲洗干净，放在干净的环境中晾干。对于新使用的或怀疑受污染的容器，应用热盐酸(1∶1)浸泡(温度高于 80℃，但低于沸腾温度)至少 2h，然后用热硝酸浸泡至少 2h，再用去离子水冲洗干净，放在干净的环境中晾干。

样品消解前，称量氟碳化合物消解容器、阀门和盖子的质量，精确到 0.01g。称量一份污泥样品(称样量少于 0.500g，精确到 0.001g)，加入到消解罐中。在通风橱中，向样品中加入(10±0.1)mL 的浓硝酸。如果反应剧烈，在反应停止前不要给容器盖盖。按产品说明书的要求盖紧消解罐。称量带盖的消解罐，精确到 0.001g。将消解罐放到微波消解仪装盘上。按照说明书装好旋转盘，设定微波消解仪工作程序。启动微波消解仪。对于污泥样品每一组样品微波辐射 10min。每个样品的温度在 5min 内升到 175℃，在 10min 内平衡到 170～180℃。如果一批消解的样品量大，可采用更大的功率，只要能按上述要求在相同的时间达到相同的温度。

消解程序结束后，在消解罐取出之前应在微波消解仪内冷却至少 5min。消解罐冷却到室温后称量，记录下每个罐的质量。如果样品加酸的质量减少超过 10%，舍弃该样品。查找原因，重新消解该样品。在通风橱中小心打开消解罐的盖子，释放其中的气体。将样品进行离心或过滤，离心时转速为 2000～3000r/min，离心 10min；过滤时过滤装置用 10%的硝酸润洗。

4. 样品测试

将消解产物稀释到已知体积，并使样品和标准物质基体匹配，电感耦合等离子体质谱仪进行测试。

5. 注意事项

(1) 某些样品可能产生有毒的氮氧化物气体，因此所有的操作必须在通风条件下进行。分析人员必须注意该实验的危险性，如果有剧烈反应，要等其冷却后才能盖上消解罐。

(2) 当消解的固体样品含有挥发性或容易氧化的有机化合物时，最初称量不能少于0.10g，如果反应剧烈，在加盖前必须终止反应。如果反应不剧烈，样品称取0.25g。

(3) 固体样品中如果已知或疑似含有高于5%～10%的有机物质，预消解少于15min。

2.5.2 汞形态检测技术

污泥中汞形态的检测技术分为两部分，一部分是污泥中有机汞的检测技术，另一部分是污泥中无机汞的检测技术。有机汞检测可以参照《农田土壤中甲基汞、乙基汞的测定 高效液相色谱-电感耦合等离子体质谱联用法》(DB22/T 1586—2018) 等标准进行，污泥中无机汞检测可以参考唐德宝于1986年发表的"汞精矿矿浆悬浮电解渣中汞相分析的方法"进行。

1. 有机汞的检测技术

下面以DB22/T 1586—2018为例，介绍污泥中有机汞的检测方法。

1) 技术原理

样品用硝酸溶液提取，氨水溶液调pH，待测液经高效液相色谱将甲基汞、乙基汞分离，分离后的甲基汞、乙基汞依次进入电感耦合等离子体质谱仪，经过气动雾化器以气溶胶的形式进入氩气为基质的高温射频等离子体中，使待测元素去除溶剂、原子化和离子化后，进入质谱质量分析器进行检测。由于甲基汞、乙基汞元素的检测信号强度与其在样品中的浓度成正比，根据两种形态的汞元素的检测信号强度进行定量。

2) 分析流程

(1) 提取。称取一定量的样品于离心管中，缓慢加入硝酸溶液，边加边搅拌至不产生气泡为止，超声波提取，离心分离，吸取上层澄清溶液至烧杯中，用氨水溶液调节pH至7.5，然后转入容量瓶，加水定容，用0.45μm滤膜过滤，上机测定。

(2) 测定。测定时选择 C_{18} 柱或性能相当的色谱柱。柱温为25℃。流动相为5mmol/L乙酸铵、3.8mmol/L左旋半胱氨酸盐酸盐-甲醇溶液。流动相流速为1.0mL/min。进样体积为100μL。

3) 注意事项

(1) 甲基汞、乙基汞标准储备液制备后应放置于0～4℃的冰箱中储存，有效期3个月。

(2) 甲基汞、乙基汞混合标准中间液制备后应放置于0～4℃的冰箱中储存，有效期为1个月。

(3) 甲基汞、乙基汞混合标准工作液应现用现配。

(4) 流动相应现用现配，使用时间不超过24h。

2. 无机汞的检测技术

下面以唐德宝于1986年发表的"汞精矿矿浆悬浮电解渣中汞相分析的方法"[4]介绍污泥中无机汞的检测方法。

1) 技术原理

在汞精矿矿浆悬浮电解渣中存在氯化汞、氧化汞、金属汞(单质汞)和硫化汞。氯化汞易溶于水、乙醇、丙酮等试剂中，但氧化汞微溶于水，且氧化汞、金属汞和硫化汞在乙醇中溶解极微，故选用无水乙醇作溶剂提取氯化汞。氧化汞微碱性氧化物易溶于酸，但要选择溶解大量的氧化汞而不溶解金属汞和硫化汞的酸，故选用硫酸做溶剂提取氧化汞。硝酸溶液是金属汞的良好溶剂，在适当浓度的硝酸溶液中，金属汞完全可以溶解，而硫化汞根本不溶解，故选用硝酸溶液提取金属汞。硫化汞不溶于单一的硫酸或硝酸，但溶于王水，故选用逆王水(1+1)提取硫化汞。

2) 分析流程

(1) 称取 0.5～2.0g 样品放入 50mL 离心管内，加入 30mL 无水乙醇，室温振荡 10min，离心分离，分离出溶液和不溶物，分离得到的溶液用于测定氯化汞。

(2) 在步骤(1)中分离得到的不溶物中加入 10%的硫酸溶液 30mL，室温振荡 10min，离心分离，分离出溶液和不溶物，分离得到的溶液用于测定氧化汞。

(3) 在步骤(2)中分离得到的不溶物中加入硝酸(2+1)溶液 30mL，室温振荡 10min，离心分离，分离出溶液和不溶物，分离得到的溶液用于测定金属汞。

(4) 在步骤(3)中分离得到的不溶物中加入逆王水(1+1) 10mL，微沸 10min，过滤，过滤得到的溶液用于测定硫化汞。

3) 注意事项

(1) 由于汞精矿矿浆悬浮电解渣的粒度极细，分离是一难题，用离心分离是一个好办法。

(2) 分离液的测定除了可以采取滴定法外，还可采用其他分析方法，如原子吸收法或 ICP-MS 法等。

参 考 文 献

[1] Zettlitzer M, Scholer H F, Eiden R, et al. Determination of elemental, inorganic and organic mercury in north German gas condensates and formation brines[C]. The International Symposium on Oilfield Chemistry, Houston, 1997.

[2] Shafawi A, Ebdon L, Foulkes M, et al. Determination of total mercury in hydrocarbons and natural gas condensate by atomic fluorescence spectrometry[J]. Analyst, 1999, 124: 185-189.

[3] Tao H, Murakami T, Tominaga M, et al. Mercury speciation in natural gas condensate by gas chromatographyinductively coupled plasma mass spectrometry[J]. Journal of Analytical Atomic Spectrometry, 1998, 13: 1085-1093.

[4] Wu S J, Uddin M A, Nagano S, et al. Fundamental study on decomposition characteristics of mercury compounds over solid powder by temperature-programmed decomposition desorption mass spectrometry[J]. Energy Fuels, 2011, 25: 144-153.

[5] 唐德宝. 汞精矿矿浆悬浮电解渣中汞相分析的方法[J]. 矿冶工程, 1986, 6(8): 65-66.

[6] Sakamoto H, Tomiyasu T, Yonehara N. Differential determination of organic mercury, mercury(Ⅱ) oxide and mercury(Ⅱ) sulfide in sediments by cold vapor atomic absorption spectrometry[J]. Analytical Sciences, 1992, 8: 35-39.

第3章 脱 汞 剂

本书中脱汞剂指能够脱除气田含汞介质中单质汞、无机汞化合物或有机汞化合物的某种物质。针对脱汞对象的不同，将脱汞剂分为天然气脱汞剂、气田采出水脱汞剂和凝析油脱汞剂。本章对脱汞剂的脱汞机理、脱汞性能及适用性进行了阐述，介绍了天然气脱汞剂的性能评价方法。

3.1 概 述

脱汞剂一般按照组成分为载体和反应物质两部分：载体通常为具有多孔介质的活性炭、氧化铝或分子筛等物质；反应物质通常为硫、银、碘、金属硫化物或金属卤化物。

国内外天然气脱汞装置中应用较多的脱汞剂是载硫活性炭脱汞剂、载金属硫化物脱汞剂及载银分子筛脱汞剂等。载硫活性炭脱汞剂、载金属硫化物脱汞剂属于不可再生脱汞剂，吸汞饱和后需要更换。载银分子筛脱汞剂属于可再生脱汞剂，吸汞饱和后加温再生并重复使用。

3.1.1 天然气脱汞剂开发及应用现状

载硫活性炭、载金属硫化物和载银分子筛作为天然气脱汞剂被广泛采用。

1. 载硫活性炭脱汞剂

载硫活性炭脱汞剂基于硫与汞反应生成硫化汞从而达到脱汞的目的，反应原理见式(3.1)。国内外具有代表性的载硫活性炭脱汞剂生产公司为美国卡尔冈炭素公司和我国南京正森环保科技有限公司等。载硫活性炭的应用技术成熟，已有专业化的脱汞剂和吸附工艺设备，对原料天然气的流量、温度等参数的适用范围宽，但其遇凝析油易发生硫溶解流失现象，因此不适用于含液态凝析油的天然气脱汞。海南福山油田生产的油田气(汞含量为 $100\mu g/m^3$)[1]和中石化西北油田分公司雅克拉凝析气田气(汞含量为 $31\mu g/m^3$)[2]选用南京正森环保科技有限公司的载硫活性炭脱汞剂，能将天然气中汞含量降低至 $0.01\mu g/m^3$。

$$Hg+S \longrightarrow HgS \tag{3.1}$$

2. 载金属硫化物脱汞剂

载金属硫化物脱汞剂基于金属硫化物与汞反应生成硫化汞从而达到脱汞的目的，反应原理见式(3.2)，适用于处理含微量水及微量凝析油的天然气，国外具有代表性的生产公司有法国 Axens 公司、美国 Honeywell UOP 公司、英国 Johnson Matthey Catalysts 公司，其生产的脱汞剂颗粒强度高，可用于干气和湿气脱汞，工业应用多。Axens 公司生产的该类脱汞剂已在德国、日本、印度尼西亚、马来西亚、中国等多个国家的油气田进行应用，用于脱除天然气、凝析油、液化石油气(LPG)等物流中的汞。国产载金属硫化物脱汞剂近几年取得了重要进展，并在国内多个天然气处理厂脱汞装置得到了成功应用。国内具有代表性的载金属硫化物脱汞剂生产公司有四川省达科特能源科技股份有限公司(简称达科特公司)、四川默库瑞石油科技有限公司(简称默库瑞公司)、江苏佳华新材料科技有限公司(简称佳华公司)。达科特公司生产的该类脱汞剂在我国塔里木油田、新疆油田及吉林油田的多个天然气脱汞工程中得到应用。

$$\mathrm{Hg+M}_x\mathrm{S}_y \longrightarrow \mathrm{M}_x\mathrm{S}_{y-1}\mathrm{+HgS} \tag{3.2}$$

3. 载银分子筛脱汞剂

载银分子筛脱汞剂基于银与汞反应生成汞齐达到脱汞的目的，反应原理见式(3.3)，一般在同一吸附塔中与普通分子筛联合使用。国外具有代表性的生产公司有 Honeywell UOP 公司，该类型脱汞剂经再生气加热再生后可重复使用[式(3.4)]。例如，2007 年，美国 Meeker Ⅰ和 Meeker Ⅱ气田在凝液回收装置之前采用载银分子筛脱汞剂对原料天然气进行脱汞，在吸附塔中放置普通分子筛和 Honeywell UOP 公司生产的载银分子筛用来脱除天然气中的水和汞，将天然气中汞浓度从 $0.8\mu g/m^3$ 降低至 $0.01\mu g/m^3$ 以下[3]。国内生产的载银分子筛脱汞剂已应用于天然气脱汞领域。

$$\mathrm{Hg + Ag} \longrightarrow \mathrm{AgHg} \tag{3.3}$$

$$\mathrm{AgHg} \longrightarrow \mathrm{Hg + Ag} \tag{3.4}$$

天然气脱汞剂理论上还存在一些液体类脱汞剂可用于天然气脱汞，如硫醇类或硫化物类复合剂。中国石油规划总院开发了一种两亲性液体脱汞剂，属于一种有机金属盐，其分子结构中既含有有机基团，有一定的亲油性，又含有离子键，具有一定的亲水性。因此其分子结构类似于表面活性剂，具有两亲性，既可溶于水，又能溶于有机溶剂，可以脱除单质汞、离子汞、烷基汞。该类脱汞剂目前处于现场试验阶段，有待于进一步现场应用验证。

3.1.2 凝析油脱汞剂开发及应用现状

目前，常用的凝析油脱汞剂主要有载金属硫化物/金属氧化物脱汞剂、载金属卤化物脱汞剂和载银分子筛脱汞剂三大类。依据凝析油组成的不同或汞形态含量的不同，选取不同类型的脱汞剂。当凝析油中汞形态主要为单质汞时，选用载金属硫化物脱汞剂和载银分子筛脱汞剂，脱汞反应机理与天然气脱汞反应机理相同。当凝析油中含有硫化氢时，脱汞剂可选用载金属氧化物脱汞剂；当凝析油中汞形态主要为有机汞时，脱汞剂可选用载金属卤化物脱汞剂。

1. 载金属硫化物/金属氧化物脱汞剂

载金属硫化物脱汞剂的活性物质为硫化物，载金属氧化物脱汞剂是利用氧化物先与硫化氢生成硫化物，硫化物再与汞生成硫化汞，从而达到凝析油脱汞的目的，氧化物一般是氧化铜。

英国Johnson Matthey Catalysts公司生产的PURASPEC^{JM}系列脱汞剂产品能用于气相和液烃脱汞。其中PURASPEC^{JM}5158和PURASPEC^{JM}5159能够用于凝析油脱汞等，已在欧洲、中东、马来西亚等国家和地区成功应用，能将凝析油中汞含量降低至5μg/L。PURASPEC^{JM}5158活性物质已经过硫化处理，活性物质为硫化铜，适用于不含H_2S的液烃；PURASPEC^{JM}5159活性物质未经过硫化处理，活性物质为氧化铜，适用于含H_2S的液烃。PURASPEC^{JM}系列脱汞剂载体采用经过孔径优化的氧化铝，能够脱除单质汞和部分有机汞。

法国Axens公司生产的AxTrap^{TM}200系列脱汞剂产品能够用于天然气和液烃脱汞。其中AxTrap^{TM}273能够用于凝析油脱汞，当凝析油仅含有单质汞且脱汞剂吸附床层足够时，能将凝析油汞含量从1800μg/L降低至1μg/L。AxTrap^{TM}273脱汞剂已经过钝化处理，能在空气中装填，已在全球范围内得到成功应用，应用于新加坡、马来西亚、泰国、中国、日本、英国等国家。

美国Honeywell UOP公司生产的GB系列脱汞剂产品能够用于天然气和液烃脱汞。其中GB346和GB346S能够用于凝析油脱汞。GB346未经过硫化处理，活性物质为氧化铜，适用于含H_2S的液烃；GB346S已经过硫化处理，活性物质为硫化铜，适用于不含H_2S的液烃。

载金属硫化物/金属氧化物脱汞剂对单质汞具有极强的脱除能力，但对有机汞的脱除能力很弱。国外Honeywell UOP、Axens和Johnson Matthey Catalysts等多家公司开发生产的脱汞剂都是载金属硫化物/金属氧化物脱汞剂，其产品脱汞效果明显，已经大规模工业化应用，脱汞装置遍及世界各地。国内已掌握了该类脱汞剂的制备过程，其生产技术已经逐渐成熟并不断完善改进，已经应用于凝析油脱汞领域。

2. 载金属卤化物脱汞剂

载金属卤化物脱汞剂是利用卤素离子与汞及其化合物反应生成卤化汞达到脱汞目的，能够脱除单质汞、离子汞和有机汞，但金属卤化物易溶于水，遇游离水易被带走从而腐蚀下游设备，破坏脱汞剂结构。因此使用前必须严格脱除凝析油中游离水。金属卤化物通常为碘化钾、碘化钠、溴化钾、溴化钠、氯化钠等的一种或多种，由于碘化钾在腐蚀性、毒性、经济性等方面优于其他金属卤化物，活性物质优先选用碘化钾。该类脱汞剂的载体多选用活性炭。

日本JGC公司生产的MR-14脱汞剂产品能够用于凝析油脱汞，活性物质采用碘化钾，载体采用活性炭。该产品已经成功应用于凝析油和石脑油脱汞，但汞容量较小，仅适用于汞含量不高(1～300μg/L)的凝析油。

美国Calgon Carbon公司生产的HGR®-LH型脱汞剂是一种浸渍颗粒状活性炭，该产品活性物质采用碘化钾，载体采用沥青质活性炭，能够用于凝析油脱汞。HGR®-LH型脱汞剂能够有效脱除各种形态的汞，包括有机汞、离子汞和单质汞，能够将凝析油中汞浓度降低至 1μg/L 以下。

载金属卤化物脱汞剂的制备方法较简单，不需要进行硫化过程，甚至不需要高温煅烧过程。Calgon Carbon 和 JGC 等多家公司生产的脱汞剂产品都是载金属卤化物脱汞剂，已经成功应用于凝析油及石脑油脱汞。

载金属卤化物脱汞剂适用于汞含量不高(＜300μg/L)的凝析油，用于汞含量很高的凝析油时脱汞性能较差，且脱汞寿命很短。

3. 载银分子筛脱汞剂

载银分子筛脱汞剂既可用于天然气脱汞，也可用于凝析油脱汞，可实现再生利用。

美国 Honeywell UOP 公司生产的 HgSIV™ 系列脱汞剂产品是载银分子筛，与普通分子筛装填于同一吸附塔内，能够实现脱水脱汞双重功能。该系列产品适用于天然气和天然气凝液脱汞，主要分为 HgSIV™ 1 和 HgSIV™ 3 两种型号。其中 HgSIV™ 1 型适用于不含 H_2S 的天然气及天然气凝液，HgSIV™ 3 型适用于含 H_2S 的天然气及天然气凝液。目前，全球已有 6 套以上天然气凝液脱汞装置采用 HgSIV™ 系列脱汞剂，脱汞效果很好，能够将汞浓度降低至 1μg/L 以下。

通过上述分析可知，凝析油脱汞剂主要有载金属硫化物(载硫化铜)脱汞剂、载金属卤化物脱汞剂(载碘化钾)和载银分子筛脱汞剂，工业上已有成功应用的案例。载金属硫化物脱汞剂对单质汞的捕获能力极强，对有机汞和离子汞的捕集能力较弱，汞含量适应范围宽，适应性强，适用于汞含量高的介质；载金属卤化物脱汞剂能够脱除单质汞、离子汞和有机汞，但汞含量适应范围窄，仅能用于汞含量不高的介质；载银分子筛仅能脱除单质汞，可实现再生，但制备成本高。国内凝析油脱汞剂研发及应用还处于初级阶段。

3.1.3 气田采出水脱汞剂开发及应用现状

近年来，气田含汞采出水治理已引起人们的高度关注，但国内外气田含汞污水脱汞工艺技术的研究较少，含汞污水脱汞剂产品较少。污水脱汞有很多种方法，但是采用脱汞剂吸附的方法是深度脱汞的常用方法，脱汞剂主要为载硫活性炭及硫化物类脱汞剂。

1. 载硫活性炭脱汞剂

使用最多的水处理脱汞吸附剂为载硫活性炭，通常以活性炭为载体负载硫或含硫功能基团对单质汞、有机汞及含汞悬浮物进行吸附，但活性炭自身对其他污染物也具有良好的吸附性能，容易造成含汞污水处理应用中常出现出水指标不稳定、易饱和，脱汞剂吸附饱和后需要更换，属于不可再生类型的脱汞剂。

2. 硫化物类脱汞剂

硫化物类脱汞剂选用多孔吸附材料，负载巯基、硫醇基团等活性功能基物质实现脱汞。美国西北太平洋国家实验室(PNNL)成功研发的一种带有硫醇基团的 Thiol-SAMMS 吸附剂，其脱汞对象主要为油气田生产水和凝析油，Thiol-SAMMS 脱汞效果显著，可以脱除单质汞、无机汞、有机汞、汞的悬浮颗粒物，脱汞率高达 99%[4]；中国科学院新疆理化技术研究所针对含汞废水深度处理领域所存在的缺乏高性能除汞材料这一问题而开发的新型环保PVA系列高效脱汞剂，对汞离子的吸附性能好(吸附容量可达585.90mg/g)，去除效率高(去除率可达 99.9%)，含汞废水经其处理之后能够达到行业一级排放标准(≤5μg/L)，可用于含汞废水的有效处理①；贵州美瑞特环保科技有限公司开发的离子交换聚合物类吸附材料具有金属有机复合骨架，分子结构上的氨基、羟基等官能团能和汞离子通过极强的配位作用而形成配位键，有效吸附或捕集溶液中的汞离子，气田含汞废水经其处理之后汞含量≤1μg/L。该类脱汞剂吸附饱和后利用酸性溶液洗脱，实现脱汞剂再生利用。

3.2 天然气脱汞剂

天然气脱汞剂常用载硫活性炭脱汞剂、载金属硫化物脱汞剂及载银分子筛脱汞剂等。

3.2.1 载硫活性炭脱汞剂

1. 载硫活性炭脱汞剂制备

载硫活性炭脱汞剂的制备是将硫通过一定方法负载到活性炭基体上，制备成为具有脱汞能力的脱汞剂。载体活性炭可以为椰壳活性炭、果壳活性炭、煤质活性炭、木质活性炭及石油焦活性炭等，由于石油焦活性炭强度相对较大，目前主要选石油焦活性炭应用于天然气脱汞剂基质。原始石油焦(raw petroleum coke，RPC)不具备脱汞能力，通过对原始石油焦改性、活化、载硫等工艺制备成为载硫活性炭脱汞剂。在实验室进行了载硫活性炭脱汞剂机理研究，从图 3.1 试验曲线可以看出，当原始石油焦的固体床入口汞浓度为 100μg/m^3，吸附温度为 50℃，含汞气体通过吸附剂后很快穿透，汞穿透率高达98%，说明原始石油焦几乎没有脱汞能力。原因是，原始高硫石油焦的结构非常致密，

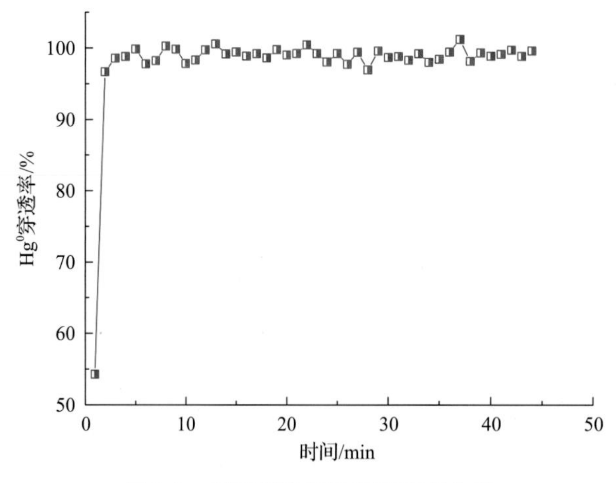

图 3.1 原始石油焦的汞穿透率曲线

① 白春礼院长调研新疆理化所含汞废水深度处理装置. (2015-09-02) [2021-01-20]. http://www.xjipc.cas.cn/xwzx/zhxw/201509/t20150902_4419584.html.

孔隙结构极不发达，并且缺少活性反应组分。通过改性、活化、扩孔、成型、载硫等过程制备成载硫活性炭脱汞剂，才具备较强的脱汞能力。

石油焦改性、活化、载硫等工艺流程如图 3.2 所示：①研磨、筛分：将原始石油焦研磨破碎、筛分。②碱活化：将粉末状的石油焦与 KOH 溶液混合，加热搅拌，105℃条件下烘干，然后在 750℃的温度下进行恒温改性。再用去离子水洗至中性，在 105℃条件下干燥，得到微孔隙发育的石油焦基活性炭。③造粒成型：将石油焦基活性炭与羧甲基纤维素钠及少量去离子水均匀捏合，在单螺杆挤条机上进行造粒成型，制备成一定粒径的柱状石油焦基活性炭。④载硫：取一定量的柱状石油焦基活性炭与单质硫按照一定的硫焦比混合，均匀铺在石英管内，经过 20min 的高纯 N_2 吹扫后不再通入任何气体，然后升温至设定温度，在惰性气氛、密闭条件下将单质硫和柱状石油焦基活性炭在一定温度下恒温反应一段时间，即得到柱状石油焦基载硫活性炭。

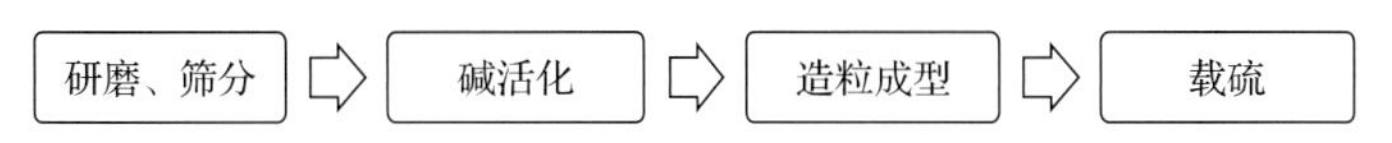

图 3.2　载硫活性炭脱汞剂制备工艺流程图

制备过程中多种因素影响脱汞剂性能，如碱焦比、黏结剂用量、活化温度、活化时间及硫含量等对脱汞性能的影响。例如，图 3.3 为只经过碱活化的石油焦基活性炭(APC)的汞穿透率曲线。APC 的比表面积和微孔容积高达 $1714m^2/g$ 和 $0.732cm^3/g$。由图可知，Hg^0 初始穿透率就达到 45%，很快便穿透到 75%，然后便维持相对稳定。虽然石油焦基活性炭的孔隙极其丰富，但是脱汞性能提升不大，故仅仅具有发达的孔隙结构不足以对气相汞形成有效的脱除。

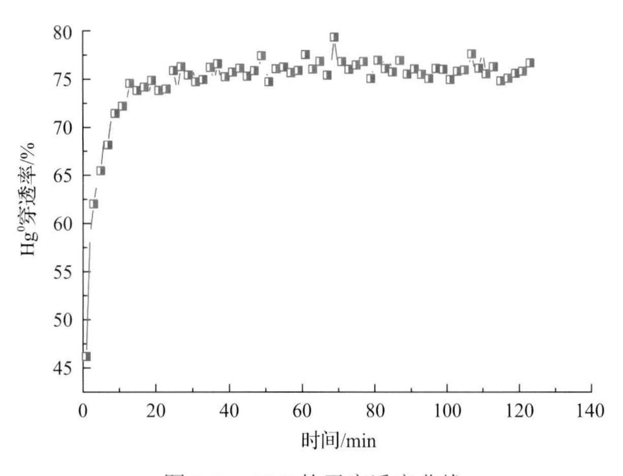

图 3.3　APC 的汞穿透率曲线

图 3.4 和图 3.5 分别为不同碱焦比的改性石油焦的汞穿透率曲线和累计汞吸附量。图中代号 APC(*a*)-G(*b*)-*c*-*d*-S(*e*)，其中 *a* 为碱焦比，*b* 为黏结剂的质量占比，*c* 为活化温度(℃)，*d* 为活化时间(h)，*e* 为硫焦比。由分析可知，随着碱焦比的增加，吸附剂的脱汞性能增强。这主要表现在碱焦比对改性石油焦孔隙结构的改善上，碱焦比越高，孔隙结构越发达。一方面，吸附剂的物理吸附作用增强；另一方面，在载硫时，单质硫主要

以气态存在，会扩散至石油焦内部的孔隙中，并吸附或者沉积在孔道内，孔隙越大，能够容纳的单质硫也就越多，当碱焦比由 1∶1 增加至 2∶1 时，体相硫含量由 18.5%增加至 28.8%。故在其他制备参数一致时，碱焦比越高，载硫量越大，从而脱汞效率也越高。

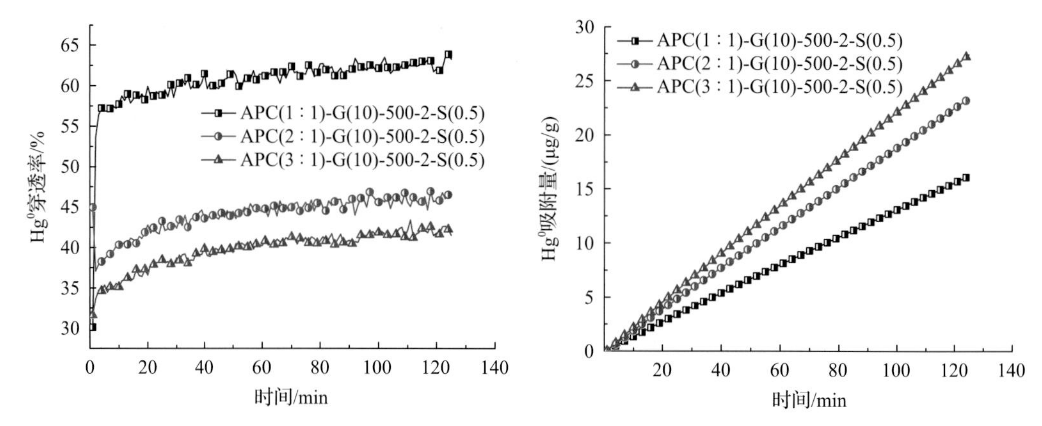

图 3.4 不同碱焦比的改性石油焦汞穿透率曲线　　图 3.5 不同碱焦比的改性石油焦累计汞吸附量

2. 载硫活性炭脱汞剂的特点和应用

当含汞气体通过载硫活性炭脱汞剂床层时，气体中的汞迅速与硫反应生成硫化汞，沉积于活性炭孔隙中，达到除汞目的。国内外有多家公司可以提供载硫活性炭脱汞剂，主要有南京正森化工实业有限公司生产的 ZS-08 型及达科特公司生产的 DKT-618 型、美国 Calgon Carbon 公司生产的 HGR 系列等，载硫活性炭脱汞剂特性见表 3.1。脱汞剂通常制备成柱状，直径 1～4mm，长度 2～6mm，颗粒越大，越有利于天然气通过吸附剂床层；密度一般介于 400～600kg/m^3，用于计算脱汞剂用量；载硫量反映了活性物质硫的含量，载流量越大，吸附汞量越大；反应物/载体表明了脱汞剂的主体组成即活性物质的成分/载体成分。例如，南京正森化工实业有限公司生产的 ZS-08 型产品是以石油焦等为载体的载硫活性炭脱汞剂。产品特点为疏水性，气体中含水量对其脱汞性能影响较小，能适应较大空速，除汞效率可达 99.9%以上。脱汞剂适用条件：①使用温度：–10～100℃（最佳 20～60℃）；②脱汞塔空速：＜20m/min；③气体压力：＜10MPa；④气体相对湿度：小于工作温度下的饱和湿度；⑤气体含油量：当含油量相对较多时，脱汞前须预先除油。

表 3.1　载硫活性炭脱汞剂特性表

吸附剂参数	南京正森化工实业有限公司	达科特公司	美国 Calgon Carbon
产品型号	ZS-08 型	DKT-618 型	HGR 4×10
外形	柱状	柱状	柱状
直径/mm	3.0～4.0	1.4～2.8	1.4～2.8
堆密度/(kg/m^3)	600	400	560
载硫量(质量分数)/%	13～20	10～15	10～15
反应物/载体	硫/石油焦活性炭	硫/石油焦活性炭	硫/石油焦活性炭

影响载硫活性炭脱汞剂脱汞效果的主要因素有原料气的温度、含水量及含烃量等。原料气温度超过 60℃时，将降低载硫活性炭的脱汞效率(S 与 Hg^0 之间的反应高度放热，随着温度的升高，吸附能力下降)，吸附床层的操作温度一般不超过 70℃；一般脱汞温度要求不低于 20℃，温度过低容易导致水凝结在微孔隙中，减少汞与硫的接触概率，使脱汞效果变差；原料气中重烃在孔隙中凝聚，部分硫会溶解在液烃中造成脱汞剂上的硫溶解，降低脱汞效率，因此采用载硫活性炭进行天然气脱汞前需要对天然气进行预脱水脱烃处理。

综上所述，载硫活性炭脱汞剂主要应用于干气脱汞，应用技术成熟，已有专用的脱汞剂和专业化的工艺设备，更换脱汞剂费用低。载硫活性炭作为最初使用的脱汞剂，在过去几十年内获得了较大范围的应用。

3.2.2 载金属硫化物氧化铝脱汞剂

1. 载金属硫化物氧化铝脱汞剂的制备

载金属硫化物氧化铝脱汞剂是选取活性氧化铝作为载体，浸渍于金属盐溶液后与硫化物反应制得的负载型金属硫化物脱汞剂。金属硫化物通常为硫化铜，金属硫化铜与汞发生化学反应形成 HgS，从而达到脱汞目的。金属硫化物脱汞剂主要脱除气相中的单质汞。

金属硫化物脱汞剂主要制备步骤如下。

(1)溶液配制：以氨水为溶剂，加热至 50～60℃，添加助溶剂碳酸氢铵，待其溶解完成后，加入碱式碳酸铜溶解，形成铜氨溶液。

(2)浸渍：以直径为 1～4mm 的氧化铝颗粒为载体，以铜氨溶液为浸渍液，按照一定比例进行浸泡，浸泡时间 30min，过滤出浸渍物料，直接煅烧。

(3)煅烧：将浸渍物料置于网板上，从下部以 180℃空气气流通过网板，使物料处于沸腾状态，调节气流速度使物料温度在 30～40min 内升温至 130～150℃，维持 25～50min 后出料。

(4)硫化：在常温下，将物料置于纯硫化氢气流下进行硫化，使煅烧完成后的物料中负载的铜氧化物大部分转换为硫化铜；硫化过程以物料增重 5%为终点，硫化过程在 2.5～3h 完成。

2. 载金属硫化物氧化铝脱汞剂的特性

载金属硫化物氧化铝脱汞剂利用汞和硫化铜反应脱除单质汞。该类型脱汞剂属于不可再生型脱汞剂，脱汞剂颗粒强度高，不仅可以用于干气脱汞，还可以用于湿气、凝析油脱汞。

国内外典型载金属硫化物氧化铝脱汞剂特性见表 3.2，这些脱汞剂在国内外均有工业化应用，使用效果良好。脱汞剂装填需要充氮气，脱汞剂经过钝化改进处理后，在装填脱汞剂时不用隔绝空气，可以在大气环境下装填。

典型的脱汞剂生产厂家有法国 Axens 公司、美国 Honeywell UOP 公司、英国 Johnson Matthey Catalysts 公司及国内达科特公司、默库瑞公司、佳华公司。脱汞剂通常为球状，粒径 1.4～4.0mm，堆密度因载体孔隙不同差异较大。

表 3.2 载金属硫化物氧化铝脱汞剂特性表

吸附剂参数	DKT-813（达科特公司）	AxTrap273（Axens 公司）	GB-562S（UOP 公司）
外形	球状	球状	球状
粒径/mm	1.8～2.8	1.4～2.8	2.4～4.0
堆密度/(kg/m^3)	600	540～580	931～1041
载硫量（质量分数）/%	5～6	5.5	5～6
反应物/载体	CuS/Al_2O_3	CuS/Al_2O_3	CuS/Al_2O_3
脱汞适用对象	天然气干气、湿气	天然气、凝析油、LPG	天然气干气、湿气

CL 气田天然气净化厂采用法国 Axens 公司生产的载金属硫化物氧化铝脱汞剂（AxTrap 系列）对脱碳、脱水处理后的干气脱汞，脱汞后的天然气汞含量约为 0.1μg/m^3；英国 Johnson Matthey Catalysts 公司生产的 PURASPEC 系列脱汞剂在 DB 气田处理 J-T 阀脱水脱烃后干气，处理后的天然气汞含量约为 0.1μg/m^3；KL2 气田-1 对 J-T 阀脱水脱烃后干气脱汞采用达科特公司生产的 DKT-813 型脱汞剂，处理后的天然气汞含量约为 0.1μg/m^3。载金属硫化物氧化铝脱汞剂在 KLML 气田用于湿气脱汞，处理后汞含量达标；在埃及 Khalda 石油公司 Salam 天然气处理厂对湿气进行脱汞处理，其原料气中汞浓度为 75～175μg/m^3，原料气经入口分离器分离后进行脱汞处理，汞浓度低于 1μg/m^3。

影响载金属硫化物氧化铝脱汞剂脱汞效果的主要因素有原料气的含水量及含烃量等，如果液体在脱汞剂中凝结，将会占据孔隙，减少气体与活性物质的反应概率，降低脱汞效率，因此要求气体不含游离态水和烃。载金属硫化物氧化铝脱汞剂通常为球粒状，球粒直径越小，其脱汞效率越高，但压降越大，因此选用脱汞剂时应依据气体流量大小考虑脱汞剂粒径，气体量大宜选用粒径大的脱汞剂。

3.2.3 载银分子筛脱汞剂

1. 载银分子筛的制备

载银分子筛脱汞剂制备包括以下几个主要步骤。

(1) 预处理：将分子筛载体进行筛分、预干燥等。

(2) 活性组分浸渍：将活性组分负载到分子筛载体上，控制温度为 40～50℃。

(3) 干燥：将浸渍好的分子筛进行脱水，干燥温度为 120～150℃。

(4) 活化：高温下处理生成活性组分，活化温度为 350～450℃。

2. 载银分子筛的特性

载银分子筛保留了分子筛脱水的所有特性，通过其表面浸渍的银与汞反应形成银汞齐，从而达到脱汞的目的。该反应是一个可逆反应，载银分子筛脱汞剂可在 200℃以上将汞完全释放而实现再生。

目前，应用广泛的可再生脱汞剂为美国 Honeywell UOP 公司开发的 HgSIV 载银分子筛脱汞剂，国内四川达科特公司也研发了载银分子筛脱汞剂 DKT-913，已经进行工业化应用，脱汞效果良好，其主要参数如表 3.3 所示。再生温度一般为 200～300℃，脱汞深度可达 0.01μg/m^3。载银分子筛脱汞剂应用时配合分子筛脱水工艺，考虑原料气流量、压力、温度、汞含量及脱汞剂吸附周期、再生时间、加热脱汞剂所需的时间、再生气量等条件进行参数设计，脱汞剂再生温度结合分子筛脱水温度进行经济合理设计，并依据汞容量计算载银分子筛脱汞剂的用量。

表 3.3 载银分子筛脱汞剂主要参数

型号	UOP HgSIV 1 型	UOP HgSIV 3 型	DKT-913
球粒直径/mm	1.5～2.0	1.9	2.0
堆密度/(kg/m^3)	689	737	750
水分(质量分数)/%	＜5	＜5	＜5
再生温度/℃	204～315	204～232	240～300
脱汞深度/(μg/m^3)	0.01	0.01	0.01
吸附能力/‰	—	—	0.4

载银分子筛应用通常与脱水分子筛同塔装填，脱水分子筛床层在上部进行天然气脱水，载银分子筛床层在下部进行天然气脱汞。影响载银分子筛脱汞效果的主要因素为含水量，如果有游离水进入，将大大降低脱汞效率，因此脱水分子筛饱和前需要进行同步再生。

3.3 凝析油脱汞剂

目前，工业上凝析油脱汞主要以化学吸附工艺为主，常用的凝析油脱汞剂主要有载金属硫化物/金属氧化物脱汞剂、载金属卤化物脱汞剂和载银分子筛脱汞剂三类。用于凝析油的载金属硫化物氧化铝脱汞剂和载银分子筛脱汞剂与天然气脱汞机理相同，不再叙述。本节主要介绍载金属氧化物、载金属卤化物脱汞剂用于凝析油脱汞的机理。

3.3.1 载金属氧化物脱汞剂

当凝析油中含硫化氢时，活性物质可选用金属氧化物。金属氧化物先与凝析油中硫化氢反应生成金属硫化物，金属氧化物通常为氧化铜，反应原理见式(3.5)。硫化铜再与单质汞反应生成硫化汞，反应原理见式(3.6)和式(3.7)，可以实现既脱硫又脱汞。硫化氢含量的不同将影响脱除率，当硫化氢含量低、汞含量高时，反应生成的硫化铜耗尽还不足以完全脱除汞，应该再添加一部分载金属氧化物脱汞剂。

$$CuO + H_2S \longrightarrow CuS + H_2O \tag{3.5}$$

$$Hg + 2CuS \longrightarrow Cu_2S + HgS \tag{3.6}$$

$$Hg + CuS \longrightarrow Cu + HgS \tag{3.7}$$

3.3.2 载金属卤化物脱汞剂

1. 脱汞机理

载金属卤化物脱汞剂的脱汞原理是汞及其汞化合物与卤族元素或卤素离子反应生成汞卤化物，能够脱除单质汞、有机汞和离子汞。由于碘化钾腐蚀性弱、脱汞能力强、毒性较小，国外脱汞剂生产厂家通常采用碘化钾作为载金属卤化物脱汞剂类的活性物质。

对碘化钾改性后的活性炭进行了元素分析，发现 KI 和 I_2 共同存在于脱汞剂表面，这是因为碘化钾在潮湿空气中潮解，或者久露于空气易被氧化而析出单质碘。活性物质量不同，则反应产物不同，负载在活性炭上的碘化钾与单质汞之间的反应见式(3.8)～式(3.11)。

$$2Hg+I_2 \longrightarrow 2HgI \tag{3.8}$$

$$Hg+I_2 \longrightarrow HgI_2 \tag{3.9}$$

$$Hg+I_2+2KI \longrightarrow K_2HgI_4 \tag{3.10}$$

$$Hg+I_2+KI \longrightarrow KHgI_3 \tag{3.11}$$

碘化钾与有机汞之间的化学反应式如式(3.12)所示：

$$RHgR+2I^- \longrightarrow HgI_2+2R^- \tag{3.12}$$

2. 影响因素

碘化钾易溶于水，凝析油中微量的游离水会带走碘化钾，破坏脱汞剂结构，给下游处理工艺带来危害，如使脱硫过程中的催化剂中毒。活性炭微孔结构发达，吸附能力强，但这些毛细孔通道会吸附固体颗粒和重烃等大分子物质，降低脱汞剂吸附性能，因此需要减少凝析油中颗粒物含量。载金属卤化物脱汞剂使用前必须将游离水完全脱除，以保证脱汞剂的使用寿命和脱汞效果。

目前，国外生产载金属卤化物脱汞剂的公司主要有 Calgon Carbon 和 JGC 等公司。Calgon Carbon 公司生产的 HGR®-LH 型脱汞剂化学转化率和吸附速率快，活性炭上没有残余化学物质干扰脱汞过程，脱汞深度能达 1μg/L，适用于凝析油脱汞。载金属卤化物脱汞剂(以碘化钾/沥青质活性炭为例)特性参数见表 3.4。

表 3.4 载金属卤化物脱汞剂特性参数

特性参数	参考值	特性参数	参考值
碘化钾含量/%	11～13	颗粒直径/mm	0.55～2.4
堆积密度/(kg/m^3)	560	脱汞深度/(μg/L)	1.0

3. 适应性分析

载金属卤化物脱汞剂使用时必须完全脱除凝析油中的游离水，而凝析油中微量水的脱除非常困难，这一技术要求很大程度上限制了其在凝析油脱汞领域的应用。载金属卤化物脱汞剂能够脱除凝析油中单质汞、离子汞和有机汞，但汞吸附容量较小，据报道一般适用于汞含量不高的凝析油等。

3.4　气田采出水脱汞剂

气田采出水脱汞剂主要分为可再生和不可再生脱汞剂，其中不可再生脱汞剂通常选用载硫活性炭，可再生脱汞剂由复合型材料负载脱汞活性物质制成。

3.4.1　不可再生脱汞剂

1. 脱汞机理

水处理不可再生脱汞剂通常选用载硫活性炭。载硫活性炭脱汞剂主要利用自身多孔结构吸附水相中的汞实现除汞的目的。

活性炭吸附过程主要分为以下几个步骤：①液膜扩散，由流体主体扩散至脱汞剂表面；②孔扩散，由吸附剂孔内液相扩散至脱汞剂中心；③表面吸附反应，单质汞及汞离子在脱汞剂的吸附不仅是单纯的物理吸附，而是经常与脱汞剂的表面活性物质或官能团进行反应生成沉淀和配合物，或进行离子交换等被脱除。

2. 影响因素

载硫活性炭脱汞剂广泛应用于水相脱汞，具有技术简单、经济成本低、效果良好等优点。常见的不可再生脱汞剂有膨润土、褐煤、核桃壳、亚麻纤维、活性炭等，其中活性炭脱汞剂应用最广泛。活性炭脱汞剂是含碳物质经过高温热解和活化而得到的多孔状碳化合物，其内部的多孔结构，能使每克活性炭的表面积达到 1000m^2。由于活性炭具有极大的吸附面积，使活性炭的吸附能力极强。活性炭的比表面积和孔隙结构直接影响其吸附能力，在选择活性炭时，应根据采出水的水质进行试验确定。实际运用中为了增强活性炭对汞的吸附性能，常常在活性炭上负载银或硫，通过银或硫与汞的化学反应特性，以提高对汞的吸附效率。活性炭吸附脱汞对总汞去除率约为 90%以上。

3. 适用条件

主要用于脱除污水中的离子汞，适用于水质单一、含汞浓度较低的污水深度脱汞处理。

3.4.2　可再生脱汞剂

1. 脱汞机理

水处理可再生脱汞剂选用巯基乙酰壳聚糖/活化改性钙基膨润土复合剂，通过酰胺化反应将巯基引入壳聚糖分子骨架中，制得了可溶性高分子巯基乙酰壳聚糖。该高分子聚合物中的羟基、巯基、羧基及部分氨基都可以单独与汞离子发生离子交换，或多个官能团与汞离子共同形成沉淀聚合物，为进一步提高 MAC 的脱汞性能及絮凝性能，引入活化改性的钙基膨润土制备成为金属有机骨架(MOFs)脱汞剂。

含汞污水先通过复合型汞氧化剂(可溶性富里酸亚铁复合药剂)将气田水中的单质汞、有机汞和络合汞通过强氧化作用破坏其原有结构转化成 Hg^+或 Hg^{2+}的可溶态离子汞。复合型汞氧化剂反应原理如式(3.13)和式(3.14)所示。

(1)产生羟基自由基：

$$Fe^{2+}+FU_{OX}+H_2O \longrightarrow Fe^{3+}+FU_{RED}+H^++\cdot OH \quad (3.13)$$

(2)氧化分解各种形态的汞：

$$(n+m)Hg—R+\cdot OH+H^+ \longrightarrow nHg^++mHg^{2+}+H_2O+R \quad (3.14)$$

可再生脱汞剂(巯基乙酰壳聚糖/活化改性钙基膨润土复合剂)与 Hg^+和 Hg^{2+}等可溶性离子汞反应生成稳定的难溶态汞化合物，反应原理如式(3.15)所示。

$$\text{MAC(高效汞捕捉剂)}+nHg^++mHg^{2+}=(m+n)\text{Hg-MAC(难溶态汞化合物)} \quad (3.15)$$

脱汞剂为可再生吸附材料，吸附材料饱和后可用再生液进行再生(脱盐水与盐酸按照一定比例配制)。再生后的吸附容量损耗率约为 1%，损耗率达到 70%左右更换吸附材料。

2. 影响因素

天然高分子壳聚糖因其分子结构上氨基氮、羟基氧能和过渡金属离子通过极强的配位作用而形成配位键，能有效吸附或捕集溶液中的重金属离子。但壳聚糖自身的比表面积较小，一般都小于 $30m^2/g$，而壳聚糖对 Hg^{2+}的吸附遵循准二阶动力学模型，属于表层吸附，对于未经扩孔及改性的壳聚糖吸附材料，Hg^{2+}很难进入吸附剂的内部位点，而影响壳聚糖复合吸附材料的吸附效果，同时也造成吸附剂的浪费。而通过化学改性及改变吸附剂构筑内部多孔结构，可增加内部孔隙数量及孔道，进而提高吸附效果。同时，壳聚糖中的氨基对金属离子的选择性较差，对其他金属离子同样具有吸附性能，在一般的废水中，往往不会仅存在 Hg^{2+}，而是其与大量的其他金属离子共存，其他金属离子就会占据壳聚糖吸附剂中的活性位，影响壳聚糖对 Hg^{2+}的吸附。通过巯基等改性实现壳聚糖对 Hg^{2+}的选择性吸附，对于实现吸附剂的再生及汞的回收具有重要的经济价值。

3. 适用条件

该工艺简单易行，对于去除难溶态汞和有机汞、无机汞等溶解态汞都有良好效果，且吸附剂实现再生，处理成本低廉，适用于汞含量较高、汞形态复杂多样、水质背景条件差、难以用单一脱汞方法进行有效处理的气田含汞污水。

3.5 天然气脱汞剂性能评价

天然气脱汞剂主要分为两大类，即可再生脱汞剂和不可再生脱汞剂。可再生脱汞剂主要是指载银分子筛，载银分子筛吸附汞后可通过加热的方式进行再生，再生气中的汞通过冷凝进行回收。不可再生脱汞剂主要是指载硫活性炭和金属硫化物脱汞剂，此类脱汞剂难以通过简单的加热方式进行再生。由于可再生脱汞剂在国内外应用较少，本节重点讨论不可再生脱汞剂的性能评价方法，以便为脱汞剂优选提供技术支持。

脱汞剂性能是决定天然气脱汞效果和脱汞塔使用寿命的关键。国外脱汞剂的研究相对较早，性能也较为稳定，但价格昂贵。近年来，随着中国天然气工业的发展，涌现出许多国产脱汞剂产品，但这些产品质量参差不齐，劣质的脱汞剂产品一旦投入到工程应用中，将会给天然气生产带来极大风险，并造成难以挽回的损失。因此，开展天然气脱汞剂评价研究对于实现脱汞剂优选至关重要。

3.5.1 评价参数

天然气脱汞剂评价参数分为两类，一类是评价脱汞剂的基础参数，另一类是评价脱汞剂的关键参数。评价脱汞剂的基础参数属于通用参数，如形状、粒度、强度、堆密度等。脱汞剂的形状一般为球形或柱状，也有些呈三叶状。脱汞剂的粒度一般介于 2～5mm，粒度越大，压降越低，但接触面积会越小，影响脱汞效率。脱汞剂的强度要能够抵抗脱汞剂本身的重量及压降带来的压力冲击，强度越大，脱汞剂越不易破碎，强度越小，脱汞剂越容易破碎，脱汞剂一旦发生破碎，很容易造成压降上升，脱汞塔失效。堆密度与脱汞剂的装载量质量有关，堆密度越大，同样体积的脱汞塔，脱汞剂的装载质量就会越多，堆密度越小，同样体积的脱汞塔，脱汞剂的装载质量就会越少。脱汞剂通用参数的评价可以参照其他相关标准进行。

评价脱汞剂的关键参数包括汞容量、传质区长度和脱汞深度。脱汞剂的汞容量是指脱汞剂吸汞达到饱和后的汞所占质量分数(%)。脱汞剂汞容量是决定脱汞剂使用寿命的最重要参数，汞容量越大，所能脱除的汞越多，传质区移动越快。脱汞剂的传质区长度是指发挥主要脱汞作用的脱汞剂床层厚度(cm)。脱汞剂传质区越短，脱汞剂的脱汞效率越高。脱汞剂传质区长度也是决定脱汞剂使用寿命的重要参数。脱汞剂的脱汞深度是指脱汞剂可将天然气中的汞脱除的干净程度($\mu g/m^3$)。性能较好的脱汞剂一般都可将天然气脱除到 $0.01\mu g/m^3$。

在实际的天然气脱汞塔运行一段时间后，不同部位的脱汞剂状态会出现明显的分区性，从顶部至底部整个脱汞塔可以划分为三个区，即饱和区、传质区和洁净区(图 3.6)。饱和区是指脱汞剂已经吸汞基本饱和，基本不再具备脱汞作用的区域，在此区域中测得的脱汞剂的汞含量即为脱汞剂的汞容量，汞容量越大，脱汞剂的使用寿命越长。传质区是指脱汞塔中正在发挥主要脱汞作用的区域，传质区长度反映了脱汞剂的脱汞效率，传质区长度越长，脱汞剂的脱汞效率越低，传质区长度越短，脱汞效率越高。洁净区是指脱汞塔中基本未发挥脱汞作用的区域，流出脱汞塔的天然气汞含量即为脱汞剂的脱汞深度。

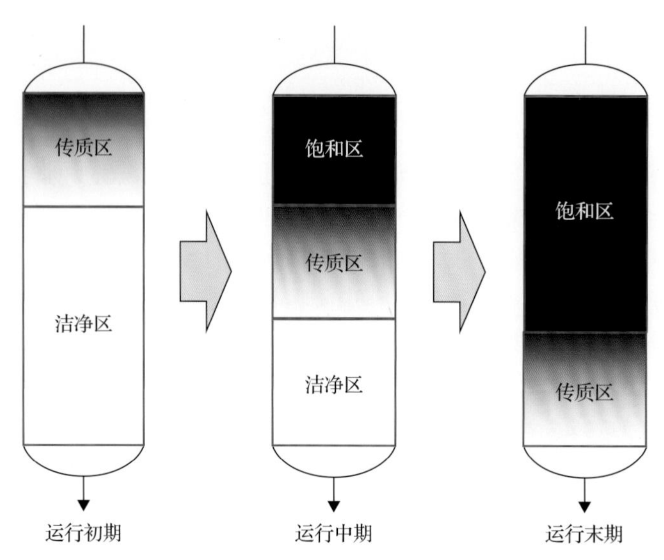

图 3.6　脱汞塔内部脱汞剂分区示意图

3.5.2　评价方法

1. 汞容量评价方法

要想使脱汞剂彻底吸汞饱和很困难，因为这需要很长的时间，对于实验室评价来说不现实，因此通常将脱汞剂发生 90%以上漏汞时，认为是脱汞剂已经饱和。取脱汞塔顶部的脱汞剂测定汞含量即为脱汞剂的汞容量[图 3.7(a)]。

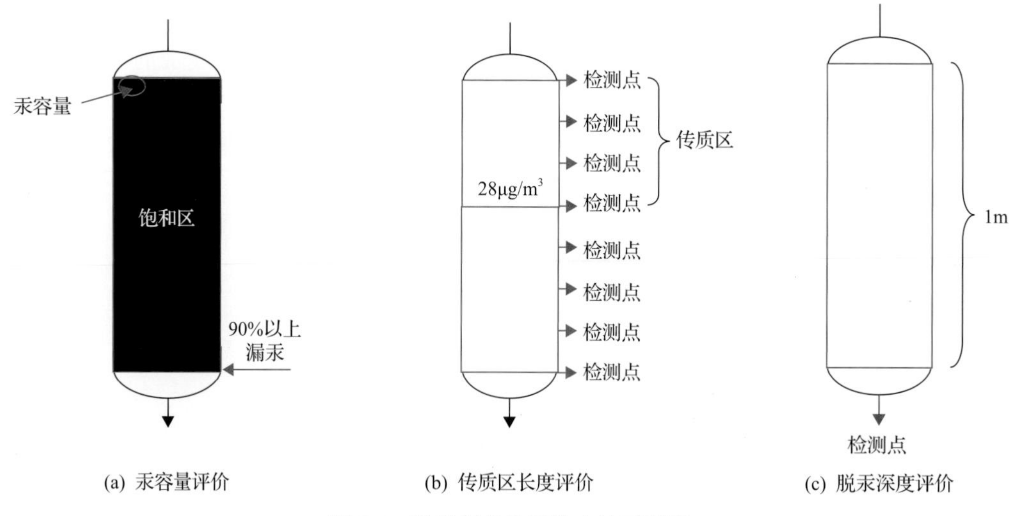

图 3.7　脱汞剂参数评价方法示意图

2. 传质区长度

在脱汞塔中，理想的传质区是不断从顶部向底部迁移的，并且长度不变，但很多情况下，脱汞剂的传质区长度是不断变化的，也就是说新装载的脱汞剂传质区长度和使用一段时间后的脱汞剂传质区长度是不断延长的，因此为了统一起见，选择新装载的脱汞剂进行评价，从顶部至底部设置多个检测点，当天然气汞含量降至某一值(如 28μg/m^3)时，所需要穿过的床层厚度即为脱汞剂的传质区长度[图 3.7(b)]。

3. 脱汞深度

脱汞剂的脱汞深度受脱汞剂床层厚度的影响，床层厚度越大，脱汞剂的脱汞深度越深，床层厚度越小，脱汞剂的脱汞深度越浅。因此，为了统一起见，将床层厚度设置为某一固定值(如 1m)时，此时在床层底部检测得到的天然气脱汞后的汞含量即为脱汞剂的脱汞深度[图 3.7(c)]。

为了研究上述脱汞剂关键参数，专门设计的脱汞剂实验室评价装置(图 3.8)主要由汞蒸气发生单元、水蒸气发生单元、油蒸气发生单元、脱汞剂评价单元和气体循环单元 5 部分组成，可实现不同气质条件下脱汞剂的评价需求。

脱汞剂评价单元主要由吸附管构成，为了便于观察吸附管内脱汞剂的变化情况(如颜色变化、黏结情况等)，吸附管材质选用透明材质，每根吸附管长度为 100cm。

图 3.8 脱汞剂实验室评价装置

3.5.3 评价实验

为了实现脱汞剂评价和优选，选取了国内外市场上不同类型的脱汞剂进行评价实验，包括载硫活性炭和金属硫化物脱汞剂两种，其中载硫活性炭脱汞剂样品 5 件，金属硫化物脱汞剂样品 5 件。载硫活性炭编号用 C1，C2，…，C5 来表示，金属硫化物脱汞剂编号用 M1，M2，…，M5 来表示。

为满足不同气质条件下脱汞剂的评价和优选的要求，脱汞剂评价实验共分为两大类型，即干气实验和湿气实验，其中湿气实验又可分为含水湿气实验和含油湿气实验。

1. 干气实验

干气实验是指脱汞剂在不含液态水和液态烃的气质条件下进行的脱汞剂评价实验，实验时塔前汞含量为10mg/m^{3}左右，载气为氮气。实验结果见表3.5。

表3.5　干气实验数据

脱汞剂类型	脱汞剂编号	脱汞深度/(μg/m^3)	传质区长度/cm	汞容量/%
载硫活性炭	C1	0.001	30	16.2
	C2	0.003	40	8.3
	C3	0.005	40	7.5
	C4	0.305	50	5.2
	C5	2.438	60	3.8
金属硫化物	M1	＜0.001	10	14.3
	M2	0.001	10	11.2
	M3	0.002	10	8.6
	M4	0.003	10	5.5
	M5	0.058	20	2.3

由表3.5可以看出：①不同脱汞剂产品的脱汞深度存在很大的不同，脱汞剂最佳脱汞深度为＜0.001μg/m^3，最差脱汞深度为2.438μg/m^3，这说明部分脱汞剂可能难以满足深度脱汞的需求；②不同脱汞剂产品的传质区长度也存在很大不同，脱汞剂最小传质区长度为10cm，最大传质区长度为60cm，在两类脱汞剂中，金属硫化物脱汞剂传质区长度总体上要小于载硫活性炭的传质区长度，表明金属硫化物脱汞剂脱汞效率较高；③不同脱汞剂产品的汞容量差异明显，脱汞剂汞容量最小仅为2.3%，最高可达16.2%。这说明不同脱汞剂间使用寿命可能相差数倍。

2. 湿气实验

湿气实验是指脱汞剂在含液态水和液态烃气质条件下进行的脱汞剂评价实验，此种实验条件主要对应于处理厂净化前的原料天然气。为分别考察液态水和液态烃对脱汞剂的影响，开展含水湿气实验和含油湿气实验两组。

含水湿气实验是指脱汞剂在含液态水、不含液态烃的气质条件下进行的脱汞剂评价实验，此种实验条件主要对应于处理厂不含凝析油的原料天然气。表3.6是国内外收集到的两种类型脱汞剂在干气和含水湿气条件下的传质区长度对比。可以看出在含水湿气条件下无论是载硫活性炭还是金属硫化物脱汞剂其传质区长度均有所变大，因此，尽量降低气体中的液态水含量可有效提升脱汞效果。

含油湿气实验是指脱汞剂在含液态烃、不含液态水的气质条件下进行的脱汞剂评价实验，此种实验条件主要对应于含凝析油的原料天然气，当然实际的含凝析油原料天然气既含液态烃也含液态水，但为了考察凝析油对脱汞剂的影响，此处在实验时只设计成含液态烃而不含液态水的气体条件。

表 3.6 干气和含水湿气条件下脱汞剂传质区长度对比

脱汞剂类型	脱汞剂编号	传质区长度(干气)/cm	传质区长度(湿气)/cm
载硫活性炭	C1	30	40
	C2	40	50
	C3	40	50
	C4	50	70
	C5	60	80
金属硫化物	M1	10	20
	M2	10	30
	M3	10	30
	M4	10	40
	M5	20	50

表 3.7 是国内外收集到的两种类型脱汞剂在含油湿气条件下的评价结果。可以看出在含油湿气条件下无论是载硫活性炭还是金属硫化物脱汞剂其传质区长度均有所变大，因此，尽量降低气体中的液态烃量可有效提升脱汞效果。另外，由实验数据可以看出，金属硫化物脱汞剂在含油湿气条件下其传质区长度增大的幅度要低于载硫活性炭增大的幅度，这说明在同等气质条件下，载硫活性炭受液态烃的影响要比金属硫化物大。

表 3.7 干气和含油湿气条件下脱汞剂传质区长度对比

脱汞剂类型	脱汞剂编号	传质区长度(干气)/cm	传质区长度(湿气)/cm
载硫活性炭	C1	30	60
	C2	40	70
	C3	40	70
	C4	50	90
	C5	60	100
金属硫化物	M1	10	20
	M2	10	20
	M3	10	30
	M4	10	30
	M5	20	40

3.5.4 评价结论

载硫活性炭和金属硫化物脱汞剂均可用于干气脱汞，但不同脱汞剂产品性能差异很大，主要体现在传质区长度和汞容量不同，而脱汞剂的传质区长度和汞容量直接决定了脱汞剂的使用寿命。因此，在进行脱汞剂优选时，除了考虑脱汞剂的价格外，还要考虑其脱汞性能。

在含水湿气条件下，无论是载硫活性炭还是金属硫化物脱汞剂其传质区长度均增大，液态水的存在对脱汞性能表现出一定的负面影响。因此，在开展含水湿气脱汞时应尽可能去除天然气中的液态水，如添加高效聚结器、提升塔前进气温度、添加一定量的干气等措施。

在含油湿气条件下，无论是载硫活性炭还是金属硫化物脱汞剂其传质区长度均增大，所不同的是液态烃对载硫活性炭的影响要远大于对金属硫化物脱汞剂的影响。因此，在开展含油湿气脱汞时应尽可能去除天然气中的液态烃，如采用添加高效聚结器等措施。此外，在含油湿气条件下进行脱汞剂选择时优先选择金属硫化物脱汞剂。

不同厂家的脱汞剂产品，抗水和抗油能力不同。在含水湿气条件下 C1、C2 和 C3 传质区长度增加了 10cm，而 C4、C5 增加了 20cm，M1 增加了 10cm，M2、M3 增加了 20cm，M4 和 M5 则增加了 30cm；在含油湿气条件下，C1、C2 和 C3 传质区长度增加了 30cm，C4 和 C5 增加了 40cm，M1 和 M2 增加了 10cm，M3、M4 和 M5 增加了 20cm。因此，在购买选择脱汞剂时，进行脱汞剂评价是有必要的。

参 考 文 献

[1] 夏静森, 王遇冬, 王立超. 海南福山油田天然气脱汞技术[J]. 天然气工业, 2007, 27(7): 127-128.

[2] 王智. 雅克拉集气处理站天然气脱汞工艺研究[J]. 石油工程建设, 2011, 37(3): 39-40.

[3] Eckersley N. Advanced mercury removal technologies[J]. Hydrocarbon Processing, 2010, 89(1): 29-50.

[4] 匡春燕, 蒋洪, 乔在朋. 含汞气田污水脱汞新技术[J]. 油气田环境保护, 2015, 25(02): 24-26.

第 4 章　天然气脱汞工艺技术及工程应用

随着含汞天然气开采出来后依次进入地面集输系统、天然气处理厂及商品天然气管网，大量汞在天然气管道、设备中发生聚集，部分汞将扩散至污水、凝析油、废气等介质中，部分汞则会进入下游化工厂或城市燃气管网。汞在管道、设备中的聚集可能导致仪表阀门失效引发生产事故，以及检维修人员汞中毒。含汞天然气进入天然气净化处理装置中，与铝制设备接触后会发生汞齐化反应导致设备腐蚀开裂，高含汞天然气进入下游化工厂还可能导致催化剂(铂、钯、镍、铬等)中毒及汞的扩散，含汞污水及废气进入环境中则会导致土壤及大气汞污染[1,2]。以含汞天然气作为燃气使用，燃烧后的汞进入大气会污染环境，危害人员健康。因此，从环境保护、人身健康、含汞天然气的安全开发及利用等方面考虑，需进行天然气脱汞。

4.1　概　　述

为降低汞在天然气处理、输送及使用过程中对环境、人员及设备的危害，应对天然气脱汞。根据天然气生产工艺条件及用户要求的不同，需采用不同的天然气脱汞工艺技术达到脱汞的目标。

4.1.1　天然气脱汞指标要求

对于不同用途和不同处理工艺的天然气，其汞含量的限值要求是不同的。明确天然气中汞含量的指标，有助于更好地确定处理工艺方案。

根据荷兰和德国相关机构研究，天然气中汞的含量低于 30μg/m^3 时，不会对设备、人身安全、环境造成危害。从环境保护、安全、健康等方面考虑，世界上部分国家在天然气质量标准中对管输商品天然气中汞的含量做出了明确规定，如德国规定管输气汞含量小于 28μg/m^3，荷兰规定管输气汞含量小于 20μg/m^3，英国规定管输气汞含量小于 10μg/m^3，法国规定管输气汞含量小于 10μg/m^3，中国石油规定管输商品天然气中汞含量小于 28μg/m^3。此外，为了防止汞腐蚀而产生设备损坏，大多数国家规定液化天然气(LNG)的原料气气质汞含量小于 0.01μg/m^3，中国 LNG 工厂原料气汞含量指标参考该指标执行[2]。

4.1.2　天然气脱汞技术现状

国外对天然气脱汞的研究及应用相对较早，自 20 世纪 70 年代以来陆续有天然气脱汞工艺技术的报道。例如，荷兰格罗宁根气田在 1972 年进行了使用低温分离(LTS)过程从天然气中脱汞的试验。1997 年，Zettlitzer 等[3]报道了德国 RWE-DEA 公司及德国北部其他天然气处理厂普遍运用的低温分离脱汞工艺，该工艺通过井口一级 J-T 阀节流降温和空冷降温后，分离部分凝析水和汞，然后注醇防止水合物生成并进行二级 J-T 阀节流降温，在低温分离器中实现净化气和含汞醇烃混合液分离。该工艺对原料的脱汞效率达90%以上，商品天然气中汞含量值低于 10μg/m^3。2005 年，埃及 Khalda 石油公司 Salam 天然气处理厂原料气汞含量为 75～175μg/m^3，采用湿气不可再生脱汞以防止铝合金板翅式换热器腐蚀。原料气进入处理厂后先进入原料气分离器分离，分离出的气体经聚结分离器后进入脱汞塔，塔内装填不可再生脱汞剂 PURASPEC 1156，脱汞后天然气经三甘醇脱水及膨胀机制冷脱烃单元处理。装置投运后，原料气中汞从 16～71μg/m^3 脱除至 0.53～0.92μg/m^3 [4]。目前，国外天然气脱汞工艺主要以湿气不可再生脱汞及可再生脱汞工艺为主。

国内对天然气脱汞的研究及应用大约从 2005 年开始。根据文献报道，最早将脱汞技术应用到天然气处理的企业是海南海然高新能源有限公司[5]，2007 年，该公司在分子筛脱水后设置脱汞塔，塔内装填载硫活性炭，天然气进口汞含量 100μg/m^3，脱汞后气体中检测不出汞，脱汞剂寿命 6 个月以上。2009 年，为避免冷箱发生汞腐蚀刺漏，新疆雅克拉集气处理站在分子筛脱水塔后设置脱汞塔[6]，采用双塔流程，塔内装填载硫活性炭，将天然气中汞从 31μg/m^3 脱除至 0.08μg/m^3。

中国石油从 2005 年开始对天然气脱汞技术进行攻关研究及应用，形成了具体自主知识产权的脱汞技术及脱汞剂产品。2007 年，首次在塔里木高含汞大气田进行了脱汞处理，之后逐渐推广至大庆、吉林、新疆、青海等油田。2007 年，KL2 气田-2 建设投运了 4 套脱汞装置，采用湿气脱汞工艺，设置在三甘醇(TEG)脱水装置上游，脱汞剂从法国引进。为保障商品气汞含量不超标，2010～2012 年，分别在大庆徐深气田建设投运了 7 套脱汞装置，吉林长岭气田投运了 4 套脱汞装置，均采用干气脱汞工艺，设置在脱碳、TEG 脱水装置下游。为降低脱汞成本，开发了“低温分离+吸附脱汞”组合工艺，并先后于 2013 年、2014 年、2015 年应用到 KL2 气田-1、DB 气田及 KS 气田。为降低汞对环境、人员的危害，推动国产脱汞剂的应用，开发了“连续高效吸附湿气脱汞工艺”，先后于 2016 年、2018 年、2019 年在 KLML 气田、DP 气田、CL 气田投运了 5 套湿气脱汞装置。此外，为推动脱汞技术发展，中国石油通过科研攻关，开发出了可再生脱汞剂及可再生脱汞工艺，并于 2018 年在 DB 气田进行了工业应用，脱汞效果良好。

中国石油在国内已开发的含汞气田已建脱汞装置约 30 套，详见表 4.1，除 1 套采用可再生脱汞工艺外，其余均采用不可再生吸附工艺。由于干气脱汞工艺会导致原料气中大量汞随前序处理工艺进入凝析油、闪蒸气、污水等介质，造成汞的扩散及二次污染，危害操作人员健康。近年来，干气脱汞工艺逐渐被湿气脱汞工艺替代，将脱汞装置设置在天然气处理装置上游，从前端将汞脱除。

国内外天然气脱汞工艺主要是化学吸附、低温分离，两种脱汞工艺方法的特性如表 4.2 所示。

对比两种天然气脱汞工艺可知，化学吸附脱汞工艺目前在经济性、脱汞效果和环保等方面都优于低温分离工艺，可将天然气中汞含量脱除至 0.01μg/m^3，能够满足商品天然气、液化天然气和天然气凝液回收对原料气汞浓度的严格要求，技术发展也较为成熟，在国内外天然气处理装置中得到了广泛应用。

表 4.1　中国石油已建脱汞装置情况表

装置建设地	装置规模/($10^4m^3/d$)	脱汞工艺	脱汞剂类型	初始脱汞剂来源	投产时间
KL2 气田-2	500×4	湿气脱汞	金属硫化物	进口	2007 年
XS 气田	400×6+100	干气脱汞	金属硫化物	进口	2010 年
CL 气田	120×2+20	干气脱汞	金属硫化物	进口	2010 年
	180	干气脱汞	金属硫化物	进口	2012 年
KL2 气田-1	500×6	干气脱汞	金属硫化物	5 套进口，1 套国产	2013 年
DB 气田	500×3	干气脱汞	金属硫化物	进口，2019 年更换为国产	2014 年
KS 气田	1000×3	干气脱汞	金属硫化物	进口	2015 年
KLML 气田	150×2	湿气脱汞	金属硫化物	进口+国产脱汞剂串联	2016 年
DP 气田	200+30	湿气脱汞	金属硫化物	1 套进口，1 套国产	2018 年
DB 气田	1	可再生脱汞	载银分子筛	国产	2018 年
CL 气田	150	湿气脱汞	金属硫化物	国产	2019 年

表 4.2　天然气脱汞工艺及其特性

脱汞工艺	主要原理	工艺特点
化学吸附	利用汞与吸附剂中活性物质发生化学反应实现汞的脱除	应用广泛、经济性好、脱汞效果好、适应性强，能将天然气中汞含量脱除至 0.01μg/m^3
低温分离	含汞天然气通过制冷方式降低温度，天然气中的汞处于过饱和状态而析出进入液相，然后通过分离的方式实现天然气脱汞	脱汞效果较差，汞进入凝液、水中，造成二次污染

化学吸附脱汞工艺的核心是脱汞剂，主要有载硫活性炭和载金属硫化物等不可再生型脱汞剂和载银分子筛等可再生型脱汞剂[1]。载金属硫化物具有比载硫活性炭更好的脱汞性能及稳定性，2010 年以后，载硫活性炭逐渐被载金属硫化物替代。2007～2013 年间，中国石油使用的脱汞剂全部从国外购买。为降低脱汞成本，推动天然气脱汞技术发展，中国石油大力推动脱汞剂国产化，于 2013 年首次将国产金属硫化物类脱汞剂应用在 KL2 气田-1，经过 3 年的工程应用表明，国产脱汞剂在干气脱汞工艺中具有与进口脱汞剂相当的脱汞效果。2016 年，首次将国产脱汞剂应用到湿气脱汞工艺中，经过 3 年的工程实际应用及运行数据对比发现，国产脱汞剂在湿气脱汞工艺中同样能实现与进口吸附剂相当的性能，满足产品气小于 0.01μg/m^3 的脱汞深度要求。此外，可再生脱汞工艺及配套技术一直由美国 Honeywell UOP 公司掌握，为打破这一技术垄断[7]，中国石油通过科研攻关开发出可再生脱汞剂，于 2018 年在 DB 气田成功投运了 1 套可再生脱汞中试装置，实现将天然气中汞从 300μg/m^3 脱除至 0.03μg/m^3。

目前，脱汞剂产品已由最初的国外公司垄断到国产脱汞剂与进口吸附剂相互竞争的态势，且价格大幅降低。中国石油成功打破了对国外脱汞剂公司的技术依赖，全面实现了天然气脱汞工艺及配套技术的自主研发和设计，形成了天然气脱汞自有技术，实现了脱汞剂的国产化。

4.2 脱汞工艺

国内外采用化学吸附工艺及低温分离脱汞工艺的研究和应用最多，其他脱汞工艺工程应用较少。本节对化学吸附工艺及低温分离脱汞工艺进行论述。

4.2.1 化学吸附

1. 工作原理

化学吸附脱汞工艺工作原理为含汞天然气自上而下通过装填脱汞剂的脱汞塔进行脱汞，天然气与脱汞剂接触时汞与脱汞剂中的活性物质发生化学反应进行脱汞。根据脱汞剂是否可再生使用，可将化学吸附脱汞工艺分为不可再生脱汞工艺和可再生脱汞工艺。

1)不可再生脱汞工艺原理

不可再生脱汞工艺是指在脱汞塔内装填不可再生脱汞剂进行天然气脱汞，含汞天然气通过脱汞塔时与脱汞剂发生化学反应从而实现脱汞。目前使用的不可再生脱汞剂有载硫活性炭和载金属硫化物，化学反应原理为天然气中汞与脱汞剂中的活性物质硫或金属硫化物发生化学反应形成 HgS，从而达到脱汞目的。工作原理如图 4.1 所示，原料气自上而下流动，依次通过脱汞剂床层三个区域：饱和区、传质区和洁净区。随着时间变化，床层上部逐渐饱和，传质区从床层入口向出口移动；当传质区的下部边缘线到达床层出口时，脱汞塔出口气体的汞浓度开始增大。当出口处汞浓度大于规定指标的那一刻即表示发生了穿透，则需要更换脱汞剂。

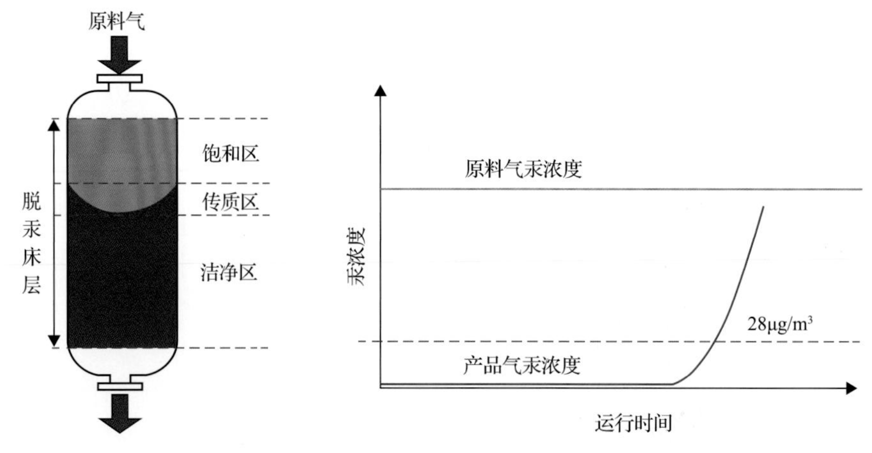

图 4.1　不可再生化学吸附工作原理图

通过合理设计脱汞塔尺寸并在脱汞塔内装填一定量脱汞剂，一定时间内产品气汞浓度一直保持在很低水平。通常情况下，当脱汞塔出口汞含量超标时，仍有部分脱汞剂未能达到完全饱和吸附状态，未饱和脱汞剂占总量的 15%～25%，通过多塔串联的方式可有效提高脱汞剂脱汞效率。

2) 可再生脱汞工艺原理

可再生脱汞工艺是指在脱汞塔内装填可再生脱汞剂进行天然气脱汞，用高温天然气对吸附汞的脱汞剂加热再生。目前使用的可再生脱汞剂是载银分子筛，其脱汞原理见式(4.1)，该反应式是一个可逆反应，常温下天然气中的汞在吸附过程中与脱汞剂上的银反应生成银汞齐，对床层加热再生时，银汞齐逆向反应生成银和汞，汞随再生气从脱汞剂上脱附出来，银继续附着在脱汞剂中，使脱汞剂继续保持脱汞能力。

$$Hg + Ag \rightleftharpoons AgHg \tag{4.1}$$

通常设置两塔、三塔或四塔流程，以两塔流程为例，其中一个塔处于吸附状态，另一个塔处于再生/冷却状态，其工艺流程与分子筛脱水相似，工作原理如图 4.2 所示。吸附状态下，含汞原料气与脱汞塔内脱汞剂发生化学反应实现脱汞，当吸附时间达到程序设定时间，且传质区前端未到达脱汞床层底部，切换流程。采用高温天然气对吸附后的脱汞塔再生，再生完成后的脱汞塔通过程控阀切换后继续进行吸附脱汞，吸附和再生工艺按照设定的周期重复运行。通常情况下，可再生脱汞工艺与分子筛脱水工艺复合使用。

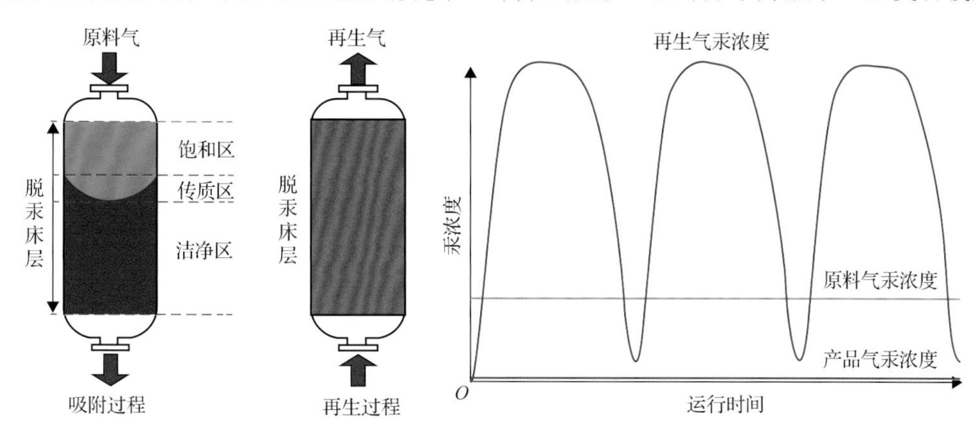

图 4.2　可再生化学吸附工作原理图

通过合理设计脱汞塔尺寸并在脱汞塔内装填一定量脱汞剂，产品气汞浓度可一直保持在较低水平。通常情况下，再生气流量为原料气流量的 5%～25%，大量的汞经加热脱附进入再生气中，再生气中的汞浓度随再生温度的升高先增大后减小，最大汞浓度可以达到原料气汞含量的 420 倍。在一定压力、温度条件下，天然气具有一定的饱和汞浓度。例如，实际检测发现，10MPa、45℃条件下天然气中饱和汞浓度约 1000μg/m^3。在可再生脱汞工艺中，再生气冷却后，汞含量高于饱和汞浓度时，多余的汞就冷凝析出并聚集在分离器底部，因此通过设置冷却分离设施可将再生气中的汞变为液态，实现再生气中汞的分离和富集。

3) 化学吸附工艺对比

目前国内外用于化学吸附工艺的脱汞剂主要有载硫活性炭、载金属硫化物及载银分子筛等，脱汞深度可达到 0.01μg/m^3 以下[1,7]。由于各种脱汞剂性能上的差异，化学吸附脱汞工艺装填不同脱汞剂时的技术特点如表 4.3 所示。

表 4.3　天然气化学吸附脱汞工艺技术对比

脱汞工艺	不可再生脱汞工艺		可再生脱汞工艺
吸附剂	载硫活性炭	载金属硫化物	载银分子筛
活性物质	硫	硫化铜、硫化锌等	银
载体	活性炭	氧化铝	分子筛
动态汞容	通常比载金属硫化物低	比载硫活性炭和载银分子筛高	载银量低，动态脱汞能力比载硫活性炭和载金属硫化物低
适应性	①活性炭对原料气中重烃类亲和力较强，易发生毛细凝聚，导致硫溶解损失，降低脱汞活性； ②对湿天然气适应性差，通常用于干气脱汞	①结构稳定，不会因原料气含烃导致活性物质发生溶解损失，但湿气条件会导致脱汞能力下降大约 5% ②可用于干气和湿气脱汞	①湿气条件会导致脱汞能力下降 30%～40% ②通常与脱水分子筛复合使用，先脱水后脱汞，流程较复杂
再生性	不可再生	不可再生	可再生循环利用，能实现天然气中汞的回收利用
废弃脱汞剂处理	废弃脱汞剂量大，固废处理费用高	废弃脱汞剂量大，固废处理费用高	脱汞剂经再生处理后不含汞，废弃脱汞剂处理成本低
价格	价格比载金属硫化物和载银分子筛都便宜	价格比载硫活性炭贵	价格比载金属硫化物贵，但用量少，总费用低

由表 4.3 分析可知，不可再生脱汞工艺通过选择不同的脱汞剂可以适应不同的操作条件，该工艺不需要再生设备及配套工艺，流程简单。然而，这种工艺产生的废弃脱汞剂量大，固废处理费用高，处置成本高。载银分子筛可再生循环利用，加热再生后不含汞，卸载后可以作为无害废料处置，脱汞剂用量少，脱汞剂更换成本低。此外，可再生脱汞工艺可将脱水分子筛和载银分子筛装填在一个塔内，同时实现脱水脱汞，综合成本低。再生气中的汞含量较高，需要设置再生气增压或不可再生脱汞工艺进一步处理，流程相对复杂。实际应用中，需要根据含汞气田的具体情况确定选用合适的脱汞工艺，达到经济有效脱汞的目的。

2. 工艺流程

1) 不可再生吸附脱汞工艺流程

不可再生吸附脱汞工艺装置主要包括天然气预处理、吸附脱汞及后续处理等设备。吸附脱汞设备主要是脱汞塔，可采用单塔吸附、双塔吸附或多塔吸附。单塔吸附工艺简单，通常在处理规模较小时使用，当处理规模较大时，多采用双塔或多塔吸附工艺。天然气处理工艺单元通常包括脱碳、脱水、脱烃等，具体处理工艺需根据原料气条件及产品气指标确定。对于含汞天然气处理，脱汞装置可设置在天然气处理工艺单元的上游或下游，根据脱汞装置设置位置可将不可再生脱汞工艺分为干气脱汞工艺及湿气脱汞工艺。

为保护脱汞剂，需对进入脱汞塔的天然气进行预处理，以最大程度减少天然气中杂质对脱汞剂性能的影响。脱汞装置位置选择不同，需要的预处理设施不同，脱汞流程设计也会不同。

(1) 干气脱汞工艺。

干气脱汞工艺是将脱汞装置设置在脱碳、脱水、脱烃等单元的下游，脱汞塔入口气为干气，无游离态液体，介质比较洁净，通常不再设置预处理设施，天然气可直接进脱汞塔吸附脱汞。以高含 CO_2 气田天然气处理厂为例，干气脱汞总工艺流程如图 4.3 所示。含汞原料气经初步分离和过滤后，先进行脱碳，随后进行脱水，干燥后的天然气进入脱汞装置。

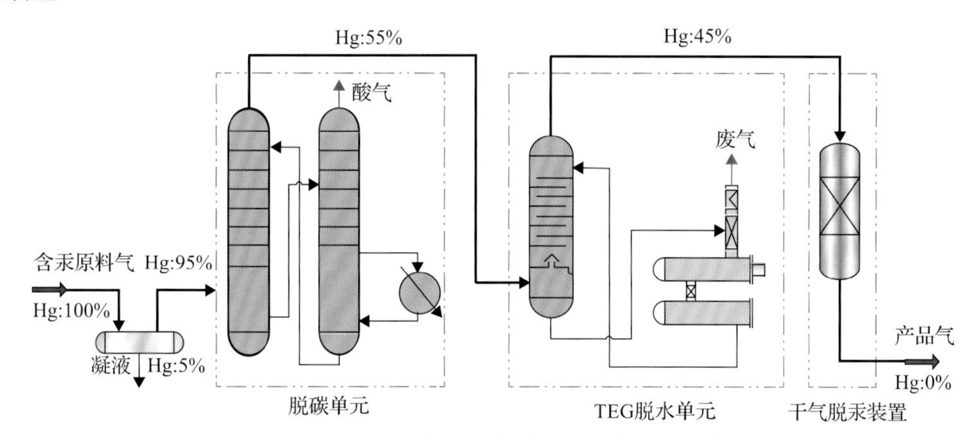

图 4.3　高含 CO_2 气田干气脱汞总工艺流程示意图

采用干气脱汞工艺，含汞天然气在经过脱碳单元、脱水单元、脱烃单元时，部分汞将会被甲基二乙醇胺(MDEA)溶液、TEG 溶液等溶剂吸收，被设备、管道吸附，同时随着温度下降部分汞还会冷凝析出进入液相。通常情况下，原料气经原料气分离器时，约 5%的汞进入凝液中；经脱碳单元时，约 40%的汞会进入到胺液中；原料气经过脱水单元时，若采用 TEG 脱水，约 10%的汞进入 TEG 溶液中；若采用分子筛脱水，约 10%的汞被脱水塔等设备吸附并经加热再生进入再生气中。

以凝析气田天然气处理厂为例，干气脱汞总工艺流程如图 4.4 所示。含汞原料气经初步分离和过滤后，先进行脱水脱烃处理，干燥后的天然气进入脱汞装置。

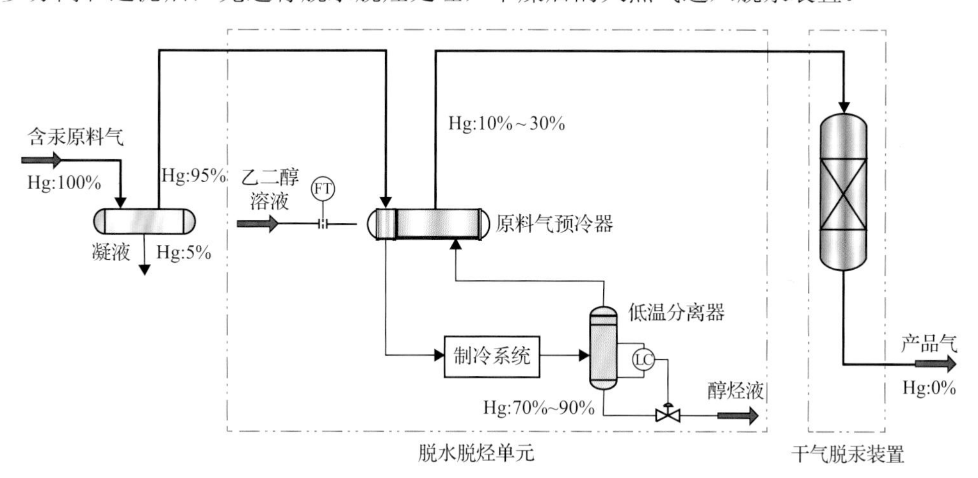

图 4.4　凝析气田干气脱汞总工艺流程示意图

在脱水脱烃单元中，原料气经过低温分离器时，70%～90%的汞进入低温凝液中，制冷温度越低，进入低温凝液中的汞越多。

由前文可以看出，采用干气脱汞工艺，进脱汞塔天然气中的汞含量比进厂原料气低，具体汞含量需根据前端处理工艺及操作条件确定。由于进塔天然气汞含量降低，与湿气脱汞工艺相比，脱汞剂用量少，脱汞装置一次性投资低，但该工艺会使天然气中大量汞进入凝析油、闪蒸气、废气、污水等介质，造成全厂汞污染，危害人员健康。

以单塔吸附为例，干气脱汞工艺流程如图 4.5 所示，含汞原料气从塔顶进入脱汞塔内进行吸附脱汞，脱汞后净化气经粉尘过滤器除去天然气中可能夹带的少量脱汞剂粉尘后去下游装置。

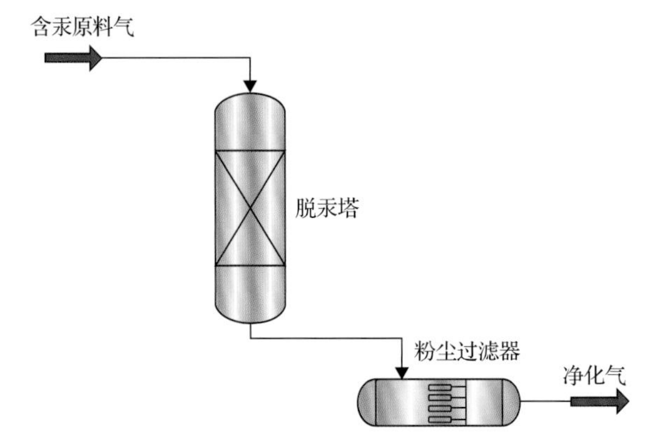

图 4.5　不可再生吸附干气脱汞工艺流程图

(2) 湿气脱汞工艺。

湿气脱汞工艺是将脱汞装置设置于脱碳、脱水、脱烃等单元的上游，脱汞塔入口气为湿气，含游离态液体，对脱汞剂要求高。以高含 CO_2 气田天然气处理厂为例，湿气脱汞总工艺流程如图 4.6 所示，原料气经过初步分离和过滤，除去大部分游离水和液烃后，进入脱汞装置进行脱汞处理，随后进入脱碳、脱水等单元进一步处理。原料气中的汞在湿气脱汞装置中全部脱除，汞不会随天然气进入脱碳、脱水等单元中。

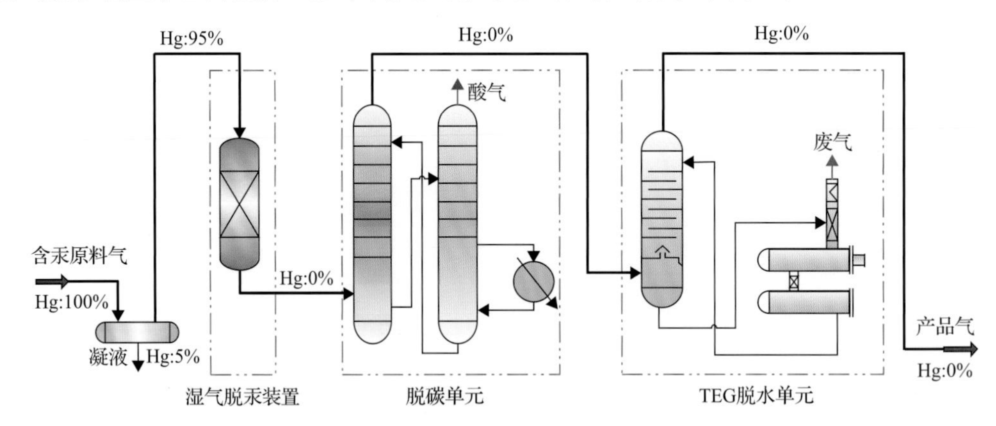

图 4.6　高含 CO_2 气田湿气脱汞总工艺流程示意图

以凝析气田天然气处理厂为例，湿气脱汞总工艺流程如图 4.7 所示，原料气经过初步分离和过滤，除去大部分游离水和液态烃后，进入脱汞装置进行脱汞处理，随后进入脱水脱烃单元进一步处理，进厂原料气中的汞在湿气脱汞装置中全部脱除，汞不会随天然气进入脱水脱烃单元中。

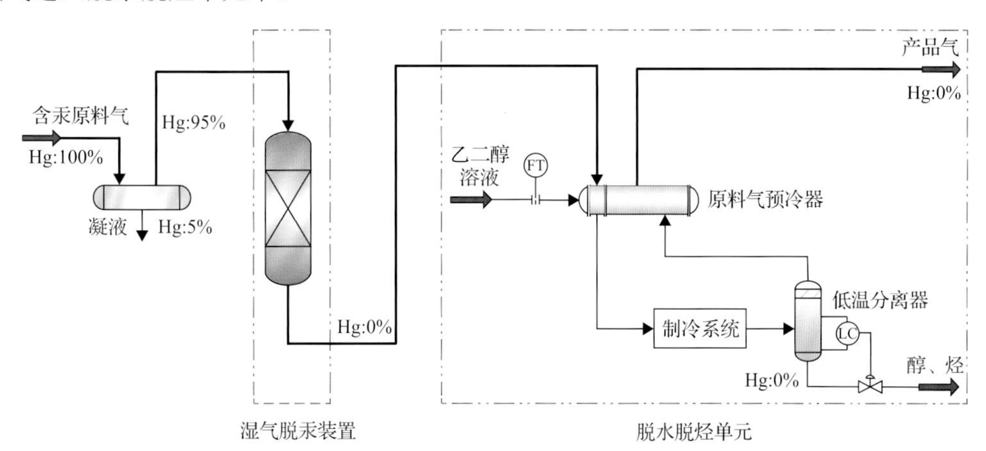

图 4.7　凝析气田湿气脱汞总工艺流程示意图

采用湿气脱汞工艺，在天然气处理设施最前端进行脱汞，脱汞剂用量大，但能最大限度地避免汞在脱碳、脱水、脱烃等单元中的聚集，减少汞的二次污染，有利于保护人员健康。

湿气脱汞工艺脱汞塔入口气通常为进入厂站内未经净化处理的原料气，通常需设置预处理设备，预处理设备包括重力分离器和聚结过滤器，含汞原料气先进入预处理设备脱除游离水、烃和固体颗粒杂质，以保证脱汞剂的脱汞性能，原料气经预处理后进入脱汞塔内吸附脱汞。以两塔吸附为例，工艺流程如图 4.8 所示，原料气经重力分离器和聚结过滤器分离出游离液体后从塔顶进入脱汞塔 A 或脱汞塔 B 内进行吸附脱汞，脱汞后净化气经粉尘过滤器除去天然气中可能夹带的少量脱汞剂粉尘后去下游装置。

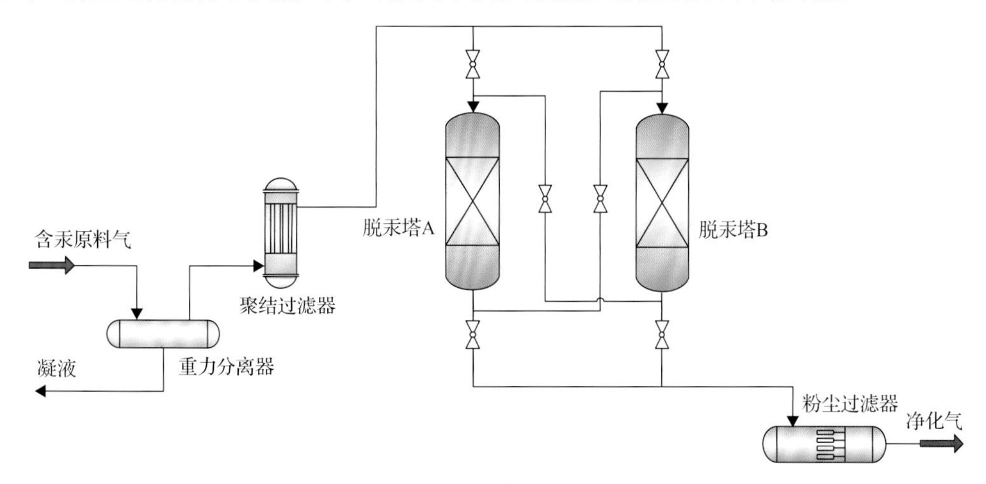

图 4.8　不可再生吸附湿气脱汞工艺流程图

2) 可再生吸附脱汞工艺流程

由于载银分子筛再生温度为 204～315℃，与脱水分子筛相近，工艺流程基本相同，因此为降低天然气携带的烃、水对可再生脱汞剂性能的影响，降低天然气处理成本，通常将脱水分子筛装填于塔的上层，可再生脱汞剂装填于塔的下层，在塔内先脱水后脱汞。可再生吸附脱汞工艺主要包括吸附脱水脱汞工段及脱汞剂再生工段，通常采用三塔或两塔模式，其中两塔或一塔脱水脱汞的同时，剩下的一塔再生/冷却。根据再生气的来源不同，可将可再生吸附脱汞工艺分为原料气再生工艺和产品气再生工艺。

(1)原料气再生工艺流程。

常见的原料气再生工艺流程如图 4.9 所示，脱汞塔中，上部装填脱水分子筛，下部装填脱汞剂。含汞原料气经聚结过滤器分离出游离液体后经一个调节阀调压后进入吸附塔 A，调节阀前后压差 0.1～0.2MPa，自上而下流过脱汞塔内的脱水分子筛及脱汞剂，实现脱水脱汞，产品气经粉尘过滤器除去携带的脱汞剂粉尘后至下游。从聚结过滤器出口调节阀前取部分(体积分数为 5%～20%)原料气作再生气，经加热器加热到 260～300℃进入吸附塔 B 再生，汞蒸气和水蒸气随再生气排出，随后通过冷却器使汞和水部分冷凝并在分离器中分离析出，分离后的气相返回调节阀后与原料气混合进入吸附塔。

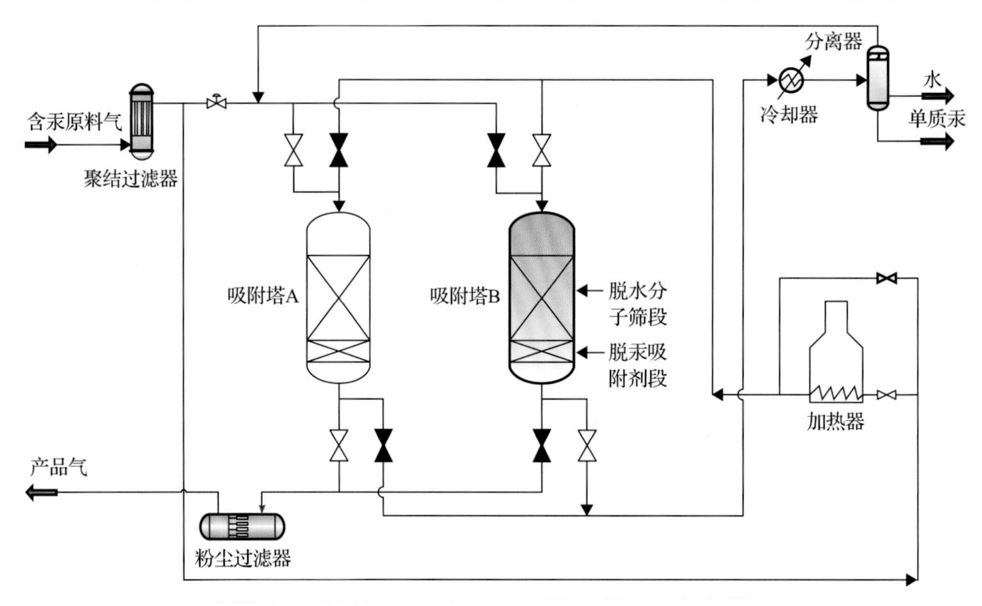

图 4.9　采用原料气再生的可再生脱水脱汞工艺流程图

在原料气再生工艺中，由于原料气含有较高汞含量，钢材对天然气中的汞具有一定的吸附作用，通常冷吹气从塔顶进入、塔底出去，以避免吸附塔切换至吸附阶段后脱汞塔底部设备及管线吸附的少量汞脱附至产品气中，造成切换操作后短时间内产品气中汞浓度超标。

(2)产品气再生工艺流程。

常见的产品气再生工艺流程如图 4.10 所示，在脱汞塔中，上部装填脱水分子筛，下部装填脱汞剂。含汞原料气经聚结过滤器分离出游离液体后进入脱汞塔 A，先通过脱水分子筛脱除大量水分，然后流过脱汞剂进行脱汞。脱水脱汞后的产品气经粉尘过滤器除去携带的脱汞剂粉尘后至下游，取部分(体积分数为 5%～15%)产品气作再生气，经加热器加热到 260～300℃进入脱汞塔 B 再生，汞蒸气和水蒸气随再生气排出，随后通过冷却器使汞和水部分冷凝并在分离器中分离析出，分离后的气相汞含量依然较高，可通过压缩机加压后与原料气混合再次进入聚结过滤器。

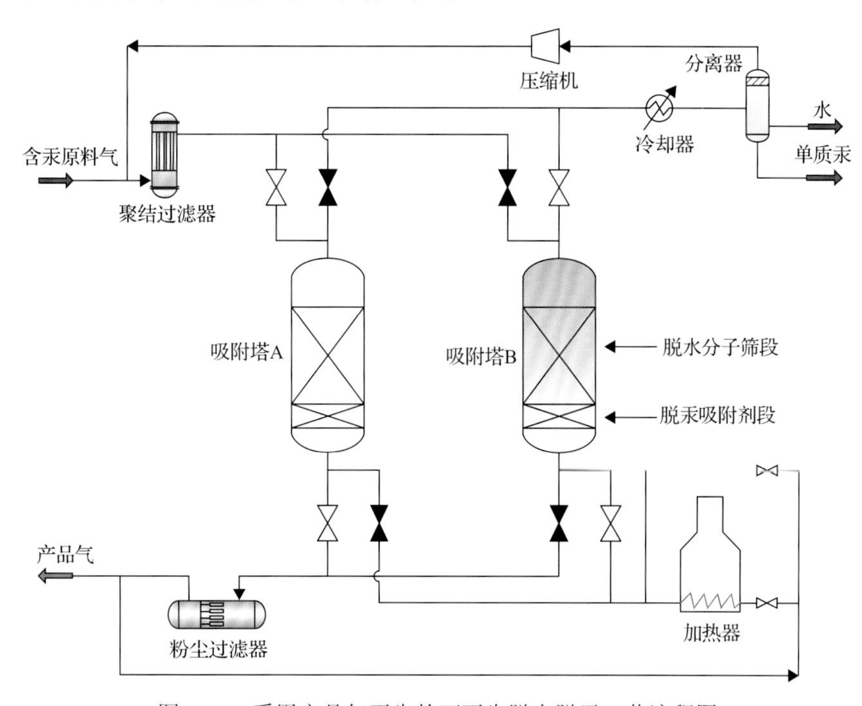

图 4.10　采用产品气再生的可再生脱水脱汞工艺流程图

由于脱汞剂位于脱汞塔底部，再生过程中首先被再生气加热，脱汞剂能够较好地实现再生。此外，从分离器出来的再生气，由于汞含量较高，但气量比原料气量少很多，若再生气不返回原料气中，可通过串接一个不可再生脱汞塔对再生气进行脱汞。采用干气再生工艺，脱汞深度可以达到 0.01μg/m^3，满足商品气及深冷(液化天然气、液化石油气)装置气质指标要求。

3. 影响因素

化学吸附脱汞工艺的核心是脱汞剂，而自井口采出的天然气中含有影响脱汞剂脱汞性能的杂质，如游离水、游离液烃、固体颗粒等，这些物质进入脱汞塔后将会附着在脱汞剂上，堵塞脱汞剂孔道甚至导致脱汞剂失效，影响使用效果和使用寿命。

影响不可再生化学吸附脱汞工艺的因素主要有：原料气的组成(汞含量、游离液体、固体颗粒)、温度、压力等。对于可再生吸附脱汞工艺，除以上影响因素外，还有再生气条件(流量、压力、时间及组分)、再生温度及与脱水分子筛的匹配性等。为保证脱汞效果及脱汞剂使用寿命，通常需对上游来气进行预处理，合理设计脱汞塔。此外，对于可再生吸附脱汞工艺，还需结合脱汞剂与脱水分子筛的性能特点、再生气来源及去向合理设计脱汞塔，确定再生气流量、再生温度等关键参数。

1) 原料气的组成

(1) 汞含量。

原料气中汞含量越高，脱汞剂的用量越大。化学吸附的脱汞深度受原料气汞含量影响不大。

(2) 游离液体。

通常情况下，若原料气携带的游离水、游离液烃、化学剂等进入脱汞塔内，会导致脱汞剂孔隙被堵塞甚至结构被破坏，导致吸附能力降低，影响脱汞效果。一般要求原料气游离水含量小于 15mg/m^3，液态烃含量小于 2.5mg/m^3。因此，原料气为湿气工况时，脱汞塔之前需设置重力分离器和聚结过滤器，将游离液体除去，确保脱汞剂的使用效果和使用寿命。

(3) 固体颗粒。

天然气中的固体颗粒进入脱汞装置后将附着在脱汞剂上，堵塞脱汞剂孔隙，影响使用效果和使用寿命，应保证原料天然气固体颗粒含量低于 10mg/m^3，通常需在脱汞塔前考虑预处理设施。

2) 进料气温度影响

进料气温度宜控制在 20～60℃范围内，温度过高不利于化学反应的进行，温度过低可能生成水合物。湿气条件下，工作温度一般比水合物形成温度高 5℃以上。

3) 压力影响

压力对脱汞剂的脱汞性能有一定影响，压力越高，单位体积天然气的汞含量越高，传质推动力越大，脱汞效果越好。操作过程中，压力波动太大会对脱汞剂产生较大冲击，造成脱汞剂之间相互摩擦，当摩擦力高于脱汞剂强度时，可能造成脱汞剂粉化，影响使用效果。因此，应控制脱汞塔压差变化不超过 0.3MPa/min，脱汞塔前后压降宜≤55kPa，最高不超过 100kPa。

4) 再生气条件

对于可再生吸附脱汞工艺，脱汞剂是否在操作周期内完全再生，将直接影响脱汞效果，而脱汞剂再生效率与再生气条件息息相关。通常，再生气流量越大，再生效率越高；再生气压力越低，再生效率越高。再生气流量的确定需综合考虑再生时间，热损失，脱汞塔钢材、脱汞剂等的吸附热，水、烃、汞的脱附热等因素，保证再生时间内脱汞剂床层再生完全并具备切换至吸附脱汞的条件。一个操作周期通常包括吸附时间、再生时间及冷却时间，再生时间通常需结合吸附塔的设置个数、工艺流程及吸附时间、冷却时间综合确定。通常，操作周期可按照 16h、20h、24h 或 48h 确定。

再生气通常选用天然气作气源，由于钢材对天然气中汞具有一定吸附作用，若再生气选用含汞天然气，当切换至吸附操作时可能会导致可再生吸附脱汞工艺达不到深度脱汞要求(汞浓度<0.01μg/m^3)；若选用脱水后干气作再生气，再生效果好，则能满足深度脱汞要求。

5) 再生温度

对于可再生吸附脱汞工艺，再生温度越高，再生效果越好，但温度过高，可能破坏脱汞剂结构，影响脱汞剂寿命及脱汞效果。通常，对于载银分子筛，再生温度宜控制在260～300℃。

6) 与脱水分子筛的匹配性

为保障可再生脱汞剂使用寿命，达到预期的脱汞效果，通常在脱汞前设置分子筛脱水，脱水分子筛可与脱汞剂装填在一个塔，也可分别装填到不同的塔。由于可再生脱汞剂再生温度在 260～300℃，4A 分子筛再生温度大约为 280℃，3A 分子筛再生温度大约为 230℃，若脱水脱汞考虑再生系统共用，则再生温度的选择应保证再生时间内脱水分子筛与可再生脱汞剂再生完全。

4. 脱汞剂选型

不可再生吸附脱汞一般可选用载硫活性炭或载金属硫化物脱汞剂。可再生吸附脱汞一般选用载银分子筛脱汞剂。

4.2.2　低温分离

1. 工作原理

低温分离脱汞工艺是指含汞天然气通过制冷方式降低温度，天然气中的汞处于过饱和状态而析出进入液相，然后通过分离的方式实现天然气脱汞。采用稳态流模拟软件 VMGSim 对不同压力和温度下的饱和汞浓度进行模拟，结果如表 4.4 所示。由表 4.4 可以看出，压力越高，天然气中的饱和汞浓度越低；温度越低，天然气中的饱和汞浓度越低。因此，通过降低温度，可以实现大部分天然气中的汞在低温分离器中被脱除。

表 4.4　采用 VMGSim 软件对不同压力和温度下的饱和汞浓度模拟结果

压力/MPa	温度/℃	饱和汞浓度/(μg/m^3)
0.1	−20	200
	−10	520
	0	1280
	20	7290
	50	74460
1	−20	40
	−10	100
	0	240
	20	1380
	50	14010
6	−20	10
	−10	20
	0	60
	20	320
	50	3070

续表

压力/MPa	温度/℃	饱和汞浓度/(μg/m³)
12	−20	10
	−10	20
	0	40
	20	210
	50	1900

注：表中压力为表压。

2. 工艺流程

低温分离脱汞工艺装置主要包括天然气预冷、制冷系统及低温分离等设备。工艺流程如图 4.11 所示，含汞原料气经原料气预冷器预冷后进入制冷系统，冷却至工艺要求的温度进入低温分离器中，实现天然气与含汞凝液的分离，分离后的低温干天然气与原料气换热器换热后去下游装置。在原料气预冷器处设置水合物抑制剂注入设施，抑制剂通常选用乙二醇溶液，制冷系统可以选择 J-T 阀节流制冷、丙烷制冷、膨胀机制冷等工艺。低温分离脱汞工艺通常与天然气脱水脱烃工艺同时考虑，因此从低温分离器中分离出的凝液组分复杂，包括轻烃、乙二醇、水、汞等。随着液态醇烃的进一步处理，汞将进入到凝析油、污水、闪蒸气、乙二醇再生塔顶气等介质中，造成汞的扩散，需进行二次脱汞处理。

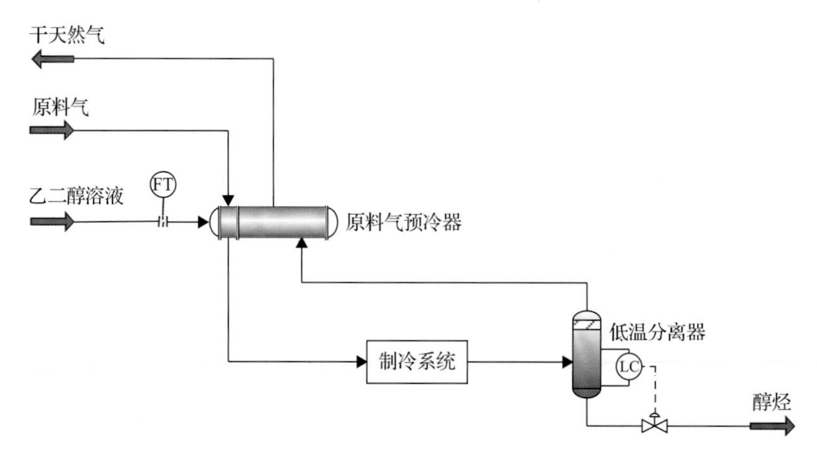

图 4.11　低温分离脱汞工艺流程

3. 影响因素

影响低温分离脱汞工艺的因素主要有：原料气汞含量、乙二醇溶液注入量、制冷温度、压力等参数[8,9]。

1) 原料气汞含量

由于一定的温度、压力条件下天然气具有固定的饱和汞浓度。因此，保持低温分离条件不变，当原料气中汞含量高于低温分离条件下的饱和汞浓度时，大量汞将会在低温分离时脱除；原料气汞含量越高，低温分离工艺对天然气中汞的脱除率越高。

2) 乙二醇溶液注入量

在低温分离脱水脱烃工艺中，通常需注入乙二醇溶液以防止低温下形成天然气水合物堵塞设备和管线。采用 VMGSim 软件对不同乙二醇溶液注入量下的天然气脱汞率进行模拟计算，结果如图 4.12 所示。根据软件模拟结果，提高乙二醇注入量可以增大天然气中汞的脱除率。在原料气规模为 $500\times10^4m^3/d$ 条件下，乙二醇注入量为 0.5t/h 时，天然气脱汞率约 66%，随乙二醇溶液注入量的增加，天然气脱汞率迅速增大，当乙二醇溶液注入量为 1.5t/h，天然气脱汞率达 90%。

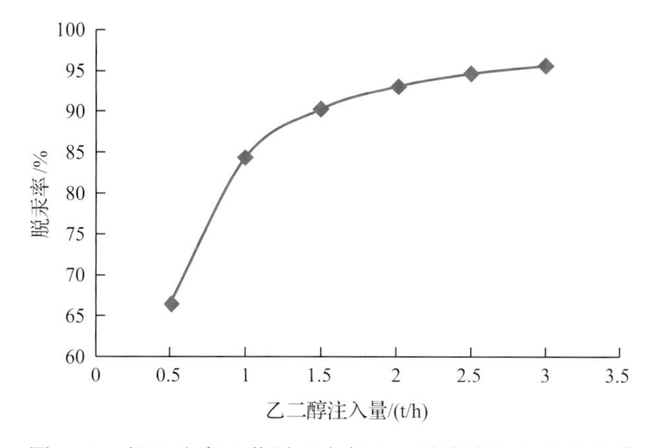

图 4.12　低温分离工艺脱汞率与乙二醇溶液注入量的关系

3) 制冷温度

根据表 4.4 中 VMGSim 软件模拟结果，相同压力条件下，温度越低，天然气饱和汞浓度越低，低温分离工艺对天然气中汞的脱除率越高。因此，为满足产品气汞含量要求，可通过控制低温分离器工作温度来实现。

4) 压力

根据表 4.4 中 VMGSim 软件模拟结果，相同温度条件下，压力越高，天然气饱和汞浓度越低，低温分离工艺对天然气中汞的脱除率越高。因此，为满足产品气汞含量要求，可通过适当提高低温分离器工作压力来提高脱汞率。

4.3　脱汞设备

对于不可再生脱汞工艺，主要工艺设备有聚结过滤器、脱汞塔和粉尘过滤器；对于可再生脱汞工艺，主要工艺设备有脱汞塔、粉尘过滤器、聚结过滤器、再生气加热器、再生气冷却器、再生气分离器、再生气压缩机等。

1. 脱汞塔

脱汞塔的设计需考虑脱汞剂用量、脱汞塔直径、床层高度、材质选择及塔结构。

1）脱汞剂用量

脱汞剂用量主要由脱汞前后天然气中的汞含量和脱汞剂的吸附容量及吸附时间确定，随着脱汞剂吸附时间的变化，天然气中汞含量也会发生变化，为简化计算，原料气含汞量通常按照全脱除考虑。

对于不可再生脱汞工艺，脱汞剂用量可通过式(4.2)进行计算得到。

$$V=C\times10^{-9}\times Q\times10^{4}\times T_{a}\times333/(\eta\times\rho) \quad (4.2)$$

对于可再生脱汞工艺，脱汞剂用量可通过式(4.3)计算得到。

$$V=C\times10^{-9}\times Q\times10^{4}\times T_{b}/(24\times\eta\times\rho) \quad (4.3)$$

式(4.2)和式(4.3)中，V 为脱汞剂用量，m^3；C 为天然气汞含量，$\mu g/m^3$；Q 为天然气处理量，$10^4m^3/d$(20℃，101.325kPa)；T_a 为脱汞剂更换周期，年；η 为脱汞剂动态吸附能力(汞容)，kg 汞/kg 脱汞剂；ρ 为脱汞剂堆密度，kg/m^3；T_b 为工作周期内脱汞剂吸附时间，h。

脱汞剂更换周期需结合脱汞剂的寿命及更换成本综合确定。脱汞剂载体使用时间过长容易导致脱汞剂粉化甚至失效，其工作寿命通常为 3～5 年，吸附剂的更换通常需委托具有相关汞处理资质的企业进行。因此，对于进脱汞塔天然气中杂质较少、工作条件平稳的情况下，脱汞剂更换周期通常按 5 年设计；对于进脱汞塔天然气中杂质较多或工作条件波动较大的情况下，脱汞剂更换周期通常按 3 年设计。

脱汞剂动态吸附能力和脱汞剂密度与不同厂家生产的脱汞剂性能密切相关。因此，在天然气汞含量、处理量、脱汞剂更换周期确定的情况下，需根据不同厂商提供的脱汞剂技术参数进行计算，以确定脱汞剂用量及脱汞塔尺寸。

对于可再生脱汞剂，脱汞剂用量除了与天然气汞含量、处理量、脱汞剂性能有关外，还与脱汞塔再生切换时间密切相关。当脱水分子筛和脱汞剂共塔时，也要考虑脱水塔切换周期。

2）脱汞塔直径

脱汞塔的直径主要由空塔气速和气体流量确定，塔径可参考《天然气脱水设计规范》(SY/T 0076—2008)分子筛脱水塔塔径计算式(4.4)进行计算。

$$D=[Q_1/(\upsilon_1\times60\times0.785)]^{0.5} \quad (4.4)$$

式中，D 为塔的直径，m；Q_1 为操作工况下气体体积流量，m^3/h；υ_1 为允许空塔气速，m/min。

对于工作压力 10～20MPa 工况，允许空塔气速宜小于 7m/min；工作压力 5～10MPa 工况，允许空塔气速宜小于 10m/min；工作压力小于 5MPa 工况，允许空塔气速宜小于 15m/min。

3）脱汞剂床层高度

汞的脱除原理是汞与脱汞剂进行了化学反应，而化学反应需要一定的时间保证，因制造工艺水平的不同，各制造厂生产的脱汞剂性能存在一定的差异，化学反应时间稍有差异，根据大量的工程实际应用情况，对于化学吸附脱汞接触时间通常按照不低于 5～

7s 进行设计。

脱汞塔高径比宜设计为 2.0～4.0。此比值小于 2.0 时，传质区长度相对较短，会导致塔内脱汞剂有效汞容量降低；此比值大于 4.0，则会导致压降(ΔP)过大，吸附时气体通过床层的压降宜≤35kPa。

4) 材质选择

汞对铝基材料有腐蚀影响，但对常用的碳钢、不锈钢，如 Q345R、316L 等材质几乎无腐蚀性影响，因此，脱汞塔通常选用 Q345R 等碳钢材质。

5) 塔结构

参考分子筛脱水塔结构设计及实际应用，脱汞塔结构示意图如图 4.13 所示，脱汞塔底部采用栅板支撑床层，自栅板往上依次铺设金属丝网、惰性大瓷球和惰性小瓷球，小瓷球上装填脱汞剂，床层上面采用金属丝网和大瓷球覆盖。上部进料口设置人孔及进料分布器，靠近脱汞剂床层底部在脱汞塔侧面设置人孔。其中，瓷球宜选用高强度惰性瓷球，大瓷球通常选用 Φ20mm，小瓷球通常选用 Φ6mm，瓷球装填高度宜采用：床层上部大瓷球为 Φ200mm，床层下部小瓷球为 Φ150mm，大瓷球为 Φ150mm。人孔应根据脱汞塔筒体直径和高度设置，保证脱汞剂装卸方便，确保床层装填水平。底部支撑结构应有利于气流均匀分布和更换脱汞剂。

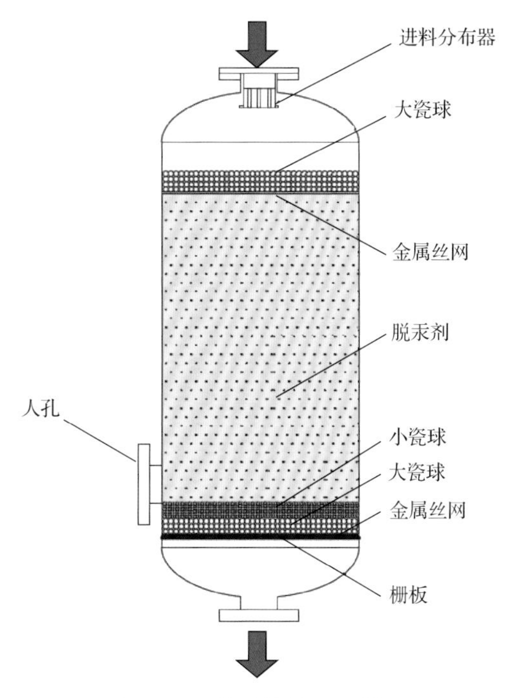

图 4.13　脱汞塔结构示意图

2. 粉尘过滤器

由于实际操作运行过程中存在压力波动，脱汞塔内可能产生脱汞剂粉尘。为捕集天然气经脱汞剂床层夹带的少量固体颗粒、粉尘，避免对下游设备造成影响，通常需要在脱汞塔下游设置粉尘过滤器。粉尘过滤器可选用卧式或立式结构，内部装有过滤粉尘用的高效滤芯，过滤精度为：直径为 3μm 以上固体颗粒的分离效率达到 100%，0.3～3μm 固体颗粒的分离效率达 99%。

3. 聚结过滤器

为避免天然气携带的游离水、游离液烃、固体颗粒等进入脱汞塔后附着在脱汞剂上，堵塞脱汞剂孔道，影响使用效果和使用寿命，对于湿气脱汞工艺，通常在脱汞塔前设置聚结过滤器，一般要求原料气中的游离水、游离液烃、固体颗粒的含量越低越好。

聚结过滤器可选用卧式或立式结构，内部安装高效聚结滤芯，能使原料天然气中直径在 1μm 以上的微小液滴在通过滤芯的过程中聚结成大的液滴并从天然气中分离出来，同时使天然气中粒径在 1μm 以上的固体颗粒物得到滤除。过滤精度为：直径为 1μm 以上的粉尘和液滴，分离效率达到 99%。

4. 再生气加热器

由于载银分子筛再生温度通常在 260～300℃，因此需要对再生气进行加热。加热器形式一般可以采用立式圆筒炉、导热油加热器或电加热器等加热设备。

立式圆筒炉由燃烧器及点火控制系统、炉膛、炉管、烟囱等部件组成，结构相对简单、可靠性较高，立式圆筒炉无转动风机、循环泵等自身耗能设备。加热炉形式主要有“纯辐射式”和“辐射+对流式”两种，设备结构对比见图 4.14，其中“辐射+对流式”加热炉热效率高，被广泛采用，主要用于厂内无导热油系统且天然气处理规模在 $100\times10^4m^3/d$ 以上的处理厂。

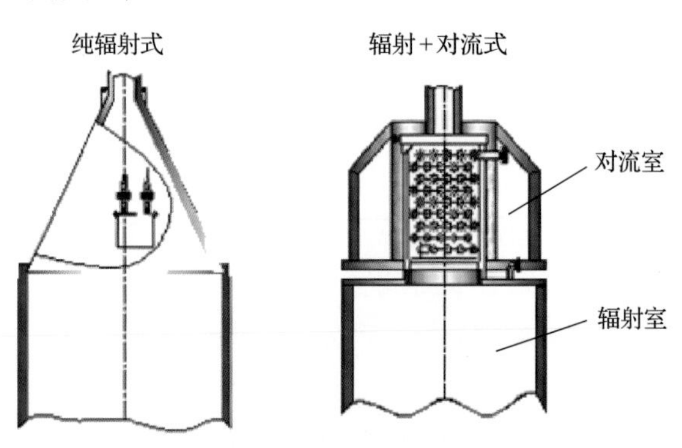

图 4.14　加热炉结构对比图

导热油加热器通常选用管壳式换热器，加热介质为导热油，导热油回油温度应比需要的再生气再生温度高 10℃以上，主要用于厂内设有导热油系统的处理厂。

电加热器通常用于厂内无导热油系统且天然气处理规模较小（$100\times10^4m^3/d$ 以下）的处理厂。

5. 再生气分离器

再生气分离器属气液分离设备，可选用立式，也可选用卧式。为提高分离效率，均应在气体出口处设一层除雾丝网，以除去粒径＞10μm 的雾滴。通常可按沉降分离直径≥100μm 液滴计算分离器尺寸，但在实际过程中多用经验式(4.5)计算出允许的气体质量流率 W，然后由式(4.6)计算出气液重力分离器直径 D。

$$W = C[(\rho_L - \rho_g)\rho_g]^{0.5} \tag{4.5}$$

$$D = \left[\frac{1.27m}{FC}\right]^{0.5} / [(\rho_L - \rho_g)\rho_g]^{0.25} \tag{4.6}$$

式中，W 为气体允许质量流率，$kg/(m^2 \cdot h)$；ρ_L 为操作条件下液相的密度，kg/m^3；ρ_g 为操作条件下气相的密度，kg/m^3；m 为气体质量流量，kg/h；C 为经验常数，m/h；F 为分离器内可供气体流过的面积分率，对于立式分离器，F=1.0。

6. 再生气冷却器

可再生脱汞装置再生气加热分子筛后需进入再生气冷却器进行冷却，再经再生气分离器分离出液态水后出装置。再生气通常通过增压返回原料气中或进一步处理后作燃料气进入下游系统，一般要求温度小于 50℃，因此经再生气冷却器后的温度通常控制在50℃以下。

再生气冷却器通常选用空冷器，空冷器的设计应根据当地气象条件，对管程数、管排数、管排尺寸、翅片管结构尺寸及排列方式、风量等参数进行优化。在压降合理的前提下，尽可能提高传热系数，降低风机电耗量。再生气空冷器多采用两管程的干式空冷器，设置两台风机。

此外，为节约能量，通常可在再生气冷却器前设置一台再生气/冷吹气换热器，以降低再生气加热器和再生气冷却的负荷。

7. 再生气压缩机

对于可再生脱汞工艺，选用原料气作再生气，不使用再生气压缩机；选用脱水脱汞后气体作再生气且再生后的气体需要返回原料气中则需要考虑使用再生气压缩机。从可再生脱汞装置出口气管线上取气作再生气，经加热、再生、冷却、分离等工艺过程后，会有一定压降，再生气压力会比原料气压力低 0.1～0.3MPa。因此，需要设置再生气压缩机将富再生气增压返回至装置进口，再生气压缩机通常选用电驱往复式压缩机。

8. 原料气预冷器

原料气预冷器的主要功能是预冷原料天然气及复热产品气，回收冷量，提高能量的利用率。预冷器一般可选用管壳式换热器、板翅式换热器等。由于板翅式换热器换热效果优于管壳式换热器，而管壳式换热器不易堵塞，便于清洗。因此，对于相对洁净、含机械杂质较少的气质条件，通常选用板翅式换热器；对于机械杂质较多的气质条件，为避免设备堵塞，通常选用管壳式换热器。

9. 低温分离器

低温分离器是低温分离工艺的关键设备，分离器的分离效率直接影响产品气汞含量及水烃露点是否合格，一般要求低温分离器对 1μm 以上液滴的分离效率达到 99.9%以上。分离器的直径与选用的内构件有很大关系，一般采用立式的分离器，如图 4.15 所示，入口设置进料分布器，上部设置气液分离内构件。为尽量避免汞随凝液进入下游系统，通常将凝液出口设置在低温分离器侧面，将汞收集口设置在低温分离器底部。低温分离器设备材质通常选用低温碳钢。

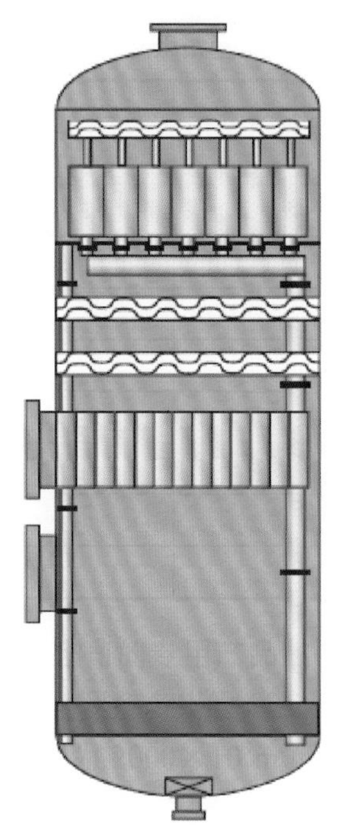

图 4.15　低温分离器结构示意图

4.4　脱汞剂的装填与更换

4.4.1　脱汞剂装填

化学吸附工艺用脱汞剂(包括载硫活性炭、载金属硫化物、载银分子筛等)应选择在晴天装填，避免在潮湿环境下或雨天装填，脱汞剂上负载的有效成分遇空气会发生不可逆的氧化反应，反应后将严重影响脱汞剂的脱汞性能，因此在装填过程中应遵照产品说明，尽量减少脱汞剂与空气接触时间。脱汞剂运抵现场后，应置于干燥的地方，妥善保管，不得受潮，装填时如发现包装已破损，不得装填于塔内，需及时更换。

1. 装填前的准备

(1)将脱汞剂搬运至现场，如不及时装填，就不应打开包装桶盖，并应用帆布盖好，避免受潮。

(2) 备好脱汞剂吊装用的工具(如吊车、运输小车等)。

(3) 备好装料漏斗及长度适当的无底布口袋。

(4) 备好装填人员用于进脱汞塔的工具(软梯、安全吊、木板、安全照明灯等)及劳保用品(防尘眼镜、氧气瓶、靴子、手套、安全帽、毛巾等)。

(5) 对所需装填的脱汞塔进行彻底检查，其底部花板筛网必须铺设完好，并除去一切异物。

2. 装填过程

(1) 在脱汞剂装填前应对脱汞塔通氮气或其他惰性气体(氧含量低于 0.1%)，将塔中的空气置换干净，装填全过程中也需通氮气或其他惰性气体对脱汞剂进行保护(不同厂家生产的脱汞剂性能不同，经过钝化处理的脱汞剂允许在空气中装填)。

(2) 脱汞剂通过专用漏斗及其下部的无底布袋倒入脱汞塔内，保证脱汞剂下落高度不超过 1m。

(3) 在装填过程中要求脱汞剂均匀平整，勿在脱汞剂上直接踩踏。

(4) 脱汞剂装填时要求塔底和塔顶均填装一定量的瓷球。由于脱汞剂外观为球状，颗粒直径较小，塔底装填瓷球后应放置适当大小的滤网，以防止脱汞剂沿塔壁和滤网空隙下滑。

当装填至脱汞塔顶时，应设法将脱汞剂捣实，装上滤网，清除上面的脱汞剂颗粒，再填充一定量的瓷球，将脱汞剂压实后方可盖上法兰盖。

(5) 装填好的脱汞剂可能含有约 3%的水，若下游有低温设备(如液化天然气生产设备)，需要在装填后持续通入(氧含量低于 0.1%)氮气或其他惰性气体对脱汞剂进行干燥，直至出口气水含量满足后续工艺要求。

(6) 装填完成后，装置在微正压下进行氮封保护，直到开车。

(7) 核对装填数量，填写装填记录。

3. 装填注意事项

脱汞剂在打开、装运过程中会产生很多粉尘，这些粉尘及脱汞剂本身均会刺激人的眼睛、鼻子、喉咙和皮肤，脱汞剂在装填过程中可能需隔绝空气，因此填装人员必须注意以下事项。

(1) 打开容器盖要缓慢，不要扬起灰尘，接触桶内脱汞剂要小心。

(2) 因脱汞塔中充满氮气或其他惰性气体，进入塔中的装填人员要佩戴氧气面罩，防止缺氧窒息和粉尘吸入。

(3) 粉尘不能进入眼睛，必要时要带防护镜。

(4) 当皮肤有可能长时间接触脱汞剂时，应戴上手套。

(5) 不能将脱汞剂放入口中，绝不能将水倒入脱汞剂中。

(6) 因不同厂家生产的脱汞剂性能不同，装填时应严格按照脱汞剂装填说明及要求进行，避免发生意外。

(7) 当眼睛内含有粉尘时，用足够的水冲洗(眼睛睁开) 15min。

4.4.2 脱汞剂更换

失去脱汞活性的脱汞剂需要进行更换，更换之前先用氮气吹扫 2～5h，以尽可能排除掉附着在设备壁、气体分布器、瓷球等上的汞，吹扫后即可直接从脱汞塔内取出，卸载时人员应注意人身防护。目前，卸载后的脱汞剂一般交由具有汞处理资质的企业进行回收处理。

4.5 脱汞技术工程应用实例

4.5.1 干气不可再生脱汞

1. 工艺流程简介

某凝析油气田原料气汞含量约 1200μg/m^3，压力 12MPa，温度约 55℃，不含 H_2S，CO_2 含量约 0.5%。为满足工作压力下产品气水露点≤–5℃、烃露点≤0℃、汞含量小于 28μg/m^3 的质量要求，天然气处理厂设置单列规模约 1000×10^{4}m^3/d 天然气处理装置 3 列，规模为 50t/d 凝析油处理装置 1 套，规模为 800m^3/d 污水处理装置 1 套。天然气处理工艺采用 J-T 阀节流制冷脱水脱烃工艺，注乙二醇溶液进行防冻，凝析油处理采用加热闪蒸工艺。总工艺流程如图 4.16 所示。

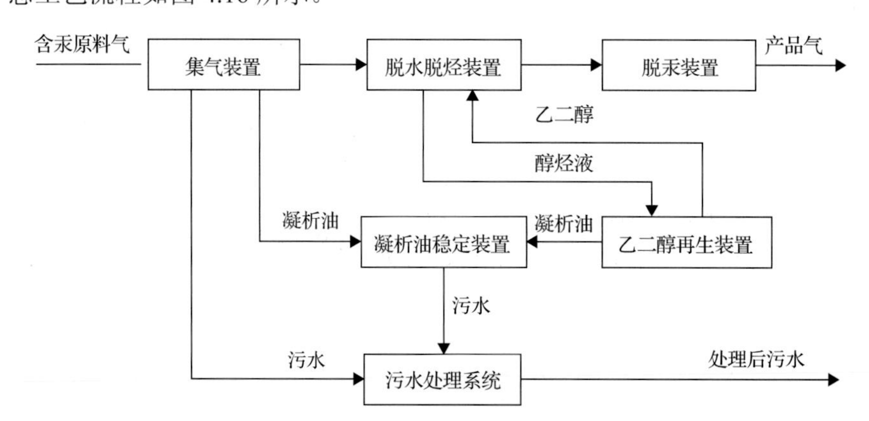

图 4.16 采用干气脱汞工艺的某含汞处理厂总工艺流程图

进厂原料天然气经集气装置生产分离器分离后，含汞含烃含水原料气依次经脱水脱烃装置、脱汞装置处理后作产品气外输；集气装置生产分离器底部产生的凝析油及脱水脱烃装置分离得到的烃液进入凝析油稳定装置处理，集气装置及凝析油稳定装置产生的气田水进行污水处理装置处理，处理后的气田水回注地层。

2. 脱汞工艺设计

对于原料天然气中的汞，采用 J-T 阀低温分离+化学吸附组合工艺脱除；对于凝析油处理装置及乙二醇再生装置闪蒸气中的汞，设置化学吸附工艺脱除；对于污水处理装置中的汞，设置“絮凝+气浮+过滤+吸附”工艺脱除；对于凝析油中的汞，在下游炼厂进行脱除。

为满足产品气汞含量指标要求，在脱水脱烃装置后设置干气脱汞装置。干气脱汞工艺流程如图4.17所示，设置2台脱汞塔，并联使用，其中一个塔吸附饱和后，更换至另一个塔继续运行，脱汞剂选用载金属硫化物脱汞剂，更换周期按3年设计。

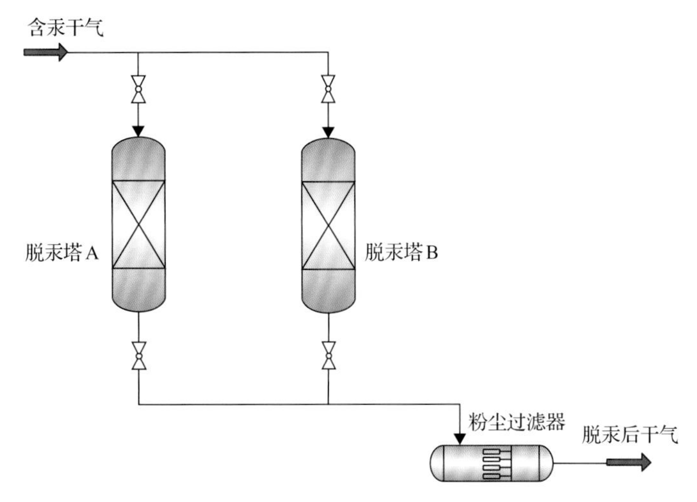

图4.17　干气脱汞两塔工艺流程图

为保护操作人员健康，满足《大气污染物综合排放标准》(GB 16297—1996)含汞尾气排放指标要求，对进入燃料气系统的闪蒸气及排入火炬系统的乙二醇再生废气进行脱汞。脱汞工艺如图4.18所示，闪蒸气经冷却分离后从脱汞罐底部进入罐内发生化学反应脱汞。脱汞剂选用载金属硫化物脱汞剂，更换周期按5年设计。

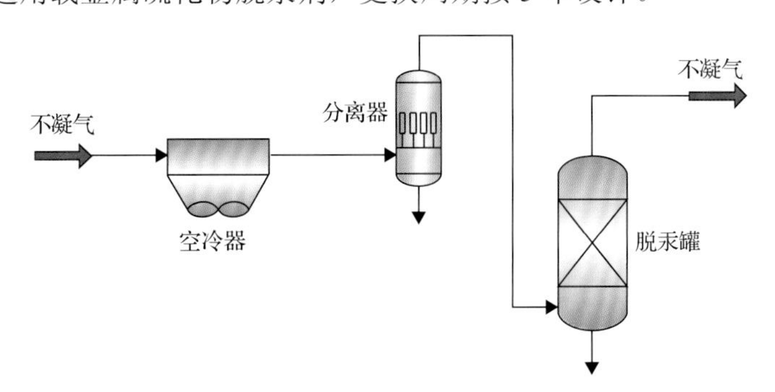

图4.18　闪蒸气脱汞工艺流程

3. 脱汞效果

该处理厂实际投运后，原料气中汞含量约600μg/m^3，低温分离温度按−15℃运行，经脱水脱烃后干气中汞浓度约200μg/m^3，经低温分离后，原料气中约67%的汞被冷凝进入液相中。脱汞装置实际运行5年，产品气汞浓度仍小于28μg/m^3，满足外输产品气质量指标。

闪蒸气中的汞含量约 2200μg/m^3，乙二醇再生不凝气中汞含量约 5500μg/m^3，脱汞后气体中汞含量小于 0.5μg/m^3，满足设计要求。

4.5.2 湿气不可再生脱汞

1. 含汞贫气气田

1）工艺流程简介

某气田原料气汞含量约 300μg/m^3，压力 10MPa，温度约 40℃，不含 H_2S，CO_2 含量约 0.7%。为满足工作压力下产品气水露点≤–5℃、烃露点≤0℃、汞含量小于 28μg/m^3 的质量要求，天然气处理厂设置单列规模约 500×10^{4}m^3/d 天然气处理装置 4 列。天然气处理工艺采用 TEG 脱水工艺，总工艺流程如图 4.19 所示。

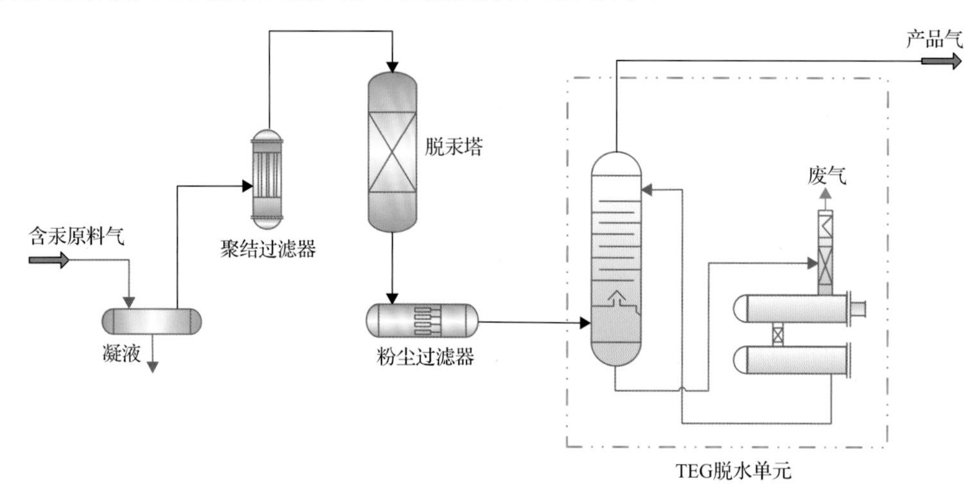

图 4.19 采用湿气脱汞工艺的某含汞处理厂总工艺流程图

进厂原料天然气经集气装置生产分离器分离后，通过聚结过滤器除去绝大部分游离液体，然后自顶部进入脱汞塔脱汞，经粉尘过滤器过滤后进入 TEG 脱水装置，脱水后干气外输。

2）脱汞工艺设计

对于原料天然气中的汞，采用湿气不可再生化学吸附脱汞工艺脱除，设置单塔流程。脱汞剂选用载金属硫化物脱汞剂，更换周期按 3 年设计。

3）脱汞效果

该处理厂实际投运后，原料气中汞含量约 130μg/m^3，脱汞后天然气中汞浓度小于 0.5μg/m^3。脱汞装置实际运行 5 年，产品气汞浓度达到 28μg/m^3，更换脱汞剂。

2. 凝析气气田

1）工艺流程简介

某凝析油气田原料气汞含量约 120μg/m^3，压力 7.0～7.5MPa，温度约 30℃，不含 H_2S，

CO_2 含量约 0.3%。为满足工作压力下产品气水露点≤−5℃、烃露点≤0℃、汞含量小于 28μg/m^3 的质量要求，天然气处理厂设置单列规模约 150×10^4m^3/d 天然气处理装置 2 列，规模为 500t/d 凝析油处理装置 1 套。天然气处理工艺采用 J-T 阀节流制冷脱水脱烃工艺，注乙二醇溶液进行防冻，凝析油处理采用加热闪蒸+加热稳定工艺。总工艺流程如图 4.20 所示。

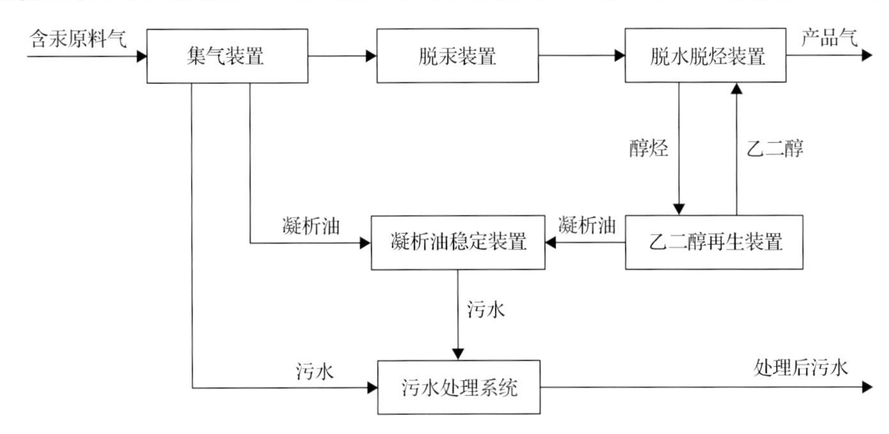

图 4.20 采用湿气脱汞工艺的某含汞处理厂总工艺流程图

进厂原料天然气经集气装置生产分离器分离后，含汞含烃含水原料气依次经脱汞装置、脱水脱烃装置处理后作产品气外输；集气装置生产分离器底部产生的凝析油及脱水脱烃装置分离得到的烃液进入凝析油稳定装置处理，集气装置及凝析油稳定装置产生的气田水进行污水处理装置处理，处理后的气田水回注地层。

2) 脱汞工艺设计

采用化学吸附法湿气脱汞工艺脱除天然气中的汞，在脱水脱烃装置上游设置脱汞装置对集气装置来的原料天然气进行脱汞处理，主要设备包括聚结过滤器、脱汞塔和粉尘过滤器。脱汞装置设置在生产分离器出口，采用双塔流程化学反应吸附法脱除天然气中的汞。工艺流程如图 4.8 所示，原料气经重力分离器和聚结过滤器分离出游离液体后从塔顶进入脱汞塔 A 或脱汞塔 B 内进行吸附脱汞，脱汞后净化气经粉尘过滤器除去天然气中可能夹带的少量脱汞剂粉尘后去下游装置。

进厂原料气汞含量约 120μg/m^3，脱汞剂为载金属硫化物，单塔设计更换周期为 2 年，脱汞设施主要设计参数见表 4.5。

表 4.5 脱汞设施主要设计参数表

参数	设计值
处理规模/(10^4m^3/d)	150
操作压力/MPa	7.0～7.5
操作温度/℃	25～30
脱汞塔直径/m	1.6
脱汞剂装填高度/m	3.2
床层高径比	2.0
空塔流速/(m/s)	0.17

脱汞塔设置两台，按可串可并方式设计流程，串联运行脱汞剂更换周期见表4.6。

表4.6　双塔流程串联运行时序及脱汞剂更换周期表

名称	第1～4年	第4年末	第5～6年	第6年末	第7～8年	第8年末
A塔	前置	更换脱汞剂	后置	不更换	前置	更换脱汞剂
B塔	后置	不更换	前置	更换脱汞剂	后置	不更换

投运之前，A、B两台脱汞塔进行初次装填，假设按照A塔前置、B塔后置运行方式，第4年末A塔达到了饱和吸附，此时更换A塔吸附剂，将B塔调整为前置，A塔调整为后置，运行2年后(第6年)更换B塔吸附剂，将A塔调整为前置，B塔调整为后置，运行2年后，更换B塔吸附剂，如此交替往复运行。在实际运行时，根据净化气中汞含量监测结果确定吸附剂更换时间。

3)脱汞效果

加装脱汞装置后，原料气、净化气及闪蒸气等介质汞含量数据如表4.7所示，脱汞装置经过三年多的运行，脱汞塔出口天然气汞含量维持在0.005～0.05μg/m^3，脱汞效果明显。同时闪蒸气及乙二醇再生塔顶不凝气中汞含量较低，满足《大气污染物综合排放标准》(GB 16297—1996)含汞尾气排放浓度应小于12μg/m^3的要求。

表4.7　加装脱汞装置后各介质汞含量数据表

采样点		汞含量/(μg/m^3)	采样点		汞含量/(μg/m^3)
脱汞装置	聚结分离器出口	89	乙二醇再生装置	再生塔顶不凝气	0.5
	A脱汞塔出口	0.008～0.048		三相分离器闪蒸气	1.1
	B脱汞塔出口	0.006～0.035			

3. 高含CO_2气田

1)工艺流程简介

某高含CO_2气田原料气汞含量约1200μg/m^3，压力6～10MPa，温度10～40℃，不含H_2S，CO_2含量约23%。为满足工作压力下产品气水露点≤–5℃、CO_2含量≤3%、汞含量小于28μg/m^3的质量要求，天然气处理厂设置单列规模约150×10^4m^3/d天然气处理装置1列。天然气处理工艺采用湿气不可再生脱汞、胺法脱碳及TEG脱水工艺，总工艺流程如图4.21所示。

进厂原料天然气经集气装置生产分离器分离后，进入过滤分离器分离掉原料气中可能携带的游离液体和直径大于1.0μm的机械杂质，再经聚结过滤器进一步分离掉原料气中携带的直径大于0.1μm的液滴，通过聚结过滤器除去绝大部分游离液体，然后自顶部进入脱汞塔脱汞，经粉尘过滤器过滤后进入脱碳单元及TEG脱水单元处理，净化后的产品气外输。

2)脱汞工艺设计

对于原料天然气中的汞，采用湿气不可再生化学吸附脱汞工艺脱除，设置单塔流程。脱汞剂选用载金属硫化物脱汞剂，更换周期按3年设计。

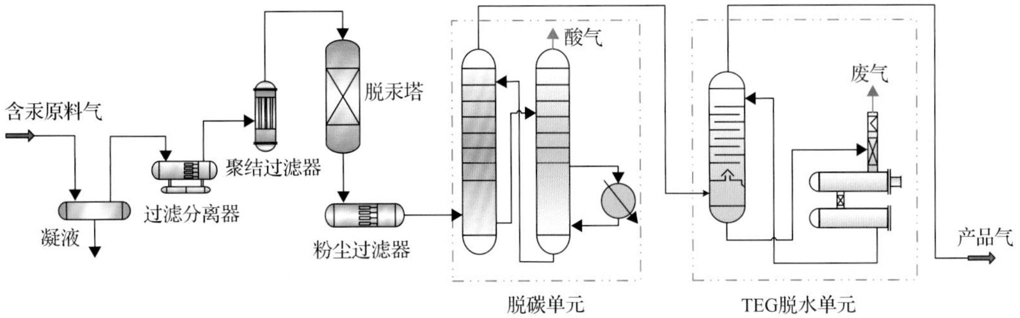

图 4.21　采用湿气脱汞工艺的某高含 CO_2 气田处理厂总工艺流程图

3) 脱汞效果

该处理厂实际投运后，原料气中汞含量约 940μg/m^3，在实际运行 1 年多的时间里，脱汞塔出口气汞浓度一直维持在 0.005～0.05μg/m^3，满足设计要求。

4.5.3　可再生脱汞

在国内，可再生脱汞工艺目前还未在天然气净化处理行业进行大量工业应用。但在塔里木油田大北处理厂于 2018 年 8 月成功投运了 1 套规模为 1×10^{4}m^3/d 的可再生脱汞装置，该装置工艺流程如图 4.22 所示。脱汞塔前设置了脱水塔，原料气经过滤分离后从顶部进入脱水塔，脱水塔底出来的脱水后干气从塔顶进入脱汞塔，脱水脱汞后产品气出

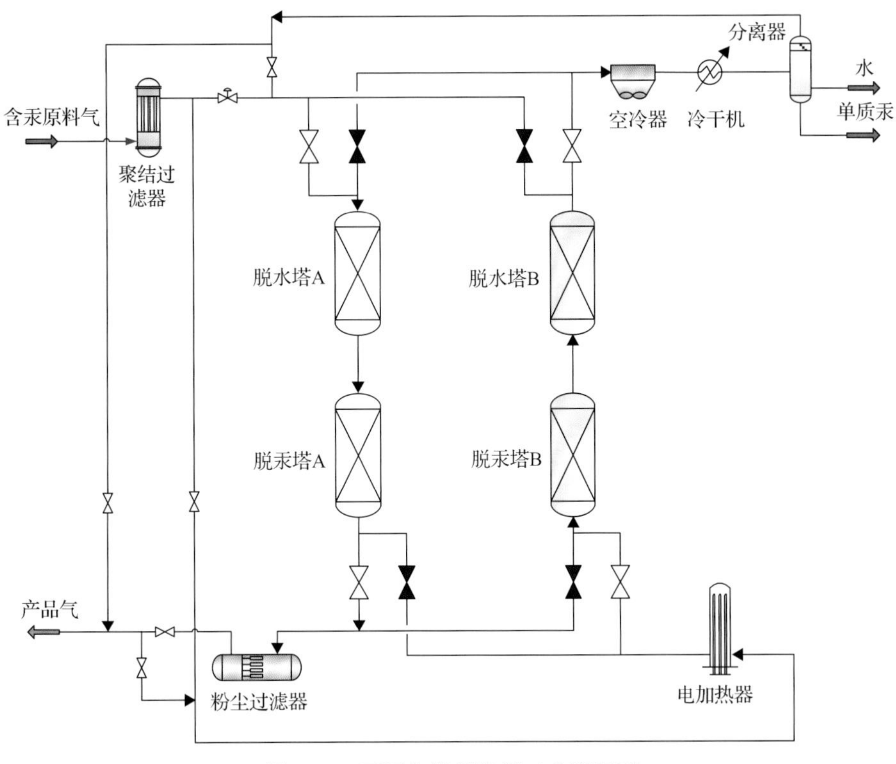

图 4.22　可再生脱汞装置工艺流程图

装置。试验装置设计了原料气再生和产品气再生两种流程，再生气加热器采用电加热器，可将再生气从20℃加热至300℃。通过加热再生，原料气中的汞脱附到再生气中，经空冷和冷干机冷却后大部分析出进入液相，在再生气气液分离器中与再生气分离，富集在分离器底部，实现天然气中汞的脱除、再生和回收。采用脱水脱汞后干气作再生气，再生气经冷却分离后进入净化厂下游产品气管道中；采用脱水脱汞前原料气作再生气，再生气经冷却分离后返回脱水塔入口管线，与原料气混合后进行脱水脱汞处理。

采用干气作再生气时，可再生脱汞装置运行参数见表4.8。可以看出，可再生脱汞工艺成功将原料气中的汞从300μg/m^{3}脱除至0.05μg/m^{3}以下。

表4.8　可再生脱汞试验装置运行参数

工艺条件	参数
原料气流量/(m^3/d)	1.0×10^4
原料气压力/MPa	约10.5
原料气温度/℃	20～25
产品气汞含量/(μg/m^3)	≤0.05
原料气汞含量/(μg/m^3)	300
再生气流量(m^3/d)	0.24×10^4
再生气加热器出口温度/℃	300
再生气空冷器入口气汞含量/(μg/m^3)	2000～12000
再生气分离器出口气汞含量/(μg/m^3)	400～600

在国外，美国Honeywell UOP公司的专用产品HgSIV分子筛有超过25套天然气脱汞装置得到工业化应用。例如，美国科罗拉多州的MeekerⅠ气田与MeekerⅡ气田，于2007年投产运行，气田最初的气体处理量为2000×10^{4}m^3/d，原料气汞含量0.8μg/m^3。该气田采用胺法脱除原料气中的CO_2，用分子筛脱汞剂脱除天然气中的水和汞。在处理气体进入制冷系统前，在脱水装置中放置普通分子筛和载银分子筛，将气体中的水和汞脱除。此外，在再生气系统中，设置吸附脱汞塔，使用不可再生脱汞剂对再生气中的汞进行脱除。分子筛干燥塔的配置：共3个塔，其中2个塔吸附，1个塔再生，每个分子筛干燥器处理约1000×10^{4}m^3/d原料气。MeekerⅠ与MeekerⅡ气田组合脱水脱汞系统工艺流程如图4.23所示，工艺条件如表4.9所示。

表4.9　MeekerⅠ与MeekerⅡ气田脱汞工艺条件

工艺条件	数据
至分子筛干燥器的气体流量/(m^3/d)	2124×10^4
吸附脱汞塔操作压力/MPa	3.0～4.0
吸附脱汞塔操作温度/℃	50
至分子筛干燥器原料气汞含量/(μg/m^3)	≤0.8
分子筛干燥器出来的再生气汞含量/(μg/m^3)	≤2
分子筛干燥器出口天然气汞含量/(μg/m^3)	<0.01

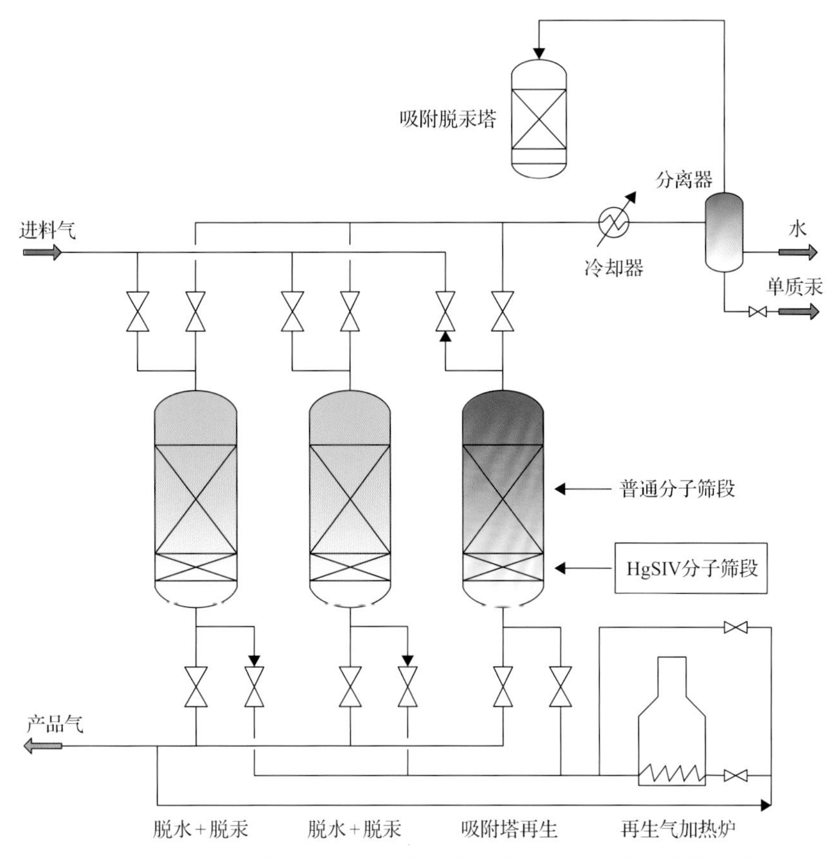

图 4.23　Meeker Ⅰ与 Meeker Ⅱ气田组合脱水脱汞系统工艺流程图

参考文献

[1] 蒋洪, 梁金川, 严启团, 等. 天然气脱汞工艺技术[J]. 石油与天然气化工, 2011, 40(1): 26-31.

[2] 蒋洪, 王阳. 含汞天然气的汞污染控制技术[J]. 石油与天然气化工, 2012, 41(4): 442-444.

[3] Zettlitzer M. Determination of elemental, inorganic and organic mercury in North German gas condensates and formation brines[C]. International Symposium on Oilfield Chemistry, Houston, 1997.

[4] Aly M A E E, Mahgoub I S, Nabawi M H, et al. Mercury monitoring and removal at gas-processing facilities case study of Salam gas plant[J]. SPE Projects Facilities & Construction, 3(01): 1-9.

[5] 夏静森, 王遇东, 王立超. 海南福山油田天然气脱汞技术[J]. 天然气工业, 2007, 27(7): 127-128.

[6] 李明, 付秀勇, 叶帆. 雅克拉集气处理站脱汞工艺流程改造[J]. 石油与天然气化工, 2010, 39(2): 112-114.

[7] 熊光德, 汤晓勇. 天然气脱汞新技术[J]. 天然气与石油, 2011, 29(5): 36-40.

[8] 蒋洪, 刘支强, 严启团, 等. 天然气低温分离工艺中汞的分布模拟[J]. 天然气工业, 2011, 31(3): 80-84.

[9] 王用良, 李海荣, 赵海龙, 等. 天然气 J-T 阀节流制冷工艺脱汞因素探讨[J]. 天然气与石油, 2013, 8(4): 29-32.

第5章　气田采出水脱汞工艺技术

含汞天然气处理过程中，天然气中部分汞转移至水相中，形成含汞气田采出水。目前国内外含汞气田采出水的处置方式主要有外排和回注，由于汞的高毒性和转化迁移特性，含汞气田采出水未经脱汞处理外排或回注存在环保和安全风险。国内气田采出水回注所遵循的规范，暂无针对汞的相关指标要求，但在回注过程中如遇井筒腐蚀破损，含汞气田采出水有污染浅层地下水的风险。并且含汞气田采出水在处理、转输等过程中，工作人员在操作、检修等作业时处于含汞环境，存在人身安全和健康风险。因此，将含汞气田采出水进行脱汞处理，对含汞气田安全环保开发、防止环境污染、保障作业人员安全和职业健康具有重要意义。

5.1　概　　述

国家相关标准对不同水体的含汞限值指标做出了规定，故含汞气田采出水需进行脱汞处理。污水脱汞处理技术方法主要包括化学沉淀法、混凝沉淀法、吸附法、电化学法、离子交换法、膜分离法等，以及各种方法组合应用的联用工艺法，不同方法均有其特点和适用条件，实际应用中常需要根据污水水质条件、总汞浓度、汞形态及处置方式选择不同处理方法，采用联用脱汞工艺并与常规污水处理工艺相结合，成为气田采出水脱汞处理的主导工艺。

5.1.1　限值指标

不同水体中含汞限值指标有相应的规定和要求，工业排水和城市下水道的含汞限值指标见表5.1。

表5.1　工业排水和城市下水道含汞限值指标

类别	限值指标/(μg/L)	标准
工业排水	50	GB 8978—1996《污水综合排放标准》
城市下水道	5	GB/T 31962—2015《污水排入城镇下水道水质标准》

国内气田采出水外排遵循《污水综合排放标准》(GB 8978—1996)，其中，总汞排放限值为 50μg/L。另外，《陆上石油天然气开采工业污染物排放标准》(征求意见稿)中规定了陆上石油天然气开采工业企业及其生产设施水污染物排放限值，企业水污染物排放限值中总汞为50μg/L。

国家日益加强对含汞污染物的处理和治理，各地环评对于回注方式和指标的要求日益严格。结合国内标准对污水总汞限值的要求，本书气田采出水回注处理工艺中总汞指标遵循标准 GB 8978—1996，为 50μg/L。

5.1.2 水质特点

含汞气田采出水中汞形态复杂多样，既有单质汞，又有无机汞和有机汞。单质汞具有高挥发性和难溶性，大部分存在于采出水悬浮固体中。无机汞、有机汞在悬浮态汞和溶解态汞中均有存在，并且大量存在于溶解态汞中。有机汞沸点比单质汞低，具有很强的挥发性和毒性。无机汞在不同条件下可转化为有机汞，如微生物的甲基化作用、高温高压、缺氧条件等[1]。单质汞及汞化合物的特性如表 5.2 所示。

表 5.2 单质汞及汞化合物特性

名称	分子式	存在状态（常温常压下）	挥发性	溶解度（25℃）
单质汞	Hg^0	液态	沸点 357℃	50μg/L
二氯化汞	$HgCl_2$	固态	沸点 302℃	70g/L
硫酸汞	$HgSO_4$	固态	分解点 300℃	0.03g/L
氧化汞	HgO	固态	分解点 500℃	0.05g/L
硫化汞	HgS	固态	分解点 560℃	$-\lg K_{sp}$=53
硒化汞	HgSe	固态	分解点 800℃	$-\lg K_{sp}$=100
二甲基汞	$(CH_3)_2Hg$	液态	沸点 92℃	＜1mg/L
二乙基汞	$(C_2H_5)_2Hg$	液态	沸点 170℃	＜1mg/L

注：K_{sp} 指溶度积。

我国含汞气田分布广泛，地质条件复杂，含汞气田采出水中总汞、氯离子、化学需氧量（COD）等指标存在较大差异。通过对国内多个含汞气田采出水进行取样分析，总结出含汞气田采出水基本特征表现为以下几个方面。

（1）总汞含量波动范围大，部分采出水中烷基汞有检出。

（2）汞形态复杂多样，溶解态汞占比高。含汞气田采出水中溶解态汞主要为无机汞。

（3）部分采出水中氯离子含量和矿化度较高，某些采出水中氯离子接近 100000mg/L。水中高盐环境易对脱汞处理过程造成干扰，不利于汞的脱除。同时，水中电导率增大，腐蚀性增强。

（4）在高氯离子环境下采出水中的汞主要以配合物形式存在。各种金属离子与氯离子形成的配合物中，汞氯配合物稳定常数很高，仅次于铊氯配合物，且三氯化汞和四氯化汞在汞氯配合物中的稳定常数最高[2,3]。常规的脱汞处理工艺难达到很好的效果，含汞气田采出水进行处理应充分考虑将络合态汞断链和脱稳。

（5）含有大量的成垢离子。采出水中一般含有 SO_4^{2-}、CO_3^{2-}和 Ca^{2+}、Mg^{2+}、Ba^{2+}等易结垢的离子，这些离子的存在是造成采出水处理系统易结垢的基本因素，影响脱汞效率。

（6）酸碱性随气田不同有所差异。采出水的 pH 普遍低于 7，多数为酸性，个别为弱碱性。部分脱汞工艺需考虑酸碱度的调节。

（7）普遍含油，为避免油类对脱汞剂的影响，需考虑除油。

（8）悬浮固体含量波动较大。为避免悬浮固体对脱汞效率的影响，需考虑去除悬浮固体。

（9）COD 浓度较高，属于高浓度有机污水。选择采出水脱汞处理工艺和脱汞药剂时应考虑 COD 的影响。

表 5.3 列举了我国某两个含汞气田的采出水水质分析数据。

表 5.3　含汞气田采出水水质表

参数	气田 1	气田 2
总汞/(μg/L)	400～3000(10000*)	100～3500
无机汞/(μg/L)	15～2950	95～3400
有机汞/(μg/L)	0.02～0.07	0.07～1.1
悬浮汞/(μg/L)	5～45	2～30
悬浮固体含量/(mg/L)	30～500	40～200
含油量/(mg/L)	10～80	10～50
悬浮物颗粒直径中值/(μm)	0.36	2～30
pH	5.4～6.0	7.0～9.0
氯离子/(mg/L)	5000～85000	20～2000
COD/(mg/L)	1200～9000	50～7000
电导率(μS/cm)	304000	7000～8500
总硬度/(mg/L)	16600	5～1200
总碱度/(mg/L)	88	300～4000
镁/(mg/L)	550	2～150
钙/(mg/L)	5500	0.1～10
钠/(mg/L)	56750	2600
锰/(mg/L)	3.5	0.15
铜/(mg/L)	<0.1	<0.1
铁/(mg/L)	<0.1	1.5
锌/(mg/L)	10.5	<0.05

*为最高总汞含量。

5.1.3　技术方法

国内外污水脱汞工艺技术主要包括化学沉淀法、混凝沉淀法、吸附法、电化学法、离子交换法、膜分离法等[4-10]，以及各种方法组合应用的联用工艺。

1. 化学沉淀法

化学沉淀法是目前国内外应用较普遍的一种脱汞处理方法，可用于污水中不同浓度、不同形态汞及汞化合物的脱除。国内氯碱、燃煤等高含汞行业多采用化学沉淀法配合其他工艺进行污水脱汞处理，应用较多的是硫化物沉淀法。

1) 方法原理

化学沉淀法主要采用硫化物沉淀法，在弱碱性条件下 S^{2-}与 Hg^{2+}/Hg^{+}之间有较强的亲和力，可生成溶度积极小的硫化汞沉淀物，再通过固液分离从而实现污水的脱汞处理。硫化物沉淀脱汞技术包括金属硫化物或硫醇工艺流程两种，该技术可有效地脱除含汞污水中无机汞离子和有机汞离子，适用于汞离子含量高的污水脱汞。反应如式(5.1)所示。

$$Hg^{2+}+S^{2-} \longrightarrow HgS\downarrow \tag{5.1}$$

2)工艺特点

化学沉淀法适用范围广、脱汞效率高、处理能力强，通常与 pH 的调整、絮凝、固液分离(如重力沉降、过滤)或浮选等辅助分离过程相结合，其脱汞效果更佳。化学沉淀法在实际应用中需采用过量硫化物，而硫化物过量较多时会形成可溶性汞硫配合物，存在过量程度硫化物的监测较困难和处理后出水的残余药剂产生二次污染等问题。同时，过量的硫化剂不仅增加了处理成本，而且该方法产生的硫化汞极细，不易去除，需要通过絮凝法进行沉淀，既延长了处理的流程，又增加了处理的费用。

3)适用条件

化学沉淀法以脱除污水中的离子汞为主，主要用于高浓度复杂含汞污水前端脱汞处理，工程应用中常配合其他工艺进行使用。

2. 混凝沉淀法

1)方法原理

混凝沉淀法是通过在污水中投入絮凝剂，在静电力、范德瓦耳斯力和氢键的作用下，使污水中的悬浮颗粒和胶体絮凝，通过吸附、捕集和网卷包裹等作用吸附水中各类型的汞，形成较大的悬浮颗粒，再通过固液分离实现污水中汞的脱除。

目前国内外常用于污水脱汞的絮凝剂可分为无机絮凝剂和有机高分子絮凝剂。其中无机絮凝剂又包括无机低分子絮凝剂和无机高分子絮凝剂。无机低分子絮凝剂主要为铁系和铝系制剂，如硫酸铝钾(明矾)、氯化铝、硫代硫酸铁、氯化铁等；无机高分子絮凝剂则包括聚合氯化铝(PAC)、聚合氯化铁(PFC)、聚合硫酸铁(PFS)、聚氯硫酸铁(PFCS)和聚合氯化铝铁(PAFC)；有机高分子絮凝剂主要指聚丙烯酰胺(PAM)，包括阳离子型、阴离子型、非离子型、两性离子型。

2)工艺特点

混凝沉淀法主要通过生成絮体的网捕、架桥吸附及电中和等作用进行脱汞，其絮凝脱汞效果主要取决于水质、絮凝剂的类别和反应条件。该处理方法成熟、易于实现、操作简单，但处理效果受絮凝剂本身性质(如聚合物分子量、相对活性等)、水质特性及使用操作过程等的影响较大，处理效果及稳定性差。同时混凝沉淀产渣量大，投入的过量药剂本身也对水质产生不良影响。由于含汞污水的性质复杂，利用混凝法处理的情况更为复杂。有关混凝剂品质和混凝条件的确定因污水种类和性质而异，通常需要通过试验才能确定适宜的混凝剂种类和投加量。

3)适用条件

混凝沉淀法针对难溶态汞，主要用于含汞污水的初级处理。

3. 吸附法

1)方法原理

吸附法是利用多孔性固体物质(脱汞吸附剂，简称脱汞剂)对污水中汞(吸附质)的选择吸附性，使其富集在脱汞剂表面，而从混合物中分离汞的一种处理方法。部分脱汞剂能够在活化过程中形成含氧官能团，如羧基(—COOH)、羟基(—OH)、羰基(>C=O)等，使其具有化学吸收、催化氧化和还原性能，从而用于脱除污水中的离子汞。

根据脱汞剂的不同再生方式，分为不可再生脱汞剂和可再生脱汞剂。

常见的不可再生脱汞剂有膨润土、褐煤、核桃壳、亚麻纤维、活性炭等，其中活性炭脱汞剂应用最广泛。

新型可再生脱汞剂，是由聚苯乙烯、聚乙烯醇与改性巯基壳聚糖等组分共聚而成，通过巯基等改性实现壳聚糖对离子汞的选择性吸附，具有比表面积大、孔隙率高、吸附容量大、抗干扰能力强等特点。可再生脱汞剂的多孔结构和截留作用可同时去除部分油类和悬浮固体。脱汞剂饱和后可用再生液进行现场再生，再生后的吸附容量损耗率低，降低了运行成本，目前在气田含汞污水中逐步推广应用。

2)工艺特点

吸附法具有脱汞效率高、操作简单、选择性好、可重复利用、无二次污染等优点，维护方便，无需过多人力投入。但脱汞剂易饱和，易受污水中有机物影响，因此通常进水前需先进行预处理。

3)适用条件

吸附法主要用于脱除污水中的离子汞，适用于水质单一、含汞浓度较低的污水深度处理。

4. 电化学法

1)方法原理

电化学处理技术是利用电极在电场作用下，在介质内发生电化学反应，在电场作用下反应去除汞和有机物。电化学法一般分为电絮凝处理法和电化学氧化处理法。

(1)电絮凝法。

电絮凝法是指在外电源作用下，阳极溶解产生大量阳离子生成一系列羟基络合和氢氧化物，这些配合物对水中悬浮固体及有机物进行吸附、网捕等；同时，阴极上产生的气体形成微小气泡，这些气泡的直径和密度非常小，分散程度高，气泡与悬浮固体接触上升到液面形成悬浮渣层，从而达到净化污水的目的。在电絮凝法处理污水的过程中，在阳极、阴极发生不同的电化学反应，同时发生电絮凝和气浮作用。

以铝电极为例，反应如式(5.2)～式(5.5)所示。

阳极：
$$Al-3e^- \longrightarrow Al^{3+} \tag{5.2}$$

碱性条件下：
$$Al^{3+}+3OH^- \longrightarrow Al(OH)_3\downarrow \tag{5.3}$$

酸性条件下：
$$Al^{3+}+3H_2O \longrightarrow Al(OH)_3\downarrow+3H^+ \tag{5.4}$$

阴极：
$$2H_2O+2e^- \longrightarrow H_2\uparrow+2OH^- \tag{5.5}$$

同时，阳极析出氧气，反应如式(5.6)所示。

阳极：
$$2H_2O \longrightarrow O_2+4H^++4e^- \tag{5.6}$$

(2)电化学氧化法。

电化学氧化法按电解方式可以分为直接阳极氧化和间接阳极氧化。

直接阳极氧化是指有机污染物吸附在阳极表面失电子转化为无害成分从而被降解，在析氧电位区金属氧化物(MO_x)电极表面可以形成一种吸附氢氧自由基的金属氧化物，溶液中的 H_2O(酸性介质中)或 OH^-(碱性介质中)在阳极表面放电形成吸附的氢氧自由基，反应如式(5.7)和式(5.8)所示。

$$MO_x+H_2O \longrightarrow MO_x(OH)+H^++e^- \tag{5.7}$$

$$MO_x+OH^- \longrightarrow MO_x(OH)+e^- \tag{5.8}$$

污水中长链高分子有机物(R)在电极表面直接氧化成小分子有机物，反应如式(5.9)所示。

$$MO_x(OH)_y+yR \longrightarrow MO_x+yH^++ye^-+yRO \tag{5.9}$$

间接阳极氧化是指电解过程中产生氧化性极强的羟基自由基，直接与采出水中的有机污染物反应，使其分解为二氧化碳、水和低分子有机物，反应如式(5.10)～式(5.13)所示。

碱性条件下：
$$OH^- - e^- \longrightarrow \cdot OH \tag{5.10}$$

酸性条件下：
$$H_2O - e^- \longrightarrow \cdot OH + H^+ \tag{5.11}$$

$$2Cl^- - 2e^- \longrightarrow Cl_2 \tag{5.12}$$

$$Cl_2 + H_2O \longrightarrow HClO + HCl \tag{5.13}$$

2)工艺特点

(1)电化学法处理污水，兼具电氧化、电还原、气浮、絮凝等多种作用，这种多功能使电化学技术具有广泛的选择性，能同时去除多种污染物，在许多方面可以发挥作用。

(2)阳极电解产生的新生态金属离子的活性高、絮凝效率高，水质净化效率高。

(3)处理过程中不添加药剂，不会造成二次污染。而且电化学法可通过控制电压，使电极反应向着目标反应进行，防止副反应发生，反应产生的污泥含水量低且污泥量少。

(4) 电化学装置简单，容易实现自动化操作，其主要控制参数是电流和电位，易于实现自动控制，对操作人员和维护人员的要求较低。

(5) 电化学法适用的 pH 范围较宽(pH 3～10)，对水质没有特别苛刻的要求，适用范围广。

(6) 电絮凝技术利用阳极的溶解来得到 Al^{3+}或 Fe^{2+}，阳极消耗大，成本增加。

(7) 在一些气田采出水处理中，阳极材料易发生阳极极化，使反应阻力增加，电耗加大。

(8) 采出水中高含量结垢性钙镁离子会在电极表面结垢，降低电解效率，增加电耗。

目前，选择适当阳极材料、降低能耗，拓展其在污水处理中的应用，成为电化学技术处理污水的研究主题。

3) 适用条件

电化学处理法适用于高含汞的气田采出水处理，同时能氧化降解有机物，降低污水中的 COD。但该方法不能对汞进行深度处理，需要与其他深度处理工艺联合使用，且高钙镁的气田采出水会造成极板结垢。

5. 离子交换法

1) 方法原理

在含汞污水的处理中，离子交换法主要是利用脱汞树脂上的可交换基团与污水中离子汞发生离子交换而脱除汞，并将饱和的树脂进行再生的一种处理方法。处理含汞污水效果最佳的是大孔巯基(—SH) 离子交换剂，巯基对离子汞吸附能力很强，反应原理如式(5.14)～式(5.16)所示。

$$2RSH+Hg^{2+} \longrightarrow (RS)_2Hg+2H^+ \tag{5.14}$$

$$RSH+HgCl^+ \longrightarrow RSHgCl+H^+ \tag{5.15}$$

$$RSH+CH_3Hg^+ \longrightarrow RSCH_3Hg+H^+ \tag{5.16}$$

研究表明，离子交换树脂处理含汞污水的影响因素主要包括离子交换树脂种类、污水水质(pH、温度、悬浮固体、有机胶体等)、汞含量及流经离子交换树脂时的污水流速等。通常使用的污水脱汞离子交换树脂主要有阳离子交换树脂、强碱性阴离子交换树脂、离子交换纤维、腐殖酸离子交换树脂和选择性功能螯合树脂。

2) 工艺特点

离子交换法具有处理效果好，设备简单，维护方便，可以去除污水中的微小物质、胶体微粒及蛋白质，可再生且无二次污染等优点。但离子交换树脂存在强度低、不耐高温、易氧化失效、再生频繁、再生液处理难度大、操作费用高等缺点，且树脂材料价格昂贵，一次性投资和处理费用高。

离子交换法很少用在大规模的污水处理工程中，同时由于某些树脂价格偏高，制约了该方法的使用。对于处理含汞污水，该方法国外有应用，目前处于改性研发阶段，国内未见应用报道。

3) 适用条件

离子交换法主要用于脱除污水中的离子汞。该方法受污水中离子杂质影响较大，主要适用于处理汞浓度偏低的单一性质污水且处理要求较高的含汞污水深度处理。

6. 膜分离法

1) 方法原理

膜分离法是利用一种具有选择性分离功能的特殊半透膜，含有不同分子量溶质的混合液在通过半透膜时，溶质透过或被截留于膜而实现选择性分离，该法是在不改变溶液中各物质化学形态的基础上，利用外界压力将溶剂和溶质进行分离或浓缩的方法。按孔径大小，膜可分为微滤膜、超滤膜、纳滤膜和反渗透膜，均可以用于处理含汞污水。反渗透膜对进水水质要求很高，能将离子汞截留下来，但其孔径非常小，油类、悬浮固体和极细微的微粒等均可堵塞膜孔隙。超滤膜处理含汞污水常与沉淀/絮凝等工艺联用，由于超滤膜的孔径不能够有效截留不溶解的小粒径离子汞，通常用絮凝沉降法将离子态的汞转变为悬浮态的汞，再使用超滤技术。

2) 工艺特点

膜分离法具有以下特点：①膜分离过程中不发生相变化，能量转化率高；②分离和浓缩同时进行，可回收有价值的物质；③根据膜的选择透过性和膜的孔径大小不同，可以实现将不同性质的物质分开，不改变物质原有的性质；④适应性强，操作及维护方便，易于实现自动控制。

膜分离法处理效果好、脱汞效率高，但膜面易发生污染，导致膜分离性能降低，故需采用与工艺相适应的膜面清洗方法。而且膜的稳定性、抗污染性对水质的适应性有限，故使用范围受限。

3) 适用条件

膜分离法主要用于去除污水中难溶性的单质汞和悬浮汞，由于可溶性离子汞可通过膜材料孔径，对该类型汞去除效果不佳，且单独的膜分离技术功能有限，实际应用中常配合混凝沉淀等其他工艺用于含汞污水的深度处理。

7. 联用工艺法

1) 方法原理

联用工艺法是上述多种方法的组合或联用，在污水处理过程中多数采用联用方法。针对含汞气田采出水复杂的水质背景条件，既可采用化学沉淀法和吸附法联用，也可采用混凝沉淀法与吸附法等其他联用工艺法，本节主要介绍化学沉淀法(高效捕捉脱汞)和吸附法(可再生)的联用工艺法。即通过复合型汞氧化剂将污水中各形态的汞氧化成离子态，然后经汞捕捉药剂进行定向捕捉，生成稳定难溶的汞化合物，再经过滤将大部分汞在该阶段去除，同时该药剂能对水中的油起到破乳作用，通过除油设备可将污水中的油(轻质油)去除，化学沉淀处理出水进入深度可再生吸附阶段，脱汞剂对汞具有靶向吸附功能，脱除率可达90%以上，且基本不受污水中的有机物、含盐量的影响。

(1)高效捕捉脱汞原理。

可溶性富里酸亚铁复合型汞氧化剂在水中可产生强氧化性的羟基自由基，可将含汞气田采出水中的单质汞、有机汞和络合汞转化成Hg^{+}或Hg^{2+}的可溶态离子汞。且该药剂可水解并氧化破坏气田水中胶体的稳定性及其他部分有机物。促使胶体微粒相互碰撞，从而形成絮状混凝沉淀。复合型汞氧化剂反应原理如式(3.13)和式(3.14)所示。

再经高效汞捕捉剂巯基乙酰壳聚糖/活化改性钙基膨润土复合剂(MAC)与可溶性离子汞(Hg^{+}或Hg^{2+})生成稳定的难溶态汞化合物，反应原理如式(3.15)所示。

另外，复合型汞氧化剂水解后形成的部分聚硅酸、三价铁及二价铁会生成多核络合离子化合物，能够对水体中的难溶态汞在布朗运动与搅拌的作用下吸附、网捕、卷扫，形成胶黏物矾花沉淀。三价铁离子与各种金属盐反应形成的氢氧化物矾花密实，沉降分离速度快，且沉淀出来的污泥也非常密实，方便后续分离处理。而且脱汞助剂水解反应使水体中的胶体离子产生了不同的电位离子，失去稳定，产生黏结反应，进而使小颗粒的胶体污染物及细小的难溶态汞颗粒聚合成大颗粒的胶体形成矾花沉淀。

(2)可再生吸附脱汞原理。

可再生吸附脱汞材料具有多孔、孔径大、孔隙率高、吸附容量大等特点，并通过在其表面富集的大量改性壳聚糖等活性物质和氨基、羟基、巯基等自由基官能团实现对污水中汞的靶向吸附作用。在这一阶段中，由于脱汞剂的多孔选择性吸附和截留作用可进一步去除污水中总汞(主要为残留的离子汞)和部分油类与悬浮固体颗粒。

2)工艺特点

(1)对气田水中汞进行靶向捕捉和吸附，脱汞效率高。

(2)能同时有效去除难溶态和溶解态的汞。对难以去除的无机汞、有机汞和络合汞都有很好的处理效果。

(3)对各种背景水质适应性强，脱汞效果抗干扰能力强。

(4)药剂投加量和产渣量少，减少危废处置费用。

(5)脱汞剂可现场再生，再生后吸附效率损耗低，可多次再生，可长期重复使用，降低了处理成本。

3)适用条件

该工艺简单易行，对于去除难溶态汞和有机汞、无机汞等溶解态汞都有良好的效果，且脱汞剂可实现现场再生，处理成本低廉，适用于汞含量较高、汞形态复杂多样、水质背景条件差、难以用单一脱汞方法进行有效处理的气田含汞污水。

综上所述，硫化物沉淀法无法控制硫化物过量程度；混凝沉淀法受水质影响大，污泥不稳定，处理成本高；吸附法中载银、载硫活性炭脱汞率较高，可满足深度脱汞要求，但在高矿化度、高有机物、高氯离子的含汞气田采出水处理中，易结垢堵塞，使用寿命短；离子交换法脱汞效果好，但也存在运行成本高、再生液处理难度大、易受有机物污染等问题。

各种方法均有其特点和不同适用条件，但是单一处理方法对污水中汞形态复杂多样且水质条件恶劣的情况往往难以达到处理效果，实际应用中常需根据污水水质条件、总汞浓度及汞形态选择不同处理方法。含汞气田采出水具有其特殊性和复杂性，其中汞浓度波动范围大，汞形态复杂多样，且水质复杂，呈现高矿化度、高氯离子、高COD、高含杂质等特殊性，采用化学沉淀法(高效捕捉脱汞)和吸附法(可再生)的联用工艺法，实现在恶劣含汞气田采出水水质条件下的有效脱汞，且将除油类、除悬浮固体技术与脱汞技术相结合，该工艺简便易行，处理效果好，处理费用低，经济实用，在含汞气田采出水处理中具有较大优势。不同含汞污水处理技术方法对比见表5.4。

表5.4　不同含汞污水处理技术方法对比

脱汞方法	脱汞原理	优点	缺点	适用条件
化学沉淀法	采用硫化物等金属捕捉剂与汞离子形成难溶性化合物，经固液分离脱除	①脱汞效率高 ②工艺简单、操作方便	①处理精度较低 ②加药量控制难度大 ③影响沉淀反应因素多 ④产渣量大	①主要去除离子汞 ②用于高浓度复杂含汞污水
混凝沉淀法	采用絮凝电中和、网捕、架桥吸附作用	①脱汞效率高 ②工艺简单、操作方便 ③投资费用较低	①处理精度较低 ②影响反应因素多 ③产渣量大	①主要去除难溶态汞 ②用于含汞污水的初级处理
吸附法	通过活性炭、纳米材料等脱汞剂对污水中的汞进行物理及化学吸附转移至固相，进行脱除	①脱汞剂可重新利用 ②无二次污染	①脱汞剂吸附容量有限 ②活性炭易堵塞、再生困难 ③运行费用较高	①主要去除离子汞 ②适用于水质单一、含汞浓度较低的污水 ③常用于深度处理
电化学法	电絮凝技术在电解过程中，阳极电解产生的氢氧化物以悬浮液的形式存在于溶液中并通过络合后产生的静电吸引作用来消除离子汞，电化学氧化是通过电解过程中产生的 OH^- 与离子汞结合生成氧化汞沉淀	①不需投加化学药剂 ②处理成本低 ③脱汞效率高	①需定期更换极板 ②极板易钝化、结垢	①主要去除单质汞、离子汞和有机汞 ②适用于不同浓度含汞污水处理
离子交换法	利用脱汞树脂上的可交换基团与污水中汞离子发生离子交换而脱除汞，并将饱和的树脂进行再生的一种处理方法	①脱汞效率高 ②可再生、无二次污染	①树脂易污染 ②投资成本高 ③再生液处理难度大	①主要去除离子汞 ②适用于处理汞浓度偏低的单一性质污水 ③常用于深度处理
膜分离法	利用具有选择性分离功能的特殊半透膜，在分子水平上不同粒径分子的混合物在通过半透膜时，物质透过或被截留于膜而实现选择性分离	脱汞效率高	①能耗大、处理成本高 ②膜易污染，清洗难度大	①主要去除难溶态汞 ②常用于深度处理
联用工艺法	以化学沉淀法(高效捕捉脱汞)和吸附法(可再生)的联用工艺法为例：采用复合型汞氧化剂将各种形态的汞氧化为离子汞，再以高效汞捕捉剂形成难溶性汞后通过固液分离，经可再生脱汞剂靶向吸附，实现污水脱汞	①脱汞效率高 ②运行成本低 ③脱汞剂可现场再生 ④产渣量小	一次性投资相对较高	①主要去除难溶态汞和溶解态汞 ②可同时脱除悬浮固体及油类 ③适用于汞含量较高、汞形态复杂多样、水质背景条件差、难以用单一脱汞方法进行有效处理的气田含汞污水

5.2 脱汞工艺技术

回注是含汞气田采出水处理后常采用的处置方式之一，处理后水质控制指标主要为油类、悬浮固体、悬浮物颗粒直径中值及总汞，需将除油类、除悬浮固体技术与脱汞技术相结合。根据气田采出水中总汞浓度的差异，处理工艺可采用吸附脱汞工艺技术和联用脱汞工艺技术；根据脱汞(吸附)剂的不同再生方式，气田采出水脱汞工艺又分为可再生工艺技术和不可再生工艺技术。当对采出水中有机物有限制要求时应采用兼具降COD的工艺技术。

5.2.1 吸附脱汞工艺技术

1. 处理目标

本工艺适用于气田采出水中总汞含量较低的水质，总汞浓度≤200μg/L。处理后总汞指标达到GB 8978—1996小于等于50μg/L的要求；油类、悬浮固体和悬浮物颗粒直径中值指标达到《气田水注入技术要求》(SY/T 6596—2016)的相关要求。

2. 工艺流程

以可再生脱汞(吸附)剂为例，该处理工艺流程采用“预处理工艺+可再生吸附脱汞工艺”，工艺流程图见图5.1。

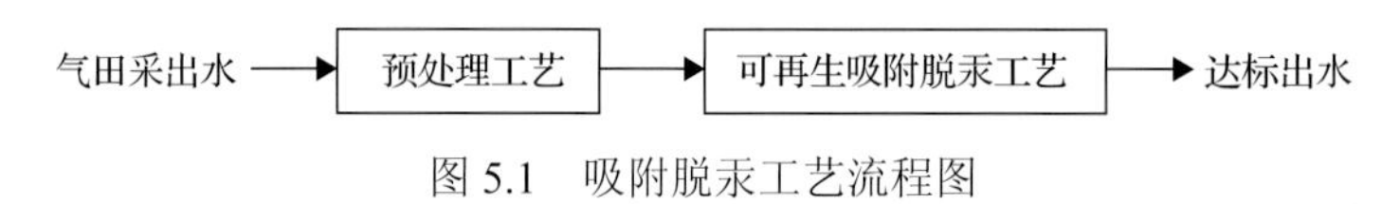

图5.1 吸附脱汞工艺流程图

3. 工艺原理

1) 预处理工艺

预处理工艺主要去除气田采出水中大部分油类和悬浮固体(包括悬浮汞)。

根据含汞气田采出水的水质情况，预处理常采用气浮除油、除悬浮固体的工艺。气浮工艺将气体加压溶于水中形成溶气水，溶气水进入气浮池后减压产生大量微小气泡，高度分散的微小气泡附着在悬浮颗粒上，造成密度小于水的状态，利用浮力原理使其浮在水面上，从而实现采出水中油类和悬浮固体的分离。预处理工艺油类去除率约为80%，悬浮固体去除率约为90%。

2) 可再生吸附脱汞工艺

可再生吸附脱汞工艺进一步去除气田采出水中总汞、油类和悬浮固体。

该工艺段设置吸附塔，塔内填充脱汞剂(可再生吸附脱汞剂)。可再生脱汞剂具有比表面积大、孔隙率高、吸附容量大、抗干扰能力强、可再生等特点，并通过在其表面富集的大量改性壳聚糖等活性物质与氨基、羟基、巯基等自由基官能团结合，可实现对采出水中汞的靶向吸附作用。可再生脱汞剂的多孔结构和截留作用可同时去除部分油类和悬浮固体。可再生吸附脱汞工艺总汞去除率约为90%。

脱汞剂为可再生脱汞剂，脱汞剂饱和后可用再生液进行再生(脱盐水与盐酸按照一定比例配制)，反洗和再生持续时间一般为 100～180min。再生后的吸附容量损耗率约为1%，损耗率达到70%左右时更换脱汞剂。

4. 工艺特点

(1)该工艺适用于低含汞气田采出水，工艺流程简单，操作管理强度小，出水水质稳定达标。

(2)采用可再生脱汞剂，对汞高效靶向吸附，吸附容量大；脱汞剂可现场再生，无需清掏返厂再生；再生后吸附效率损耗低，可多次再生，使用寿命长。

(3)产渣量小，危废处置费用低。

5.2.2 化学沉淀与吸附联用脱汞工艺技术

1. 处理目标

本工艺适用于气田采出水中总汞含量较高的水质，总汞浓度>200μg/L。处理后总汞指标达到 GB 8978—1996 小于等于 50μg/L 的要求；油类、悬浮固体和悬浮物颗粒直径中值指标达到 SY/T 6596—2016 的相关要求。

2. 工艺流程

该处理工艺采用“预处理工艺+高效捕捉脱汞工艺+可再生吸附脱汞工艺”的联用工艺流程。该工艺主要针对气田采出水中汞浓度较高且水质较为复杂的水质条件，在脱汞的同时兼具除油类、除悬浮固体及控制悬浮物颗粒直径中值指标的作用。工艺流程见图 5.2。

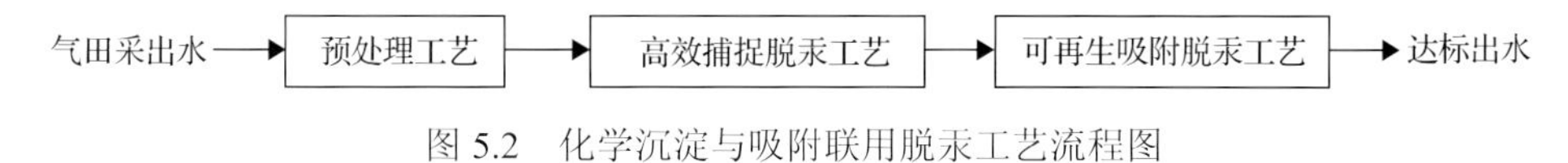

图 5.2 化学沉淀与吸附联用脱汞工艺流程图

3. 工艺原理

1)预处理工艺

预处理工艺内容同 5.2.1 小节。

2)高效捕捉脱汞工艺

主体脱汞工艺采用化学沉淀工艺，通过添加复合型汞氧化剂、脱汞捕捉剂和专用絮凝剂达到去除大部分总汞、部分油类和悬浮固体的目的。

复合型汞氧化剂具有强氧化性，可将气田采出水中的各种有机汞、含汞配合物通过强氧化作用破坏其原有结构，转化成易与脱汞捕捉剂反应的 Hg^{+}或 Hg^{2+}；复合型汞氧化剂还对气田采出水中胶体及有机物有一定的氧化分解作用。脱汞捕捉剂与一价或二价等可溶性离子汞生成稳定的难溶性汞聚合物。难溶性汞聚合物、单质汞和悬浮汞可通过专用絮凝剂的吸附、桥架、交联、网捕等作用富集增大形成大片絮体，最终经固-液分离实现对气田采出水中总汞的脱除。主体脱汞工艺总汞去除率约为95%。

3) 可再生吸附脱汞工艺

可再生吸附脱汞工艺内容同5.2.1小节。

4. 工艺特点

(1) 该工艺适用于气田采出水中汞浓度较高且水质较为复杂的条件，将除油类、除悬浮固体工艺与除汞技术相结合，工艺流程简单，操作管理强度小，出水水质稳定达标。

(2) 采用高效脱汞药剂，具备强氧化和靶向捕捉功能，脱汞效率高，有效去除各种形态的汞。

(3) 采用可再生脱汞剂，对汞高效靶向吸附，吸附容量大；脱汞剂可现场再生，无需清掏返厂再生；再生后吸附效率损耗低，可多次再生，使用寿命长。

(4) 投药量小，产渣量少，危废处置费用低。

5.2.3 混凝沉淀与吸附联用脱汞工艺技术

1. 处理目标

本工艺适用于含汞气田采出水，处理后总汞指标达到GB 8978—1996≤50μg/L的要求；油类、悬浮固体和悬浮物颗粒直径中值指标达到SY/T 6596—2016的相关要求。

2. 工艺流程

该处理工艺采用“气浮脱汞处理+活性炭吸附脱汞+过滤”的联用工艺流程，工艺流程图见图5.3。

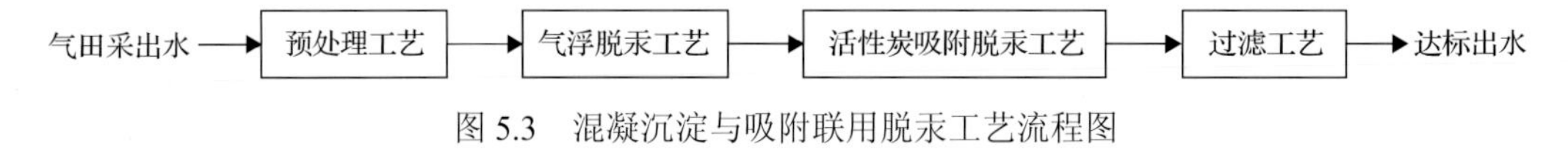

图5.3 混凝沉淀与吸附联用脱汞工艺流程图

3. 工艺原理

该处理工艺将除悬浮固体、除油类与脱汞技术相结合，采用油水分离、絮凝沉降、气浮等工艺分离采出水中的悬浮固体和油类，同时去除采出水中的汞及汞化合物。再采用吸附工艺进一步去除残余汞。

1) 预处理工艺

预处理主要包括气田采出水破乳、絮凝沉降等工艺去除大部分的悬浮固体和油类、部分单质汞及汞化合物。

2）气浮脱汞工艺

投加适量的絮凝剂和助凝剂，采用喷射气浮装置去除残余的悬浮固体和油类、部分单质汞及汞化合物。

3）吸附脱汞工艺

吸附装置采用化学吸附脱汞工艺，其脱汞剂可选用载银、载硫活性炭等，主要去除气田采出水中的残余汞及汞化合物，主要应用于深度脱汞。

4）过滤工艺

过滤工艺采用双滤料介质，主要用于过滤残留悬浮固体。

4. 工艺特点

（1）工艺流程简单，管理操作方便。
（2）处理成本低，对水质条件适应性强。
（3）装置封闭运行，减少汞污染。

5.2.4　电化学与吸附联用脱汞工艺技术

1. 处理目标

本工艺技术主要针对脱汞、降COD、除油类、除悬浮固体的处理要求，采用电化学处理为主体工艺，在脱汞的同时，兼具降COD和除油类、除悬浮固体的作用，使处理后气田采出水中总汞、COD、油类、悬浮固体指标达到GB 8978—1996要求的二级排放标准。

2. 工艺流程

该处理工艺采用“电絮凝+电化学氧化+吸附”的联用工艺流程。气田采出水首先进调节缓冲罐缓冲，进行水质和水量调节，出水经提升泵提升至电絮凝反应器，在电场作用下阳极失去电子水解产生高活性的絮凝剂，去除采出水中汞及其他污染物。通过电絮凝处理后，出水进电化学氧化反应器，采出水经电化学处理去除离子汞和降解有机物后，出水进活性炭吸附装置，去除残余汞及有机物。工艺流程如图5.4所示。

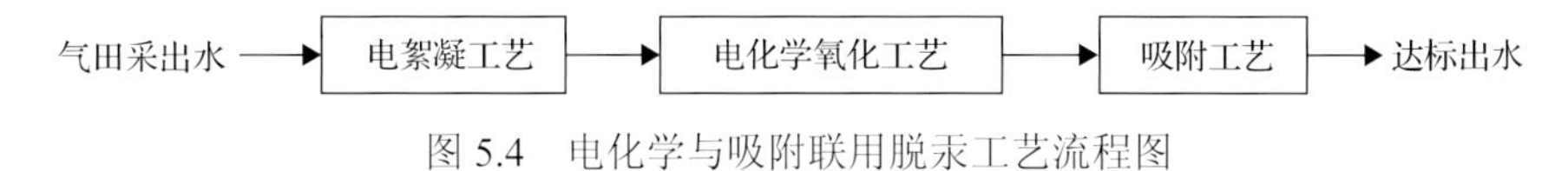

图5.4　电化学与吸附联用脱汞工艺流程图

3. 工艺原理

1）电絮凝工艺

电絮凝工艺主要去除气田采出水中总汞、COD、悬浮固体和石油类。

电絮凝是指阳极氧化产生的阳离子通过阳离子水解、聚合作用，生成一系列多羟基配合物及氢氧化物，它可以絮凝水中难溶性汞聚合物、单质汞、悬浮汞、悬浮固体及油类等，通过吸附、桥架等作用形成絮体矾花后沉降。离子汞与电解产生的 OH^-结合生成 $Hg(OH)_2$后，瞬间分解成 HgO 沉淀被去除。电絮凝总汞去除率为 80%～90%；COD 去除率约为 50%。

2) 电化学氧化工艺

电化学氧化工艺主要去除气田采出水中总汞、有机汞、COD。

电化学氧化可以分为直接阳极氧化和间接阳极氧化。直接阳极氧化是指有机污染物吸附在阳极表面失电子转化为无害成分从而被降解；间接阳极氧化是指电催化氧化过程中阳极产生具有强氧化性的活性物质而将有机物降解。采出水中烷基汞在电解过程中被氧化，转化为离子汞，离子汞与电解产生的 OH^-结合后形成沉淀被去除。电化学氧化反应器总汞去除率约为 50%；COD 去除率为 90%以上。

3) 吸附工艺

该吸附工艺采用活性炭，主要去除气田采出水中总汞和有机汞。

4. 工艺特点

(1) 适用于气田采出水中汞浓度较高的水质条件，将除 COD 工艺与除汞技术相结合，工艺流程简单，操作管理强度小，出水水质稳定达标。

(2) 电絮凝产生的絮体活性高，处理效果好。

(3) 不投加化学药剂，产渣量少，危废处置费用低。

5.3 脱汞工艺设备

脱汞工艺设备主要分为化学沉淀脱汞工艺设备、电化学脱汞工艺设备及吸附脱汞工艺设备。其中，化学沉淀脱汞工艺设备多采用高效捕捉脱汞设备；电化学脱汞工艺设备多采用电絮凝-电化学氧化脱汞工艺设备。

5.3.1 高效捕捉脱汞工艺设备

高效捕捉脱汞工艺设备集成了脱汞反应段和固液分离段。首先，复合型汞氧化剂通过高速射流混合器投加至催化氧化反应室中，生成羟基自由基。然后，进入一级脱汞反应室，通过可调速搅拌反应器，让含汞气田采出水与汞捕捉药剂充分混合反应，生成难溶态汞聚合物。再进入二级脱汞反应室，难溶性汞聚合物、单质汞和悬浮汞等可通过专用絮凝剂形成大片絮体，最终经固-液分离实现对采出水中总汞的脱除。

针对不同水质情况，固液分离段可采用不同形式的过滤分离设备。在高盐、高硬度、高矿化度的水质条件下，常规过滤分离设备易结垢堵塞、反冲不易彻底，影响分离效果和使用寿命，应选用适用于复杂的气田采出水水质条件，且分离效率高、机械强度大、抗污染性能好、耐酸碱、耐有机溶剂的设备。

高效捕捉汞工艺设备主要包括：催化氧化反应室、一级脱汞反应室、二级脱汞反应室、固液分离室、清洗/再生设备、加药设备、PLC (programmable logic controller) 控制系统和其他辅助设施。高效捕捉脱汞工艺设备构造见图 5.5。

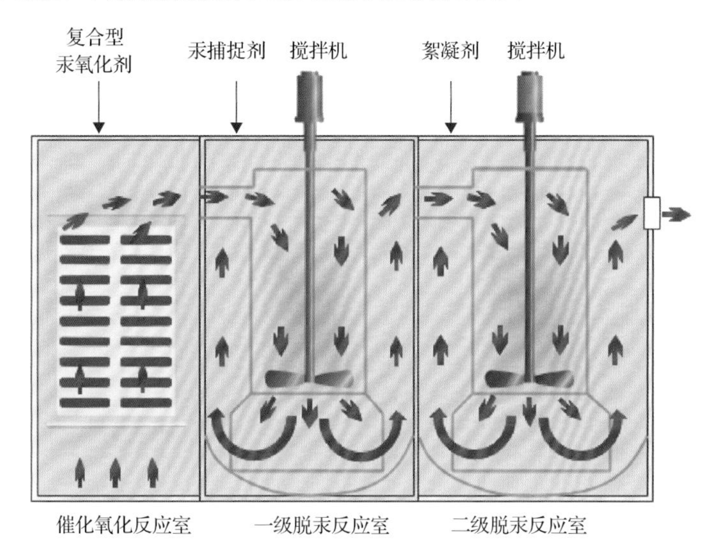

图 5.5　高效捕捉脱汞工艺设备构造图

高效捕捉脱汞工艺设备具有以下特点。

(1) 集成脱汞捕捉反应、絮凝沉淀和固液分离于一体，橇装模块化、占地小。

(2) 适用水质范围广，抗冲击能力强；脱汞效率高，有效去除各种形态的汞。

(3) 采用高效脱汞药剂，投药量小，产渣量小，危废处置费用低。

(4) 全自动化，减少人员工作量。

(5) 处理装置密闭运行，安全可靠。

5.3.2　电絮凝-电化学氧化脱汞工艺设备

电絮凝脱汞工艺设备兼具絮凝和气浮二者的特点，可以有效地去除气田采出水中的总汞、COD、悬浮固体、油类等各种污染物。电絮凝脱汞工艺设备主要包括电解槽、电极、电源、风机、控制系统等。阳极通常采用铝、铁电极，阴极通常采用石墨电极。在外电场作用下，使可溶性阳极(牺牲阳极)产生大量阳离子在水中水解、聚合，生成一系列多核水解产物，与原水中的胶体、悬浮固体、可溶性污染物等结合生成较大絮状体，经沉淀、气浮被去除。

电化学氧化脱汞工艺设备主要包括电解槽、电极、电源、风机、控制系统等。阳极通常采用钛基电极，阴极采用石墨电极。在电化学氧化作用下，烷基汞转化为离子汞，与在阴极电解产生的 OH^- 相结合生成氢氧化汞，氢氧化汞不稳定分解成氧化汞沉淀，经分离去除。电絮凝/电化学氧化脱汞工艺设备构造见图 5.6。

电絮凝-电化学氧化脱汞工艺设备特点如下。

(1) 装置简单，占地面积小，投资、运行费用低。

(2) 自动化程度高，降低操作人员劳动强度。

(3) 不投加药剂、产渣量小、危废处置费用低。

(4) 电絮凝反应器阳极极板在电解过程中损耗，需定期更换极板。

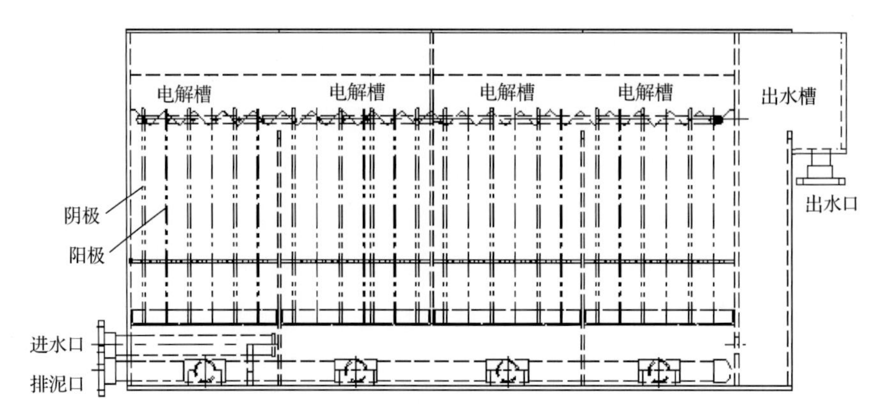

图 5.6　电絮凝/电化学氧化脱汞工艺设备构造图

5.3.3　吸附脱汞工艺设备

吸附脱汞工艺设备主要是对低浓度含汞气田采出水进行深度处理。起到去除水中微量汞及其他污染物的作用，保证处理水质稳定达标。吸附脱汞设备主要包括保安过滤器、吸附塔、反洗/再生系统、PLC 控制系统和其他辅助设施。

吸附塔装填脱汞剂，实现深度脱汞、除油类、除悬浮固体的目的。根据脱汞剂的不同再生方式，脱汞剂又分为不可再生脱汞剂和可再生脱汞剂。不可再生脱汞剂通常采用活性炭、载银活性炭或载硫活性炭；可再生脱汞剂是由聚苯乙烯、聚乙烯醇与改性巯基壳聚糖等组分共聚而成，通过巯基等改性实现壳聚糖对离子汞的选择性吸附。当脱汞剂达到饱和状态时，设备能自动反洗、现场再生。利用再生水箱中配置的再生剂进行反洗和再生，反洗和再生持续时间一般为 100～180min。脱汞剂为可再生脱汞剂，脱汞剂饱和后可用再生液进行再生(脱盐水与盐酸按照一定比例配制)。再生后的吸附容量损耗率约为 1%，损耗率达到 70%左右更换脱汞剂。(可再生)吸附脱汞工艺设备构造如图 5.7 所示。

吸附脱汞工艺设备具有以下特点。

(1) 脱汞效率高，出水水质稳定达标。

(2) 可再生脱汞剂可现场再生，无需清掏返厂。再生后吸附效率损耗低，可多次再生，使用寿命长。

(3) 全自动化，减少人员工作量。

(4) 处理装置密闭运行，安全可靠。

(5) 高度集成化、橇装化、模块化。

5.4　脱汞工艺实例

含汞气田采出水处理工艺在我国新疆、塔里木等含汞气田中均有应用。本节主要介绍吸附脱汞工艺实例、化学沉淀与吸附联用脱汞工艺实例、混凝沉淀与吸附联用脱汞工艺实例和电化学与吸附联用脱汞工艺实例，其中，化学沉淀与(可再生)吸附联用脱汞工艺技术应用较多，在各含汞气田采出水中取得良好处理效果。

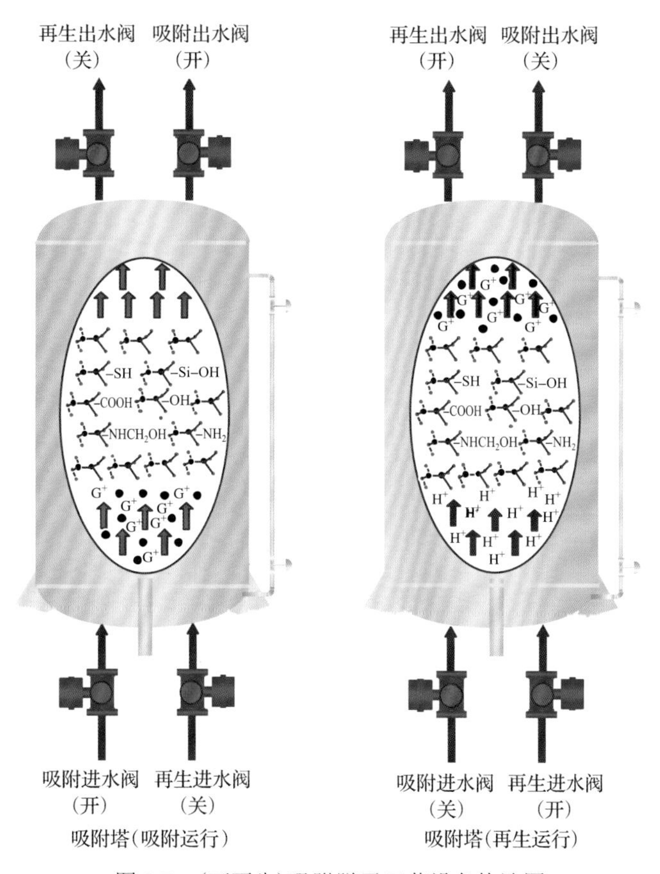

图 5.7 (可再生)吸附脱汞工艺设备构造图

5.4.1 吸附脱汞工艺实例

1. 工程概况

某含汞气田天然气处理厂内已建 1 套气田采出水处理装置，处理规模为 $30m^3/h$，采用“气浮+过滤”的处理工艺，处理后气田采出水进行回注。工程新增 1 套气田采出水脱汞装置，处理规模为 $30m^3/h$。

2. 进出水水质

该气田采出水总汞含量较低，属于低含汞气田采出水。同时，该采出水中悬浮固体和油类含量也较低。根据该工程要求，气田采出水回注指标中的悬浮固体含量、悬浮物颗粒直径中值、含油量和 pH 参照回注井的具体要求确定。气田采出水处理装置进出水水质指标见表 5.5。

3. 工艺流程

该气田采出水处理采用的工艺流程：“气浮+过滤+可再生吸附脱汞”，工艺流程见图 5.8。

表 5.5 气田采出水处理装置进出水水质指标表

检测项目	进水水质	控制指标	
		1#回注井	2#回注井
总汞/(μg/L)	80～300	≤50	≤50
悬浮固体/(mg/L)	<300	≤25	≤15
含油量/(mg/L)	<300	≤30	≤25
悬浮物颗粒直径中值/μm	—	≤10	≤8
pH	6～9	6～9	6～9

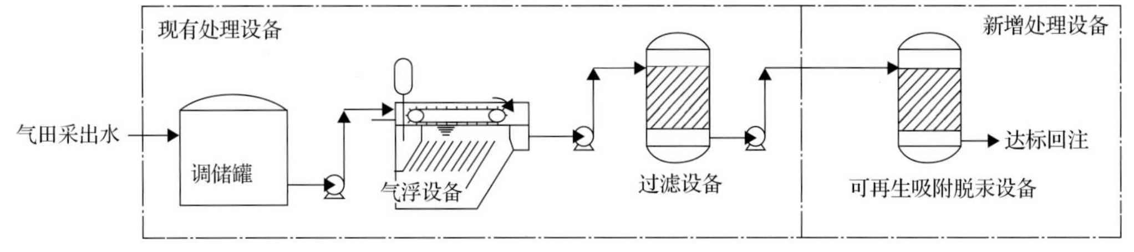

图 5.8 吸附脱汞工艺实例流程图

该气田采出水进入调储罐，进行水质水量调节。经初步沉降后可除去采出水中大部分浮油和部分悬浮固体。出水经泵提升至气浮设备，气浮设备内加入絮凝剂和浮选剂，经反应实现油、渣、水的分离，出水水质指标达到1#回注井注水指标后进行回注；同时一部分出水经泵提升至双滤料过滤设备进行处理，出水水质指标达到2#回注井水质指标后进行回注。

为保证处理后采出水中总汞浓度达到国家标准的规定，故在充分利用现有工艺设备基础上，增加1套采出水脱汞装置。鉴于该气田采出水总汞浓度较低，脱汞装置采用可再生吸附脱汞设备，对总汞进行有效吸附处理，处理水达标后进入现有回注系统。

各处理设备产生的废气统一收集，处理达标后排放。各处理设备泥渣排入污泥减量化设备进行处理。含汞污泥属于危废，需委托有资质的第三方外运处置。各处理设备去除效果见表5.6。

表 5.6 各处理设备去除效果

项目	总汞/(μg/L)	悬浮固体/(mg/L)	含油量/(mg/L)
原水	80～300	100～300	150～300
气浮设备	70～250	20～25	20～30
过滤设备	60～200	10～15	15～25
可再生吸附脱汞设备	10～50	10～15	15～25

该处理工艺流程简单、操作方便、经济合理，采用可再生脱汞剂，脱汞效率高，脱汞剂可现场再生，无需清掏返厂。

4. 关键设备及参数

该采出水处理工程主要设备包括调储罐、气浮设备、过滤设备、可再生吸附脱汞设备等，可再生吸附脱汞设备技术参数见表 5.7。

表 5.7　可再生吸附脱汞设备技术参数

项目	参数	项目	参数
处理能力/(m^3/h)	30	过柱速率/(m/h)	10
设计压力/运行压力/MPa	0.6/0.4	设计温度/运行温度/℃	80/常温
设计进水总汞含量/(μg/L)	≤200	设计出水总汞含量/(μg/L)	≤20
再生水箱体积/m^3	3	再生泵流量/(m^3/h)	30
反洗水箱体积/m^3	6	反洗水泵流量/(m^3/h)	40

5.4.2　化学沉淀与吸附联用脱汞工艺实例

1. 工程概况

某含汞气田天然气处理厂内已建 1 套气田采出水储存和转输装置，输送至回注站处理后回注地层。工程新建 1 套气田采出水处理装置，处理规模为 360m^3/d。

2. 进出水水质

该气田采出水总汞浓度高，且波动范围大，基本在 3000μg/L 左右。采出水中悬浮汞、单质汞和有机汞占总汞比例低，无机汞占比高，约为 90%以上。且水中氯离子浓度高，水中总汞大部分以络合态形式存在，脱汞工艺中需考虑断链和脱稳。

该气田采出水悬浮固体、油类含量较低；氯离子浓度高，电导率大，属于高硬度、高矿化度、高盐环境，采出水腐蚀性强、易结垢。

根据工程要求，气田采出水回注指标中的悬浮固体含量、悬浮物颗粒直径中值、含油量和 pH 参照 SY/T 6596—2016 的相关要求确定；平均腐蚀速率、点腐蚀速率和硫酸盐还原菌含量参照企业标准中关于注水水质的相关要求。总汞指标参照标准 GB 8978—1996 确定。该天然气处理厂气田采出水处理装置进出水水质指标见表 5.8。

3. 工艺流程

该气田采出水处理采用的工艺流程为“气浮+高效捕捉脱汞+可再生吸附脱汞”，工艺流程见图 5.9。

气田采出水和处理厂中各类污水混合进入原水调节罐进行水质和水量的调节，出水经泵提升至气浮设备，去除大部分油类和悬浮固体及部分悬浮汞。气浮设备处理后出水提升至高效捕捉脱汞设备进行脱汞处理，主要去除大部分总汞及部分悬浮固体和油类。该设备集成了高效旋流混合器、高效汞捕捉反应室、分离过滤系统(固液分离单元、膜再生单元、高压清洗单元)、加药系统、PLC 控制系统和其他辅助设施等。其中，分离过滤系统采用可再生生态膜，该膜过滤精度高、处理效果好、无需化学清洗。生态膜截污后可剥离自动清洗，重新覆膜后再利用，克服了过滤板结、堵塞的问题，适用于水质复杂的气田采出水，尤其是高盐、高矿化度、高硬度的采出水。

表 5.8 气田采出水处理装置进出水水质指标表

项目	进水水质	出水水质	控制指标
悬浮固体/(mg/L)	50～500	5～15	≤15
悬浮物颗粒直径中值/μm	0.3～8	0.3～2	≤8
含油量/(mg/L)	30～100	5～20	≤30
总汞/(μg/L)	400～10000	5～30	≤50
悬浮汞/(μg/L)	5～45	—	—
有机汞/(μg/L)	0.02～0.07	未检出	—
无机汞/(μg/L)	15～2950	—	—
pH	5～7	6～8	6～9
平均腐蚀速率/(mm/a)	0.0062	≤0.05	≤0.05(挂片时间为 7d)
点腐蚀速率/(mm/a)	—	≤0.76	≤0.76(挂片时间为 30d)
硫酸盐还原菌/(个/mL)	—	≤150	≤150
相对密度	1.113	—	—
电导率/(μS/cm)	304000	—	—
总硬度/(mg/L)	16600	—	—
钙硬度/(mg/L)	13000	—	—
镁硬度/(mg/L)	3600	—	—
氯离子/(mg/L)	5000～85000	98485	—
总碱度/(mg/L)	88	—	—
COD/(mg/L)	1000～10000	1000～3000	—

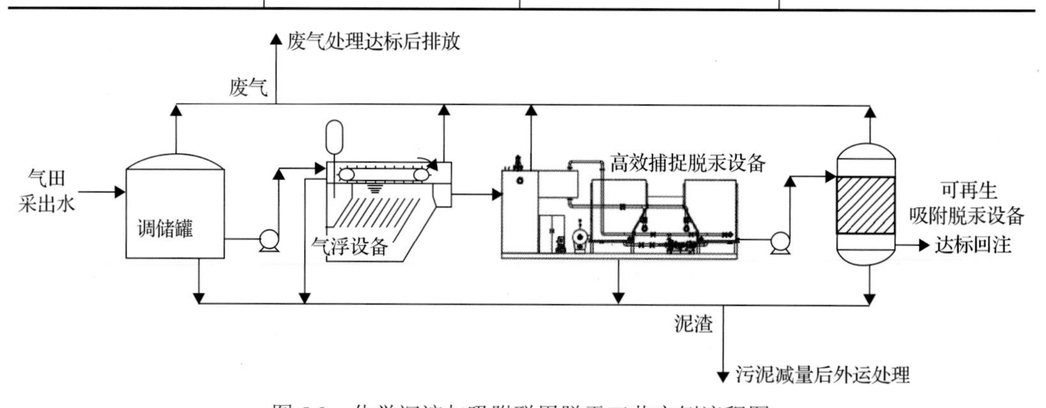

图 5.9 化学沉淀与吸附联用脱汞工艺实例流程图

分离过滤后出水进入可再生吸附脱汞设备，进一步去除采出水中总汞、油类和悬浮固体，保证出水水质稳定达标。脱汞剂为可再生脱汞剂，该脱汞剂的再生频率为 1～2 个月，更换频率约每 3 年更换 1 次。最后经处理合格的气田采出水进行回注。

各处理设备采用密闭设计，产生的废气统一收集后进入废气净化装置处理。各处理设备泥渣排入污泥池，提升至污泥减量化设备进行处理。含汞污泥属于危废，需委托有资质的第三方外运处置。各处理设备去除效果见表 5.9。

表 5.9 各处理设备去除效果

项目	总汞/(μg/L)	悬浮固体/(mg/L)	含油量/(mg/L)
原水	400～10000	50～500	30～100
气浮设备	350～9000	20～80	20～50
高效捕捉脱汞设备	50～200	10～15	10～30
可再生吸附脱汞设备	10～50	10～15	10～30

该处理工艺将除油类、除悬浮固体工艺与脱汞相结合，出水稳定达标。处理工艺对水质条件适应性强，能根据进水含汞量高低合理组合处理工艺段，达到经济运行的目的。工艺流程简单、操作和管理方便。

采用高效脱汞剂和可再生脱汞剂，脱汞效率高，投药量小，产渣量少，脱汞剂可现场再生，无需清掏返厂。针对采出水高硬度、高含盐量、强腐蚀性及高结垢趋势的特征，采取防腐措施和防垢、阻垢的技术方法。

处理装置密闭运行，安全可靠；全自动化，减少人员工作量；高度集成化设计，节约占地；橇装化、模块化组装，降低施工作业强度。

4. 关键设备及参数

该采出水处理工程主要设备包括原水调节罐、气浮设备、高效捕捉脱汞设备和可再生吸附脱汞设备等，关键设备技术参数见表 5.10～表 5.12。

表 5.10 气浮设备技术参数

项目	参数	项目	参数
处理能力/(m^3/h)	18	气水比/%	20～30
设计压力/运行压力/MPa	0.6/常压	设计温度/运行温度/℃	80/常温
设计进水油含量/(mg/L)	≤100	设计出水油含量/(mg/L)	≤50
设计进水悬浮固体含量/(mg/L)	≤500	设计出水悬浮固体含量/(mg/L)	≤80
油类去除率/%	40～50	悬浮物去除率/%	80～90
水力停留时间/min	15		

表 5.11 高效捕捉脱汞设备技术参数

项目	参数	项目	参数
处理能力/(m^3/h)	18	搅拌速率/(r/min)	150～200
设计压力/运行压力/MPa	0.6/常压	设计温度/运行温度/℃	80/常温
设计进水总汞含量/(μg/L)	≤10000	设计出水总汞含量/(μg/L)	≤200
设计进水油含量/(mg/L)	≤60	设计出水油含量/(mg/L)	≤30
设计进水悬浮固体含量/(mg/L)	≤100	设计出水悬浮固体含量/(mg/L)	≤15
总汞去除率/%	>95	专用絮凝剂加药量/(mg/L)	1～5
复合型汞氧化剂加药量/(mg/L)	60～100	脱汞捕捉剂加药量/(mg/L)	60～100

表 5.12　可再生吸附脱汞设备技术参数

项目	参数	项目	参数
处理能力/(m^3/h)	18	过柱速率/(m/h)	10
设计压力/运行压力/MPa	0.6/0.4	设计温度/运行温度/℃	80/常温
设计进水总汞含量/(μg/L)	≤200	设计出水总汞含量/(μg/L)	≤20
总汞去除率/%	＞90	再生水箱体积/m^3	2
反洗水箱体积/m^3	4	再生泵流量/(m^3/h)	20
反洗水泵流量/(m^3/h)	30	水力停留时间/min	5

5.4.3　混凝沉淀与吸附联用脱汞工艺实例

1. 工程概况

某含汞气田建设 1 套含汞气田采出水处理装置，处理规模为 500m^3/d。处理后水质可满足气田水回注指标的要求，其中总汞含量要求低于 50μg/L。

2. 进出水水质

该含汞气田采出水含大量成垢离子、悬浮固体、机械杂质、凝析油、缓蚀剂、甲醇等杂质，具有矿化度高，Ca^{2+}、Mg^{2+}、Hg^{2+}等高价金属阳离子含量高，水中游离 Cl^-、HCO_3^-含量高，机械杂质、乳化油含量高的特点。气田采出水处理装置进出水水质指标见表 5.13。

表 5.13　气田采出水处理装置进出水水质指标表

检测项目	进水水质	出水水质	控制指标
总汞/(μg/L)	＜5000	0.5～2	≤50
悬浮固体/(mg/L)	＜500	13～15	≤15
含油量/(mg/L)	＜500	6～10	≤30
pH	5～9	7～8	6～9

3. 工艺流程

该气田采出水处理采用的工艺流程由采出水破乳、絮凝沉降、气浮、吸附、过滤等工艺过程组成，其工艺流程见图 5.10。

气田采出水自凝析油缓冲分离器，分别投加 pH 调节剂、破乳剂进入破乳反应器进行破乳反应，然后投加聚合氯化铝(PAC)、聚丙烯酰胺(PAM)进行絮凝反应；药剂经充分反应后余压进入高效油水分离器进行预分离，有效将油、水进行分离，污油排至卧式收油罐；高效油水分离器的出水经增压泵进入喷射气浮装置，分离的油类、悬浮固体上浮至液面后形成浮渣排出，喷射气浮装置的出水进入汞吸附装置脱除水的残余汞，其出水再经双滤料过滤器过滤，确保悬浮物颗粒直径中值达到出水指标要求，处理后合格采出水输送至回注水罐。

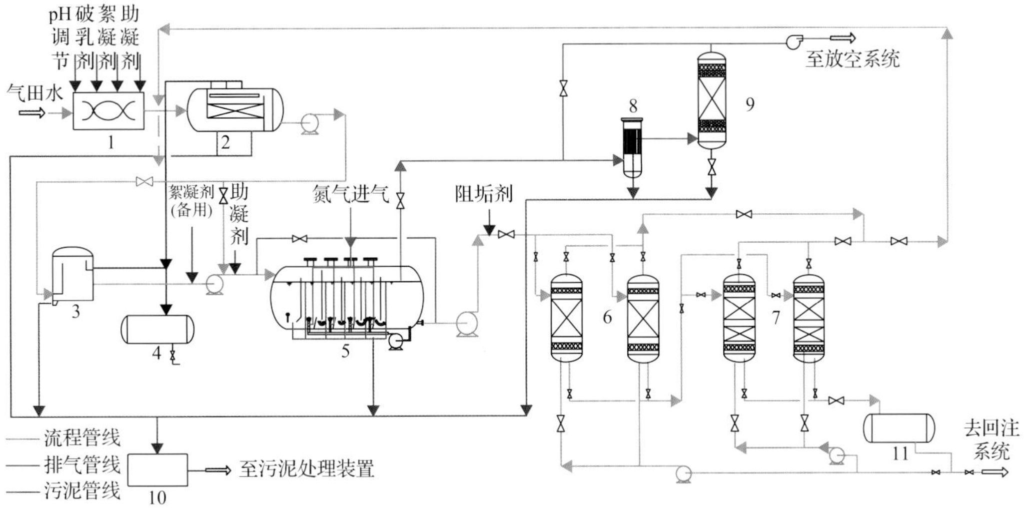

图 5.10　混凝沉淀与吸附联用脱汞工艺实例流程图

1-混合反应器；2-高效油水分离器；3-缓冲沉降罐；4-收油罐；5-气浮除汞装置；6-活性炭吸附装置；7-双滤料过滤器；8-气液聚集器；9-气体脱汞装置；10-污泥收集罐；11-储水罐

正常工况下，油水分离器的出水直接进入气浮装置，当采出水的悬浮物和油含量超过设计值或进水量波动较大时，油水分离器的出水进入缓冲沉降罐，再进入气浮装置。

油水分离及气浮装置产生的废气经气液聚集器进入气体脱汞装置，处理达标后排放。油水分离器、缓冲沉降罐、气浮装置等设备的泥渣排入污泥收集罐。含汞污泥属于危废，需委托有资质的第三方外运处置。

该处理方案具有以下特点。

(1) 将采出水高效除悬浮固体、除油类工艺与除汞技术相结合，简化了处理流程，降低工程投资。

(2) 装置水处理成本低，对水质条件适应性强。

(3) 装置封闭运行，减少汞污染。

各处理设备去除效果见表 5.14。

表 5.14　各处理设备去除效果

项目	总汞/(μg/L)	悬浮固体/(mg/L)	含油量/(mg/L)
原水	5000	500	500
油水分离器	500	200	100
气浮设备	200	30	30
吸附设备	50	30	30
过滤设备	30	15	30

4. 关键设备及参数

该采出水处理工程主要设备包括混合反应器、高效油水分离器、气浮设备、吸附设备和过滤设备等，关键设备技术参数见表 5.15～表 5.18。

表 5.15　混合反应器技术参数

项目	参数	项目	参数
设计压力/MPa	1.6	设计温度/℃	≤70
运行压力/MPa	常压～0.6	反应级数	4 级
各级反应时间/s	≥60/50/30/20	破乳反应停留时间/min	≥15
设备材质	316L		

表 5.16　高效油水分离器技术参数

项目	参数	项目	参数
设计压力/MPa	1.0	设计温度/℃	≤70
运行压力/MPa	常压～0.6	停留时间/h	2.5
水头损失/m	3	内部件材质	316L
进水油含量/(mg/L)	500	出水油含量/(mg/L)	200
进水悬浮固体含量/(mg/L)	1000	出水悬浮固体含量/(mg/L)	300
进水汞含量/(μg/L)	5000	出水汞含量/(μg/L)	800

表 5.17　气浮设备技术参数

项目	参数	项目	参数
设计压力/运行压力/MPa	0.6/常压	设计温度/℃	≤70
进水油含量/(mg/L)	≤300	出水油含量/(mg/L)	≤30
进水悬浮固体含量/(mg/L)	≤150	出水悬浮固体含量/(mg/L)	≤15
进水汞含量/(μg/L)	≤100	出水汞含量/(μg/L)	≤50
除油类、除悬浮固体效率/%	＞90	回流比/%	20
设备材质	Q235B	内防腐	重防腐蚀涂料
直径/mm	1200	气液比	1∶9
溶气量(氮气)/(m^3/h)	1.67		

表 5.18　吸附设备技术参数

项目	参数	项目	参数
工作压力/MPa	≤0.6	设计温度/℃	80
过滤阻力损失/MPa	≤0.1	滤速/(m/h)	20～25
反洗强度/[L/(m^2·s)]	4～12	反洗时间/min	10～15
进水悬浮固体含量/(mg/L)	≤30	出水悬浮固体含量/(mg/L)	≤30
进水汞含量/(μg/L)	≤50	出水汞含量/(μg/L)	≤20
设备材质	Q235B	直径/mm	1600
填料	载银活性炭	填装高度/mm	1200

5.4.4　电化学与吸附联用脱汞工艺实例

1．工程概况

某含汞气田采出水约 500m^3/d，设置 1 套气田采出水处理装置进行脱汞、脱有机物处理，处理工艺采用“电化学+吸附”处理工艺，处理后水中部分指标达到 GB 8978—1996 二级排放标准。

2. 进出水水质

根据工程要求，气田采出水外排指标参照 GB 8978—1996 二级排放标准规定。该天然气处理厂气田采出水处理进出水水质指标表见 5.19。

表 5.19　气田采出水处理装置进出水水质指标表

检测项目	原水	电絮凝-电化学氧化-吸附			控制指标
		电絮凝出口	电化学氧化出口	吸附出口	
总汞/(mg/L)	3.76	1.48	0.24	0.030	0.05
pH	7.34	7.2	7.3	6.95	6～9
悬浮固体/(mg/L)	475	109	11	10	150
COD/(mg/L)	6910	3000	235	97	120
挥发酚/(mg/L)	3.25	0.45	0.05	<0.05	0.5
石油类/(mg/L)	43.7	5.5	1.9	0.6	10
钙离子/(mg/L)	2705.4	2364	1418.8	1421	—
镁离子/(mg/L)	237.6	252	100.8	98.6	—
氯离子/(mg/L)	25983	25983	23788	23788	—
腐蚀速率/(mm/a)	0.08331	0.067	0.03763	<0.076	—

3. 工艺流程

电化学与吸附联用处理气田采出水流程见图 5.11。

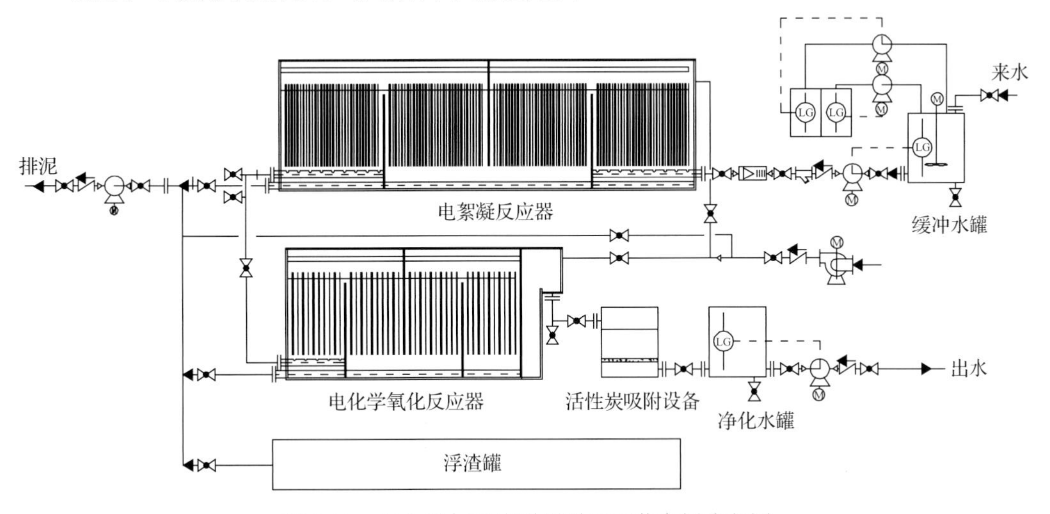

图 5.11　电化学与吸附联用脱汞工艺实例流程图

气田采出水来水首先进接收水罐，在接收水罐中加入缓蚀阻垢剂和反相破乳剂，进行水质和水量调节，出水经提升泵提升至电絮凝反应器，在电场作用下阳极失去电子水解产生高活性的絮凝剂，吸附采出水中汞及其他污染物，通过电絮凝处理后，出水进电催化反应器，反应器内设钛电极作为阳极，石墨电极作为阴极，在电场作用下，采出水经电化学氧化处理去除离子汞和降解有机物后，出水进活性炭吸附设备，经过活性炭吸附处理后，去除残余汞及有机物，出水达到 GB 8978—1996 要求的二级排放标准，出水进净化水箱，经外输泵提升后外排。

各处理设备采用密闭设计，产生的废气统一收集后进入废气净化装置处理。各处理设备泥渣排入污泥池，提升至污泥减量化设备进行处理。含汞污泥属于危废，需委托有资质的第三方外运处置。各处理设备去除效果见表 5.20。

表 5.20　各处理设备去除效果

项目	总汞/(μg/L)	COD/(mg/L)	悬浮固体/(mg/L)	含油量/(mg/L)
原水	400～10000	1000～8000	100～300	100～150
电絮凝反应器	80～1000	400～4000	30～50	5～10
电化学氧化反应器	50～250	120～200	30～50	5～10
活性炭吸附设备	10～50	90～120	20～40	5～10

4. 关键设备及参数

该采出水处理工程主要设备包括电絮凝反应器、电化学氧化反应器、活性炭吸附设备等，关键设备技术参数详见表 5.21。

表 5.21　电絮凝反应器、电化学氧化反应器和活性炭吸附设备主要技术参数

技术参数名称	电絮凝反应器	电化学氧化反应器	活性炭吸附设备
处理能力/(m^3/h)	25	25	25
电解时间/h	2	2	—
停留时间/h	—	—	2
设计压力/运行压力/MPa	常压/常压	常压/常压	常压/常压
设计温度/运行温度/℃	60/常温	60/常温	60/常温
设计进水总汞含量/(μg/L)	≤10000	≤1000	≤250
设计出水总汞含量/(μg/L)	≤1000	≤250	≤50
设计进水 COD 含量/(mg/L)	≤8000	≤4000	≤200
设计出水 COD 含量/(mg/L)	≤4000	≤200	≤120
设计进水油含量/(mg/L)	≤150	—	—
设计出水油含量/(mg/L)	≤10	—	—
设计进水悬浮固体含量/(mg/L)	≤200	—	—
设计出水悬浮固体含量/(mg/L)	≤30	—	—
阳极电极	2mm 厚铝电极	2mm 厚钛电极	—
阴极电极	10mm 厚石墨电极	10mm 厚石墨电极	—
活性炭填装高度/mm	—	—	300
石英砂填装高度/mm	—	—	50
脱汞剂	—	—	活性炭

参 考 文 献

[1] 宋天佑, 徐家宁, 程功臻. 无机化学[M]. 北京: 高等教育出版社, 2004.

[2] 武汉大学. 分析化学[M]. 北京: 高等教育出版社, 2004.

[3] 菅小东. 汞污染防治技术与对策[M]. 北京: 冶金工业出版社, 2004.

[4] 孟祥和, 胡国飞. 重金属废水处理[M]. 北京: 化学工业出版社, 2000.

[5] Zabihia M, Ahmadpourb A, Asla A H. Removal of mercury from water by carbonaceous sorbents derived from walnut shell[J]. Journal of Hazardous Materials, 2009, 167(1-3): 230-236.

[6] 杨英伟, 屈撑囤, 刘鲁珍. 水体汞污染的危害及其防治技术进展[J]. 石油化工应用, 2015, 6(34): 4-7.

[7] 余必敏. 工业废水处理与利用[M]. 北京: 科学出版社, 1979.

[8] 付杰. 常温常压电催化氧化技术处理高浓度有机污水[D]. 上海: 华东师范大学, 2014.

[9] 张艳凤. 电凝聚气浮技术处理气田采出水的试验研究[D]. 西安: 长安大学, 2008.

[10] 董林林. 含汞污水处理工艺综述[J]. 化工管理, 2016, 9: 294.

第 6 章　凝析油脱汞工艺技术

凝析油中汞会危害操作人员身体健康、污染环境及降低凝析油产品质量，还会造成凝析油加工过程中催化剂中毒，因此在凝析油的处理与加工过程中，必须采取适当的脱汞工艺将其脱除，最大限度地减少汞污染与汞危害。本章内容主要包括凝析油脱汞工艺技术、脱汞工艺设备。同时，结合近年来国外凝析油脱汞的工程实例，分析了化学吸附工艺在凝析油脱汞领域的应用情况及应用中存在的问题。

6.1　概　　述

6.1.1　凝析油脱汞指标要求

目前，国内外对凝析油脱汞指标没有明确标准规定，各国依据凝析油用途提出汞含量要求。研究表明，凝析油作炼油原料时，汞含量低于 100μg/L 油品与高于 100μg/L 油品之间的价格折扣程度随着年份增加越来越大。通常凝析油用途不同，下游用户要求的凝析油中汞含量值也不同。凝析油一般可用作化工原料、乙烯裂解原料、燃料及炼油厂原料[1]。针对凝析油不同的用途，提出不同的汞含量限值指标。法国 Axens 公司和美国 Honeywell UOP 等公司根据现场应用经验，认为天然气凝析油、LPG 及石脑油中的汞含量指标为 1μg/L[2]；英国庄信万丰公司认为用作化工原料的凝析油和石脑油中汞含量应脱除至 5μg/L[3]；挪威国家石油公司(STATOIL)认为石油产品质量要求总汞含量应低于 5μg/L[4]。因此，国外普遍将用作化工原料的凝析油中的汞含量控制在 5μg/L。中海壳牌石油化工有限公司南海石化建设了一套以进口凝析油和石脑油为原料的乙烯裂解装置，年生产能力 300 万吨，生产过程中控制接收的凝析油原料中汞含量不高于 10μg/L[5]。

我国目前并没有制定凝析油中汞含量的限值标准，建议用作化工原料的凝析油中汞含量应控制在 5μg/L。

6.1.2　凝析油脱汞工艺现状

随着国际公约《水俣公约》的颁布，国内外越来越重视石油与天然气能源中汞的脱除。国外开发了多种凝析油脱汞工艺，包括化学吸附、气提、化学沉淀、膜分离、纳米吸附材料等工艺[6]，工业上凝析油脱汞主要以化学吸附工艺为主。

化学吸附工艺用于液烃汞的脱除，起源于 20 世纪 80 年代，早在 1978 年，英国庄信万丰公司 Sugier 和 Villa 首次提出利用固体吸附床技术脱除凝析油中汞，脱汞剂具有巨大的比表面积，增加汞分子与活性物质的接触面积，适用于大规模工业应用[7]。目前凝析油脱汞剂制造商主要有 Axens、Honeywell UOP、Johnson Matthey、Calgon Carbon 等，它们生产的脱汞剂遍及全球[8]。2000 年，Shafawi 等[9]评价了载硫化铜氧化铝、载硫活性炭和载硫分子筛三种脱汞剂用于凝析油的脱汞性能，研究表明载硫化铜氧化铝只能脱除单质汞，脱除率能达 100%，但对有机汞没有吸附能力。然而，Sainal 等[10]发现载硫活性炭不宜用于液烃，这主要是因为单质硫的溶解度在戊烷和庚烷中高达 500mg/L，特别是芳香族类物质。2004 年，BP 荷兰能源公司（BPNE）在荷兰北海地区天然气生产平台 P/15-D 建立了两套凝析油脱汞装置，脱汞剂采用英国庄信万丰公司生产的 PURASPEC^{JM} 系列，设计周期一年[11]。脱汞塔正常运行时，PURASPEC^{JM} 脱汞剂表现出良好的脱汞效果，无论凝析油原料汞含量如何变化，脱汞塔出口凝析油汞含量均低于设计指标 5μg/L。多年工程实践表明，在液烃中总汞含量很高时，化学吸附工艺脱汞剂使用量大且更换周期短，这将增加运行成本，因此该工艺适用于总汞含量不高的液态烃。

在 2002 年，埃克森美孚化工公司 Degnan 和 LeCours 采用了化学沉淀工艺，先用可溶于液烃的硫化合物与汞反应生成硫化汞，再采用吸附剂（推荐采用活性炭）脱除硫化汞产物的方法，适用于原油和凝析油脱汞[12]。这种工艺能用于总汞含量非常高的液烃脱汞，适用于汞含量为 40～10000μg/L 的液烃，但硫化物投加量不易控制。美国油联（Union Oil）公司 Frankiewicz 和 Gerlach 于 2004 年也研究了化学沉淀脱汞工艺，先利用机械过滤技术脱除胶质汞和汞悬浮物，再利用硫化物（溶液或固体形式）脱除溶解形式的汞，最后采用硅藻岩取代活性炭吸附剂脱除硫化汞悬浮物[13]。2006 年，Petrobras Argentina 公司根据这一工艺对阿根廷南部原油设计脱汞工艺，硫化物采用硫醇，能将原油中汞含量从 2000μg/L 降低至 80μg/L。该公司采用相同的工艺方法对其他地区不同性质的原油进行脱汞试验，现场试验表明原油的类型及原油中的汞形态对化学沉淀工艺的脱汞效率影响很大。美国纳尔科（NALCO）化学公司 Braden 和 Lordo 于 2013 年研究发现在油水共存条件下，二硫代氨基甲酸酯聚合物更易溶于水中，解决了过量的硫化物进入液烃中造成二次污染的问题[6]。他们根据这一原理开发了一种新的液烃脱汞工艺：先向液烃中加入游离水，再加入汞沉淀剂——二硫代氨基甲酸酯聚合物，这种工艺适用于高含汞原油和凝析油脱汞，开发的汞沉淀剂能够脱除单质汞、氯化汞、硫化汞、汞氯化物等多种形式的汞。

气提工艺是利用气体介质将液相中的汞转移到气相中，再对气相介质进行脱汞，主要脱除单质汞，但液相中轻质组分易进入气体介质中，烃损失率较大[15]。埃克森美孚化工公司 Yan 等于 1990 年首次提出利用天然气、H_2 及 H_2S 等气提气将液烃中汞转移至气体中，再脱除气体中汞，气提气优先推荐采用天然气[16,13]。日本石油勘探公司 Yamaguchi 等于 2009 年对 Yan 等提出的气提工艺进行改进，改进如下[17]：塔顶部分气提气经冷却器冷却后增压回流进入气提塔顶部，控制塔顶温度低于 93℃，阻止气提气带出更多的液烃轻质组分；塔底部分液烃经重沸器加热后回流进入气提塔底部，控制塔底温度为 120～150℃或者更高，保证脱汞效果。美国康菲公司 Cross 等于 2011 年也研究利用天然气脱除原油中单质汞的方法[18]。

膜分离作为一种新技术，具有选择性分离的特点，在水处理和气体净化处理等领域取得了较好的成绩。近年来，相关学者开始逐步研究利用膜材料脱除液烃介质中汞污染物[5]。沙特阿拉伯石油公司 Hamad 等[19]与美国壳牌石油公司 Den 等[20]利用膜材料的选择渗透性，以压差或浓度差等为推动力对双组分的溶质和溶剂进行分离，来脱除液烃中汞及其化合物，该工艺具有工艺流程简单、操作条件温和、稳定和耐热能力有限的特点。

Hamad 等研究了聚合膜两侧的汞浓度差来脱除液烃中汞，在膜的一侧加入至少含有一个硫原子的硫化物与汞及其化合物反应生成硫化汞沉淀，以实现连续的浓度差[19]。Den 等研究了纳米滤膜(载有特殊物质)脱除液烃中汞，特殊物质能够有效阻止汞及其化合物通过。纳米滤膜材料可以是聚合物膜或陶瓷纳米滤膜，其上涂有聚硅氧烷层或是交联聚硅氧烷层，这两种物质已被证明能够脱除各种形态的汞[20]。

6.2 脱汞工艺

凝析油脱汞的主要目的是降低凝析油加工和运输过程中安全风险，提高产品质量。国内凝析油脱汞技术的研究成果较少，国外公司开发了多种凝析油脱汞工艺。目前，凝析油脱汞工艺主要有化学吸附、化学沉淀、气提和膜分离等工艺。化学吸附工艺技术成熟、流程简单、脱汞效率高，工业应用相对较多。化学沉淀工艺流程复杂，会引入新的杂质硫，工业上多用于原油脱汞。气提工艺避免了液态烃脱汞的缺点，利用了气体脱汞的优势，但烃损失率大及气提气需求量大，工业上凝析油脱汞以流程简单、脱汞效率高的化学吸附工艺为主。

6.2.1 化学吸附

1. 工作原理及流程

1)工艺原理

负载型金属硫化物利用金属硫化物与金属汞发生化学反应生成难挥发、稳定的 HgS，或者氧化物先与硫化氢生成硫化物[式(6.1)]，硫化物再与汞生成硫化汞[式(6.2)]，从而达到从凝析油中脱汞的目的。

$$CuO + H_2S \longrightarrow CuS + H_2O \tag{6.1}$$

$$Hg + M_xS_y \longrightarrow HgS\downarrow + M_xS_{y-1} \tag{6.2}$$

氧化铝上的金属硫化物不能与液相有机汞有效反应[21]，若液相进料含有大量的有机汞化合物，脱汞工艺可使用初步的加氢催化，其中有机汞在催化剂作用下被还原为单质汞。然后汞和浸渍氧化铝分子筛上的金属硫化物(硫化铜或其他金属硫化物)反应。其反应式为

$$HgX + H_2(Pd) \longrightarrow Hg^0 + 2HX \tag{6.3}$$

$$Hg^0 + CuS \longrightarrow Cu + HgS \tag{6.4}$$

式中，X 为无机离子。

化学吸附工艺的吸附过程主要由汞及其化合物和活性物质的化学键作用力引起，需要一定的活化能，具有强选择性、不易解吸、吸附平衡时间长的特点[5,22,23]。常用化学吸附脱汞剂为金属硫化物，它不溶于液烃，对水不敏感(不与水反应)。因此，金属硫化物

更适合重烃较多的进料。在化学吸附脱汞系统中，氧化铝和活性炭作载体，汞直接与金属硫化物反应。

2) 工艺流程

凝析油化学吸附脱汞单元主要包括凝析油预处理装置、脱汞装置和后续处理装置。预处理装置包括液固过滤分离器和液-液聚结器，高含汞凝析油先进入预处理装置脱除游离水和固体颗粒杂质，以保证脱汞剂的吸附性能。脱汞装置主要是脱汞塔，可单塔吸附、双塔吸附或多塔吸附。单塔吸附工艺流程简单，但当处理规模较大时，建议采用双塔吸附或多塔吸附。化学吸附双塔吸附工艺流程如图 6.1 所示，两塔之间可串可并，充分利用脱汞剂的汞吸附容量，装置能够安全连续运行，装置可靠性高、适应性强。

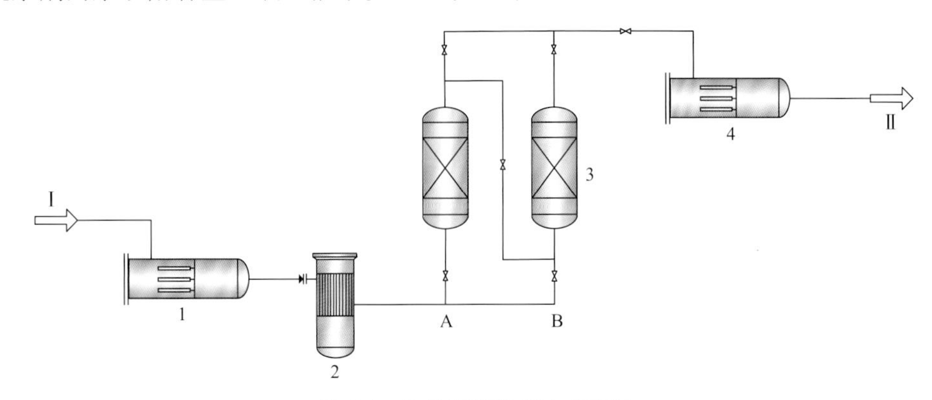

图 6.1　化学吸附脱汞工艺流程

1-过滤分离器；2-液-液聚结器；3-脱汞塔 A/B；4-粉尘过滤器；Ⅰ-高含汞凝析油；Ⅱ-低含汞凝析油

化学吸附过程中，负载型脱汞剂使用时需装填成固体吸附床的形式置于脱汞塔中，高含汞凝析油从脱汞塔底部进入，汞脱除后的凝析油经脱汞塔顶部流出。反应生成的汞化合物紧紧地附着于脱汞剂载体微孔表面，不易脱落，脱汞剂饱和失效时，生成的汞化合物随失效脱汞剂一起取出，再将失效脱汞剂进行有效处理。负载型脱汞剂示意图如图 6.2 所示。

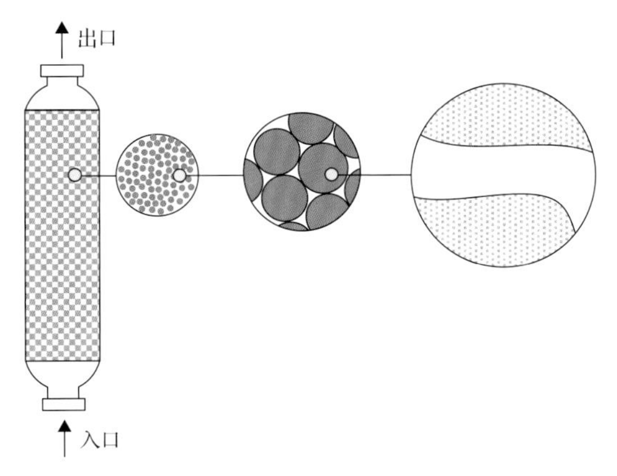

图 6.2　负载型脱汞剂示意图

(1) 可再生脱汞工艺。

可再生脱汞工艺使用载银分子筛 HgSIV™ 实现凝析油脱汞，饱和的脱汞剂还可以使用高温的再生气进行再生。可再生的脱汞工艺如图 6.3 所示，该工艺采用两套吸附塔，进行凝析油脱水、脱汞操作。该工艺适用于汞含量较高的凝析油。

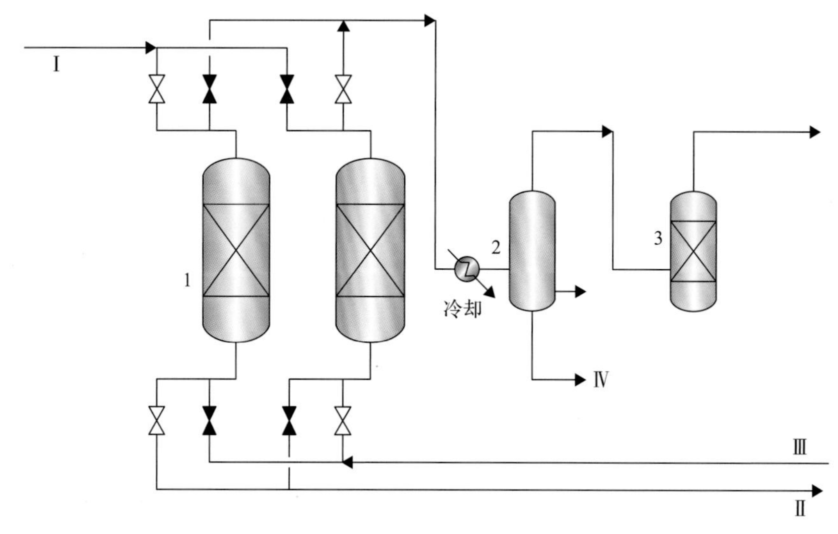

图 6.3　可再生的凝析油脱水脱汞工艺

1-脱汞塔 A/B；2-过滤分离器；3-再生气脱汞塔；Ⅰ-高含汞凝析油；Ⅱ-低含汞凝析油；III-再生气；Ⅳ-单质汞

该工艺可以分为化学吸附脱汞和脱汞剂再生两个阶段：在脱汞阶段，含汞凝析油从脱汞塔顶部流入，凝析油与载银分子筛发生反应后从底部流出，得到低含汞的凝析油；在脱汞剂再生阶段，高温再生气从脱汞塔底部流入，高温的再生气使汞齐分解，饱和脱汞剂恢复脱汞性能。产生的汞蒸气与再生气一起从塔顶排出，在后续的分离器中，气体冷凝，单质汞和水凝析出来，从分离器底部排出，含汞尾气经过再生气脱汞塔降低气体中汞含量后排放。

(2) 不可再生脱汞工艺。

不可再生脱汞工艺的脱汞剂可使用金属硫化物脱汞吸附剂实现凝析油脱汞，失效脱汞剂可采用热解等方法进行处理。不可再生的脱汞工艺如图 6.4 所示，该工艺采用两台吸附塔，进行凝析油脱汞操作，通过阀门切换可以方便地更换失效的脱汞剂。

含汞凝析油从吸附塔顶部流入，凝析油与脱汞剂发生反应后从底部流出，即可得到低含汞的凝析油。失效的脱汞剂不可再生，可作为含汞废物进行处理。该工艺的优点是流程简单，投资成本少。

不可再生的凝析油脱汞工艺有先脱汞再加工工艺和先加工再脱汞工艺。

A. 凝析油先脱汞再加工工艺。

该工艺的特点是在凝析油加工之前，实现凝析油脱汞，其工艺流程如图 6.5 所示。凝析油脱汞采用两台吸附塔轮流进行，凝析油脱汞后，进行加工得到各种凝析油产品。主要的加工设备有气提塔、脱甲烷塔、脱乙烷塔、脱丙烷塔和脱丁烷塔。凝析油脱水脱汞后，加工得到的凝析油产品的含水率和含汞量都达到产品质量指标。天然气凝析油加工之前进行脱汞，减少了加工过程可能发生的汞污染和汞腐蚀，该工艺脱汞剂的用量较大。

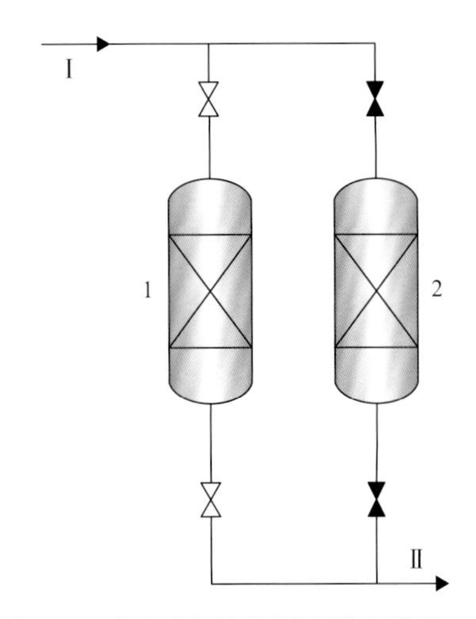

图 6.4　不可再生的凝析油脱水脱汞工艺

1-脱汞塔 A；2-脱汞塔 B；Ⅰ-含汞含水凝析油；Ⅱ-低含汞凝析油

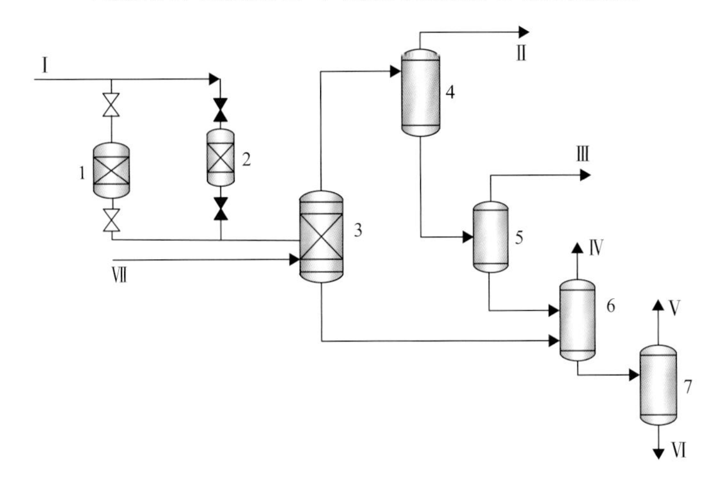

图 6.5　凝析油先脱汞再加工工艺

1-干燥塔；2-脱汞塔；3-气提塔；4-脱甲烷塔；5-脱乙烷塔；6-脱丙烷塔；7-脱丁烷塔；
Ⅰ-高含汞凝析油；Ⅱ-甲烷；III-乙烷；Ⅳ-丙烷；Ⅴ-丁烷；Ⅵ-重烃；Ⅶ-气提气

B. 凝析油先加工再脱汞工艺。

该工艺的特点是只针对脱乙烷塔之后得到的三种液相产品（C_3、C_4、C_{5+}）进行脱汞，如图 6.6 所示。并且，凝析油产品的脱汞只使用了单台吸附塔。

该工艺增加了液相丙烷、丁烷收集槽和脱丁烷釜液的闪蒸槽，以及三台产品输送泵。加工脱乙烷塔釜液，得到三种液相产品（C_3、C_4、C_{5+}），在产品储运之前实现脱汞。该工艺适用于汞含量较低的凝析油，可以实现凝析油产品的深度脱汞，可以确保产品的汞含量达到一般脱汞工艺难以实现的极低值。

该工艺可以针对特定的凝析油产品进行脱汞，需要脱汞的液烃量大大减少。因此，对某种凝析油产品只需要单台吸附塔即可，可以确保产品的汞含量达标。该工艺的缺点是先加工后脱汞增加了凝析油加工过程中的汞腐蚀和汞污染风险；对凝析油进料的含水率和含汞量要求更高。

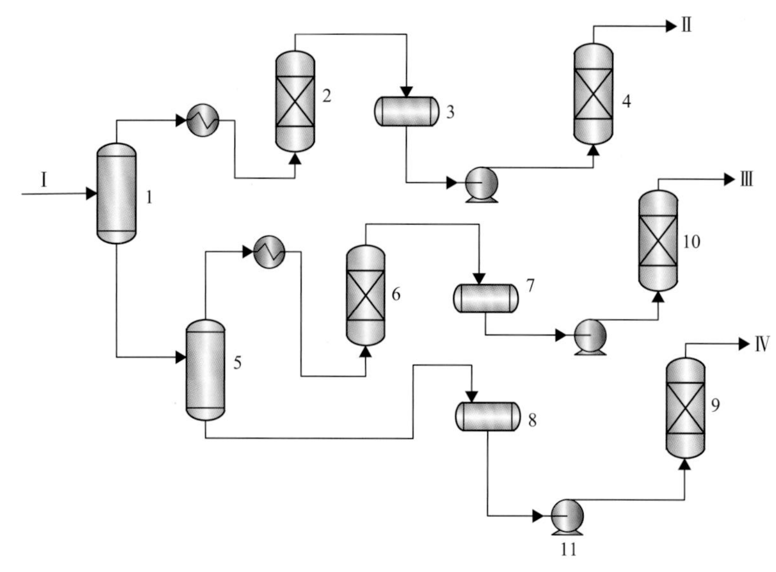

图 6.6　凝析油先加工再脱汞工艺

1-脱丙烷塔；2-丙烷净化塔；3-收集槽；4-汞吸附塔 A；5-脱丁烷塔；6-丁烷净化塔；7-收集槽 A；8-收集槽 B；9-汞吸附塔 B；10-汞吸附塔 C；11-泵；Ⅰ-脱乙烷塔釜液；Ⅱ-丙烷；Ⅲ-丁烷；Ⅳ-重烃

汞与吸附剂的反应受多种物理和化学因素的影响。这些因素包括温度、压力、流量、烃类组成等。决定化学吸附速率的关键动力学因素是吸附剂中活性物质的吸附性能和反应物的化学活泼性。原料组成对床层容量和吸附效率影响很重要，烯烃、芳烃和较重的脂肪烃化合物竞争吸附作用，并可能干扰所需的汞吸附。因此，与处理丙烷或丁烷之类的轻质精炼物流相比，处理重质凝析油的难度更高。

C. 高温催化氢解工艺。

高温催化氢解工艺主要是将有机汞、离子汞转化为单质汞。第一阶段有机汞转化过程，将一定量氢气通入凝析油中，含汞凝析油和氢气与有机汞转化塔釜液换热后，进入加热器加热至一定温度(160～200℃)，以保证有机汞、离子汞完全转化为单质汞。然后进入装有催化剂 AxTrap841 的有机汞转化塔，发生加氢催化分解反应，有机汞转化成单质汞后进入脱汞塔。

第二阶段吸附过程是在常温下进行，有机汞转化塔出口的凝析油进脱汞塔前需冷却至环境温度，然后进入脱汞塔，脱汞剂推荐选用适应性强的负载型金属硫化物，最后进入两相分离器实现凝析油和尾气的分离，尾气燃烧排放，脱汞后的凝析油去储存装置。其工艺流程图见图 6.7。

高温催化氢解工艺具有以下特点。

(1) 能同时脱除单质汞、有机汞和离子汞，脱汞效率达 99%，脱汞深度达 1μg/L。

(2) 汞含量适用范围宽(10～1800μg/L)、适应性强。

(3) 需要大量的高纯度氢气，且需要贵金属催化剂(钯)，运行成本高。

(4) 工艺流程较复杂，有机汞转化塔操作温度较高，能耗较高。

高温催化氢解工艺适用于含有有机汞的凝析油，该工艺在凝析油中有机汞的脱除领域应用很广，全球已有数十套凝析油脱汞装置采用此工艺。

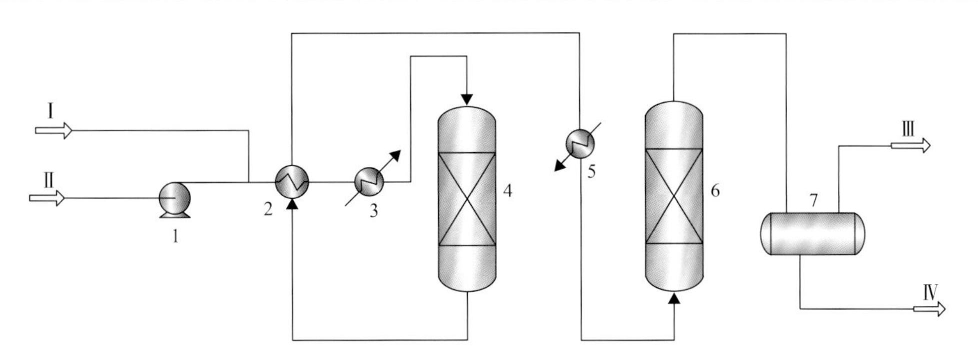

图 6.7　高温催化氢解脱汞工艺流程

1-增压泵；2-换热器；3-加热器；4-有机汞转化塔；5-冷却器；6-脱汞塔；7-分离器；
Ⅰ-氢气；Ⅱ-含汞凝析油；Ⅲ-尾气；Ⅳ-低含汞凝析油

2. 工艺特点及应用情况

化学吸附工艺主要特点如下。

(1) 化学吸附工艺脱汞效率高，适应性强，工艺成熟，应用广泛。

(2) 负载型脱汞剂活性物质利用率高，适合大规模工业应用。

(3) 不会引入其他杂质，无二次污染。

固定床吸附对凝析油中固体杂质和水含量有严格要求，直接影响脱汞效果，脱汞温度不宜超过 50℃，目前凝析油脱汞剂国外供应，价格昂贵，处理高含汞凝析油将增加脱汞运行成本。该工艺适用于凝析油、LPG、烯烃、丙烷、丁烷、石脑油等液烃。

化学吸附工艺是现阶段工业上应用最多的凝析油脱汞工艺，广泛应用于中东、欧洲、美国、日本和中国等国家或地区。马来西亚 PCSB 公司也采用化学吸附工艺脱除 Duyong、Resak 和 Angsi 等气田凝析油中的汞[24,25]。该公司建立了两套凝析油脱汞装置，预期目标要求将凝析油汞含量从 250μg/L 降低至 5μg/L。据监测，两套脱汞装置的脱汞效率均达 95%以上，凝析油中汞含量低于 5μg/L。

3. 脱汞剂选用

化学吸附脱汞的关键是脱汞剂，目前凝析油汞吸附剂主要来源于国外，小部分为国内生产供应。凝析油脱汞剂一般由活性物质和载体两部分组成，活性物质是脱汞的主体物质，均匀地分布于载体上，能与单质汞反应结合，进而脱除凝析油中的汞，载体具有巨大的微孔表面积，增加汞与活性物质的接触概率，适合大规模商业应用。目前，现阶段凝析油脱汞剂主要有负载型金属硫化物、负载型金属卤化物、载银分子筛[26,27]。

负载型金属硫化物在液烃总汞含量不高时能够将汞含量降低至 1μg/L；对于负载型金属卤化物，经西南石油大学建立固定吸附床装置评价其性能，无论凝析油原料中汞含量如何变化，出口凝析油汞含量能持续低于 50μg/L，脱汞效率达 95%以上；载银分子筛主要脱除单质汞，脱汞深度能达 1μg/L。

根据各脱汞剂工作特点，建议按以下要求选用。

(1) 在凝析油中有机汞含量较低、单质汞含量高时，应采用负载型金属硫化物。

(2)在凝析油不含游离水、有机汞和离子汞含量较多时，应采用负载型金属卤化物。

(3)在轻烃中单质汞含量较高时，应采用载银分子筛。

6.2.2 化学沉淀

化学沉淀工艺的脱汞原理是向凝析油中加入多硫化物反应剂(多为溶液形式)，将凝析油中溶解的汞及其化合物转化为不溶于烃和水的硫化汞，再利用过滤分离技术(如旋流离心分离器、硅藻岩筒式过滤器)或物理吸附技术(如活性炭、硅藻岩)脱除硫化汞，从而达到从凝析油中脱汞的目的。多硫化物可以是有机硫化物或无机硫化物，有机硫化物可以为二硫代氨基甲酸酯、硫化烯烃、硫醇或硫酚等，无机硫化物可以是硫化钠、硫氢化钠或硫化亚铁等。化学沉淀工艺能脱除单质汞、有机汞和离子汞，其化学反应见式(6.5)～式(6.7)。

$$Hg + S_x^{2-} \longrightarrow S_{x-1}^{2-} + HgS \tag{6.5}$$

$$R—Hg—R' + S_x^{2-} \longrightarrow HgS + S_{x-1}^{2-} + R—R' \tag{6.6}$$

$$HgCl_2 + S_x^{2-} \longrightarrow HgS + S_{x-1}^{2-} + 2Cl^- \tag{6.7}$$

影响化学沉淀工艺脱汞效果的因素主要包括温度、pH、汞沉淀剂的性质和结构、汞沉淀剂投加量等。脱汞效果随操作温度的升高而提高，但反应温度过高将会导致石油中轻质组分挥发出来，同时单质汞也会从凝析油中挥发出来，增加石油加工过程的安全风险。对于低温条件，必须增加汞沉淀剂使用量或延长反应时间以提高脱汞效果。通常来讲，操作温度宜控制在40～60℃。另外不同种类的汞沉淀剂与汞反应的条件不同，有机硫化物均能够有效脱除石油中离子汞和有机汞，其中硫代氨基甲酸酯和硫化烯烃的脱汞效果最好。而无机硫化物较有机硫化物的脱汞效果差，反应速度慢。

化学沉淀工艺中汞含量适应范围宽，但多硫化物的投加量不易控制，易引入新的杂质，容易造成二次污染；为混合充分需搅拌混合溶液，易形成油水乳状液。工业上凝析油脱汞很少采用此工艺，化学沉淀工艺一般用于原油脱汞。

6.2.3 气提

1. 工作原理

气提脱汞是利用气体介质(天然气、氮气等不影响凝析油品质的气体)将凝析油中的单质汞转移至气体中，再对含汞气体进行脱汞处理。含汞凝析油从气提塔上部进入，用作分离的气体介质从气提塔下部进入，凝析油与气体介质在气提塔中逆向接触，其工艺流程见图6.8。该工艺实质上是一个物理过程。气提气可采用氮气、天然气(低含汞天然气)等气体。在凝析油中普遍使用天然气作为气提气。为了增加凝析油与气体介质接触面积，气提过程一般采用填料塔。

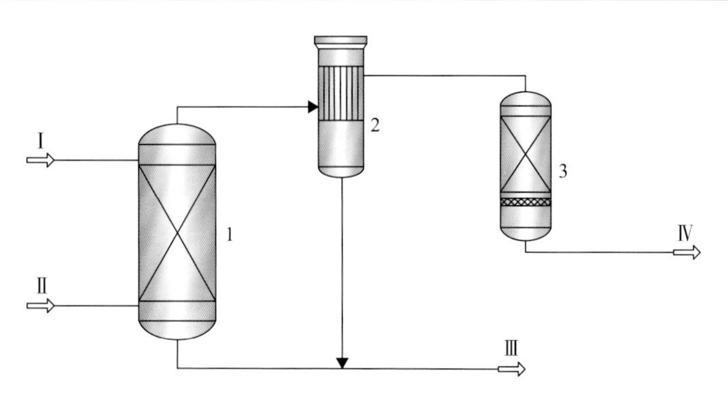

图 6.8　气提脱汞工艺流程

1-气提塔；2-气液聚结器；3-气相脱汞塔；Ⅰ-高含汞凝析油；Ⅱ-天然气；Ⅲ-低含汞凝析油；Ⅳ-低含汞天然气

2. 影响因素

气提工艺脱汞效率的影响因素主要有凝析油进料温度、气提塔工作压力、气体流量、气提塔理论塔板数，利用 Aspen HYSYS 软件模拟研究这些因素对其脱汞效率和烃损失等参数的影响规律。

凝析油模拟组分来源于国内某气田凝析油，气提气采用该气田不含汞外输天然气。气提塔塔径 150mm，填料高度 1500mm，填料采用 16mm 矩鞍环。模拟基础数据如下：凝析油进料流量 $1m^3/h$，凝析油汞含量 1500μg/L，气提气（天然气）进料流量 $80Nm^3/h$，天然气汞含量 $5μg/m^3$，凝析油及气提气进料温度 30℃，气提塔工作压力 200kPa，气提塔理论塔板数 5 块。

1）气提塔工作压力的影响

改变气提塔操作压力 120～300kPa，其他操作条件不变。气提塔工作压力对脱汞效率和烃损失的影响规律见表 6.1，变化曲线如图 6.9 所示。

表 6.1　气提塔工作压力对脱汞效率的影响

气提塔操作压力/kPa	出口汞含量/(μg/L)	脱汞效率/%	烃损失/[kg/(t·h)]	压降/Pa	液相喷淋密度/[m^3/(h·m^2)]
120	98.5	93.43	12.53	253.4	57.12
140	157.5	89.50	10.88	215.4	57.15
160	228.8	84.75	9.60	188.3	57.18
180	298.5	80.10	8.55	168.0	57.20
200	371.7	75.22	7.68	152.5	57.22
220	441.6	70.56	6.94	140.4	57.24
240	507.9	66.14	6.29	130.7	57.26
260	569.4	62.04	5.71	122.9	57.28
280	625.6	58.29	5.19	116.6	57.30
300	676.6	54.89	4.72	111.5	57.32

注：凝析油进料温度 30℃，气体进料流量 $80Nm^3/h$，进料温度 30℃，理论塔板数 5 块。

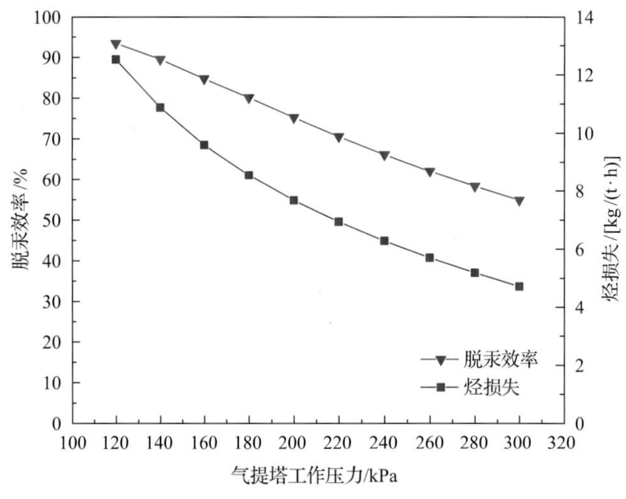

图 6.9　气提塔工作压力的影响曲线

从图 6.9 可以看出，气提塔工作压力在 120～300kPa 间变化时，随着操作压力升高，凝析油出口汞含量逐渐升高，脱汞效率逐渐降低，烃损失减小，床层压降减小。从模拟结果看，操作压力越低，脱汞效果越好，但操作压力低意味着会有更多的轻质组分挥发出来。综合脱汞效率和烃损失分析，气提塔工作压力应为 160～260kPa。

2) 凝析油进料温度的影响

改变凝析油进料温度 30～60℃，其他操作条件不变。凝析油进料温度对脱汞效率和烃损失的影响规律见表 6.2，变化曲线如图 6.10 所示。

表 6.2　凝析油进料温度对脱汞效率的影响

凝析油进料温度/℃	出口汞含量/(μg/L)	脱汞效率/%	烃损失/[kg/(t·h)]	压降/Pa	液相喷淋密度/[m^3/(h·m^2)]
30	441.6	70.59	6.94	140.4	57.24
35	343.2	77.12	8.58	145.1	57.54
40	257.0	82.87	10.52	150.4	57.84
45	185.9	87.61	12.83	156.5	58.14
50	130.5	91.30	15.56	163.4	58.45
55	89.6	94.03	18.79	171.3	58.76
60	60.3	95.98	22.60	180.3	59.07

注：气体进料流量 80Nm^3/h，进料温度 30℃，理论塔板数 5 块，气提塔工作压力 220kPa。

从图 6.10 可以看出，凝析油进料温度在 30～60℃间变化时，随着凝析油进料温度升高，脱汞效率逐渐升高，出口汞含量逐渐降低；但进料温度升高势必增大烃损失量。当凝析油进料温度为 50℃时，脱汞效率能达 90%以上，出口汞含量为 130.5μg/L，但此时烃损失高达 15.56kg/(t·h)，即 1 年会损失轻烃 131.31t，损失巨大。综合脱汞效率和烃损失分析，凝析油气提脱汞的凝析油进料温度应控制在 30～40℃。

3) 气体流量的影响

改变气体流量 20～140Nm^3/h，其他操作条件不变。气体流量对脱汞效率和烃损失的影响规律见表 6.3，变化曲线如图 6.11 所示。

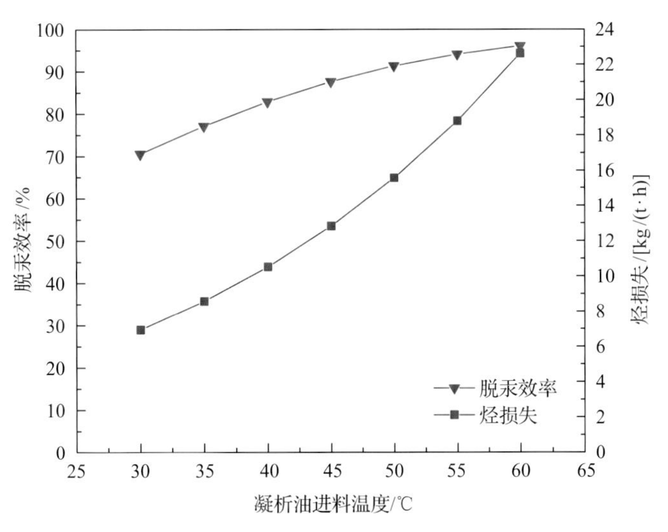

图 6.10　凝析油进料温度的影响曲线

表 6.3　气体流量对脱汞效率的影响

气体流量/(Nm^3/h)	出口汞含量/(μg/L)	脱汞效率/%	烃损失/[kg/(t·h)]	压降/Pa	液相喷淋密度/[m^3/(h·m^2)]
20	1213.4	19.11	1.73	33.68	57.30
40	916.8	38.88	3.67	51.53	57.28
60	662.6	55.83	5.31	84.81	57.26
80	441.6	70.56	6.94	140.4	57.24
100	278.7	81.42	8.51	220.0	57.23
120	178.5	88.10	9.93	316.6	57.21
140	112.2	92.52	11.37	448.2	57.20

注：凝析油进料温度 30℃，气体进料温度 30℃，理论塔板数 5 块，气提塔工作压力 220kPa。

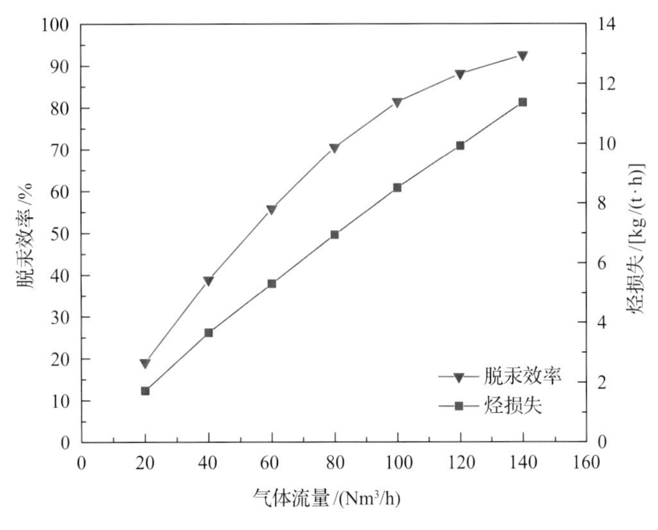

图 6.11　气体流量的影响曲线

从表 6.3 和图 6.11 可以看出，气体流量在 20～140Nm^3/h 间变化，随着气体流量增大，脱汞效率逐渐增大，出口汞含量逐渐降低，但烃损失会随之增加，床层压降增大。当气体流量为 140Nm^3/h 时，脱汞效率可达 92.52%，但烃损失达 11.37kg/(t·h)，即 1 年会损失轻烃 90.60t。同时气体流量增大，会增加气相脱汞塔的尺寸，增大设备占地面积和脱汞运行成本。综合脱汞效率和烃损失分析，凝析油气提脱汞的气体流量应控制在 80～120Nm^3/h。

4) 气提塔理论塔板数的影响

改变气提塔理论塔板数 3～8 块，其他操作条件不变。气提塔理论塔板数对脱汞效率和烃损失的影响规律见表 6.4，变化曲线见图 6.12。

表 6.4　气提塔理论塔板数对脱汞效率的影响

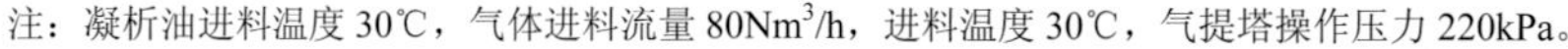

气提塔理论塔板数/块	出口汞含量/(μg/L)	脱汞效率/%	烃损失/[kg/(t·h)]	压降/Pa	液相喷淋密度/[m^3/(h·m^2)]
3	540.2	63.99	6.79	140.4	57.22
4	480.0	68.00	6.88	139.4	57.24
5	441.6	70.56	6.94	140.4	57.24
6	416.4	72.24	6.97	144.8	57.25
7	398.6	73.43	6.99	141.6	57.25
8	385.7	74.29	7.01	142.0	57.25

注：凝析油进料温度 30℃，气体进料流量 80Nm^3/h，进料温度 30℃，气提塔操作压力 220kPa。

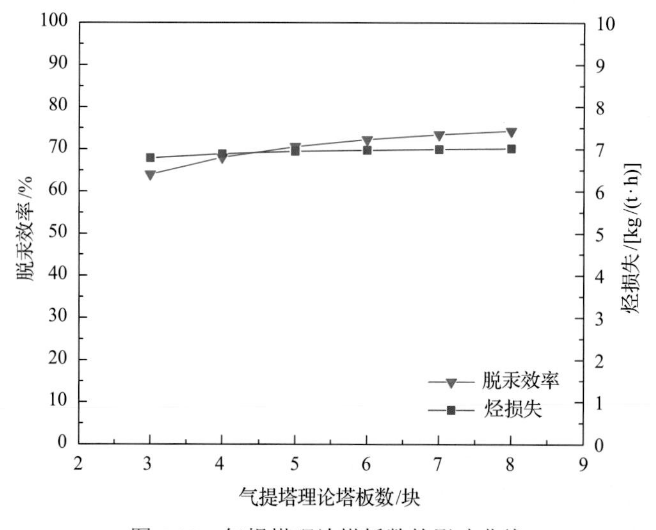

图 6.12　气提塔理论塔板数的影响曲线

从表 6.4 和图 6.12 可以看出，凝析油出口汞含量随气提塔理论塔板数增加而减少，脱汞效率、烃损失、床层压降和最大液相喷淋密度越来越高。当气提塔操作压力为 220kPa 时，脱汞效率为 70.56%，出口汞含量为 441.6μg/L，烃损失为 6.94kg/(t·h)，床层压降为 140.4Pa，最大液相喷淋密度为 57.24m^3/(h·m^2)。综合脱汞效率和烃损失分析，凝析油气提脱汞的理论塔板数宜控制为 4～6 块。

综上所述，提高气提工艺脱汞效率的措施可以是增大凝析油进料温度、降低气提塔工作压力、增大气体流量和增加气提塔理论塔板数。但提高脱汞效率的同时会增加烃损失，应通过工艺模拟将这些参数控制在合理的范围内。综合脱汞效率和烃损失分析，凝析油气提脱汞的气提塔工作压力应控制在160～260kPa，凝析油进料温度为30～40℃，气体流量为80～120Nm^3/h，理论塔板数宜控制为4～6块。

3. 工艺特点及应用情况

气提脱汞工艺利用了气体化学吸附脱汞的优势，避免了液烃化学吸附脱汞的缺点，因为没有利用吸附剂进行汞沉淀。但该工艺仅能脱除凝析油中单质汞，不能脱除有机汞和离子汞，同时凝析油中的轻质组分(丙烷和丁烷等)易随气体介质流出，存在一定的烃损失，必要时必须设置装置回收气体中的轻质组分，同时气体使用量较大。

该工艺在气提塔后需设置气体脱汞装置，为满足工业脱汞深度需与化学吸附工艺结合使用，有液烃损失。该工艺适用于凝析油初步脱汞，主要用于高含汞凝析油中单质汞的脱除。

6.2.4 膜分离脱汞工艺

膜分离脱汞工艺是利用天然或人工制备的具有选择透过性的聚合物膜或纳米滤膜，以外界能量或化学单位差为推动力对双组分的溶质和溶剂进行分离。用来脱汞的膜材料可以是聚合物膜和纳米滤膜。

聚合物膜利用膜两侧的汞浓度差来脱除凝析油中汞，在膜的一侧汞及汞化物与活性物质(碱金属硫化物、二硫化二胺、二硫化物盐、多元硫醇、硫酚等)反应生成沉淀物，以实现连续的浓度差。在这一过程中，高含汞凝析油称为原料流，含活性物质的溶液称为洗涤流。聚合物膜材料可以是聚丙烯、聚醚醚酮(PEEK)、聚四氟乙烯(PTFE)、聚乙烯基氟化物(PVDF)及能与原料流和洗涤流相容的任何其他聚合物中空纤维材料。

纳米滤膜利用膜两侧压力差有效阻止汞及汞化物通过滤膜，但这种滤膜允许液烃介质通过。纳米滤膜可以是聚合物或陶瓷纳滤膜，这类滤膜均含有聚硅氧烷层或交联聚硅氧烷层(已被证明能脱除各种形式的汞)。

膜分离脱汞工艺具有以下特点。

(1)能脱除多种形式的汞，汞含量适应范围宽。

(2)工艺流程简单，操作方便，易于自动化。

(3)操作条件温和，能耗低，无二次污染。

(4)易受固体颗粒和重烃等物质污染，降低膜分离性能，同时稳定性、耐热性、耐溶剂能力有限。

(5)该工艺尚处于开发研究阶段，处理能力有限，未见规模性的工业应用。

6.3 脱汞工艺设备

工艺设备是凝析油脱汞工艺中重要组成部分之一，优越的工艺设备性能对凝析油脱汞深度及效率具有重要影响。凝析油脱汞工艺设备主要有过滤器、聚结器和脱汞塔等。

6.3.1 凝析油过滤器

凝析油未经过滤处理和脱水处理，油中含有较多的固体颗粒杂质和游离水，将影响脱汞剂性能。因此在进行凝析油脱汞之前，需对凝析油进行初步处理脱除这些杂质。凝析油过滤装置主要采用过滤器对凝析油中固体颗粒进行脱除。其主要工作原理是利用过滤器中滤芯的空隙进行机械过滤，凝析油中固体颗粒则会被截留或吸附在滤芯表面和空隙中。

1. 过滤器设计要求

过滤器作用是通过预过滤凝析油中所含的固体杂质，防止固体杂质颗粒进入装置后造成设备、管件损坏或者堵塞，保证满足凝析油脱汞工艺设计要求和生产装置的正常稳定运行，保护生产装置相关设备的安全和使用周期，过滤器示意图见图 6.13。在凝析油脱汞工艺中一般对过滤器的基本要求如下。

(1) 过滤精度应满足系统设计要求。

(2) 具有足够大的通油能力，压力损失小。

(3) 滤芯具有足够强度，不会因压力油的作用而损坏。

(4) 滤芯抗腐蚀性好，能在规定的温度下长期工作。

(5) 滤芯的更换、清洗及维护方便容易。

(6) 直径 10μm 以上的固体颗粒脱除效率达 99.9%。

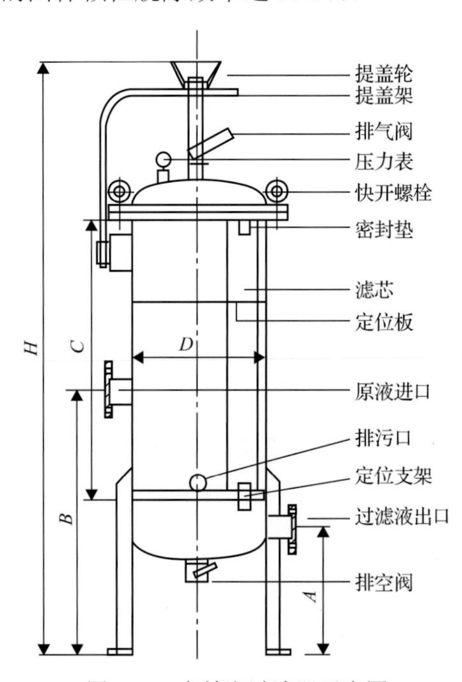

图 6.13　高精密过滤器示意图

A-过滤出口高度；*B*-原液进口高度；*C*-分离段；*D*-过滤器直径；*H*-总高

2. 过滤器滤芯

凝析油脱汞工艺中，过滤器滤芯是滤器的过滤元件和核心部件，其数量和材质根据工艺要求确定。适用于凝析油脱汞工艺的过滤器滤芯主要包括聚丙烯折叠滤芯、陶瓷滤芯、纤维烧结滤芯及线缠绕式滤芯。烧结金属滤芯、陶瓷滤芯和线缠绕式滤芯耐高温，抗腐蚀性强，滤芯强度大，制造简单，但是易堵塞，难于清洗，颗粒易脱落。聚丙烯折叠滤芯精度高，质量轻，成本低，精度高，可以达到 1μm，但不能清洗，需定期更换滤芯。

凝析油过滤器滤芯是由单层或多层金属网与滤料制成，层数与构成丝网的目数根据不同的使用条件与用途而定，同心率高、承受压力大、直度好，不锈钢材质，不带任何毛刺，使用寿命长，过滤精度可以高达 1μm，工作温度在–30℃～110℃，对直径 10μm 以上的固体颗粒脱除效率达 99.9%，可有效控制凝析油的污染度。过滤器滤芯如图 6.14 所示。

图 6.14　玻璃纤维型滤芯

6.3.2　凝析油聚结器

凝析油的含水量直接影响脱汞剂的脱汞效果和使用寿命，凝析油进入脱汞塔前需进入液-液聚结器深度脱除凝析油的微量水，其液-液聚结器主要性能指标如下。

(1) 脱水后凝析油中水含量小于 10mg/L。

(2) 起始压差小于 0.03MPa。

(3) 最大允许工作压差为 0.1MPa。

1. 聚结器结构

聚结器分离过程实际上是分散相液滴在连续相中聚结和分离的过程。两相的聚结分离过程因其所应用的单元操作及处理的凝析油特性不同而不同，此外，聚结材料的多样性也决定了其聚结分离操作过程的不同。以纤维类聚结材料为例，聚结过程可分为液滴捕集、液滴聚结和液滴沉降。

1) 液滴捕集

凝析油中游离水小液滴在运动过程中不断与纤维接触碰撞。由于纤维类介质的纤维直径和长短不一，便形成了其内部层状结构，这有利于液滴的捕集。影响液滴捕集的一个重要因素是流体的流速，如果流速过大，不利于液滴的捕集，从而影响下一步的聚结。

2) 液滴聚结

在完成液滴捕集过程后，液滴聚结阶段是整个聚结过程最重要的阶段。被捕集的小液滴在流体推动下沿着纤维方向互相撞击、聚并，从而聚结变大。聚结变大后的液滴在流体推动下沿着纤维丝移动，随着液滴直径的变大，液滴最后在自身重力或浮力作用下脱落。在聚结区，可以将直径在 0.2～50μm 的游离水小液滴转化成直径为 500～5000μm 的悬浮大液滴。示意图如图 6.15 所示。

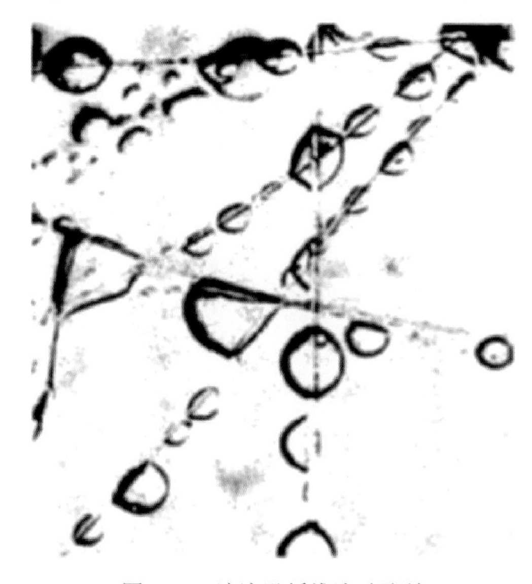

图 6.15　液滴沿纤维流动聚结

3) 液滴沉降

经过第二阶段后，变大后的液滴在自身重力或浮力的作用下开始沉降或上升，从聚结介质上脱落。液滴的沉降或浮升遵循 Stockes 规律。液滴的沉降速度及扩散体系的流速影响着液-液两相分离设备的结构设计。其结构图如图 6.16 所示，其工作原理如图 6.17 所示。

在凝析油脱汞工艺中，一般推荐设置两台聚结器串联使用，保证脱水深度达到工艺要求。

2. 滤芯结构

液-液聚结器滤芯主要分为聚结滤芯和分离滤芯。凝析油首先从内向外流经聚结滤芯，聚结滤芯是由特殊玻璃纤维及其他合成材料进行适当的组合，专门针对凝析油脱水配制而成，具有良好亲水性。聚结滤芯具有过滤颗粒污染物、聚结水分的双重功能。这

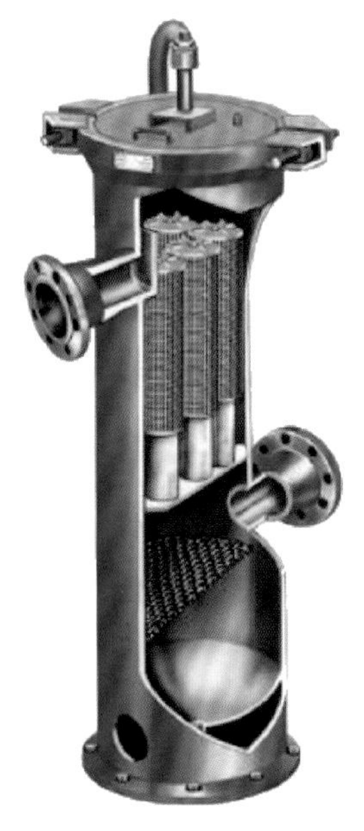

图 6.16 液-液聚结器结构图

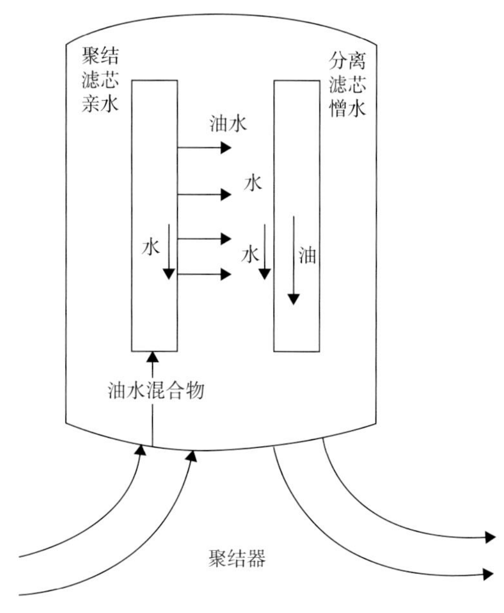

图 6.17 液-液聚结器工作原理图

些高精度滤材外面的破乳聚结层会将凝析油中的微小水滴聚结成水珠。尺寸较大的水珠会依靠自身的重力沉降到积水槽，尺寸较小的水珠来不及沉降就会被油液挟带着流向分离滤芯。分离滤芯是由经过特殊处理的不锈钢网制成，具有良好的憎水性，当凝析油从外向内流经分离滤芯时，小水珠被有效拦截在滤芯外面，只让凝析油通过，不让水分通过，从而进一步分离水分。

聚结滤芯主要包括玻璃纤维聚结滤芯和聚酯纤维聚结滤芯。玻璃纤维聚结滤芯采用高密度梯度玻璃纤维制造，为减少破损漏失设计成整体单片管结构，滤芯表面经疏水、疏油处理，可满足各种精度等级要求。结构稳定，不存在介质纤维脱落现象，不会对环境、产品下游造成污染。与各种流体有很好的兼容性；良好的环保性，合成材料，完全燃烧无残留物。聚酯纤维聚结滤芯的滤芯材料通常用聚酯纤维人工合成材料，与各种流体有很好的兼容性。滤芯采用多层结构螺旋状卷制而成，每层采用不同性能的纤维，通过控制每层纤维的形状、大小、厚度和密度等参数来达到预期的过滤精度。聚结滤芯一般为圆柱结构，其结构如图 6.18 所示。聚结滤芯推荐采用玻璃纤维作为聚结材料，聚结滤芯过滤精度可达 0.1μm，该滤芯如图 6.19 所示。

分离滤芯属于二级滤芯，其材料具有憎水性，凝析油通过该滤芯，水则被挡于滤芯之外，流入沉淀槽中，通过放污阀排出。分离滤芯主要包括不锈钢金属网滤芯和烧结网滤芯。

1) 不锈钢金属网滤芯

金属网滤芯采用多层折叠扩张铝箔网或不锈钢网作为过滤器的专用滤材，经碾压呈波浪网形，以正确的角度彼此交叉叠合而成；多层折叠扩张是以不同的密度、孔径由粗到细排列，使物体通过时多次改变流动方向，增大其效率。过滤精度在 3～200μm，滤芯材质有铁丝、镀锌丝、钢丝、铜丝、镍丝、钛丝、蒙乃尔、铁铬铝、钨丝、银丝等材质。

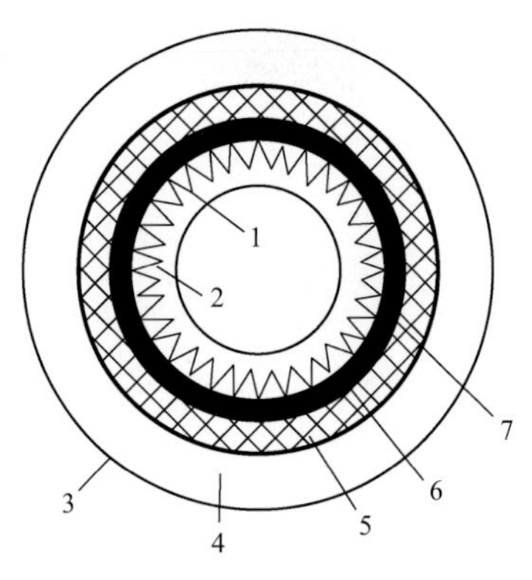

图 6.18　聚结滤芯结构图

1-金属网；2-中心管；3-脱水棉套；4-外聚结尾；5-内聚结尾；6-破乳层；7-过滤层

图 6.19　玻璃纤维聚结滤芯

2）烧结网滤芯

该滤芯是采用多层金属编织丝网，通过特殊的叠层压制与真空烧结等工艺制造而成，具有较高机械强度和整体刚性结构的一种新型过滤材料。一般有五层结构，分为保护层、过滤层、分离层、支撑层四部分，这种滤材既有均匀稳定的过滤精度，又有较高的强度与刚度，对抗压强度和过滤精度要求高的工况是一种理想的过滤材料。该滤芯过滤原理为表层过滤，网孔孔道光滑，具有优异的反洗再生性能，可反复长期使用，是任何一种过滤材料都无法相比的。该滤芯具有强度高、稳定性能好、易清洗、耐高温、耐腐蚀等特点。过滤精度范围在 1～100μm。

分离滤芯推荐采用五层烧结网滤芯，如图 6.20 所示。

6.3.3　脱汞塔

1. 设计原则

凝析油脱汞塔的设计主要考虑进出口凝析油汞含量、脱汞剂性能(有效汞吸附容量、最佳接触时间、堆积密度等)、使用年限及凝析油进料流量等因素。脱汞塔设计控制脱汞塔内凝析油与脱汞剂的接触时间，具体设计思路如下。

图 6.20　五层烧结网分离滤芯

1) 脱汞剂用量

根据脱汞前后凝析油汞含量、凝析油进料流量、脱汞剂有效汞吸附容量和使用年限等确定需要的脱汞剂用量。由于理论值与实际运行存在一定区别，通常需加上 10%～20% 的脱汞剂富余量，这主要是因为脱汞剂在装填过程中可能会洒落出来导致产品损失，或者脱汞剂的理论装填密度与用户实际的装填密度存在差异。

2) 脱汞塔直径

根据空塔流速先拟确定一个脱汞塔直径，通常脱汞剂种类不同，空塔流速不同。空塔流速没有固定值，其下限与脱汞塔直径有关，比较合理的流速是保证汞及其化合物能完全吸附。对于活性炭吸附系统，保证 15min 以上的有效接触时间。

3) 吸附床层高度

根据需要的脱汞剂用量确定吸附床层体积，再根据脱汞塔直径计算床层高度。设计凝析油脱汞塔时，需要将高径比控制在合理的范围内，在 1.5～2.5。在实际应用中，则应根据具体的处理情况来调整脱汞塔的高径比。

4) 核算床层高度

核算床层高度是否足够，以便使汞及其化合物接触活性中心的时间足够长，即有一个最小的吸附床层高度，以保证正确的传质，而这个依赖于操作条件。若床层高度不够，还需调整吸附床层体积重新计算塔直径，重复步骤 2)。根据吸附床层体积和凝析油进料流量校核计算接触时间。

2. 脱汞塔设计计算

凝析油脱汞塔的设计主要包括脱汞剂用量、脱汞塔直径、吸附床层高度、再生时热负荷及再生温度等参数，确定的方法如下。

1) 脱汞剂用量计算

$$G = 10^{-6}(m_1 - m_2)QN \tag{6.8}$$

式中，G 为总计需要脱除的汞含量，kg；m_1 为脱汞前凝析油汞含量，μg/L；m_2 为脱汞后凝析油汞含量，μg/L；Q 为含汞凝析油进料流量，m^3/d；N 为有效工作时间，d，一年按330d 计算。

$$M = \frac{G}{X} \tag{6.9}$$

式中，M 为总计需要脱汞剂的质量，t；X 为有效汞吸附容量，kg/t。

$$V = \frac{1000M}{\rho} \tag{6.10}$$

式中，V 为吸附床层体积，m^3；ρ 为脱汞剂的堆积密度，kg/m^3。

2) 脱汞塔直径计算

$$A = \frac{Q}{3600u} \tag{6.11}$$

$$D = \sqrt{\frac{4A}{\pi}} \tag{6.12}$$

式中，Q 为工况下的凝析油流量，m^3/h；A 为吸附床层面积，m^2；u 为空塔流速，m/s；D 为吸附床层直径，m。

3) 吸附床层高度计算

$$H = \frac{V}{A} \tag{6.13}$$

式中，H 为吸附床层高度，m。

4) 最后核算床层高度

$$T = 24 \times 3600 \frac{V}{Q} \tag{6.14}$$

式中，T 为核算接触时间，min。

对于可再生脱汞剂，再生时脱汞塔的热负荷计算公式见式(6.13)。

$$Q = Q_1 + Q_2 + Q_3 + Q_4 \tag{6.15}$$

式中，Q 为可再生脱汞塔的加热负荷，kJ；Q_1 为加热载银分子筛的热量，kJ；Q_2 为加热吸附器本身(钢材)的热量，kJ；Q_3 为吸附水的热量，kJ；Q_4 为加热铺垫瓷球的热量，kJ。

6.4　凝析油脱汞工程应用实例

6.4.1　凝析油脱汞现场试验

针对某气田总汞含量高、汞存在形态复杂的特点，综合考虑脱汞深度、脱汞运行成本及技术性等因素，研制一套凝析油脱汞工艺现场试验装置，该现场试验装置可分别评价气提脱汞、化学吸附脱汞、气提与化学吸附联合脱汞三种工艺的脱汞效果，为气田凝析油脱汞工程设计提供技术支持。

1. 现场试验装置开发

某气田凝析油具有比重小、重烃及非烃成分少、品质好的特点，是炼油工业极其优质的原料，在成本和效益等方面优于原油加工。凝析油中游离水含量、密度、运动黏度等基本性质的分析结果见表 6.5。

表 6.5　某气田凝析油基本特征

项目	检测值	测试方法	检测仪器
密度/(g/cm^3)	0.7469	称重法	—
游离水含量/ppm	10000～30000	—	卡式微量水分测定仪
运动黏度/(mm^2/s)	1.2728(测试条件 40℃)	GB/T 265—1988	YT265-03 石油产品运动黏度测定仪
总汞/(μg/L)	1000～1600	—	RA 915+测汞仪
苯/(mg/L)	48080.3	EPA 3550C—2007 EPA 8270E—2017	气相色谱-质谱联用仪
甲苯/(mg/L)	30713.8		
乙苯/(mg/L)	1267.0		

通过建立凝析油脱汞现场试验装置，评价气提脱汞、化学吸附脱汞、气提与化学吸附联合脱汞的适应性和脱汞效果。按处理规模 $0.2m^3/h$、凝析油进料汞含量小于 4000μg/L 进行现场试验装置开发和设计，整个系统包括凝析油脱汞装置、辅助装置、相关仪表及控制系统等。按照模块化、撬装化的设计思路对该气田凝析油脱汞装置进行设计，以安全运行为前提，确保脱汞装置安全、平稳运行。

2. 脱汞工艺流程

整个凝析油脱汞现场试验装置能够评价气提脱汞、化学吸附脱汞、气提与化学吸附联合脱汞的脱汞效果。凝析油脱汞现场试验工艺流程如图 6.21 所示。现分别阐述三种脱汞工艺流程。主要设备操作参数见表 6.6。

1) 气提脱汞工艺流程

脱水脱烃装置来凝析油经原料油储罐 V-101 初步脱除泥沙和游离水，然后经计量后泵送至过滤器 D-101 脱除固体颗粒，再依次进入一级聚结器 D-102 和二级聚结器 D-103 深度脱除游离水；脱除游离水和固体颗粒的凝析油从气提塔 C-101 上部进入，不含汞氮

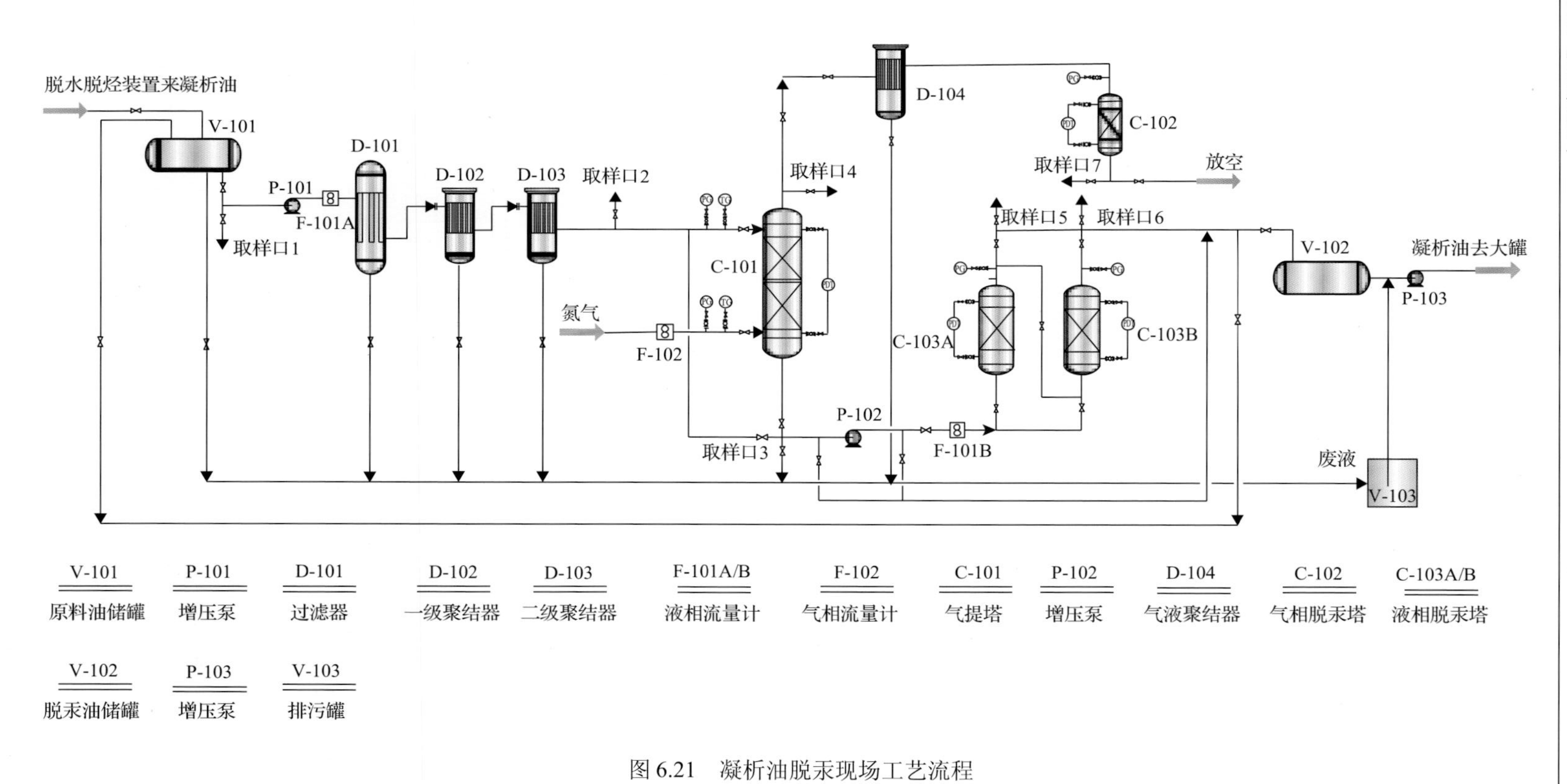

图 6.21 凝析油脱汞现场工艺流程

表 6.6 主要设备操作参数

项目		参数
原料油储罐 V-101	进料温度/℃	30
	进口压力/kPa	100
增压泵 P-101	增压能力/kPa	600
过滤器 D-101	进料温度/℃	30～50
	进口压力/kPa	600
一级聚结器 D-102 二级聚结器 D-103	进料温度/℃	30～50
	进口压力/kPa	300
气提塔 C-101	凝析油进料温度/℃	35～50
	凝析油进口压力/kPa	150～200
	气提气进料温度/℃	30～35
	气提气进口压力/kPa	150～200
	操作压力/kPa	150～190
	理论塔板数/块	5
增压泵 P-102	增压能力/kPa	600
液相脱汞塔 C-103A/B	进料温度/℃	30～50
	进口压力/kPa	300
	单塔停留时间/min	＞30
	设计脱汞深度/(μg/L)	＜100
气液聚结器 D-104	进料温度/℃	30
	进口压力/kPa	150～190
气相脱汞塔 C-102	进料温度/℃	30
	进口压力/kPa	140
	停留时间/s	＞10
	设计脱汞深度/(μg/m^3)	＜12

气调压后从气提塔 C-101 下部进入，凝析油与氮气在塔内逆向接触，凝析油中单质汞随气体流出。经气提初步脱汞的凝析油增压后去凝析油储存罐；气提塔后的氮气经气液聚结器 D-104 脱除液相(液烃、游离水)后去气相脱汞塔 C-102，气相脱汞剂采用负载型金属硫化物，脱汞后气体放空。

2) 化学吸附脱汞工艺流程

脱水脱烃装置来凝析油经原料油储罐 V-101、过滤器 D-101、一级聚结器 D-102 和二级聚结器 D-103 深度脱除游离水和固体杂质颗粒后泵送至液相脱汞塔 C-103A/B，液相脱汞塔采用双塔串联吸附，脱汞剂推荐采用负载型金属卤化物脱汞剂，将凝析油中汞含量降低至 100μg/L 以下，经脱汞剂深度脱汞后的凝析油去凝析油储存罐。

3) 气提与化学吸附联合脱汞工艺流程

从脱水脱烃装置来凝析油经一系列预处理装置(同气提工艺流程)脱除游离水和固体

杂质后，凝析油从气提塔 C-101 上部进入，不含汞氮气调压后从气提塔 C-101 下部进入，凝析油与天然气在塔内逆向接触，凝析油中单质汞随氮气流出。经气提初步脱汞的凝析油增压后进入液相脱汞塔 C-103A/B，液相脱汞塔采用双塔串联吸附，脱汞剂采用负载型金属卤化物脱汞剂，将凝析油中汞含量降低至 100μg/L 以下，经脱汞剂深度脱汞后的凝析油去凝析油储存罐；气提塔后的氮气经气液聚结器 D-104 脱除液相(液烃、游离水)后去气相脱汞塔 C-102，气相脱汞剂采用负载型金属硫化物，脱汞后气体放空。

根据凝析油脱汞剂影响因素的分析结果，凝析油中游离水、气相和固体颗粒的存在严重影响脱汞剂的使用性能。为保证凝析油脱汞剂吸附效果和使用寿命，凝析油预处理装置的技术指标必须达到如下要求。

(1)对直径 10μm 以上的固体颗粒脱除效率达 99.9%。

(2)凝析油中游离水含量最大为 10mg/L。

(3)脱汞单元位于稳定单元后，确保进料凝析油完全为液相，不能含有任何气体。

3. 现场试验结果分析

根据试验目的，分别开展气提脱汞、化学吸附脱汞、气提与化学吸附联合的脱汞试验，并对脱汞试验结果进行分析。

1)气提脱汞

针对不同流量的凝析油，试验气提脱汞方案的脱汞效果。为考察不同凝析油进料流量条件下，合理的气提量和气提塔操作压力对脱汞效率的影响。在不同取样时间，记录了凝析油进料流量、温度，气提塔气提量、气提塔操作压力，测试进出气提塔总汞含量，部分试验结果见表 6.7。

表 6.7　气提脱汞试验结果

项目		试验结果				
凝析油进塔	流量/(m^3/h)	0.2	0.2	0.2	0.15	0.15
	温度/℃	30	31	32	31	32
气提气(氮气)	流量/(m^3/h)	18	18	20	16	16
	温度/℃	36	37	41	40	39
气提塔操作压力/kPa		170	160	150	150	150
凝析油总汞含量/(μg/L)	进气提塔前	3320	2990	3780	2916	2857
	气提后	1294	1020	945	787	886
	脱汞效率/%	61	66	75	73	69

试验的气提气量控制为 0.15m^3/h 和 0.2m^3/h，根据表 6.7 的结果可得到如下结论。

(1)微正压操作条件下，气提脱汞效率可超过 61%，试验过程中脱汞后凝析油的含汞量最低为 787μg/L。

(2)随着凝析油处理量的增大，气提气量也相应增大，脱汞效率没有明显变化。

(3)气提塔压力是影响脱汞效果的主要参数，随着气提塔操作压力由 170kPa 降低至 150kPa，脱汞效率提升了约 14%。

2) 化学吸附脱汞

针对不同流量的凝析油，试验化学吸附塔串联、并联两种脱汞方案的脱汞效果。考察不同凝析油进料流量条件下(单塔流量范围为 0.2～0.4m^3/h)，这两种方案对化学吸附脱汞效率的影响。试验结果见表 6.8 和表 6.9。

表 6.8　化学吸附脱汞并联操作部分试验结果

项目		试验结果				
凝析油进塔	流量/(m^3/h)	0.4	0.5	0.5	0.6	0.6
	温度/℃	32	30	32	31	32
凝析油总汞含量/(μg/L)	原料油储罐	2541	2436	2655	2715	2603
	液相脱汞塔 A 出口	579	681	793	872	851
	脱汞效率/%	77	72	70	66	63
	液相脱汞塔 B 出口	604	628	868	986	949
	脱汞效率/%	76	74	67	62	62

表 6.9　化学吸附脱汞串联操作部分试验结果

项目		试验结果				
凝析油进塔	流量/(m^3/h)	0.2	0.2	0.3	0.4	0.4
	温度/℃	29	29	31	30	31
凝析油总汞含量/(μg/L)	原料油储罐	2376	3576	2537	3344	2353
	液相脱汞塔 A 出口	427	1072	608	1105	658
	液相脱汞塔 B 出口	114	608	177	635	282
	脱汞效率/%	95	83	93	81	88

根据表 6.8 和表 6.9 的结果可得到如下结论。

(1) 两塔并联运行时，随着凝析油流量的增大，接触时间短，脱汞效率逐渐降低，如 30～32℃时，凝析油流量由 0.4m^3/h 增大至 0.6m^3/h(接触时间 40～60min)，脱汞效率大幅度减小，减少了约 10%。化学吸附脱泵时，凝析油脱汞效率为 62%～77%。

(2) 两塔串联运行时，处理量增大则脱汞效率下降，随着凝析油的处理量由 0.2m^3/h 增大至 0.4m^3/h(接触时间 30～60min)，脱汞效率由 95%下降至 81%；试验过程中，串联运行最低的脱汞效率为 81%，高于并联吸附方案。

(3) 推荐吸附塔接触时间为 40～60min。

3) 气提与化学吸附联合脱汞

针对不同流量的凝析油，试验气提与化学吸附联合脱汞工艺的脱汞效果。考察不同凝析油进料流量条件下，气提与化学吸附联合脱汞工艺对脱汞效率的影响。试验结果见表 6.10。

根据表 6.10 的结果可得到如下结论。

(1) 气提与化学吸附联合脱汞可将高含汞凝析油的汞含量降至 100μg/L 以下，脱汞效率大于 97%。

表 6.10 气提与化学吸附脱汞试验结果

项目		试验结果				
凝析油进塔	流量/(m^3/h)	0.2	0.2	0.2	0.2	0.15
	温度/℃	30	29	29	29	31
气提气(氮气)	流量/(m^3/h)	20	20	20	20	16
	温度/℃	32	33	35	36	35
气提塔操作压力/kPa		150	150	150	150	150
凝析油总汞含量/(μg/L)	进气提塔前	2716	2703	2419	3526	2485
	气提后	757	616	592	895	606
	液相脱汞塔 A 出口	250	235	210	253	197
	液相脱汞塔 B 出口	73	95	43	98	61

(2)气提脱汞可作为高含汞凝析油的初脱汞工艺，其关键是控制烃损失，控制措施为提高操作塔压力，增大气提量。

根据以上三种脱汞方法分析，提出气提脱汞的工程应用，其技术关键是通过提高气提塔塔压至 350kPa，减少补充气提量，将烃损失降至 1%以下，将高含汞凝析油的汞含量由 2995μg/L 降低至 537μg/L。对于高含汞凝析油的工况，可以采用气提与化学吸附联合脱汞工艺。

6.4.2 Duyong、Resak 和 Angsi 油气田脱汞实例

Duyong 和 Resak 油田开采出的天然气经过管道(JDS 和 RSD 脱汞装置)输至 Kertih、Terengganu 陆上天然气终端接收[24,25]。这两个油田和 Angsi 气田属于马来西亚石油公司 Carigali Sdn Bhd(PCSB)。在 2001～2005 年间，PCSB 和 PRSS 两个公司监测了天然气及凝析油中汞含量，发现天然气经管道输送后，天然气中汞含量明显低于天然气销售要求，但凝析油中的汞含量比天然气高，正常条件下未经处理的凝析油汞含量是天然气中汞含量的 3～9 倍。

2005 年，PCSB 公司运用化学吸附脱汞工艺，在陆上输气终端设置了两套脱汞装置——RDS 和 JDS，分别于 2006 年 3 月 30 日和 3 月 31 日安装。图 6.22 为 RDS 和 JDS 脱汞装置位置，其中 JDS 脱汞装置见图 6.23。凝析油购买方要求凝析油中汞含量达到 5μg/L。

两套脱汞系统均含有 8～12 个容器，包括预处理单元、脱汞单元和后处理单元，预处理单元包括前置过滤器和液液聚结器。整个脱汞系统的技术要求如下。

(1)对直径 10μm 以上颗粒物的脱除率达 99.98%。

(2)将游离水含量从 20000mg/L 降低至 10mg/L 以下。

(3)将进料凝析油中汞含量从 250μg/L 降低至 5μg/L 以下。

对两套脱汞装置的脱汞效率进行监测，发现脱汞效率均达 95%，成功地从未处理凝析油中脱除汞污染物，将汞浓度控制在 5μg/L 以下。图 6.24 和图 6.25 分别为 JDS 脱汞装

置和 RSD 脱汞装置的脱汞效率。

图 6.22　RDS 和 JDS 脱汞单元位置

图 6.23　JDS 脱汞装置

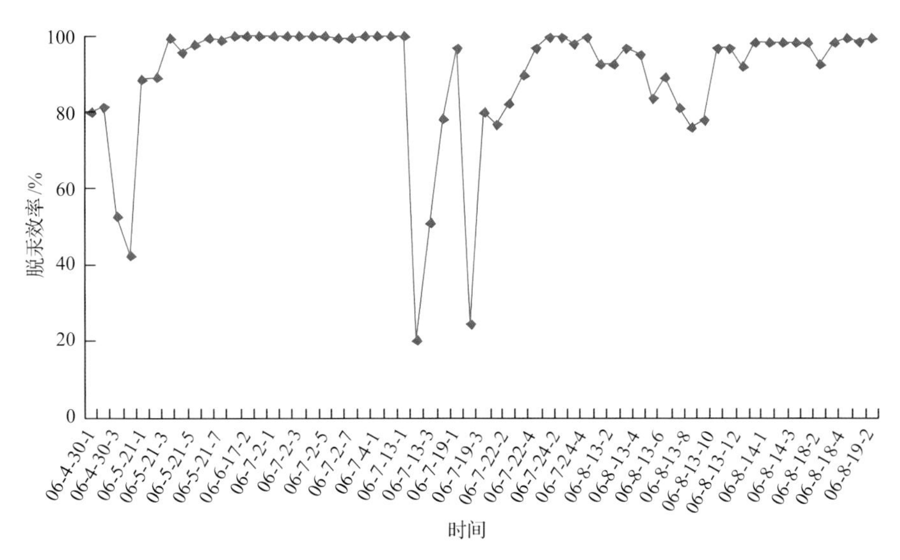

图 6.24　JDS 脱汞装置的脱汞效率

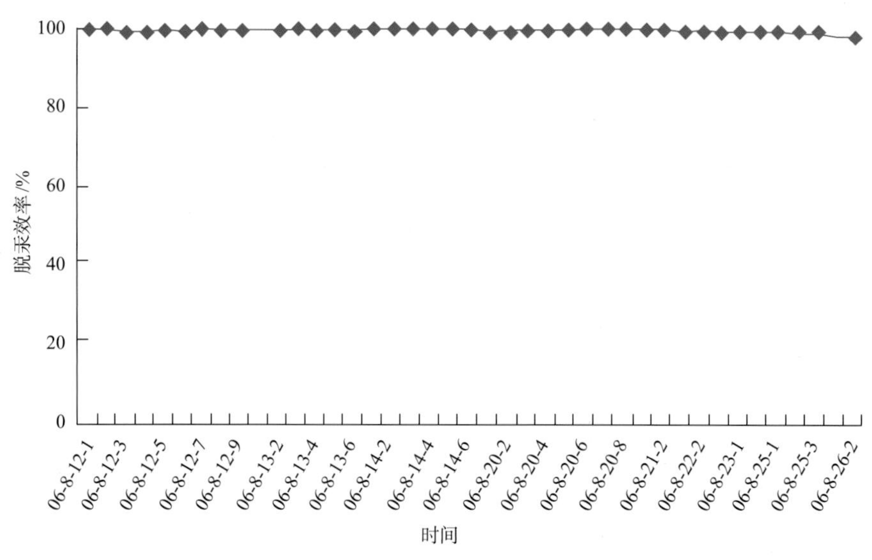

图 6.25　RDS 脱汞装置脱汞效率

该项目在实施过程中出现的主要问题为预处理系统出现高压差，其原因是过滤器和液液聚结器元件完全损坏，堵满半固态黑色“焦油”物质。损坏的过滤器及液液聚结器元件如图 6.26 所示。

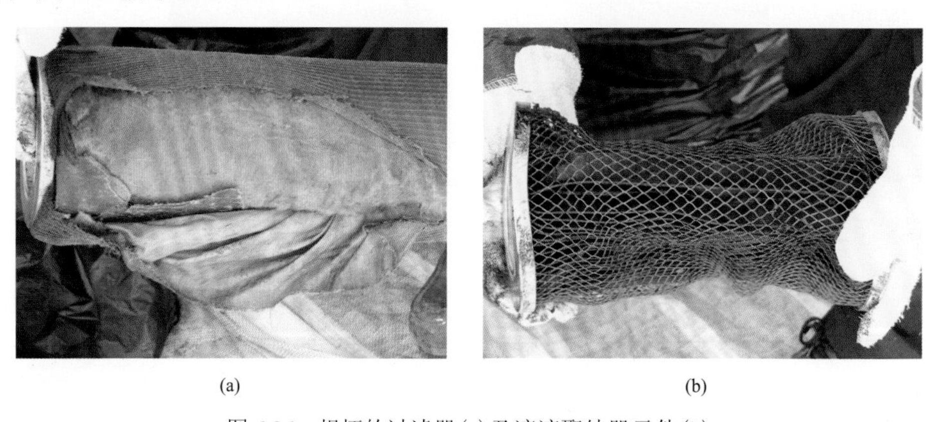

(a)　　(b)

图 6.26　损坏的过滤器(a)及液液聚结器元件(b)

通过傅里叶变换红外光谱(FTIR)检测发现半固态黑色“焦油”物质中含有表面活性剂的芳香族化合物，表面活性剂的存在使其形成了稳定乳状液，造成水与凝析油之间形成更高的表面张力，使游离水难以分离。经优化改进后，预处理单元设计为：闸阀过滤器(脱除直径 10μm 以上颗粒)、前置过滤器(脱除直径 10μm 以上颗粒)、液液聚结器(脱除直径 1μm 以上颗粒)。

对于凝析油脱汞装置，若进料凝析油中游离水含量过多，会引起吸附床层压降增加，导致吸附床层活性物质减少，脱汞剂使用寿命缩短。因此，预处理单元优化设计对脱汞装置床层的脱汞性能和使用寿命影响很大，必须严格控制脱汞塔进料凝析油的游离水含量和固体颗粒。当凝析油汞含量低于 300μg/L 时，化学吸附工艺能将汞浓度脱除至低于 5μg/L。

6.4.3　阿根廷南部油田脱汞实例

南美洲南部部分油气田中发现了单质汞及汞的化合物，其中阿根廷南部原油平均汞含量为 3300μg/L。Petrobras Argentina 公司于 2006 年针对阿根廷南部原油启动了一个上游脱汞项目，致力于将原油中汞浓度降低到下游用户的汞含量要求 100μg/L[28]。该项目的脱汞装置设置在油田附近的原油储存终端，接收来自不同产油区已经过脱水处理的原油(重油与天然气凝析油的混合物)，处理规模为 $1033m^3/d$，原料平均汞含量为 3300μg/L，原油样品性质见表 6.11。

表 6.11　原油样品性质

项目	检测值	项目	检测值
黏度/(mPa·s)	1.501	水含量/%	<0.1
API 重度/℃	50	总悬浮物固体(TSS)/(mg/L)	100～200
密度/(kg/m^3)	780	平均汞含量/(μg/L)	3300

脱汞装置设计原理采用 Unocal 公司公开的专利方法，第一步利用化学聚合剂形成沉淀，包含活性硫化物；第二步采用物理分离方法将固体微粒进行分离。试验装置的操作流量控制在 $0.45\sim1.2m^3/h$，结合了化学沉淀技术与化学吸附技术，具体工艺流程：原油在终端储罐内加热到 50℃以防止蜡沉积；然后进入除砂水力旋流器(直径 2.54cm)去除汞液滴和汞悬浮物，此时汞被吸附在吸附层上，该过程中较低的压差就能有效去除大部分汞；其次，在搅拌器中加入多硫化物(硫醇)并搅拌 15～30min，搅拌可促进多硫化物和原油生成硫化汞或相似组分的沉淀；再利用预先涂有硅藻土(DE，有助于原油过滤)的过滤分离器过滤汞悬浮物；最后原油流经载有金属硫化物脱汞剂的固体吸附床，进一步降低原油中汞浓度。Unocal 公司化学沉淀工艺流程图如图 6.27 所示。

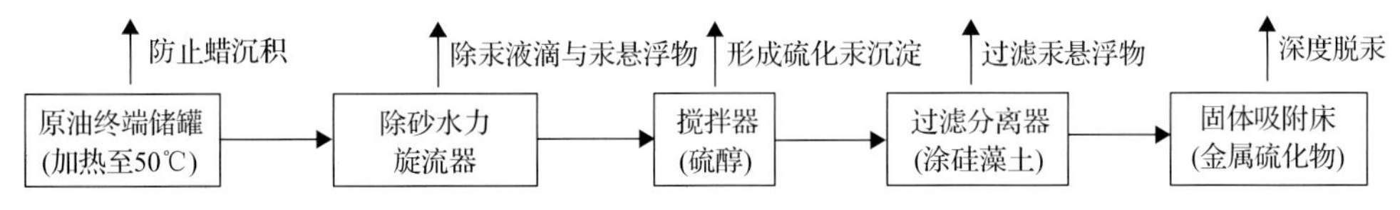

图 6.27　化学沉淀工艺流程图

试验结果表明，当进料原油汞含量为 2000μg/L 时，处理后原油汞含量平均为 80μg/L，脱汞效率可达 96%。该脱汞装置处理了不同类型的原油及不同汞含量的原油。表 6.12 为脱汞装置操作参数，阿根廷南部原油脱汞装置一个月内的脱汞情况如图 6.28 所示。从图 6.28 可以看出，无论原油中汞含量如何变化，脱汞装置出口平均总汞含量为 50μg/L，平均脱汞效率可达 98%。

表 6.12　脱汞装置操作参数

项目	设计参数	项目	设计参数
原油损失率/%	0.2～0.3	月停工时间/h	15～20
特殊气体消耗/(m^3/m^3 气/油)	7.0～10	脱汞效率/%	97～98
月总汞脱除量/kg	50		

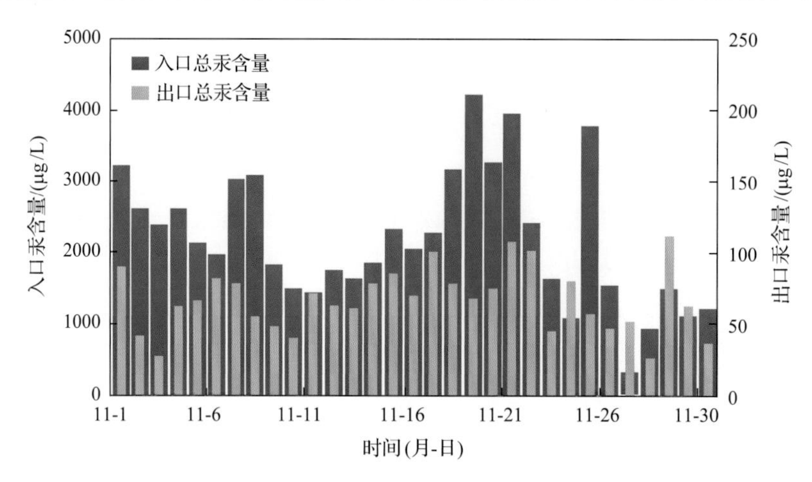

图 6.28　阿根廷南部原油脱汞装置脱汞情况

参 考 文 献

[1] 王阳，田利男. 凝析油脱汞工艺[J]. 天然气与石油, 2012, 30(2): 32-35.

[2] Axens. Mercury removal-condensates treat[EB/OL]. (2013-01-21) [2018-05-20]. http://www.axens.net.

[3] Catchpole S. Mercury removal in hydrocarbon streams[J]. Petroleum Technology Quarterly, 2009, 14(2): 39-45.

[4] Gangstad A, Berg S. Mercury in extraction and refining process of crude oil and natural gas[EB/OL]. (2013-05-20) [2016-06-01]http://www. Docin.com/p-1612916419.html.

[5] Ronssell M, Courty D, Boitiaux J, et al. Process for removing mercury and possibly arsenic in hydrocarbon: US4911825[P]. 1990-03-27.

[6] Braden M L, Lordo S A. Removal of mercury and mercuric compounds from crude oil streams: US8524074[P]. 2013-09-03.

[7] Sugier A, Villa A. Process for removing mercury from a gas or a liquid by absorption on a copper sulfide containing solid mass : US4094777[P]. 1978-06-13.

[8] Abbas T, Abdul M M I, Azmi B M. Developments in mercury removal from natural gas-a short review[J]. Applied Mechanics and Materials, 2014, 625: 223-228.

[9] Shafawi A Ebdon L, Foulkes M, et al. Preliminary evaluation of adsorbent-based mercury removal systems for gas condensate[J]. Analytica Chimica Acta, 2000, 415(1): 21-32.

[10] Sainal M, Mat U T, Shafawi A, et al. Mercury removal project:issues and challenges in managing and executing a technology project[C]. E&P Environmental and Safety Conference, Anaheim, 2007.

[11] Jansen M, Foster I A. Mercury removal from hydrocarbon liquids[C]. Johnson Matthey Catalysts, Chicago, 2004.

[12] Hays J M, Tullos E E, Cross B. Mercury removal from hydrocarbons: US7919665[P]. 2011-04-05.

[13] Frankiewicz T C, Gerlach J. Process for removing mercury from liquid hydrocarbons using a sulfur-containing organic compound: US6685824[P]. 2004-02-03.

[14] Tsoung Y Y. Mercury removal from oils[J]. Chemical Engineering Communications, 2000, 177(1): 15-29.

[15] Degnan T F, Lecours S M. Mercury removal in petroleum crude using H_2S/C: US6350372[P]. 2002-02-26.

[16] Yan T Y. Process for removing mercury from water or hydrocarbon condensate: US4962276[P]. 1990-10-09.

[17] Yamaguchi Y, Kaku S, Chaki K. Mercury-removal process in distillation tower: US7563360[P]. 2009-07-21.

[18] Cross J B, Singh P, Sadok R D, et al. Mercury removal from crude oil: US8080156[P]. 2011-12-20.

[19] Hamad F, Bahamdan A, Almulhim A N, et al. Method for removing mercury from a gaseous or liquid stream: US8641890[P]. 2014-02-04.

[20] Den B, Nijmeijer A, Smit C J. Method for reducing the mercury content of natural gas condensate and natural gas processing plant: US9034175[P]. 2015-05-19.

[21] Shafawi A, Ebdon L, Foulkes M, et al. Determination of total mercury in hydrocarbons and natural gas condensate by atomic fluorescence spectrometry[J]. Analyst, 1999, 124(2): 185-189.

[22] Cameron C, Courty P, Boitiaux J, et al. Method of eliminating mercury or arsenic from a fluid in the presence of a mercury arsenic recovery mass: US5245106[P]. 1993-09-14.

[23] Cousins M J. Mercury removal: US8177983[P]. 2012-05-15.

[24] Zettlitzer M. Determination of elemental, inorganic and organic mercury in North German gas condensates and formation brines[C]. International Symposium on Oilfield Chemistry, Houston, 1997.

[25] Axens. Mercury und arsenic removal in the natural gas, refining, and petrochemical industries[EB/OL].(2013-01-21)[2018-05-20]. https://www.axens.net.

[26] Kanazirev V I, Simonetti D A, Rumfola I P. Protected adsorbents for mercury removal and method of making and using same: US9006508[P]. 2015-04-14.

[27] Tan Z Q, Xiang J, Su S, et al. Enhanced capture of elemental mercury by bamboo-based sorbents[J]. Journal of Hazardous Materials, 2012, 239-240: 160-166.

[28] Salva C A, Gallup D L. Mercury removal process is applied to crude oil of southern argentina[C]. The SPE Latin Amerilan and Caribbean Petroleam Engneering Conference, Lima, 2010.

第7章　含汞污泥处理工艺技术

7.1　概　　述

含汞天然气处理过程中产生的大量含汞污泥，若不妥善处理，会对人体、环境和设备造成一定程度的危害。《国家危险废物名录》指出天然气除汞净化过程中产生的含汞废物、含汞废水处理过程中产生的污泥含汞废物(HW29)均属于危险废物。气田含汞污泥需按国家相关标准和规范进行收集、处理、运输和储存，且处理过程中应采用必要措施确保作业人员安全和健康。

目前，含汞污泥的处理发展了不同的工艺，但每种工艺均有各自的优缺点。因此，在处理工艺选择过程中，应综合含汞污泥的来源、产量及特性、工艺适应性及经济性等因素来选择合理的处理工艺。

7.1.1　含汞污泥的性质及处理要求

1. 含汞污泥的来源及特性

在油气集输和处理过程中，含汞污泥主要是指集输系统、处理厂中沉降罐、油水分离器等设备中沉降的含汞废物和含汞污水处理过程产生的含水固体沉淀物等，污水中的汞及其化合物大部分会附着在悬浮物及杂质颗粒上沉降下来，形成含汞污泥。

含汞污泥的性质主要包括理化特性、生物特性等，其中理化特性将直接影响其处理工艺选用及处理效果，因此需对其进行研究，为后续含汞污泥处理工艺的选用提供依据。含汞污泥理化特性常关注固废的物理组成、粒径、含水率、容积密度、汞含量、毒性浸出值等。以某气田含汞污水处理装置产生的含汞污泥为例，含汞污泥的主要性质包括含水率、含油量、汞含量、pH、相对密度、沉降比、比阻等。

总之，气田含汞污泥含水量高、总汞含量高且波动大、沉降比较大、体积平均粒径小，污泥脱水难度大。除此之外，气田含汞污泥中砷、锌、铅、铬等重金属，苯等挥发性有机化合物可能会严重超标，加大了含汞污泥的无害化处理难度。

2. 含汞污泥中汞的存在形态

含汞污泥中汞的形态复杂，不同形态的汞的毒性不同，处理难度不同。汞存在形态的研究可以用来预测和解释含汞污泥中汞形态的转化。

污水处理产生的污泥中汞的存在形态主要与含汞污水中汞的存在形态有关。污泥中汞主要以无机汞的形式存在。单质汞因其不溶于水，会沉降到污泥中，并且少量单质汞常附着在污水中的悬浮物上，以吸附态的形式通过絮凝沉淀等方式进入污泥。无机汞主要包括硫化汞(HgS)、氧化汞(HgO)、氯化汞($HgCl_2$)等，其中大部分无机汞以离子态

(Hg^{2+})的形式存在；少量硫化汞(HgS)、氧化汞(HgO)等以分子态的形式存在；有机汞主要以甲基汞(MetHg)和乙基汞(EtHg)的形式存在，含量较低。这些形态的汞通过絮凝沉淀、吸附剂吸附等方式从污水转移到污泥。

3. 含汞污泥的处理要求

含汞污泥在处理、处置及后续再利用过程中，有严格的控制指标，这些控制指标将对含汞污泥的处置提供依据和指导。不同处理方法对其的要求也不相同，现将各标准中对含汞污泥处理处置、再利用过程中的石油烃类、汞及其化合物的指标控制限值总结于表 7.1 中。

表 7.1 污泥中汞及其化合物含量控制限值

标准名称	控制限值	标准用途
《危险废物鉴别标准 浸出毒性鉴别》(GB 5085.3—2007)	汞(以总汞计)的浓度限值为 0.1mg/L，“不得检出”指甲基汞＜10ng/L，乙基汞＜20ng/L	鉴别危废
《危险废物填埋污染控制标准》(GB 18598—2019)	允许进入填埋区控制限值：有机汞为 0.001mg/L；汞及其化合物(以总汞计)为 0.25mg/L，不得检出烷基汞，总汞为 0.12mg/L	污泥处置
《农用污泥污染物控制标准》(GB 4284—2018)	污泥产物的污染物浓度限值：总汞(以干基计)为 A 级污泥产物＜3mg/kg；B 级污泥产物＜15mg/kg	污泥再利用
《油田含油污泥综合利用污染控制标准》(DB23/T 1413—2010)	垫井场或通井路：石油烃类≤20000mg/kg，Hg≤0.8mg/kg；农用(干污泥)：石油烃类≤3000mg/kg，汞及其化合物最高容许含量为 5mg/kg(土壤 pH＜6.5)和 15mg/kg(土壤 pH≥6.5)	污泥再利用

7.1.2 含汞污泥处理技术现状

国外针对含汞污泥开发了多种处理工艺，具有代表性的有热处理工艺、固化/稳定化工艺、深井回注工艺等，这些工艺已经有多个工程应用。

热处理工艺是一种在高温无氧条件下对含汞污泥彻底无害化的方法。美国是最早开展固废热处理技术的国家，主要目的是回收贮存性能源(燃料气、炭黑等)。其次是日本，进行固废的无害化处理，减少焚烧造成的二次污染和填埋处置的固废量。法国 Shibata[1]在专利中首次阐明了污泥的热解吸处理工艺。到 20 世纪 70 年代，德国科学家 Bayer 和 Kutubuddin 开发了污泥低温热解吸工艺[2]。美国 SepraDyne Raduce 公司研发的 SepraDyne™-Raduce 真空干馏系统、德国 TTI 公司的高温热解技术、德国 ECON 公司研发的 VacuDry®真空热解吸工艺是国外具有代表性的含汞固废热处理工艺。目前针对含汞固废的热处理技术研究主要集中在热处理和真空干馏两个方面。

德国 TTI 公司的高温热解吸技术将含汞固废输送至热解装置中，在无氧的工作条件下将其加热至约 500℃，使固废中的有机物裂解。该工艺在高温处理条件下并不会产生二噁英，且固废中的汞等重金属被固定在残渣中，渗透率较低。德国 ECON 公司开发的 VacuDry®真空热解吸工艺主要用于处理含汞及其化合物(含汞污泥、土壤、催化剂等)的固废①。该工艺的处理能力在 0.5～10t/h，处理后的含汞固废中汞含量小于 10mg/kg，处理条件较好时可达 1mg/kg，回收汞的纯度大于 97%，最高甚至可达 99.99%。

① http://www.econindustries.com.

国内某气田含汞污泥处理规模为 $100m^3/d$，含水率为99.6%，本工程采用氧化、浓缩、离心脱水、自动包装工艺实现采出水处理系统含汞污泥减量化，经处理后的污泥含水量小于 80%，汞形态主要为硫化汞或螯合汞，满足这些技术指标要求后交由有资质的公司回收处置。西北某气田含汞污泥采用低温闪蒸工艺处理(单套处理能力为 5t/h)，经减量化处理后的滤饼中总汞含量平均为1124mg/kg，含水率平均低于60%，在390℃以下的绝对真空条件下处理后废渣中汞含量为6.9～30mg/kg，废渣浸出液中总汞浓度小于0.1mg/L，烷基汞未检测出。

固化/稳定化工艺(solidification/stabilization，S/S)是20世纪50年代开发出的一种危险废物处理工艺，在危险固废的无害化处理方面，能较好降低固废中汞等重金属有害物质的迁移性和浸出率，对周围环境危害较小，该工艺是一种较为理想的危险固废的无害化处理方法。据美国环境保护署(EPA)统计，1983～2005年间，在57个汞污染处理项目中，有18个采用了固化/稳定化技术(包括12个场地修复和6个实验室规模小试)[3]。研究开发对汞有强烈吸附作用并与上述固化材料或固化过程相互促进、对固化后无不良影响的稳定化剂是一个重要的发展趋势。

用于固化含汞固废的工艺主要包括水泥固化/稳定化工艺、低温化学键磷酸盐陶瓷(chemically bonded phosphate ceramics，CBPC)固化/稳定化工艺和硫聚合物固化/稳定化工艺(sulfur polymer solidification/stabilization，SPSS)。与其他稳定剂相比，水泥是现如今最常用且经济方便的固化稳定剂。与水泥类似，低温化学键磷酸盐陶瓷工艺通过物理、化学作用共同实现固化汞及其化合物，可添加少量 Na_2S 或 K_2S 来提高固化/稳定化效果[4]。硫聚合物的固化/稳定化过程是利用硫聚水泥(sulfur polymer cement，SPC；硫聚物含95%元素硫和5%有机调节剂)，使汞化合物与硫发生反应生成稳定的硫化汞，从而实现汞的化学固定[5]。固化工艺中不同稳定剂类型及处理效果见表7.2。

表7.2 不同稳定剂类型及处理效果

固化工艺	研究人员或机构	固废类型	稳定剂	固化后浸出汞浓度/(mg/L)
水泥基	Brookhaven National Laboratory(BNL)[6]	汞污染土壤	液态硫、二硫代氨基甲酸钠	<0.025
	Zhuang 等[7]	汞污染的盐水净化污泥(总汞含量500～7000mg/kg)	木质素的衍生物	<0.090
	Zhang[8]	模拟固废(汞含量1000mg/kg)	CS_2 浸润后的活性炭粉末	<0.025
	张新艳等[9]	模拟固废(汞含量300mg/kg)	沸石	<0.025
CBPC	Wagh 等[10]	含汞模拟固废(0.1%～0.5% $HgCl_2$)	K_2S	<0.025
	美国能源信息署	含盐汞污染混合废弃物	K_2S	<0.025
SPSS	Fuhrmann 等[11]	单质汞	Na_2S	<0.025
	BNL	单质汞(62kg)和汞污染土壤(330kg)	—	<0.025
其他	Smith 等[12]	内华达州拉斯维加斯的FluidTech的黏土	DTC、STTC、NaHS	0.0027
	美国路博润石油集团有限公司[13]	含汞土壤(汞含量4000mg/kg)	二硫代氨基甲酸盐和液态硫	<0.025

注：DTC为氨基硫化甲酸盐；STTC为二硫代二氨基甲酸盐。

深井回注工艺是将含汞固废泥浆化后回注至适当地层中的处理工艺。国外发达国家中美国、加拿大发展起步较早，工艺发展更加完善，制定了比较健全的法律法规。例如，美国 1980 年制定的《地下回注控制法》(Underground Injection Control Program) 规定了各州回注井的最低标准。从 1989 年开始，Unocal 泰国分公司就已经开始对含汞污泥的处理进行室内研究并得到了一种含汞污泥处置工艺，即将含汞污泥回注到废弃气井中。

生物处理技术因其具有环境友好性而受到广泛重视，但相对其他处理工艺而言，研究成果少，没有大规模工业化应用。美国康奈尔大学(Cornell University) 的 David B. Wilson 和中国科学院王小南开展了生物处理含汞污泥的研究，取得了一定的研究成果。目前生物处理工艺存在着含汞固废处理的植物和微生物种类少、菌种不好选择培育、处理周期性长等问题，仍需进一步研究[14,15]。

7.2　减量化处理工艺技术

含汞污泥减量化是指经过一系列工艺降低污泥含水率，从而减小污泥体积的过程。含汞污泥体积庞大，含水率较高，需对其进行减量化处理，以减小体积或满足污泥后续处理的条件。对于不具备含汞污泥处理能力的企业，污泥减量化能够降低含汞污泥的运输及处置费用，具有重要的现实意义。其减量化过程主要通过调理、浓缩、脱水、干化等工艺单元实现。特别需要注意的是含汞污泥中存在汞等挥发性有毒物质，因此在整个工艺设计过程中应注意工艺流程的连续性与密闭性。

7.2.1　污泥中水分的存在形式

污泥颗粒附近的水分分为间隙水、毛细结合水、表面吸附水和内部结合水，这些水分在污泥颗粒间分布示意图如图 7.1 所示。污泥水分的分布是污泥脱水的关键，不同形式的水分需要通过不同的处理方式才能脱除。

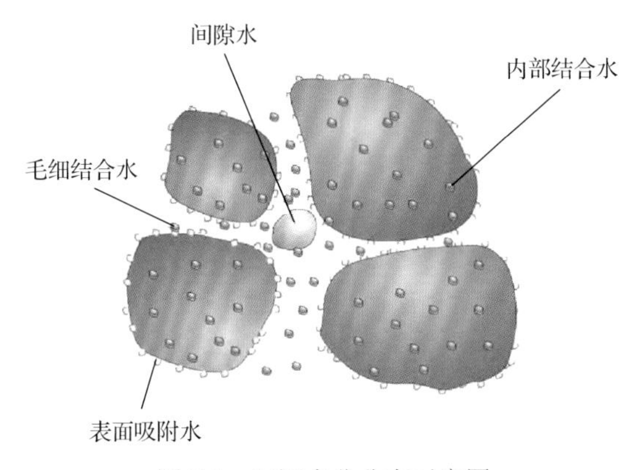

图 7.1　污泥水分分布示意图

间隙水：存在于污泥颗粒间，被污泥颗粒包围，但并不与污泥颗粒直接结合，作用力很弱，很容易去除。间隙水约占污泥中总水分的 70%，主要通过污泥浓缩，在重力作用下即可去除。

毛细结合水：存在于污泥颗粒周围，通过毛细作用结合，其结合能较小。毛细结合水约占污泥中总水分的20%，要去除这部分水分，需要较高的机械力和能量，如离心力、负压抽真空、电渗力和热渗力，常用机械脱水(离心机、压滤机、真空抽滤等)去除。

表面吸附水：细小的污泥颗粒具有较大的比表面积，污泥的表面吸附水则通过表面张力吸附在污泥颗粒上，约占污泥中总水分的7%。这部分水分与污泥颗粒间的结合能较大，靠污泥浓缩和机械脱水难以去除，通常需要加入混凝剂，通过其凝结作用，达到去除水分的目的。

内部结合水：这部分污泥水分被包围在微生物的细胞膜中，内部结合水与污泥颗粒的结合能最大，也最难去除。内部结合水和表面吸附水约占总水分的3%。要想去除内部结合水，需要通过生化分解，破坏微生物细胞膜，使内部水变成外部水去除。

脱水的难易程度依次为内部结合水、表面吸附水、毛细结合水、间隙水。

7.2.2　含汞污泥减量化

含汞污泥减量化的目的是减少污泥体积，是含汞污泥处理中的重要一环，其处理流程如图 7.2 所示。在含汞污泥减量化流程中，浓缩主要是通过沉降作用去除污泥中的间隙水，浓缩后的污泥含水率约从 99%降至 97%，污泥体积缩到原来的 1/3；脱水主要是去除污泥中的毛细结合水，脱水后的污泥含水率降至 80%以下。

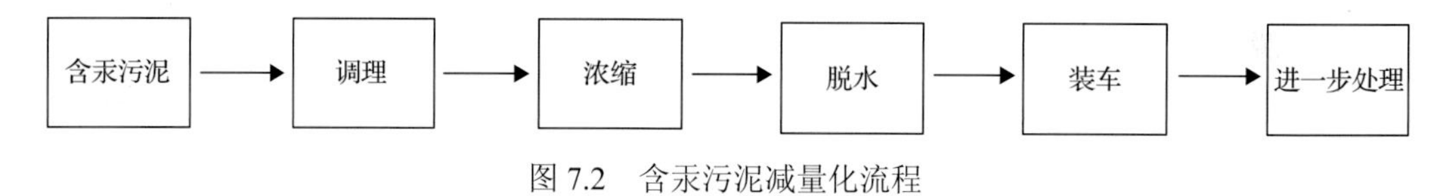

图 7.2　含汞污泥减量化流程

1. 污泥调理

污泥调理包括物理调理和化学调理。

物理调理是通过物理的方法破坏污泥中的微生物细胞，改变污泥的结构，降低污泥与水的结合作用，从而释放出部分内部水的污泥调理方法。物理调理主要包括加热调理、冷冻调理、洗涤调理、超声波调理和微波调理等。微波调理污泥在本质上是加热调理污泥，但是微波并非从物质材料的表面开始加热，而是从各方向均衡地穿透材料均匀加热，微波辐射通过热效应和非热效应的共同作用能够明显提高污泥的脱水性能[16]。

化学调理是指向高含水污泥中加入适量的絮凝剂、助凝剂等化学药剂，使细腻的污泥小颗粒絮凝成大絮团，改善其沉降和脱水性能。污泥颗粒体积的增大降低了比表面积，改善了污泥表面与内部水分的分布情况，减少水分吸附，使水更容易被脱除[17]。

不同种类的絮凝剂和助凝剂效果不同，同种絮凝剂对不同种类污泥的絮凝效果也是不同的。絮凝剂的选择也与后续脱水有关。因此，污泥絮凝剂种类的选择要综合考虑絮凝效果、沉降和脱水性能、成本、污泥脱水设备及后续处理工艺等因素，其加剂量、加剂条件及顺序应该根据实验科学选取。

2. 污泥浓缩

浓缩主要是通过沉降作用去除污泥中的间隙水，目的是减少污泥中的水分，缩小污泥体积，减小后续设备的尺寸。但仍保持其流体性质，有利于污泥的运输、处理与利用。污泥浓缩的方法主要有重力浓缩、气浮浓缩与离心浓缩[18]。

重力浓缩是在重力作用下实现污泥颗粒的自然沉降分离，无需外界能量，是应用最广泛、最简便的浓缩方法，具有操作简单、动力费用低等优点，但是其占地面积较大。

气浮浓缩利用固体颗粒与水的密度差产生浮力，使固体上浮，适用于污泥颗粒易上浮的疏水性污泥或难沉降的污泥，具有浓缩度高、速度快、停留时间短、运行稳定等优点，但基建费用和操作费用高(比重力浓缩高2～3倍[19])，管理操作复杂。

离心浓缩是利用污泥固液之间的密度差，在离心力作用下分离，具有占地面积小及管理方便等优点，但运行费用很高(其电耗约为气浮法的10倍)。

含汞污泥中含有汞及其化合物，在采用气浮浓缩时，空气对污泥中汞含量会有影响，也会增加蒸发气体中的汞浓度；离心浓缩运行成本较高，从经济层面考虑，含汞污泥减量化处理时不宜采用；而污泥的重力浓缩简单方便，结合污泥化学调理即可达到很好的浓缩效果。因此，综合考虑含汞污泥特性和经济性，含汞污泥处理的浓缩方式宜采用重力浓缩。

3. 污泥脱水

污泥脱水主要是去除毛细结合水和表面吸附水，是重要的污泥减量化手段，主要指通过去除污泥中的毛细结合水，降低污泥含水率，使其具有固体特性，从而减小污泥的体积和质量，便于后续运输、处理和处置。其脱水方式主要包括干化和机械脱水。但气田污泥中含有易挥发的汞、苯等易挥发有毒物质，不能采用干化。

污泥机械脱水是指采用机械设备对污泥进行脱水。机械脱水设备作为污泥减量化的重要设备，主要包括带式压滤机、板框压滤机、离心脱水机、叠螺脱水机。带式压滤机密封性差、异味大，而且设备磨损部件较多；板框压滤机虽然密闭性较好，但其最常见的问题就是过滤室不能密封导致过滤液从滤板与滤板之间的缝隙冒出来，同时滤布耗损较大。所以从设备的密闭性考虑，适应气田含汞污泥的脱水设备有离心脱水机和叠螺脱水机，其主要性能比较见表7.3[20]。脱水设备的选择关系着污泥的脱水效果，因此，在设备选用时应结合污泥产量及特性、设备适应性、后续维护和总投资等多方面因素综合考虑。

7.2.3 脱水设备

含汞污泥因其含有单质汞等常温下易挥发物质，在减量化过程中，需特别注意装置的连续性与密闭性。脱水过程中主要选用的脱水设备有离心脱水机与叠螺脱水机。

1. 离心脱水机

离心脱水中应用较多的是卧式螺旋卸料沉降离心机，这是一种高速旋转、可产生强大离心力的设备。污泥中固相和液相存在一定密度差，在离心力的作用下产生不同方向、不同力度的引流，使固相与液相得到有效分离。

表 7.3　机械脱水设备主要性能比较

项目	离心脱水机	叠螺脱水机	带式压滤机	板框压滤机
脱水方式	离心脱水	挤压脱水	重力脱水、低压脱水和高压脱水	挤压脱水
进泥含水率/%	95～99.5	95～99.5	95 左右	95～97
出泥含水率/%	小于 85	小于 80	小于 85	小于 80
工作环境	密闭式、无异味	密闭式、异味小	密封性差、异味大	密闭性一般、对料浆适应性强
占地面积	紧凑	紧凑	较大	紧凑
噪声	较大	小	较离心脱水机大	较大
设备磨损部件	基本无	基本无	滚筒轴承，滤带，气缸，纠偏探头	滤布
冲洗水量	少	少	多	少

离心脱水机主要由转鼓、带空心转轴的螺旋输送器、差速系统、液位挡板、驱动系统和控制系统组成。

卧式螺旋卸料沉降离心机(卧螺离心机)是离心脱水机中的一种。其可以分离含固相颗粒直径大于 2μm 的悬浮液，可达 40000r/min 的转速长期平稳运行，卧螺离心机原理如图 7.3 所示，卧螺离心机主要有以下特点。

(1)基建投资少，维护费用低。

(2)操作连续方便，稳定可靠，故障率低。

(3)污染小，能耗低。

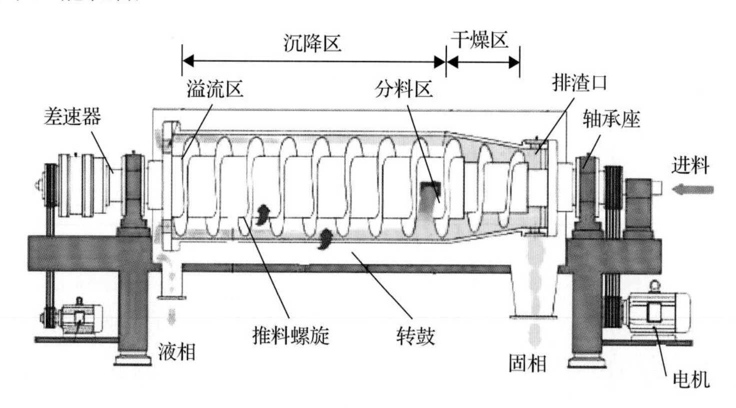

图 7.3　卧螺离心机原理图

2. 叠螺脱水机

叠螺脱水机主要由固定环、游动环、螺旋轴、叠螺片、电机等构成，分为脱水段和浓缩段两部分。其原理主要是通过螺杆的挤压来实现污泥的脱水，污泥在浓缩段重力浓缩后被运输到脱水段，在前进的过程中滤缝及螺距逐渐变小，在背压板的阻挡作用下，产生的内压不断缩小污泥容积，以达到脱水的目的。叠螺脱水机原理图如图 7.4 所示。

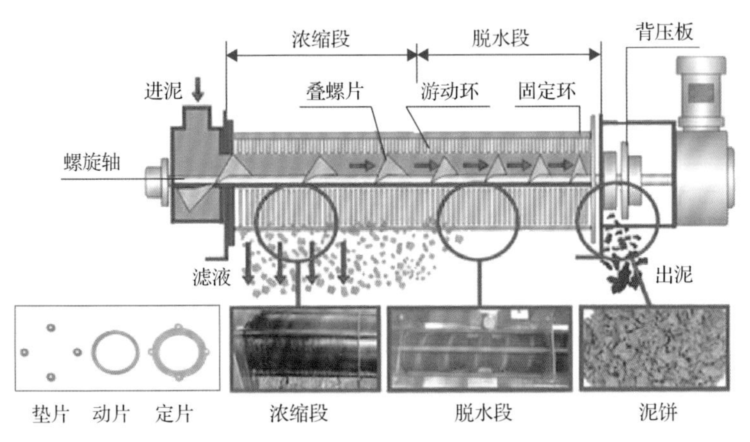

图 7.4　叠螺脱水机原理图

叠螺脱水机的主要特点如下。

(1) 设备具有自清洗功能，更擅长处理含油污泥。

(2) 可连续运行，操作维护简单。

(3) 清洁环保，无臭气，无二次污染。

7.2.4　包装与贮运

含汞污泥包装、贮存与运输应执行国家危险废物相关标准和规范的要求。

1. 包装

污泥离心脱水后含水率约 80%，已经失去流动性，但是含汞污泥不得随意堆放，在污泥贮存、运输过程中需要用合理的包装容器密封保存。污泥包装机如图 7.5 所示。

图 7.5　污泥包装机

根据标准《危险货物运输包装通用技术条件》(GB 12463—2009) 和《危险货物包装标志》(GB 190—2009) 等相关规定，处理之后的含汞污泥的包装应符合以下要求。

(1) 采用复合包装，内包装采用高密度聚乙烯材料的包装袋，外包装采用钢桶。

(2) 钢桶外贴有“有害”物质标签，见图 7.6。

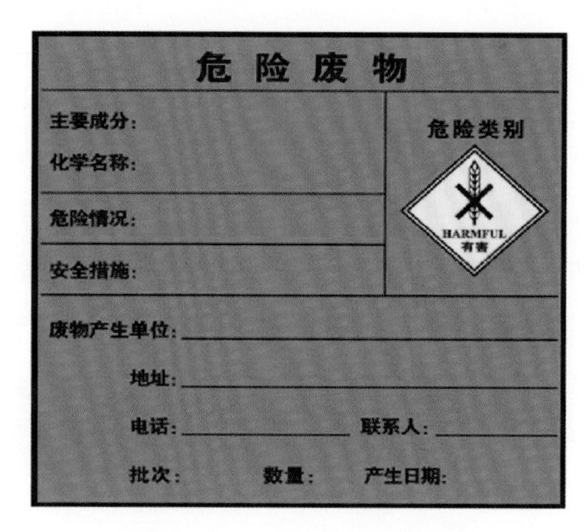

图 7.6 “有害”物质标签

(3)桶身应有足够的强度，容积大于 60L 的桶，桶身应有两道模压外凸环筋，使其不得移动。

2. 贮存和运输

含汞污泥包装之后需要在气田暂存后外运，且必须在气田处理厂内部建设专用的危险废物贮存设施。考虑运输车的运输容量和运输费用，建议贮存设施的贮存期限为 15d。

含汞污泥的贮存，应需要满足《危险废物贮存污染控制标准》(GB 18597—2001)、《危险废物收集、贮存、运输技术规范》(HJ 2025—2012)等相关规定。

7.3 无害化处理工艺技术

含汞污泥无害化是指经过物理、化学或生物等方法适当的处理，使含汞污泥中的汞和其他有害成分无法危害环境，或转化为对环境无害的物质，消除危险废物污染属性的过程，确保其对人类健康、动植物和微生物安全，对环境不构成危害和潜在危害。目前国内外研究报道的污泥中汞污染治理技术有多种工艺，其具有代表性的有物理法(如热解处理法、深井回注法等)、化学法(如稳定化固化法等)、物理化学法(如淋洗法、电动修复法等)、生物法(如植物修复法、微生物修复法)等。其中热解处理法常用于国内外油气田含汞污泥的处置。

7.3.1 热解吸处理工艺

热解吸(thermal desorption)是含汞固废热处理的方法之一，又称热脱附。适用于含汞及有机污染物固废的处理，特别是对含汞有机物和非氧化燃烧的处理方式可以避免生成二噁英。

1. 热解吸技术原理与工艺

含汞固废的热处理是指在高温条件下，含汞固废中的汞及其化合物等污染物从固体基质中分解挥发，并对挥发出来的含汞蒸气进行汞回收后再净化外排的过程。该过程可使汞及其化合物等污染物与固废基质完全分离，达到彻底的含汞固废无害化。该工艺适用于各种形式的含汞固废，具有汞挥发彻底、污染气体排放少及资源回收率高等优点。美国 EPA 将热处理作为处理含汞量超过 260mg/kg 的含汞固废的最佳可用技术，现已全面应用于处理含汞的土壤、污泥、失效脱汞剂等含汞固废。

热解吸作为一种非燃烧技术，具有污染物处理范围宽、设备可移动、能回收有价污染物以及处理后的固废残渣可再利用等优点。热解吸工艺通过直接或间接的热量交换方式，使污染土壤中的有机污染物和金属汞及其化合物等受热挥发并分解而与之分离，并对解吸出的污染物进行有效收集并处理。

热解吸系统通常主要包括前处理及进料单元、热解吸反应器、热解气回收处理系统、出料单元和自动控制单元，其系统组成见图 7.7。

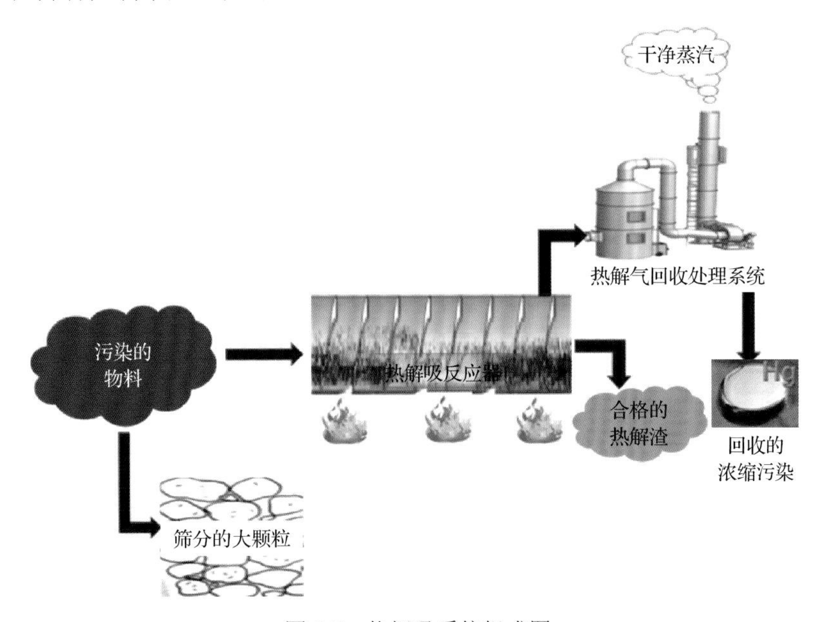

图 7.7　热解吸系统组成图

预处理主要目的是降低含水率及筛分和破碎固体颗粒物到指定粒径，使其达到后续设备进料要求。预处理后的固废通过进料单元进入热解吸反应器，进料单元要做到给料均匀防止管道堵塞，且设置密闭功能防止有害气体及粉尘等逸散。在热解吸反应器中经足够高的温度、足够长的时间使汞等污染物完全分解挥发。热解吸反应器产生的尾气中含水蒸气、汞及有机污染物等，尾气首先经除尘后进入冷凝器被冷凝以收集水蒸气、液态单质汞或有机物，最后经深度净化处理后方能外排。同样，出料单元要做好降温及防尘和防止有害气体逸散措施。热解吸技术可有效降解并去除汞(Hg)、石油烃类(TPH)、含氯挥发性有机物(CVOCs)、苯系物(BTEX)、多氯联苯(PCBs)、二噁英类等有害物质，适合于含汞及石油烃类的气田污染物无害化处理，可避免二噁英的生成。

2. 热解吸技术分类

热解吸技术根据实施位置不同，可以分为原位热解吸(*in-situ* thermal desorption, ISTD)和异位热解吸(*ex-situ* thermal desorption, ESTD)两大类。原位热解吸根据加热方式不同，常见的有电阻加热(electrical resistive heating, ERH)、热传导加热(thermal conduction heating, TCH)和蒸气强化加热(steam enhanced extraction, SEE)三大类；异位热解吸有直接热解吸(direct thermal desorption)和间接热解吸(indirect thermal desorption)两大类。根据热解吸反应器不同，直接热解吸常见的有回转式，也有个别单位生产的螺旋推进式和蒸馏式；间接热解吸常见的有回转式和螺旋推进式两大类，目前许多单位也研发使用新一代的间接蒸馏技术。热解吸技术具体分类见图 7.8。

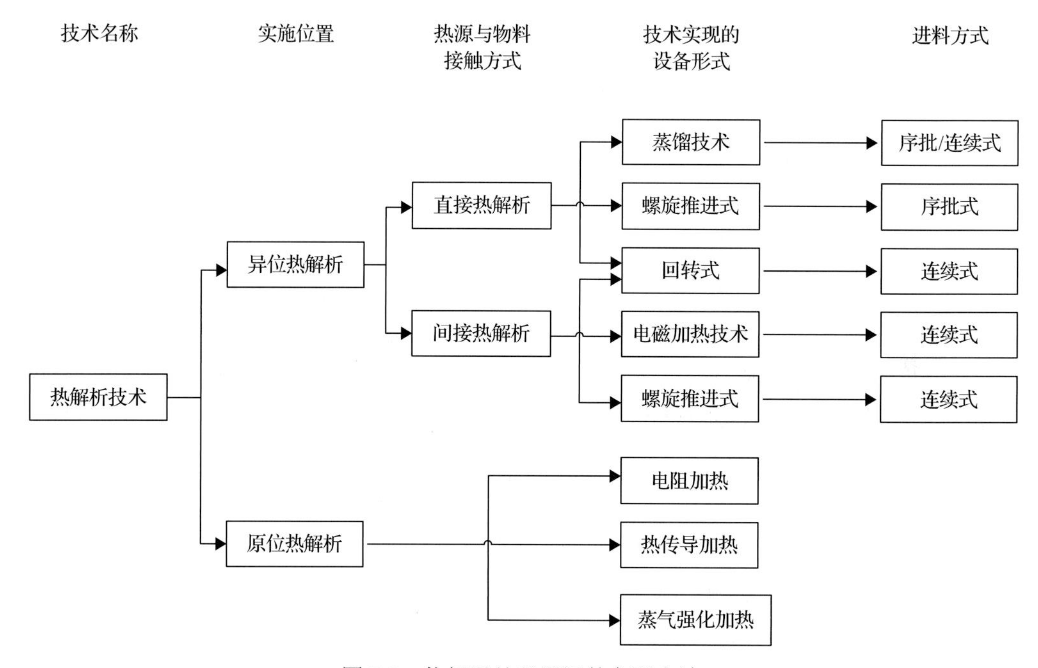

图 7.8　热解吸处理污泥的主要方法

1) 原位热解吸

原位热解吸技术自 20 世纪 70 年代开始应用于污染地块的修复，其净化原理是通过加热升高污染区域的温度，改变污染物的物化性质，通过蒸发气化、蒸气携带、沸腾、氧化及高温分解等多种机制降解有机物来提高液相抽出或污泥气相抽提对污染物的去除率。相比异位热解吸，原位热解吸具有以下优点。

(1) 无需把污染对象挖出收集，所以适合无法实施开挖工程的污染处理对象或者污染深度较深的场地。

(2) 使绝大多数污染物在地下环境被降解，不会因遗漏引起二次污染，只有一小部分被抽出进行处理。

原位热解吸技术设备的选择需要根据污染场地的实际情况而定。按照加热的温度可以分成低温和高温两种，低温和高温界限通常为 100℃。通常来讲，加热可以促进解吸，所以污染物并不是一定需要加热到沸点以上才能够分离出来，但受加热时间影响较大。一般来说，蒸气强化加热对污泥的升温最高只能达到水的沸点，电阻加热能使污泥加热至 100～120℃，对大部分挥发性有机化合物(VOCs)和部分 SVOCs 去除效果良好。而热传导加热可使土壤升温到 800℃，能处理绝大多数有机污染及汞等。

但气田含汞污泥通常含水率较高，需要通过脱水减量降低后续无害化处理成本，原位热解吸技术目前无法采用传统脱水减量技术。另外汞无法像有机污染物一样在地下被降解，分离抽出的汞及其化合物容易引起二次污染。所以原位热解吸技术不推荐用于气田含汞污泥的无害化处理。

2) 异位热解吸

异位热解吸技术是通过直接或间接加热，将被污染处理对象中的目标污染物加热至其沸点以上，通过控制系统温度、绝对压力和物料停留时间有选择地逐步促使各类目标污染物气化挥发，目标污染物与被污染处理对象分离，从而达到净化目的。异位热解吸按照加热的温度可分成低温和高温两种，低温和高温界限为 400℃。异位热解吸技术主要是针对汞及其化合物、挥发及半挥发性有机污染物(如石油烃、农药、多环芳烃、多氯联苯)的去除。另外根据污染物和热源是否直接接触，异位热解吸可分为直接热解吸及间接热解吸两类。两者的预处理部分接近，主要区别在于热解系统和尾气处理系统。

(1) 直接热解吸技术。

直接热解吸的反应器内热源与污染物直接接触，水分、汞及有机物被逐渐加热，达到沸点，从而以蒸气的形式从固相中分离出来，图 7.9 为内热直接热解吸回转炉构造示意图，它是直接热解吸反应器的一种。由于热源与污染物直接接触，因此部分有机物和热源发生氧化反应，形成小分子的化合物。这些混合气体通常称为热解气，将导入尾气处理系统进行处置。

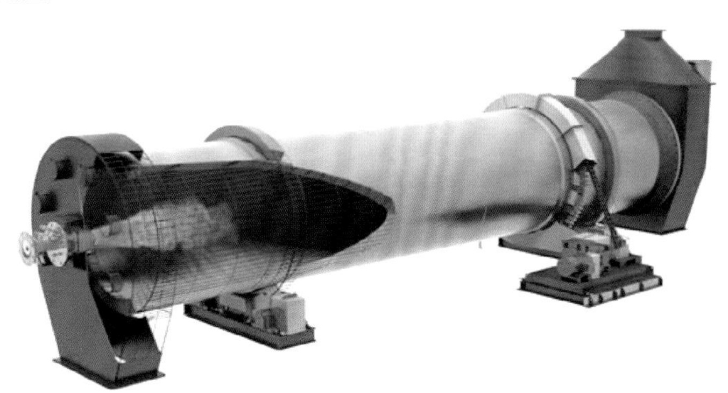

图 7.9　内热直接热解吸回转炉构造示意图

直接热解吸技术目前已经发展到第三代，其工艺流程简图见图 7.10，主要改进的是热解气的处理工艺，以拓展热解吸系统的适用范围，但根据需要处理的污染物及被污染对象的不同，在图 7.10 主体路线的基础上会有不同(包括各单元顺序的调整等)。第一代系统中布袋除尘器与热解吸设备直接相连，如果热解气的温度较高，会导致布袋除尘器的损坏，因此该系统一般不能处理高沸点污染物，图 7.11 是典型的采用内热直接热解吸法形成的第一代直接热解吸工艺流程[21]。第二代系统将二次燃烧室移到热解吸设备之后，并在布袋除尘器前面增加了冷凝器将热解气温度降至 230℃以下，使工艺可用于高沸点污染物的处理；通过在布袋前喷射碱性物质吸收酸性气体，但是效率较低，而且实际工程化应用过程中除尘效果一般。第三代系统参考了危废焚烧炉工艺，在布袋除尘器后面增加了洗涤塔(国内多用湿法洗涤塔)，而除尘方式也由原来单一的布袋除尘器改进为其他除尘方式或两种及以上的组合方式，如旋风除尘和布袋除尘，或布袋除尘和电气除尘等。从而可以处理高沸点的含氯有机污染物并且提高了除尘效果。目前相关单位在

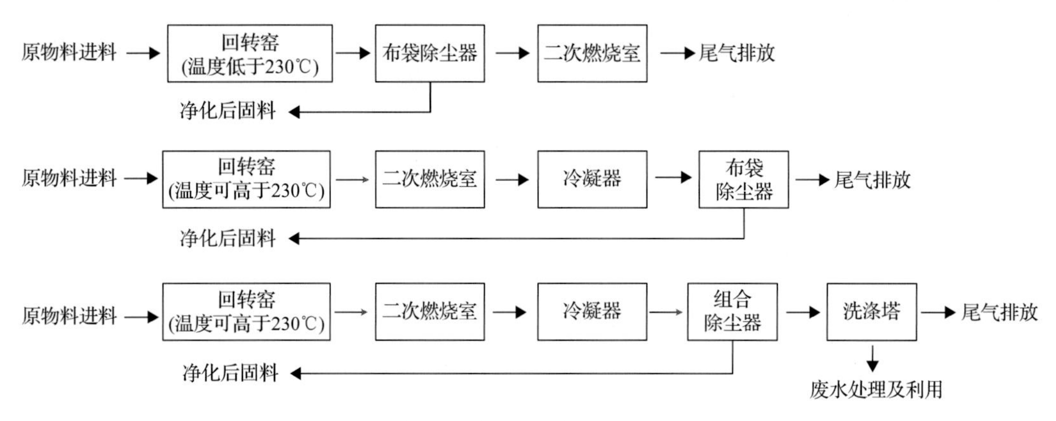

图 7.10　直接热解吸工艺流程简图(从上到下分别是第一代、第二代、第三代)

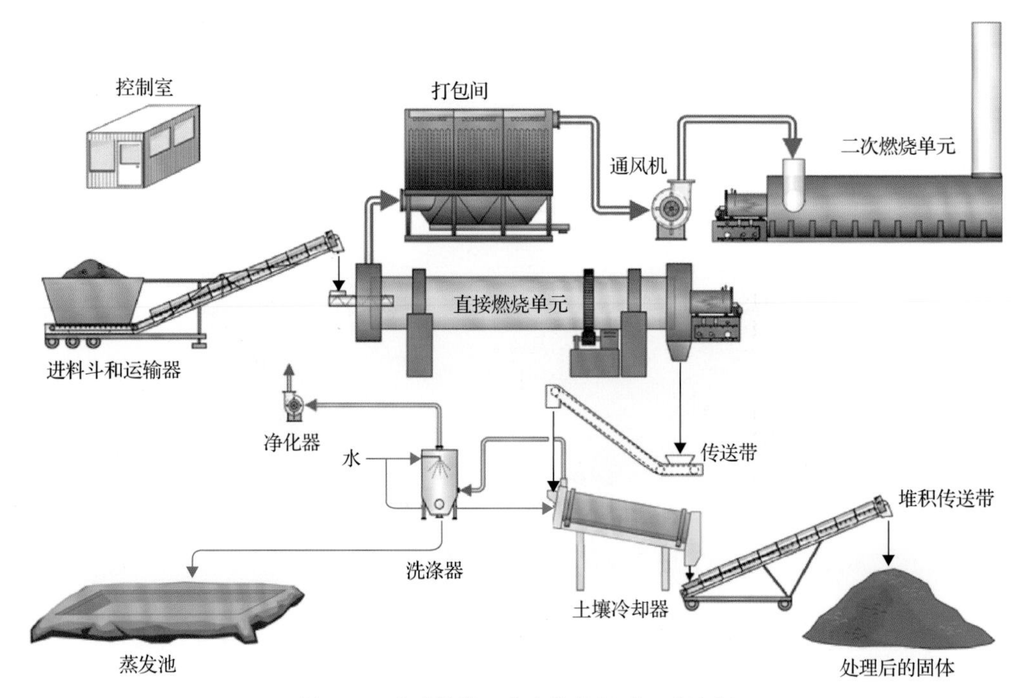

图 7.11　典型的第一代直接热解吸工艺流程

第三代系统的基础上进行进一步升级改造，使其更能满足现有复合污染废物的处置以及资源化回收等需求。

(2)间接热解吸。

在间接热解吸的反应器内热源与污染物不直接接触，典型布置方式如图 7.12 所示[22]，通过反应器的热传导，水分、有机物、汞等被逐渐加热，达到沸点并以蒸气的形式从固相中分离出来，这些混合蒸气常称为热解气，将其导入尾气处理系统进行处置。整体间接热解吸工艺流程简图见图 7.13，其中热解吸反应器一般为夹套式结构，分为内筒和外筒。热解气处理通常利用冷凝器将污染物从热解气中分离并浓缩出来，汞等有价资源可实现回收。剩余不凝气中含有微量有机物和汞等，经组合吸附器处理达标后排入大气。但进料中有机污染物的含量高于 5%时或有机污染物种类繁多时，普通组合吸附器很难处理到达标排放，此时可选二次燃烧处理不凝气。二次燃烧能将不凝气中高浓度的有机污染物彻底分解，产生的热量也可以回用至系统。由于热源与污染物没有直接接触，在非氧气环境下不易生成二噁英。

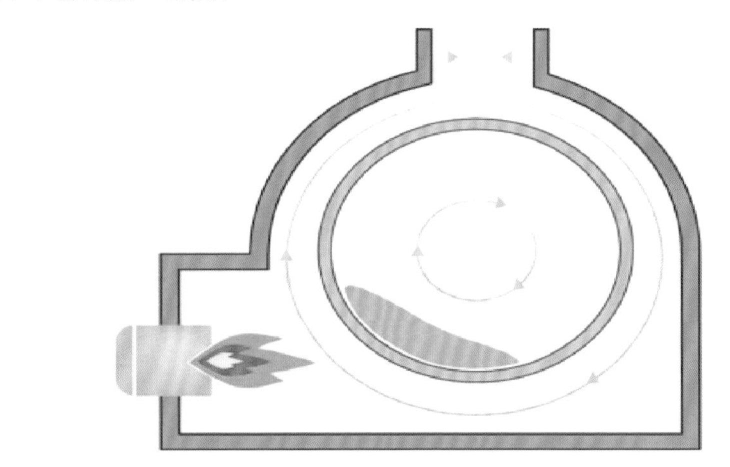

图 7.12　间接热解吸回转炉内部结构布置

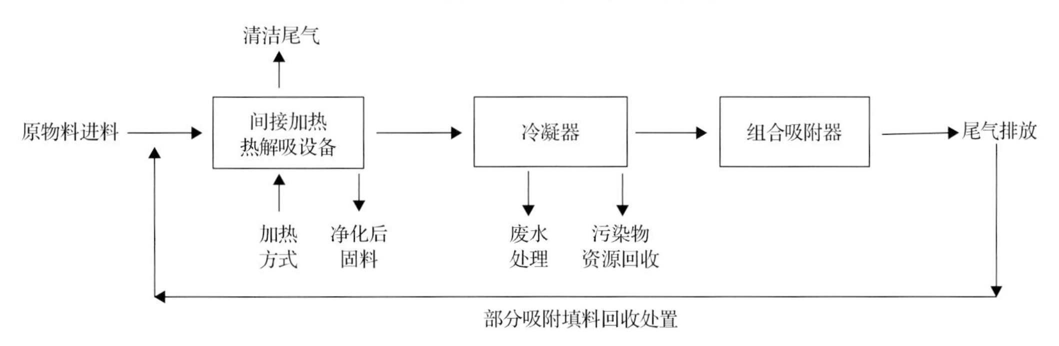

图 7.13　间接热解吸工艺流程简图

3. 气田含汞污泥热解吸工艺

1) 工艺技术

通常气田含汞污泥中除含汞外，还含有石油烃类或其他聚合有机物，属于复合型污染固废，部分污泥中还含有高氯离子、硫化氢或硫化物及其他重金属等。综合考虑适合采用热解吸系统进行无害化处理。虽然热解吸工艺已在国内外危险废物处置工业中应用多年，其可靠性已经过大量工程运用的验证，但考虑气田含汞污泥的特殊性，采用现有油泥热解吸工艺或传统含汞废物热解吸工艺去处理会存在以下几个常见问题。

(1) 热解吸反应炉的安全性：现有油泥处理工艺中的热解吸反应炉并未考虑汞及其化合物所引起的汞齐化腐蚀和脆化腐蚀及电偶腐蚀等危害，尤其是在高温下这些危害会加速形成，并促进炉膛内壁原有挂焦、结垢、板结等现象的出现，长期会导致炉内壁受热不均匀。另外伴随高温导致的高磨损(一般含汞废物热解吸温度为 600～800℃，温度超过 400℃，耐磨损性迅速下降)最终会使炉膛烧穿，引起安全事故隐患。其次部分污泥中含有的高氯离子会在热解吸炉内产生大量氯化氢气体腐蚀装置以及管道。

(2) 整套工艺系统的密封性：这是现有传统含汞处置热解工艺中常存在的问题，如物料进出口会由于气体吹出及密封阀和仪表处的泄漏等导致大量含汞蒸气逸散到周围环境中，造成二次污染及操作人员健康问题。

(3) 尾气及污水综合治理复杂：气田含汞污泥在热解吸处理过程中产生的热解气除汞及有害的挥发性有机物外，还伴有硫化氢、氯化氢等污染物。如果运行条件(如温度等)控制不好还会产生大量二噁英；热解气的冷凝水中会含有汞及其化合物、有毒有害有机污染物及硫化物等，造成污水处理技术难度大幅提升。

(4) 检修频发：常规热解吸处置工艺会产生大量粉尘，进入旋风除尘等单元时由于温度降低使冷凝水与粉尘混合后形成大量淤泥堵塞管道，导致频繁检修。

(5) 运行成本高：现有热解吸温度通常采用 600～800℃，所以能耗及处理费用高(一般情况下室温约 150℃为干化段，物料中的水分及低沸点的 VOCs 从物料中脱附出来；150～300℃为脱附段，物料中全部的 VOCs 及大部分的 SVOCs(半挥发性有机物)脱附分离；300～600℃以上为热解吸段，物料中的难挥发有机物、有机质发生热分解，特别是在 600～800℃时汞及其化合物可完全变成气相挥发脱除)。

针对以上问题，中国石油勘探开发研究院联合贵州美瑞特环保科技有限公司研发并设计了一套适用于气田含汞污泥的热解吸无害化处理及有价资源回收的综合系统，称为低温闪蒸工艺技术(mercury recovery technology system, MRT-system)，工艺流程简图见图 7.14。

该工艺已经成功应用于国内多个气田含汞污泥及废弃脱汞吸附剂的处置上，气田含汞污泥首先通过隔油处理后进入泥饼储存罐，然后密封输送至低温闪蒸工艺单元。低温闪蒸工艺主要包括预处理、余热干燥、低温闪蒸、闪蒸气净化及冷凝液分离五个阶段。气田含汞污泥中含油量相对较低，且经过隔油、氧化、减量等单元处理后，进入低温闪蒸单元中的污泥燃值低，整个工艺系统中不设置不凝气导入热能供应装置体系。

主要核心预处理单元采用配套热碱反应的羟基自由基发生器，通过生成的活性自由基及臭氧等强氧化物质完成汞形态的氧化统一，对经隔油处理后仍残留的部分石油烃类及其他聚合有机物进行进一步降解去除，硫化氢也可被氧化去除，同时配合脱水减量装置实现深度脱水处理。随后经破碎筛分后设定给料速度连续均匀地将物料送至余热干燥单元，进一步降低污泥的含水率至 20%以下，余热来自供热装置加热低温闪蒸单元时所产生的排气。干燥后的污泥进入低温闪蒸单元，在高真空环境下进行低温加热处置。

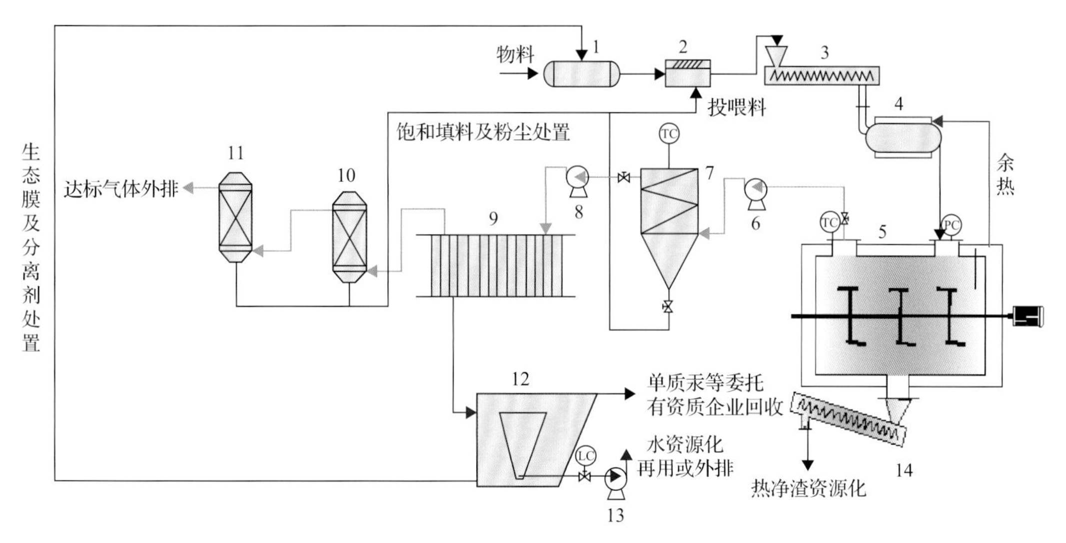

图 7.14　低温闪蒸处理气田含汞废物工艺流程

1-泥饼储存罐；2-多功能预处理单元；3-多功能进料机；4-余热干燥器；5-低温闪蒸反应器；6、8、13-配套泵；7-微米热过滤器；9-冷媒极冷分离器；10-汞深度处理吸附捕捉单元；11-催化氧化尾气净化单元；12-高效固液分离脱汞生态膜(VPI-UF)；14-多功能出料机

低温闪蒸单元首先升温至 80～150℃将污泥中残留水分水蒸气形式蒸馏脱除，随后温度继续升高至 400℃，此阶段汞开始蒸馏脱除，残留的石油烃类也可由大分子热解转化为小分子并从污泥中蒸馏脱附，低温闪蒸单元整体停留时间在 20～60min，热处理后的残渣从低温闪蒸单元底部排出，经降温除尘后进入后续流程(需进行毒性浸出试验，若含有其他重金属污染需要进行稳定化固化后再填埋，若达标可实现资源回用，如制备建筑材料等)。

产生的闪蒸气首先经微米热过滤器阻隔飞灰，可使水蒸气、汞蒸气、挥发性有机气体及其他气体通过，与传统旋风除尘或布袋除尘等相比具有强度高、耐高温(400℃)、抗腐蚀、截留效率高等优势。另外，特殊的材质性能及结构设计可防止粉尘堵塞。热过滤器出气通过冷媒极冷分离器分别回收水及汞等资源，最终通过深度脱汞吸附塔及其他污染物的吸附/催化塔净化尾气使之达标排放。经过处理后的烟气，汞、颗粒物、SO_x、NO_x 及 VOCs 等污染物均需要达到排放标准，满足《大气污染物综合排放标准》(GB 16297—1996)。另外，冷凝液中的冷凝水可经 VPI-UF 分离器将水中残存的单质汞等进一步分离回收，最终处理后的水可作为生产用水资源化。

该工艺的处理量、物料停留时间及出料温度均连续可调，且低温闪蒸可保证设备的安全性。其不仅可处理含汞固废，还可处理 VOCs、氯代烃、SVOCs、PCBs、多环芳烃(PAHs)、乐果、敌敌畏、内吸磷(DDD)等，石油烃等可挥发性污染土壤，混合(放射性和危险)有机废物，以及合成橡胶废物、油漆废物、含油污泥、有机树脂等有机固废。

2) 设备

(1) 多功能预处理器。

多功能预处理器包含羟基自由基发生器、脱水、筛分、破碎等单元。其中羟基自由基发生器是针对气田污泥特性，从高级氧化的基本原理出发，配以热碱处理技术，构成一种新的有机物的降解去除技术。需要预处理的污泥和碱分别经斗式提升机进入各自料仓，再经螺旋给料机充分混匀后进入羟基自由基发生器，在转化反应器内会产生大量羟基自由基、臭氧、过氧化氢等活性剂，使各种汞形态统一被氧化为氧化汞，同时有机污染物往往会被直接矿化为 CO_2 和 H_2O。

(2)低温闪蒸反应器。

低温闪蒸反应器是蒸馏装置的一种，蒸馏的原理是通过直接或间接供热，配合充分搅拌将固废中的挥发性污染物加热到沸点温度，使其从固废中挥发分离并分解，蒸馏可间歇处理，也可连续处理，技术成熟且应用历史悠久，图 7.15[18]是汞污染固废常用的蒸馏热解吸反应器。低温闪蒸反应器是一种在高真空条件下进行的蒸馏分离器，利用元素间的沸点差异和蒸气压的差异，在一定温度和真空度的条件下进行蒸馏，由于不同物质的沸点与蒸气压不同，所以目标物很容易在相对自身沸点较低的温度下得到挥发净化。该反应器采用渐进式加热可保证不同组分在不同沸点温度下被单独蒸发和冷凝出来。反应器内发生蒸发、蒸馏、沸腾、氧化和热解等作用，固废中的挥发性污染物在沸点温度条件下，从固废中分离进入热解气中，再对热解气进行净化处理。尤其对于一些具有很高沸点的污染物，要使这类污染物高效、快速蒸发气化出来，最有效的方法是降低蒸发污染物的压力而不是提高温度，一旦压力降低到化合物的蒸气压(在一定的温度下)，污染物就开始沸腾，蒸馏及分解作用就可进行。低温闪蒸具有蒸馏温度低(节能)、体系真空度高、物料受热时间短、分离程度好等特点，且分离过程不可逆，没有沸腾鼓泡现象，解决大量常规蒸馏技术所不能解决的问题。

图 7.15　汞污染固废处置常用的蒸馏热解吸反应器

(3)除尘器。

气田含汞污泥热解吸装置产生的热解气中主要包含汞蒸气、水蒸气、飞尘及其他有机污染物等。热解气处理单元由除尘、冷凝和净化三部分组成。热解气中的尘粒易与其中的汞再次结合为更难处理的含汞悬浮物，对冷凝回收汞及汞达标排放有很大影响，同时粉尘与水蒸气在降温过程中的混合很容易堵塞热解气净化管道，另外对最终排气中其他污染物的达标净化效果也有很大影响。因而，尾气必须经高效除尘后才能进入冷凝设备，并且后续处理设备的处理效果及最终排放的废气质量对除尘设备所需达到的效果有进一步要求。例如，除尘精度、除尘效率、处理量及使用周期均需根据实际情况做出具体的要求。目前常用除尘器有旋风除尘器、袋式除尘器、滤筒除尘器等。在实际生产过程中可根据不同的现场要求选择合适的除尘设备。特殊要求的情况下可考虑组合使用。

A. 旋风除尘器。

旋风除尘的原理是借助含尘尾气做旋转运动时所产生的离心力将尘粒从气相中分离出来，捕集于除尘器的内壁上，再借助重力作用使尘粒落入灰斗，但有时粉尘因离心力而黏附于壁面上，易发生堵塞的危险。旋风除尘器对于 5～15μm 颗粒的除尘效率一般在 85%左右，但对粒度低于 5μm 的细小尘粒去除效率很低，所以通常用于高温除尘的预处理，与其他除尘方式联合使用。目前并联的多管旋风除尘器对 3μm 的尘粒也具有 80%～85%的除尘效率。

B. 袋式除尘器。

袋式除尘器是目前使用最多的过滤式除尘器，除尘效率高达 99%以上，除尘器出口气体含尘浓度在 20～30mg/m^3，对亚微米粒径的细尘有较高的分级效率，适用于除尘要求较高的场所。如果所用滤料性能好，设计、制造和运行均得当，则其除尘效率甚至可以达到 99.9%。但受温度影响较大，使用寿命会大幅下降，所以传统袋式除尘器不适用于高温环境。目前经过滤材的不断研发，袋式除尘器的工作温度已经从 80℃提高到 200℃。另外，经过特殊处理的袋式除尘器的工作温度可达 350℃以上，但含尘气流的温度应小于 550℃。

美国 GORE®低阻薄膜滤袋采用膨体聚四氟乙烯（ePTFE）透气膜过滤[23]，其使用寿命长，透气率好，工作效率高，滤袋可持续回收利用。当携带粉尘颗粒的气流经过滤袋时，其中的粉尘颗粒被透气膜截留下来，停留在膜表面，以此达到除尘的目的。与传统滤材相比，膜过滤能进行亚微米级别的过滤，并且采用该膜过滤时粉尘颗粒仅积聚在其表面，并不会进入其内部结构。GORE®低阻薄膜滤袋允许更低的压降和更多的气体流动，使能量消耗进一步降低。过滤袋有一个聚四氟乙烯的接缝带，使粉尘几乎不可能通过针孔泄漏。GORE®低阻薄膜滤袋独有的特性是能够耐高温，耐化学腐蚀，即使在连续的工作周期内存在高温和化学暴露，其仍能抵抗裂纹。尾气除尘效率可达到 99.5%。

C. 滤筒除尘器。

滤筒除尘器是以滤筒作为过滤元件所组成的除尘器，滤筒的滤芯通常是多孔型过滤材料，利用滤材表面形成的微小透气组织阻挡气体中的粒状物质。滤筒除尘器按滤筒材料分为长纤维聚酯滤筒除尘器、复合纤维滤筒除尘器、防静电滤筒除尘器、阻燃滤筒除尘器、覆膜滤筒除尘器及纳米滤筒除尘器等，日常应用范围最广的是玻璃纤维滤筒。玻璃纤维滤筒由超细玻璃纤维制成，对 0.5μm 以上尘粒的捕集率可达 99.9%以上。滤筒常用的自动清灰方式有高压气体脉冲反吹、高压液反冲洗、机械振动等。

国内 GJT 热过滤除尘器采用复合金属纤维材料编织技术制备滤芯，孔径可达到30nm，且孔形稳定。通过化学气相沉积法等特殊工艺对复合金属纤维材料进行表面覆膜改质，同时引入“鱼鳃”错流式过滤结构的三维设计，使产品不但克服了传统滤筒易堵塞、损坏的缺陷，也解决了滤布不耐高温、不耐压的缺点。GJT 热过滤除尘器具有耐 1000℃以下高温、耐腐蚀、耐老化、化学稳定性强、透气率好、自洁性优等优点，还可实现在线清洗，达到持续利用的目的，尾气除尘效率可达 99.6%以上。

7.3.2 稳定化固化处理工艺

稳定化固化处理工艺是含汞固废无害化处理方法之一，它实际包含着两层含义：稳定化和固化。美国 EPA 对稳定化固化的概念解释如下：稳定化(stabilization)是指将有害污染物转变成低溶解性、低毒性及低移动性的物质，以减少有害物质污染潜力的过程；固化指添加固化剂于废弃物中使其变为不可流动性或形成固体的过程。

1. 工艺原理及流程

针对含汞污泥的稳定化处理通常是将含汞污染物在污泥 pH 和氧化还原电位变化范围较大的条件下，转化成具有结构稳定、高度不溶性和低毒性的化学形态的过程，原理一般都是根据汞化合物溶度积常数，见表 7.4。固化是将稳定态汞与基体结合或封存于石料等持久性基质内的过程。

表 7.4 部分汞化合物溶度积常数(25℃)

化合物	$Hg(OH)_2$	HgS(红)	HgS(黑)	Hg_2Cl_2	Hg_2I_2	Hg_2Br_2	Hg_2SO_4	Hg_2CO_3
溶度积(K_{sp})	3.0×10^{-26}	4.0×10^{-53}	1.6×10^{-52}	1.43×10^{-18}	5.2×10^{-29}	6.4×10^{-32}	6.5×10^{-7}	3.6×10^{-17}

根据表 7.4 中汞化合物的性质可知，污泥中的硫化汞是极难溶的，很多研究及工程案例把硫化汞看作是汞在污泥中的最终产物。当污泥环境为还原条件时，硫化汞易于生成，并非常稳定地存在于污泥环境中。在氧气环境中，由于微生物的参与也可将硫化汞分解。值得注意的是，若污泥环境中存在大量的 S^{2-}，会生成一种可溶性的 HgS_2^{2-}或更多形态的过硫化汞[24]。因此在对含汞污泥施加硫化物时，应考察污泥本身氧化还原状态并且注意稳定剂的施加量，过多有可能会影响稳定性，过少处理效果不好。另外，pH 过高或过低也都可能导致硫化汞的再溶出[25,26]。

将稳定后的污泥与固化剂混合起来，然后冷却形成固体。固化剂包括水泥、低温化学键磷酸盐陶瓷、硫聚合物水泥、磷酸盐黏结剂、水泥窑灰、聚酯树脂或聚硅氧烷化合物等，可用其生成泥浆或其他半固体类的物质，以便最终形成固体状态。其中以水泥基、低温化学键磷酸盐陶瓷固化和硫聚合物(多为改质硫黄)为固化剂的三种固化工艺为主。每种固化方法均有各自的优缺点。水泥是最常用的固化剂，其经水化反应后可生成坚硬的固化体，水泥的种类很多，最常用的是普通硅酸盐水泥，它是一种以硅酸三钙($3CaO\cdot SiO_2$)、硅酸二钙($2CaO\cdot SiO_2$)为主要成分的无机胶结材料。水泥固化的作用机理是水泥中的粉末状水化硅酸钙胶体(C-S-H)对 Hg 等重金属产生吸附作用[27]，以及水泥中的水化物能与重金属形成固溶体，从而将其束缚在水泥硬化组织内，以降低其可渗透性，达到减少固废中危险成分浸出的目的；低温化学键磷酸盐陶瓷作为固化药剂，类似水泥，是一种坚硬致密的陶瓷。其有效成分是 MgO 和 KH_2PO_4，可在室温下凝固，兼具陶瓷特性，通过无机氧化物(MgO)和磷酸溶液(KH_2PO_4)之间的酸碱反应来制备。硫聚合物固化工艺是在硫稳定化基础上增加的一个固化步骤，国外通常与热处理技术联合使用，见图 7.16[13]，由于最终固化体表面积较小，因此汞蒸发和沥滤的可能性很低。热解吸后回收的液态单质汞在充满氮气的环境下和硫黄粉(纯度 99.9%以上)在安全密闭的反应器中反应，并且加热温度至 40～60℃以提高稳定态难溶态硫化汞的形成，且 S/Hg 的物质的量比为 1.05～1.1。在此过程中，连续、密集的混合确保了汞和硫的完全化学计量反应。形成的硫化汞进入第二阶段，与硫聚合物(成分为硫黄和有机添加剂)进行固化反应，将硫化汞与改质硫黄在 110～130℃的温度下压缩并混合，混合量为 1∶1(质量比)，直至形成均匀的熔融混合物，最后倒入模具中进行冷却完成固化封装。最终产品具有与混凝土类似的稳定性和抵抗力，其中总汞浸出毒性值可达到 0.005mg/L 以下，强度 0.98MPa 以上，低于《危险废物鉴别标准 浸出毒性鉴别》(GB 5085.3—2007)要求的 0.1mg/L，已不属于危险废物，可按照工业固废填埋处理。因此该工艺可确保彻底消除汞的移动性，并且孔隙率极低，无法渗透，最大限度地降低汞释放到环境中的风险。

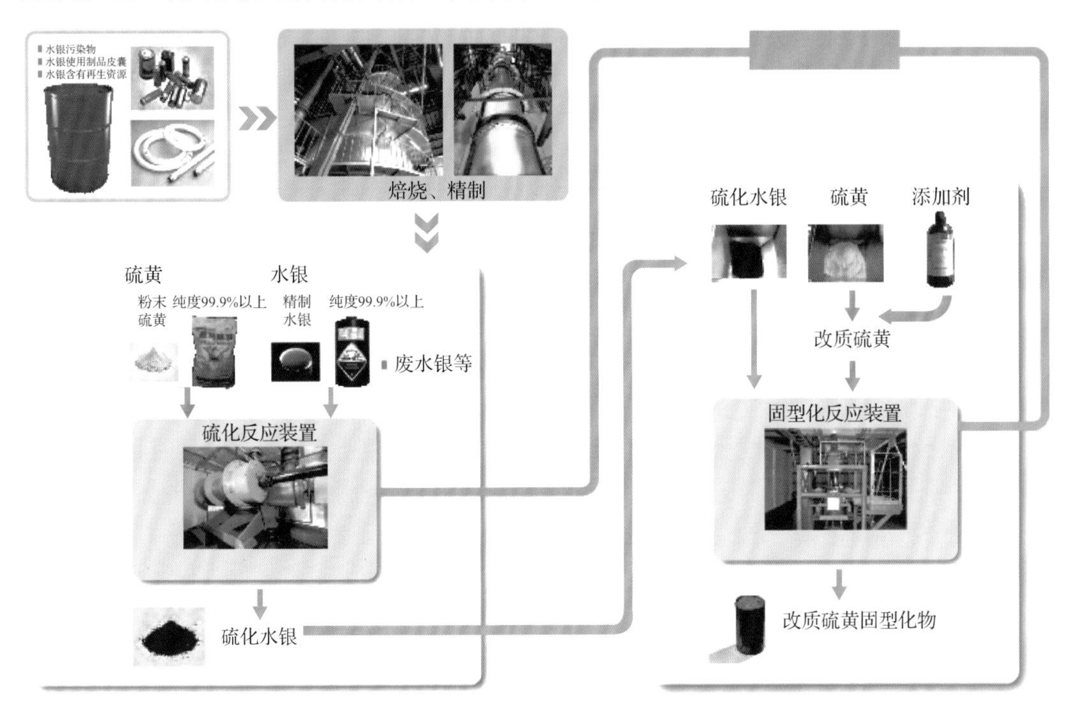

图 7.16 含汞污泥热解吸+硫化+硫聚合物固化联合工艺流程

稳定化固化技术适用范围广、技术成熟、工艺简单(图 7.17)、处置成本相对较低。工艺过程如下：将待处理的含汞污泥首先筛分，大颗粒进入水洗流程，小颗粒经破碎后进入混合搅拌阶段，加入稳定化药剂(液体试剂或干粉试剂)并进行充分混合，对于单质汞存在情况下需要配合氧化剂等助剂。该过程中首先发生稳定化过程，可溶性汞与稳定剂发生反应并稳定下来，形成泥浆状、糊状或其他半液体状态，然后投加固化剂使其发生固化过程，以将其密封进固体空间，同时制备颗粒。固化过程中，由于固废组成的特殊性，常会遇到混合不均匀、过早或过迟凝固、操作难以控制、产品的浸出率高、固化体的强度较低等问题。为改善固化条件，提高固化体的性能，固化过程中可掺入适量的添加剂。随后稳定化固化后的混合物进入养护阶段或通过干化装置等加速养护。最后对固化后的固体进行浸出毒性检测，确保达标后再进行回填。

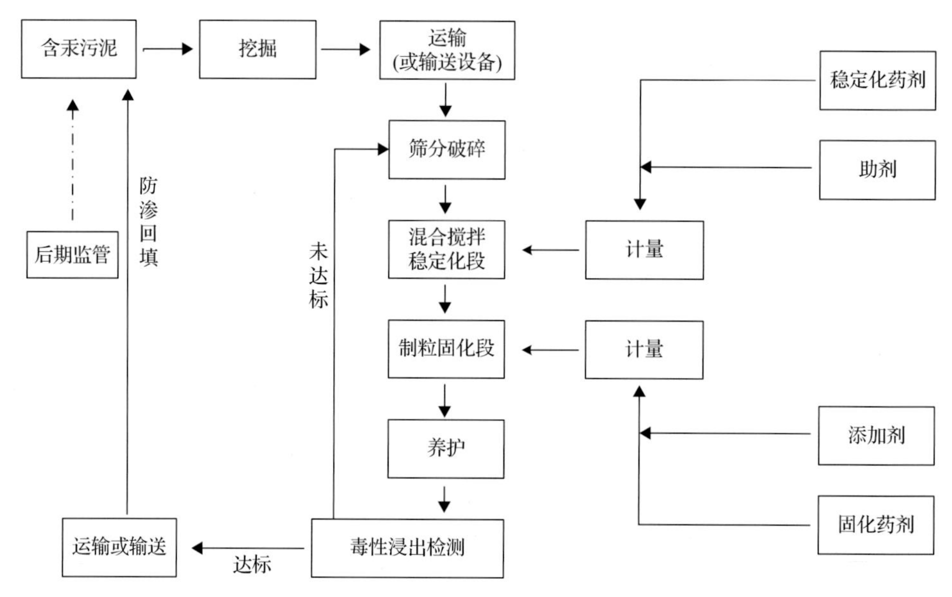

图 7.17　含汞污泥稳定化固化处理技术流程

2. 影响因素及适用性

气田含汞污泥稳定化固化技术处理效果的影响因素主要有污泥理化特性(如 pH 等)、污染物理化特性(如污染物种类、形态等)、药剂种类等。根据影响因素的不同应合理选择稳定化固化药剂，经处理后的含汞污泥需对其物理数据(强度、密度、渗透性等)和化学数据(浸出毒性、人体及生态环境毒性评价)进行安全评价，其中最重要的是毒性浸出作为判别依据，执行标准为《危险废物鉴别标准　浸出毒性鉴别》(GB 5085.3—2007)，其中浸出液中烷基汞浓度不得检出，总汞浓度限值为 0.1mg/L。

气田含汞污泥中汞形态复杂，除可溶性离子汞外还常伴有大量单质汞及难溶态有机汞等，这些汞形态不像可溶性离子汞可以简单地与常用稳定剂发生化学反应形成稳定的难溶态，如单质汞需要氧化处理后形成离子汞再采用稳定化固化技术处理。另外气田含汞污泥中还存在石油烃类等杂质，采用稳定化固化技术处理会使过程更加复杂，这些缺点限制该技术在气田领域的应用，至今国内外对气田含汞污泥的稳定化固化相关技术以及工程上应用的研究仍未有实质性的进展。另外尽管含汞固废的稳定化和固化工艺能减少汞对环境的污染，但其长期稳定性效果并未得到充分的研究。因此，有必要收集和分析关于这些效果的信息和数据。

7.3.3　深井回注处理工艺

深井回注工艺是一种低成本、处理量极大的含汞污泥处理方法。该工艺是固体注射和水力压裂原理的直接应用，地层被泥浆压裂后，其泥浆容纳量显著提高。实践证明，深井回注工艺能够处理大量的、含有各种形态汞的含汞污泥。

1. 工艺原理及流程

深井回注工艺是指将含汞固废泥浆化后注入枯竭油气井或注水井适当地层的处理工艺。工艺过程主要涉及前期选井选层和后期的地面配制与回注，重点在于其高效、合理的地面配制流程。

深井回注的主要工艺可简要概括为以下三步。

(1) 选择适当的处置井。

(2) 对固废进行预处理，使含汞污泥泥浆化，便于回注。

(3) 使用注泥泵将制好的泥浆注入废井中。

深井回注工艺的预处理主要指对固废进行研磨、泥浆化(稠化)、泥浆质量控制。研磨是为了将固废中大颗粒物质等进行粉碎，方便注入。气田采出水产生的污泥颗粒较小，可根据实际情况选择是否需要研磨。研磨后的含汞固废经泥浆化处理后经回注泵向回注井回注，其大致的工艺流程如图 7.18 所示。

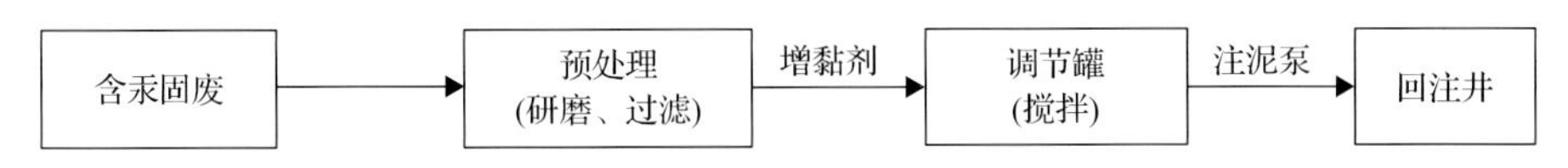

图 7.18　深井回注简化工艺流程

典型的含汞污泥深井回注工艺流程如图 7.19 所示。含汞固废首先进入固废调质罐，再向调质罐中加入分散剂和适量热水，将固废中的块状物等杂质打散形成能进入后续处理单元的小颗粒物质，并对大块的岩屑进行分离。随后经调质后的固废进入岩屑分离器

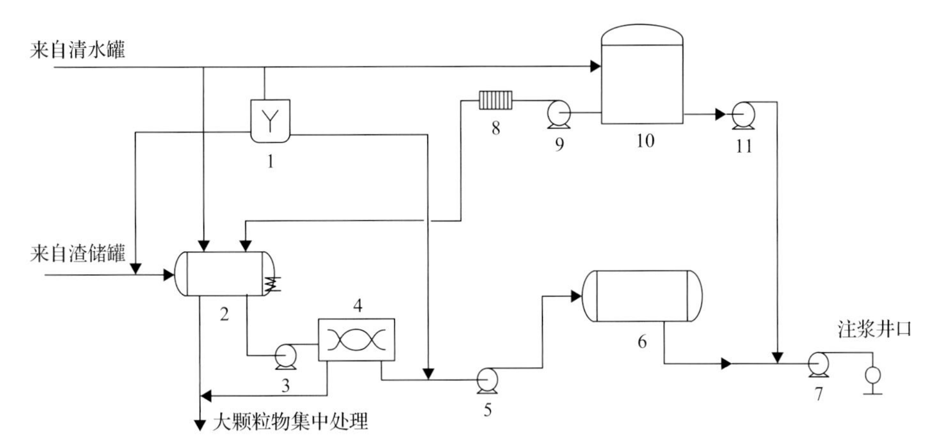

图 7.19　含汞固废深井回注工艺流程图

1-加药装置；2-调质罐；3-泥浆泵；4-岩屑分离器；5-离心式研磨泵；6-振动筛及储罐；7-高压注浆泵；8-加热器；9-清水泵；10-清水罐；11-洗井泵

将未分散的大颗粒固体分离排出，分离出的小颗粒固废加入水和黏结剂，经离心式研磨泵研磨，研磨后的固废进入储料罐顶部的泥浆振动筛，以此来获得理想的泥浆颗粒。通常泥浆的颗粒大小在 100～300μm，泥浆的含固量为 20%～35%，且应尽可能维持在30%以上。加工后的泥浆进入带搅拌机的储罐，通过搅拌混合使泥浆保持最佳的黏度，防止固体颗粒的散出，通常泥浆的黏度维持在 40～70mPa/s[28]。随后分批次将储罐中的泥浆通过高压注浆泵送至回注井中。

典型的井口回注过程如图 7.20 所示。回注井口由表面套管、内套管及回注管三层套管组成。表面套管位于井口最外侧，由钢管组成，部分或完全包裹在水泥中。其从水平面向下延伸至地下饮用水源的底部以下，以防止污染饮用水源。内套管位于中间，为注入区的泥浆和上层岩层构造提供密封保护，其同样由钢管组成，水泥包裹，延伸至回注区域。为防止回注区的泥浆从注入区上方的地层返回地表，该套管用水泥进行填充。回注管位于井口最内侧，回注泥浆经此管直接注入回注区，或经过回注管底部的射孔注入回注区。内套管和回注管之间的空间称为环空，内充满惰性加压流体，并在底部由可移动的封隔器密封，防止注入的泥浆倒流。泥浆回注之前，需要在压裂梯度超过17.1kPa/m(砂岩地层的压裂梯度)的情况下对回注井进行地层完整性测试。在 17.1kPa/m或更高的应力梯度下，砂岩地层一定要比页岩地层先被压裂，地层压裂的差异为回注泥浆提供了储存空间。这种高于砂岩而低于页岩的压裂梯度可以预防向砂岩回注诱发的裂缝延伸至页岩或者穿过页岩。回注期间，要随时关注井眼的压力响应。在整个回注期间，监控井口压力，确保压裂梯度不超过 17.1kPa/m。回注井对回注的压力响应可以描述为以下两种模型[29]。

(1)低。恒定面积的井口回注压力响应(6.21～7.58MPa)暗示地层天然裂缝被打开，泥浆回注顺利进行。

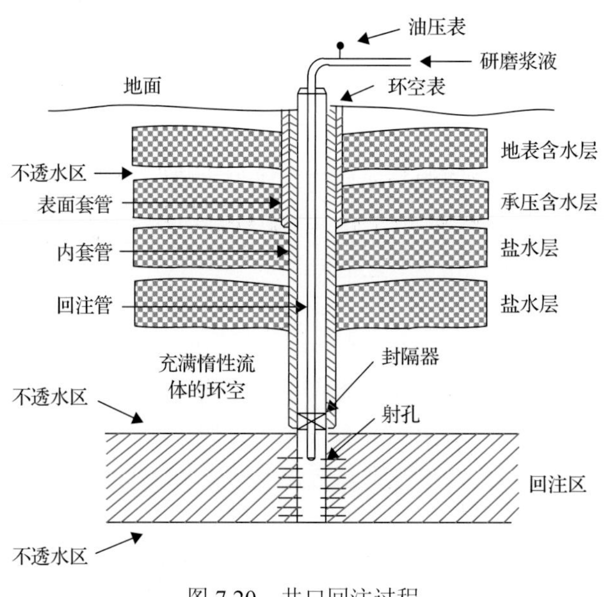

图 7.20　井口回注过程

(2) 高。回注时突然增加的压力响应(大于 7.58MPa) 暗示地层自身有显著改变或回注管道被堵塞，不能继续进行泥浆回注。

当井眼的压力响应为“高”时，建议立即停止回注，查明原因并解决后方可重新进行含汞泥浆的回注操作。

2. 影响因素及适用性

采用深井回注工艺对含汞固废进行处理时，需要注意合理选择回注井，回注井的选择关系到回注工艺的成败。合理的回注井，不但能够容纳预期的大量含汞泥浆，还能确保这些有害物质永远被密封在特定地层空间中。回注井选择不合理会使污泥处理量减小、可能产生二次污染，并且可能影响周围油气井的产量。同时应合理调剖回注污泥，控制液固比例、回注污泥特性(稳定性、流变性等)并优选加药种类及加剂量等。

选择回注井时，主要考虑回注井的吸收能力、注射容量、是否需要再次完井、回注井与加工固废储存区的距离四个方面。回注井应满足以下条件[30]。

(1) 必须获得有关政府部门的批准，方可用来处置含汞污泥。

(2) 应该是油气枯竭的废井，密封性能好，地理上和地质上都相对孤立，最好在油气田内部寻找。

(3) 与含汞污泥储存区的距离不宜过远，应具有较强的泥浆吸收能力。

(4) 泥浆容量要大，不需要再次完井。

(5) 回注工艺要求回注井为完全废弃的、有很好机械完整性的、地质孤立的且最好在地理上也是孤立的处置井。

深井回注工艺可以处理含各种形态的汞(单质汞、离子汞、有机汞)的污泥且处理量大，不需要对固废进行浓缩处理，可直接回注，就地处理[29]。注入工作的前期准备复杂，需要查看现场状况、评估注入地层的可用性和适用性、优化注入速率、了解枯竭气井的机械状况、评估风险、考虑固废处理和运输等问题。

7.3.4　填埋处理工艺

危废填埋是指采取工程措施将处理后的危废集中堆、填、埋于场地内的安全处置方式。受汞或汞化合物污染的危废若符合国家或地方条例所规定的特别设计的危废填埋场接受标准，则可以在受控的填埋场中进行处置。

1. 工艺原理及流程

气田含汞污泥中汞含量较高，并且含有石油烃类等其他有机污染物，导致气田含汞污泥无法直接达到填埋标准，必须对含汞污泥进行脱汞或固汞及脱油等处理后达到填埋要求才可进行填埋处理。目前新疆、贵州等主要含汞废物处置地区对含汞危废先进行热解吸处理，处理后通过浸出毒性实验判定是否需要进行稳定化固化处理，经稳定化固化处理达到《危险废物填埋污染控制标准》的成型固化体通过车辆运输至危废填埋场的填埋区储料库，在库区内进行养护，养护完成后的固化体送至危废填埋场进行填埋。流程如图 7.21 所示。

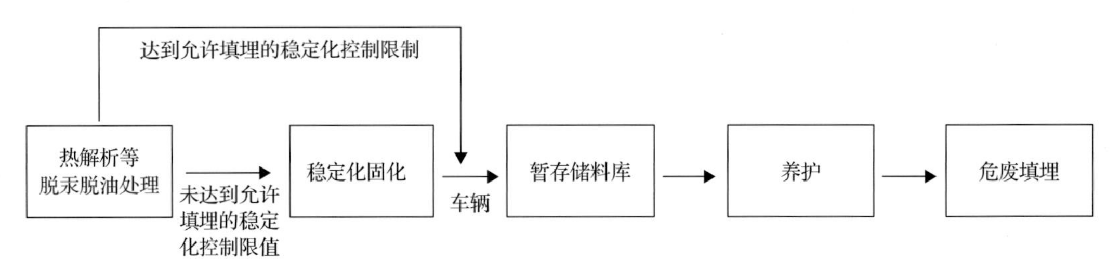

图 7.21 现有气田含汞污泥填埋处置流程

2. 影响因素及适用性

填埋场的选址、设计、施工、质量保证、运行管理、污染排放控制要求、封场要求、监测要求及实施与监督等应参考《危险废物填埋污染控制标准》(GB 18598—2019)中的相关规定。其中规定进入填埋场的危险废物中烷基汞的允许填埋的稳定化控制限值为不得检出，汞及其化合物(以总汞计)的稳定化控制限值为 0.12mg/L，且含水率要低于 60%、水溶性盐总量小于 10%，最主要的是有机质含量小于 5%。美国 EPA 对进入填埋场的含汞固废则有更严格的规定，其要求含汞固废中浸出汞浓度必须低于 0.025mg/L 时才允许被填埋，填埋的土力学特性应达到无侧限抗压强度不小于 50kPa，十字板抗剪强度不小于 25kPa，渗透系数在 10^{-6}～10^{-5}cm/s 数量级，臭度降低至三级以下。危险固废填埋场(隔离型)如图 7.22 所示[31]。危废填埋不能直接作为气田含汞污泥的最终处置方式，但可作为含汞污泥经热解吸、稳定化固化处理后残渣体的最终处置方式，其容量大，见效快。但危废填埋场的建筑材料和防渗材料是有寿命的，因此，含汞固废填埋场运行管理需进行长期的安全监控。

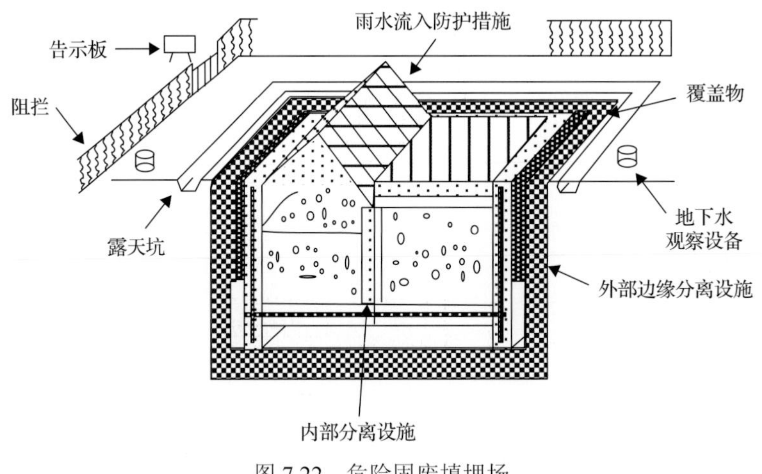

图 7.22 危险固废填埋场

7.3.5 淋洗技术工艺

淋洗技术是指可将污染物溶解或迁移的化学溶剂注入受污染物中，从而将污染物溶解、分离出来并进行处理的技术。

1. 工艺原理及流程

淋洗技术对于重金属污染物的处理方式主要取决于重金属在受污染物中的存在形式。淋洗技术通常包含物理分离及化学萃取两部分，其中物理分离方法主要适用于污染物的粒度、密度、磁性等特性与废弃物母质有较大差别或污染物吸附在有特性的废弃物颗粒上的情况；而化学萃取过程则主要适用于废弃物中重金属以离子形式存在的情况。值得注意的是，在物理分离的过程中，颗粒状的金属可能从颗粒状的污染物中分解出来，因此物理分离有时需要与化学萃取联合使用[32,33]。淋洗法可以去除污泥中大量的污染物，包括汞在内的重金属、有机污染物、石油、放射性元素等。在国外，尤其是荷兰、德国、美国等国家，淋洗技术已经广泛应用到了土壤污染实地修复中。淋洗技术中物理分离的优点是能有效地减少异位修复污泥的体积，提高修复效率，并且这些技术在国内的采矿业以及土壤修复中应用已十分成熟，效率高、成本低、容易模块化、易于在实地修复中应用。化学萃取液一般用有机溶剂来溶解污泥中的汞，如酸、碱、螯合剂等，污泥与淋洗液的混合物通过旋流器进行分离，以去除试剂和污染物。去除污染物后所剩固体也可存于固体填埋场处置。这是从污泥中永久分离汞的少数方法之一，其效率可高达 99%。淋洗技术的优势在于可以去除不溶于水的污泥吸附汞。淋洗技术流程见图 7.23[34]。

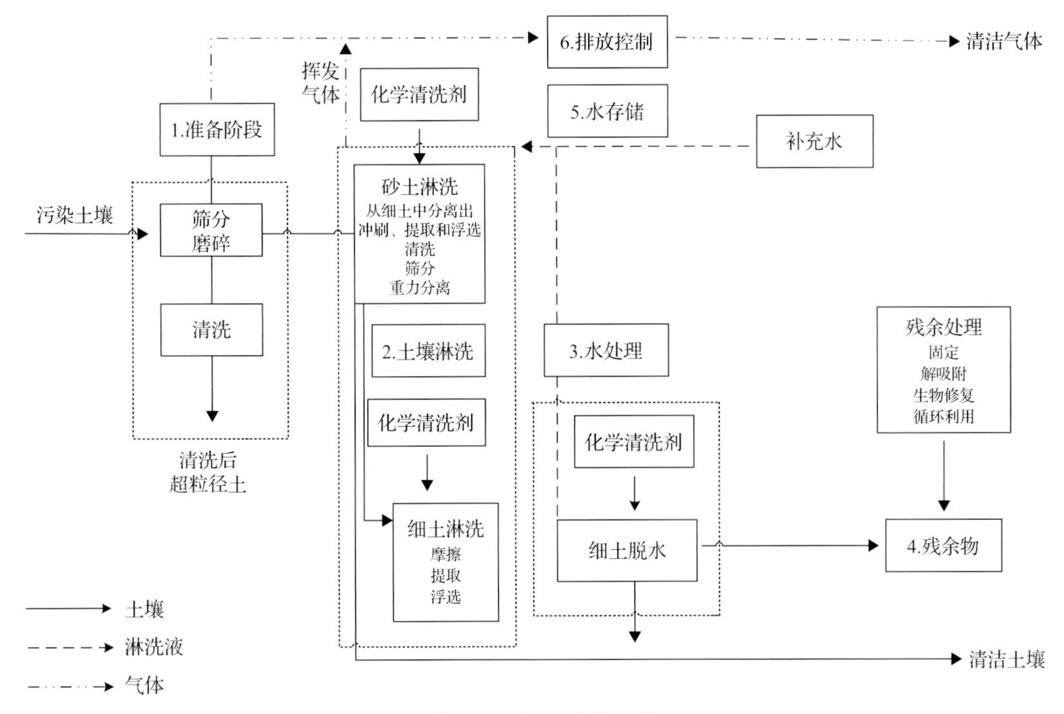

图 7.23 淋洗技术流程

2. 影响因素及适用性

淋洗技术中的物理分离难应用于黏土含量高、腐殖质含量高和黏度大的有机质土壤的修复中，并且要对其处理过程中产生的废水和废渣进行处理。而化学萃取虽然研究及应用较为广泛，但该方法的缺点也是对黏土含量高和腐殖质含量高的土壤处理困难，另外萃取液会对污泥环境造成污染，使处理成本增加，并且萃取淋洗剂会残留在污泥中造成遗留的环境问题。气田含汞污泥汞形态复杂，污染因素多，需要添加大量不同的清洗剂配合使用，导致二次污染废水的大量生成，且成分复杂、处理难度大。因此，由于处理成本的增加和产物处理难度的增大，淋洗技术在处理气田含汞污泥方面的发展受到限制。

对于汞污染淋洗技术，国外在气田以外领域也有相关研究及工程化实施案例。1992 年，加拿大魁北克省博阿努瓦采用筛选、重选、旋流分离和浮选联合技术对含汞污染废物进行回收处置，汞污染含量为大于 1000μg/g，处理后含量为 624μm/g，处理总量为 5000m^3，回收 1.3t 的汞。Wasay 等对日本东京某化学厂附近土壤进行 KI 萃取研究，发现 100mmol/L KI 与 50mmol/L HCl（pH 1.5）混合液通过土柱淋洗的方法可以将 9.8kg 土壤中汞的质量从 113.5mg/kg 下降至 2.62mg/kg。研究证明 KI 只有在酸性条件下才能有显著的萃取效果，主要是由于土壤中的汞在 pH<2 时，才以 Hg^{2+}形式存在，这样才能与 KI 生成可溶性的络合物 HgI_4^{2-}，Wasay 等又对使用过的淋洗液进行活性炭吸附处理，发现活性炭对污水中汞的吸附率可高达 99%，为淋洗液的后续处理提出有效可行的方案。Klasson 等用 0.4mol/L KI 和 0.2mol/L I_2 作为淋洗剂处理来自橡树岭（美国路易斯安那州）的 Y-12 号场地及其水道的淤泥（汞含量为 35000mg/kg），处理时间为 2h，汞的去除率为 98%，并且用铁屑对汞萃取液进行处理，有较好效果[35,36]。

7.4 工程实例

7.4.1 热解吸处理工艺工程实例

某气田处理厂在治理含汞天然气净化产生的含汞污水的过程中，通过捕捉、吸附、分离等方式将汞及其化合物转移至污泥（固相）中，污水及产生的污泥中汞含量参考表 7.5，表中数据证实污水中汞大部分转移至污泥中，因此，若含汞污泥不进行及时有效处理将会成为二次污染源且会对人体健康和环境造成极大危害。污泥处理装置设计规模为 100m^3/d，进料污泥含水率为 99.6%，稳定运行时间为 7000h/a。热解吸处理工艺系统包含减量化及热解吸无害化两部分，工艺流程如图 7.24 所示。

表 7.5　污泥和污水中汞含量

项目	检测项	检测值			
		2016-10-18	2017-03-12	2017-06-12	2017-09-23
污水	汞含量/（μg/L）	315.5	259	198.7	327.4
污泥	原泥含水率/%	99.31	99.24	99.4	99.14
	含油量/（mg/kg）	13558	12751	11074	30487
	汞含量/（mg/kg）	585	118	115	498

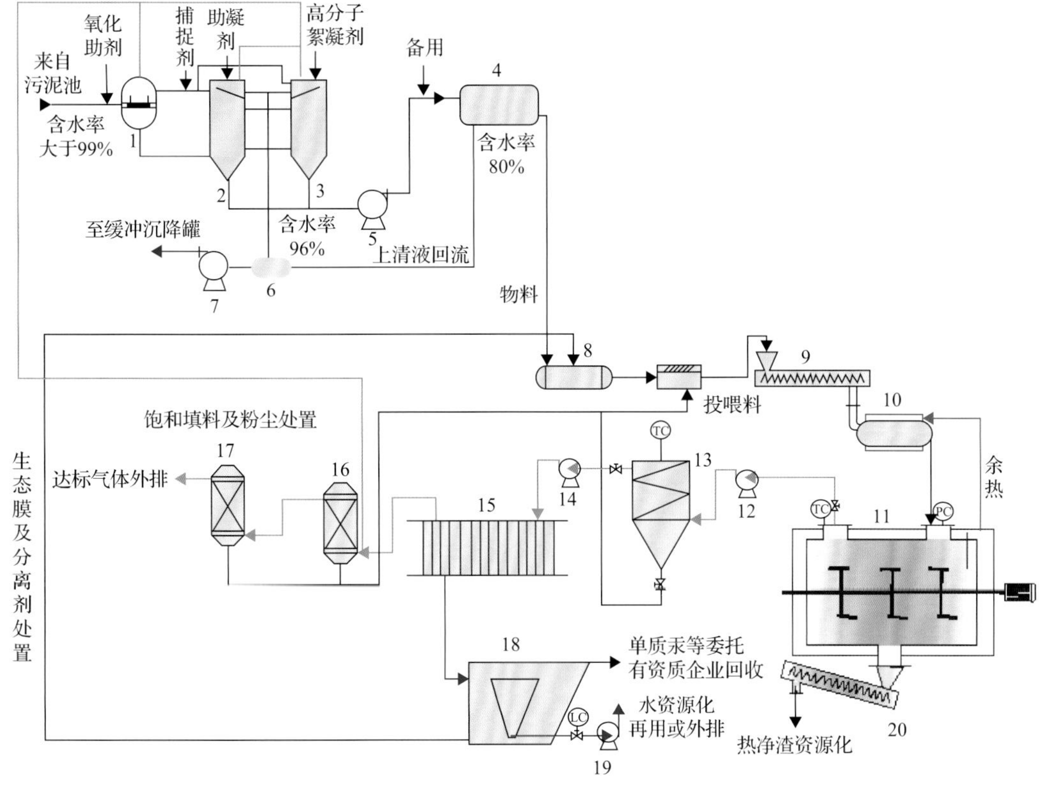

图 7.24 整体处理工艺流程图

1-高级氧化反应器；2、3-污泥浓缩罐；4-新型叠螺污泥减量化装置；5-隔膜泥浆泵；6-脱水水箱；7-回流泵；8-减量后泥饼储存罐；9-多功能进料机；10-余热干燥器；11-低温闪蒸器；12,14,19-配套泵；13-微纳米热过滤器；15-冷媒极冷分离器；16-尾气深度脱汞捕捉吸附器；17-尾气催化氧化净化器；18-VPI-UF 液相分离回收器；20-多功能出料机

该气田处理厂采出水处理系统排出的含汞污泥(含水率大于 99%)，通过污泥提升泵提升至污泥处理装置，并投加氧化助剂(ClO_2 或 H_2O_2 等)等至高级氧化反应器中使单质汞及有机汞转化为氧化汞，同时大部分汞离子可与氢氧根离子结合生成氢氧化汞(氢氧化汞在水中多以氧化汞形式存在)，再投加汞捕捉剂将剩余离子汞反应生成不溶于水的稳定络合物，之后进入污泥浓缩罐，污泥浓缩罐需设置 2 座，并联切换运行，浓缩时投加絮凝剂，浓缩后的污泥进入脱水机，上清液进入脱出水箱通过回流泵回流至采出水处理系统前段的缓冲沉降罐，加入絮凝剂的污泥进入脱水机，脱水后污泥含水率在 80%以下，随后输送至密闭泥饼储存罐，减量化分段指标如表 7.6 所示。污泥浓缩罐、污泥料仓及脱水水箱顶部设置尾气排放口，汇集后进入污水处理单元气体脱汞装置脱汞后放空。经稳定、富集、减量处理后的滤饼经破碎筛分后连续均匀地送至余热干燥单元，进一步降低污泥中的含水率至 20%以下，余热来自供热装置加热低温闪蒸单元时所产生的排气。干燥后的污泥进入低温闪蒸单元，在 385℃的高真空条件下处理后废渣中汞含量为 6.9～30mg/kg，热解吸处理后残渣浸出液中总汞浓度小于 0.1mg/L，烷基汞未检测出，总石油烃类小于 0.5%。污泥热解吸处理系统主要设备如表 7.7 所示。

表 7.6 减量单元分段指标

处理单元	污泥量/(m^3/d)	含水率/%	污泥中主要物质	备注
氧化罐进口	50～100	99.6	单质汞、离子汞、泥渣、少量油	比重 1.15
污泥浓缩罐进口	50～100	99.6	氧化汞、离子汞、泥渣、少量油	—
新型叠螺污泥减量化装置进口	10～20	96～98	氧化汞、硫化汞、螯合汞、絮状泥渣、少量油	—
减量化装置出口	2(3.2t)	80	氧化汞、硫化汞、螯合汞、塑态污泥、少量油	比重 1.6

表 7.7 污泥热解吸处理系统主要工程量表

序号	工程内容	单位	数量	备注
1	污泥收集池 V=80m^3	座	1	—
2	含汞污泥减量化处理装置，处理量 12～20kg/h	座	1	污泥含水率为 80%计
(1)	高级氧化反应器 V=1.8m^3	座	1	—
(2)	污泥浓缩罐 V=30m^3	座	2	—
(3)	脱除水箱 V=20m^3	座	1	—
(4)	污泥提升泵 Q=1m^3/h，H=50m	台	2	液压隔膜泵
(5)	上清液回流泵 Q=10m^3/h，H=30m	台	2	液压隔膜泵
(6)	新型叠螺污泥减量化装置	台	1	绝干污泥 12～20kg，功率 N=0.38kW
(7)	污泥料仓 V=2m^3	台	1	内设螺旋输送机
(8)	输送装置及装车平台	套	1	—
(9)	污泥浓缩橇块及操作平台	组	1	—
(10)	污泥脱水橇块及操作平台	组	1	—
3	加药装置	套	5	—
(1)	溶药箱(带搅拌装置)	座	5	—
(2)	加药箱	座	5	—
(3)	加药泵 Q=200L/h，H=40m，N=0.75kW	台	10	—
4	恒压污泥自动清洗系统	套	1	—
(1)	清洗自动喷嘴系统	套	10	—
(2)	清洗水箱 V=6m^3	套	1	—
(3)	高压清洗水泵	台	2	—
5	设备间汞在线检测仪	套	2	—
6	工艺管线及阀门(各型)	项	1	—
7	配电系统	套	1	—
(1)	防爆动力柜	台	1	—
(2)	防爆控制柜	台	1	—
(3)	撬块分控柜	台	3	—
(4)	动力电缆	批	1	—

续表

序号	工程内容	单位	数量	备注
8	仪表自控系统	套	1	—
9	低温闪蒸反应器	台	2	单台最大处理能力3t/h；单台总安装尺寸$12m^3$(工作容量$10m^3$)；设计最高加热温度450℃；设计压力区间为-0.1～0.5bar(反应器内部真空度为50～100mbar)

注：$1bar=10^5Pa$。

7.4.2 深井回注处理工艺工程实例

泰国湾气田于2001年9～10月间将$265m^3$含汞污泥泥浆化，随后采用深井回注到泰国废弃的Baanpot Alpha 08(BAWA-08)和09(BAWA-09)气井中。其含汞污泥中含有汞元素为0.3%～4.5%(质量分数)，石油烃类为10%～30%(质量分数)，水为10%～30%(质量分数)，固体为60%～70%(质量分数)。泰国湾含汞污泥深井回注流程图如图7.25所示。

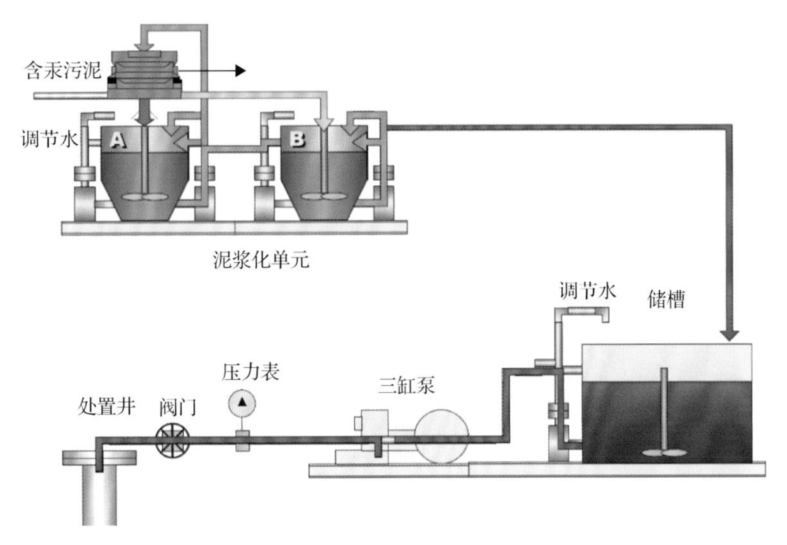

图7.25 泰国湾含汞污泥深井回注工艺流程图

注入过程应用固体注入和水力压裂原理，首先将含汞污泥经研磨泵粉碎研磨成足以形成乳状悬浮液的小颗粒，向这些小颗粒中加入海水、增黏剂和表面活性剂等并搅拌混合，使固体物质和悬浮液的质量比为1∶6。这些悬浮液由泵注入到海底的与其他气藏没有连通的贫气井所在的地层里。因此，这些处理过的含汞污泥不能向上回到地表面，也不能进入地下水域[37]。Unocal公司推荐颗粒粒径为100～300μm，使回注污泥固体含量维持在30%以上。该工艺在操作时采用泥浆分批注入方式，每批为5～$7m^3$制备好的含汞污泥泥浆。每批次泥浆注入完成后，泵送$8m^3$清洗水对井眼进行清洗。

深井回注工艺在油气田拥有适当枯竭油气井/注水井的前提下，可以适用于含各种形态汞的污泥，不受固废中汞含量的限制，并且处理量大。目前，国内还没有油气田采用深井回注工艺对含汞污泥进行处理，但胜利油田(临盘采油厂、临南油田)、大庆油田、中原油田(采油二厂)、河南油田(双河油田 438)等已对含油污泥进行调剖回注并取得良好的成果。

参 考 文 献

[1] Shibata S. Procede de fabrication d'une huille combustible a partir de boue digeree[J]. French Patent. 1939, 838: 63.

[2] Bayer B, Kutubuddin M. Low temperature conversion of sludge and waste to oil[A]//From K J, Thome-Kozmiendsy. Proceedings of the International Recycling Congress[C]. Berlin: EFVerlag, 1987.

[3] US EPA. Treatment technologies for site cleanup: Annual status report[R]. EPA-542-R-03, 2004.

[4] Nutavoot P. Initiatives on mercury[J]. SPE Production & Facilities, 1999, 14(1): 17-20.

[5] 高鹏, 郭东华, 张伟. 临南油田污泥浆回注处理研究[J]. 油气田环境保护, 2005, (1): 24-25.

[6] Hulet G A, Maio V C, Morris M I, et al. Demonstrations to support change to the >260ppm mercury treatment regulations[R]. Office of Scientific & Technical Information Technical Reports, 2001.

[7] Zhuang J M, Lo T, Walsh T, et al. Stabilization of high mercury contaminated brine purification sludge[J]. Journal of Hazardous Materials, 2004, 113(1-3): 157.

[8] Zhang J, Bishop P L. Stabilization/solidification(S/S) of mercury-containing wastes using reactivated carbon and Portland cement[J]. Journal of Hazardous Materials, 2002, 92(2): 199-212.

[9] 张新艳, 王起超. 含汞有害固体废弃物的固化/稳定化技术研究进展[J]. 环境科学与技术, 2009, 32(9): 110-115.

[10] Wagh A S, Jeong S Y, Singh D. Mercury stabilization in chemically bonded phosphate ceramics[J]. Work. 1998, 87: 1042-1122.

[11] Fuhrmann M, Melamed D, Kalb P D, et al. Sulfur polymer solidification/stabilization of elemental mercury waste[J]. Waste Management, 2002, 22(3): 327.

[12] Smith W J, Feizollahi F, Brimley R. Stabilization of a mixed waste sludge surrogate containing more than 260ppm mercury[R]. Office of Scientific & Technical Information Technical Reports, 2002.

[13] Grishchenkov V G, Townsend R T, Mcdonald T J, et al. Degradation of petroleum hydrocarbons by facultative anaerobic bacteria under aerobic and anaerobic conditions[J]. Process Biochemistry, 2000, 35(9): 889-896.

[14] Randall P, Chattopadhyay S. Advances in encapsulation technologies for the management of mercury-contaminated hazardous wastes[J]. Journal of Hazardous Materials, 2004, 114(1-3): 211-223.

[15] Vesilind P A. The role of water in sludge dewatering[J]. Water Environment Research, 1994, 66(1): 4-11.

[16] 朱廷风, 廖传华. 污泥物理调理技术的比较与选择[J]. 中国化工装备, 2018, 20(3): 7-14.

[17] 李淑晶. 叠螺式含油污泥浓缩脱水工艺应用分析[J]. 石油石化节能, 2014, (11): 49-50.

[18] Sen L. Innocuous treatment of containing mercury-contaminated wastewater by complex polysulfide reactions[J]. Polyvinyl Chloride, 2014, 42(5): 39-43.

[19] Donatello S, Fernández-Jiménez A, Palomo A. An assessment of mercury immobilisation in alkali activated fly ash(AAFA) cements[J]. Journal of Hazardous Materials, 2012, 213-214: 207-215.

[20] 全国废弃化学品处置标准化技术委员会. 废汞触媒处理处置方法: GB/T 36382—2018[S]. 北京: 中国标准出版社, 2018.

[21] Bethlehem. Mercury recovery[EB/OL]. (2013-01-21) [2021-09-09]. http://www.bethlehemapparatus.com/mercury-recovery.

[22] 李玲. 叠螺式污泥脱水技术在石油化工领域的应用[J]. 中国科技信息, 2012, (16): 49.

[23] 王寧. 硫酸および消石灰添加溶出試験法による重金属不溶化処理土壌の安定化の評価[R]. 日本: 第 11 回地下水·土壌汚染とその防止対策に関する研究集会, 2005.

[24] Xu J Y, Kleja D B, Biester H, et al. Influence of particle size distribution, organic carbon, pH and chlorides on washing of mercury contaminated soil[J]. Chemosphere, 2014, 109: 99-105.

[25] Skyllberg U. Chemical speciation of mercury in soil and sediment[J]. Environmental Chemistry and Toxicology of Mercury, 2011, 44(34): 219-258.

[26] 罗敏. 污泥螺旋浓缩电渗透带式振动压榨一体化高干度脱水技术的研究[D]. 苏州: 苏州大学, 2011.

[27] 沈光伟. 含油污泥深度调剖剂的研制及应用[J]. 石油与天然气化工, 2003, (6): 381-383.

[28] Seguin R, Kargar M, Prasher S. Remediating montreal's tree pit soil applying an ash tree-derived biochar[J]. Water, Air, & Soil Pollution, 2018, 229(3): 84.

[29] Mercier G, Duchesne J, Blackburn D. Prediction of metal removal efficiency from contaminated soils by physical methods[J]. Journal of Environmental Engineering, 2001, 127(4): 348.

[30] 陈宗英. 汞污染土壤的萃取修复技术研究[D]. 北京: 中国地质大学(北京), 2011.

[31] 李传统, Herbell J D. 现代固体废弃物综合处理技术[M]. 南京: 东南大学出版社, 2008.

[32] 王鑫, 易龙生, 王浩. 污泥脱水絮凝剂研究与发展趋势[J]. 给水排水, 2012, (S1): 155-159.

[33] 潘思文, 仇康, 孙同华, 等. 重金属捕集剂在电镀重金属废水中的应用研究[J]. 现代化工, 2015, (2): 61-65.

[34] 田忠, 赵渊, 张粉艳, 等. 重金属离子捕集沉淀剂 DTCR 处理含镉废水工艺研究[J]. 应用化工, 2008, (10): 1249-1251.

[35] 郑怀礼, 陈春艳, 岳虎秀, 等. 重金属离子捕集剂 DTC(EDA)的合成及其应用[J]. 环境化学, 2006, (6): 765-767.

[36] 许志欣, 蓝梅, 孙文叶. 污泥热干化技术浅析[J]. 市政技术, 2016, (1): 117-120.

[37] 李润东, 张万里, 孙洋, 等. 污泥热干化技术适应性分析及未来发展趋势[J]. 可再生能源, 2012, (5): 95-99.

第 8 章　汞污染容器清洗技术

利用 X 射线光电子能谱(XPS)[1]对吸附有单质汞的金属进行分析，大部分汞存在于金属表面，少部分能够穿透防腐层并渗透入金属内部。含汞气田汞污染容器较多，检修时人员需进入容器内部进行作业，因此汞浓度需满足一定安全限值。由于汞的渗透性、吸附性，在温度升高时会挥发和溢出，造成容器内汞浓度升高，严重危害检修人员的健康和安全。

8.1　概　　述

含汞气田生产过程中，汞会随井流物等进入容器中，与油污、水垢、泥、沙等其他杂质混合一起，吸附在容器内壁，造成汞污染。实际生产显示，汞富集区域多集中在分离容器、塔器、换热容器及管线盲端，易在上述设施的死角处聚集，并渗透扩散入容器或设施本体，对部分材质性能产生影响；同时检修人员进入这些容器或设施内作业时，易接触到汞蒸气发生中毒事故，天然气低温处理工艺中汞危害尤其严重。因此需按照要求开展汞污染容器清洗，避免设备腐蚀和危害检修人员健康。

8.1.1　汞清洗作业指标

国外的研究成果表明，气体中汞浓度低于 30μg/m^3 时对人体和工艺容器的危害较小。国标《工作场所有害因素职业接触限值 第 1 部分：化学有害因素》(GBZ 2.1—2019)[2]中对工作场所单质汞和有机汞化合物的职业接触限值做了要求，一般在 0～20μg/m^3 无需汞防护，但每天工作时间不超过 8h。

考虑汞污染容器由于高温会导致渗入金属内部的汞溢出，结合国内部分油气田清洗后的实际指标情况，清洗合格的指标：①容器无动火作业要求时，容器内部空气中汞蒸气浓度应低于 20μg/m^3；②容器需动火作业时，容器内部空气中汞蒸气浓度应低于 5μg/m^3。

8.1.2　清汞作业风险水平

单质汞能够快速气化和转移，汞污染容器的清洗被视为危险作业，如排气、打开通风口、检修等工作。清汞作业的风险水平划分见表 8.1。

表 8.1　清汞作业风险水平划分

介质汞含量	低危险性	中等危险性	高危险性
液体汞含量/(μg/L)	＜10	10～100	＞100
气体汞含量/(μg/m^3)	＜5	5～50	＞50

8.1.3　汞清洗技术现状

汞污染容器内的汞以单质汞、氧化汞、硫化汞等形态存在，分布不均匀，大小不一，与其他杂质黏附于容器内壁；同时容器内构件多，死角多，清洗难度大。

通过扫描电子显微镜(SEM)对金属表面汞的吸附状态进行分析[3]，金属表面单质汞吸附 SEM 图如图 8.1 所示。单质汞呈球状，大颗粒单质汞直径约 10μm，小颗粒直径小于 1μm，不均匀地分布于容器表面，对容器的清洗造成一定的困难。

图 8.1　金属表面单质汞吸附 SEM 图

根据污垢的类型和性质，以及容器结构和材料的特性，可以采用不同的清洗方法。传统的清洗技术包括机械清洗、水力清洗、喷射清洗、化学清洗等[3,4]，这些方法主要用于清洗容器内壁污垢，未考虑汞清洗的问题，但是这些技术自身也能清除部分附着在污垢上的汞，经过改进后效果更佳。

随着汞对设备和人体的危害性被逐渐重视，对汞污染装置逐步开展了物理和化学清洗方法及清汞剂研究。目前国内外已开发有多种汞污染容器的物理和化学清洗方法，包括高温蒸气法、可剥落涂层法及化学循环清洗法等，实际清洗方法需根据装置汞污染程度及容器类型选择。例如，阿曼石油公司开发的容器汞清除方法包括喷射清洗法、蒸气清洗法、循环清洗法等；美国能源部(DOE)开发的汞清除方法包括可剥离性涂层法、KI/I_2 化学清洗法等。国内油气田对汞污染容器清洗技术的研究刚刚起步，工程应用实例较少，缺乏工程经验，黄相国等[5]发明了一种清洗汞污染容器的集成化装置，该装置由蒸气清洗单元、表面活性剂单元、硫粉吸附单元、废气处理单元等构成，主要解决天然气管道运输工程中面临的含汞气体泄漏后处理不当导致的设备腐蚀、污染环境等问题。汞污染容器清洗工艺适用场合见表 8.2。

表 8.2　汞污染容器清洗方法适用场合

方法	分类	适用场合
物理清洗	喷射清洗	汞污染程度低、尺寸较小的卧式容器
	高温蒸气清洗	污染程度适中、内部结构复杂的容器
	人工清洗法	难以清除的汞污染物死角处
化学清洗	化学循环清洗	汞污染较严重的密闭型容器
	可剥离涂层	表面积较大、汞污染区域较平整的容器
	化学擦拭	经氧化处理后的汞污染容器

8.2　物理清洗

汞污染装置清洗技术复杂，需综合考虑设备的设计参数和内部结构、气液除汞技术等，目前已知的大多数含汞气田多采用物理清洗法。

8.2.1　物理清洗方法

汞污染容器物理清洗最基本的方法包括喷射清洗、高温蒸气清洗。实际应用时需结合容器结构及现场实际工况要求，采用不同的清汞方法，或将多种方法组合使用，以达到高效清汞的目的。

1. 喷射清洗法

主要通过在容器顶部合适位置插入喷嘴，喷射水或清洗液，对容器表面汞颗粒及油污进行碰撞冲击，使容器表面颗粒松动，达到去除容器内壁汞污染物的清汞工艺。清洗液可采用常温水、热水或表面活性剂水溶液等，喷嘴可选用移动式三维旋转型，该方法亦可作为汞蒸气抑制剂喷射方法[6]，以保障后续作业人员安全。

1) 清洗原理

利用水压冲击将附在容器内壁及底部淤泥进行扰动，扰动后将液体及淤泥排至污水、污泥处理单元进行处理，喷射清洗法工艺原理见图 8.2。

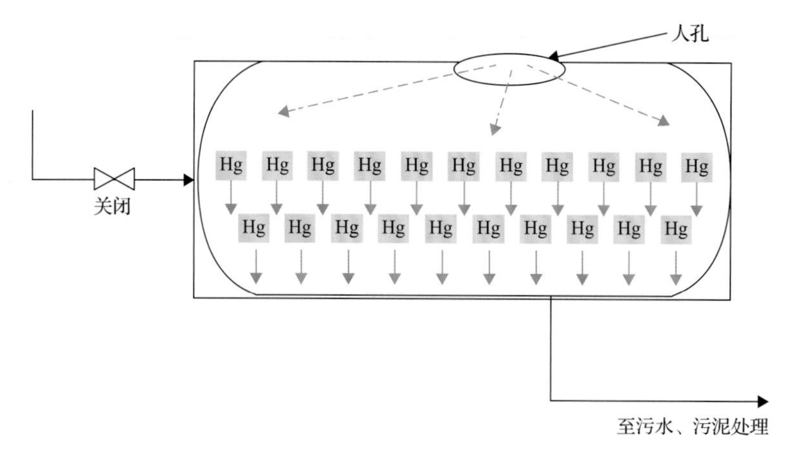

图 8.2　喷射清洗法工艺原理

2) 清洗流程

首先对清洗容器进行隔离、排液、吹扫、置换，测量容器内部汞蒸气浓度，选择合适的喷射位置(一般为顶部人孔)，打开喷射位置的容器人孔，用透明聚乙烯膜屏蔽开口，喷射器穿过聚乙烯膜，在容器内部均匀喷射；喷射清洗一段时间后，排出清洗液，通入氮气吹扫，关闭容器的进出口静置一段时间，测量容器内部汞蒸气浓度，如果容器内汞蒸气浓度大于 20μg/m^3，重复对容器进行清洗作业，直到容器内汞蒸气浓度低于 20μg/m^3。清洗完成后，清洗液从容器底部排出至清洗罐，通入氮气吹扫至容器干燥，产生的废气可采用溶剂吸收法或化学吸附法进行处理。

3) 方法特点

(1) 多采用自来水进行喷射清洗，但汞在水中溶解度极低，清洗效果不明显，需加入汞清洗剂提高清汞效果。

(2) 人员在容器外进行操作，容器内部死角处污垢无法清除。

(3) 适用于汞污染程度较低，尺寸较小的卧式容器清洗。

(4) 对于密闭型容器及内构件较多容器清洗效果较差，无法保证容器内壁的完全清洗，一般不单独使用。

2. 高温蒸气清洗法

从容器外部注入高温蒸气，通过蒸气加热污染容器表面上的单质汞颗粒，将单质汞变成汞蒸气分散到蒸气中排出的清汞工艺(图 8.3)。高温蒸气清洗常用作第一级处理方法，可在密闭条件下将大量单质汞清除，同时可清除容器表面上的油污、水垢及其他杂质，但产生含汞废气量较大。

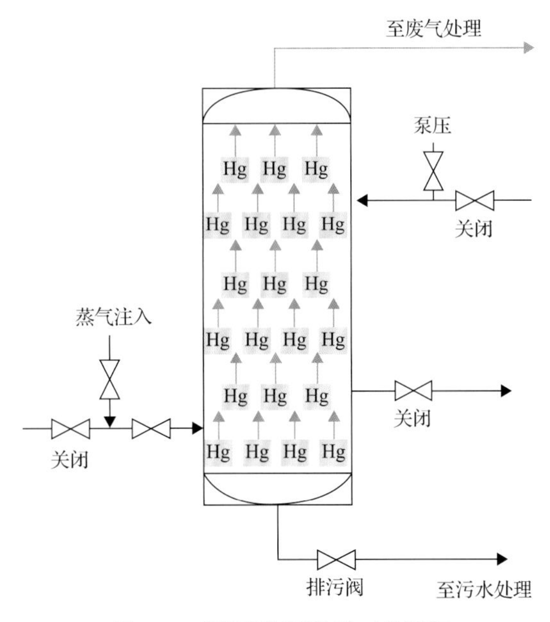

图 8.3　高温蒸气清洗法工艺流程

1）清洗原理

利用高温将容器内部的单质汞变成汞蒸气，然后将汞蒸气通过排气阀输至废气处理单元处理，达到容器清汞的目的。

2）清洗流程

利用容器中下部设置的蒸气接口，将蒸气发生装置产生的蒸气送入容器内，经过一段时间蒸煮后，将容器顶部蒸气送入排液罐内，经冷凝后进行单质汞回收，剩余废气可采用化学吸附法进行吸附，尾气经处理达标后排放；根据容器尺寸在底部设置一个或多个排液点，排出的冷凝水进入排液罐内，收集后排至污水处理单元。

3）方法特点

（1）可将渗透入金属内部的汞蒸出，方便打磨、动焊等后续高温作业。

（2）产生的污垢及废物集中于容器底部，便于集中处理。

（3）能同时清除容器内汞、油污、水垢等污染物。

（4）清洗时间较长（>50h），废气量大、处理难度大，对容器的防腐层影响较大。

（5）适用于内部结构复杂的容器，如立式容器及塔器的汞清洗作业。

3. 其他常规清洗法

（1）气体置换法：采用排量大于300m^3的制氮装置在容器蒸煮过程中进行置换，将蒸煮过程中的汞蒸气排放至尾气处理装置进行处理。

（2）循环浸泡法：循环浸泡分为热水浸泡、冷水浸泡两种方法，热水浸泡方法将容器内的温度逐步降低后将水排尽，再采用凉水浸泡将温度降低至常温方式。

（3）人工清洗法：主要采用人员进入容器内部进行清洗或擦拭的方式。

4. 组合清洗法

喷射清洗、高温蒸气清洗、气体置换、循环浸泡等方法工艺简单，但现场实践表明这些方法存在一些弊端，如清汞不彻底、周期过长等。在实际清洗过程中，通过对上述方法优化形成了高压水射流法、热水清洗法、气体置换+蒸气蒸煮+浸泡清洗法、喷射+蒸气蒸煮+气体置换+循环浸泡法等多种方法。结合容器内部结构和汞吸附沉积情况，清洗时多采用不同的清洗方法组合使用，以达到高效清汞的目的。

8.2.2 物理清洗的设施及药剂

物理清洗方法的主要设施包括制氮装置、蒸气发生装置、汞处理工具包、汞真空清洁器、汞蒸气抑制剂等。通过采用必要的措施降低汞浓度，为工作场合及人员的安全提供保障。

1. 制氮装置

油气处理厂目前多采用变压吸附法（PSA）制氮气，选用碳分子筛作为变压吸附剂，开机15min可产出99.5%（体积分数）氮气，自动化程度高，可无人值守。

其基本原理为净化后的压缩空气进入装填有专用碳分子筛的吸附塔内，氧气被碳分子筛所吸附，99.5%（体积分数）纯度的产品氮气由吸附塔上端流出，经一段时间后，碳分子筛被所吸附的氧饱和，第 1 个塔自动停止吸附，压缩空气自动切换到第 2 个吸附塔，同时对第 1 个塔进行再生。2 个吸附塔交替进行吸附和再生，从而确保氮气的连续输出，输出氮气进入氮气储罐(图 8.4)。

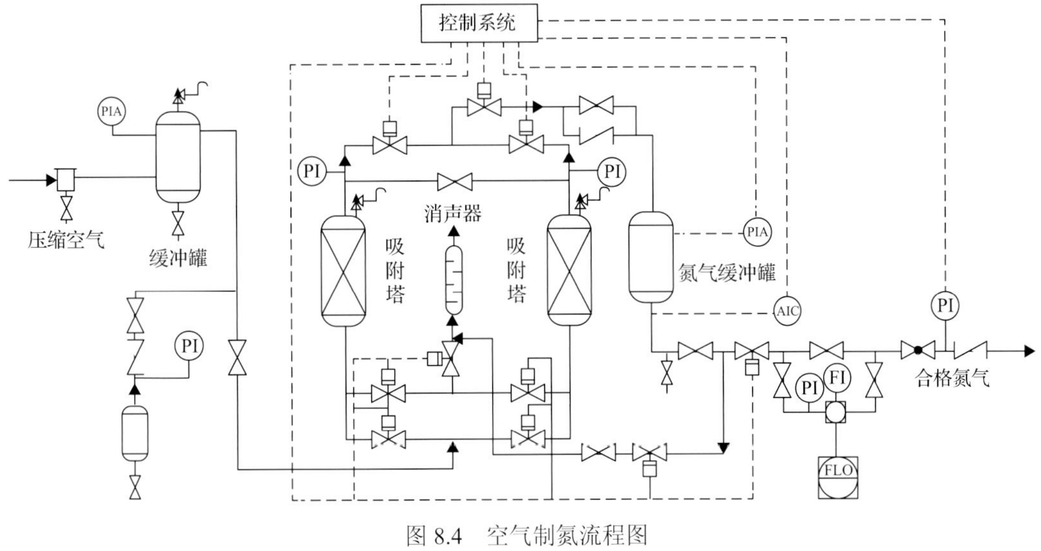

图 8.4　空气制氮流程图

PIA-压力显示和报警；PI-压力显示；FI-流量显示

2. 蒸气发生器

蒸气发生装置作为油气处理装置检修的必备设施，天然气处理厂、联合站都有相应的设置，当装置需要检修蒸煮时，将软化水经补水泵泵至蒸气发生器开始生产蒸气，然后通过蒸气管线输至用气点。蒸气发生流程见图 8.5。

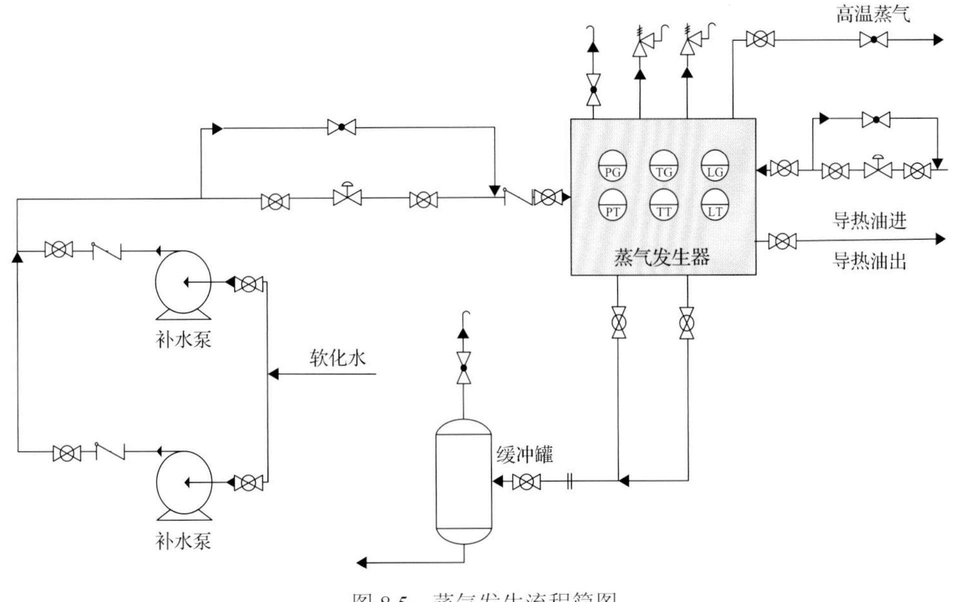

图 8.5　蒸气发生流程简图

3. 汞处理工具包

在进行处理前，必须对操作人员采取必要的防护措施，汞处理工具包技术已成熟，包括人员防护装备、汞蒸气检测仪、真空吸尘器、海绵或移液管、去污剂及喷雾设备等。生产此类商品的代表性公司包括美国 NEW PIG 公司、澳大利亚 Spill Doktor 公司、EHSY 公司等。

美国 NEW PIG 公司生产的汞处理工具包包括手动真空泵、汞收集瓶、铲子等工具，可方便进行处理，是一种安全可靠的汞流散处理选择方式。汞处理工具包配置参数见表 8.3。

表 8.3　汞处理工具包配置参数

配置	数量	材质
外箱	1 个	聚乙烯
手套	6 双	乳胶
铲子	6 把	—
橡胶带子	1 条	丁基橡胶
密封袋	7 个	塑料
防潮布	6 块	—
储运盒	1 只	—
手动真空泵	1 个	—
收集瓶	6 个	塑料
安全眼镜	1 副	—

注：外箱颜色为黑色；瓶子及袋子质量 2.9kg；每只收集瓶容积 30mL。

澳大利亚 Spill Doktor 公司生产的汞处理工具包包括汞齐化粉末、指示粉末、汞蒸气抑制剂混合瓶、吸气瓶、废物收集瓶、搅拌桶和刮刀、化工海绵、丁腈手套和护目镜(图 8.6)。

EHSY 公司提供的汞处理工具包主要包括防尘口罩、乙烯基手套、废汞瓶、铲、刷子、注射器、硫/氢氧化钙粉末、指示表(图 8.7)。

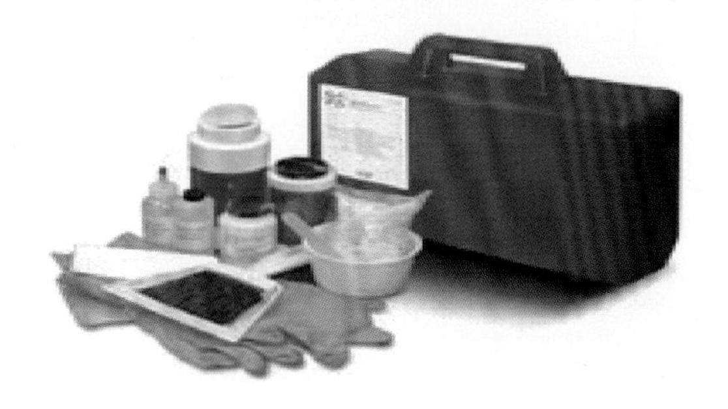

图 8.6　Spill Doktor 汞处理工具包

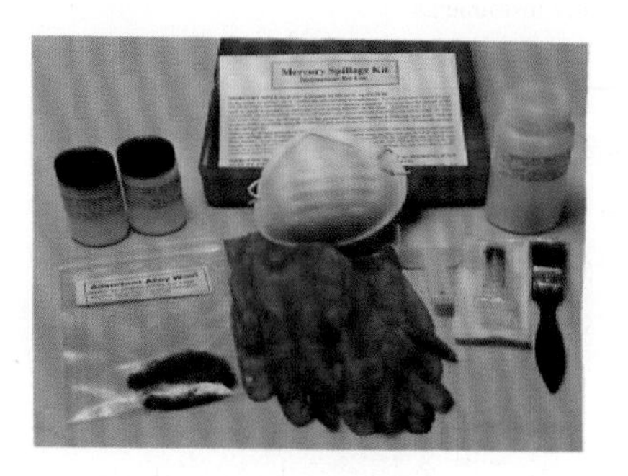

图 8.7　EHSY 汞处理工具包

4. 汞真空清洁器

对于清洗后设备表面残余的汞颗粒，需要作业人员采用汞真空清洁器或真空吸尘器等设备进行清除。汞真空清洁器内部多装填有活性炭颗粒，五年更换一次，能吸收汞蒸气，清除液态或颗粒状汞。真空清洁器设备如图 8.8 所示。

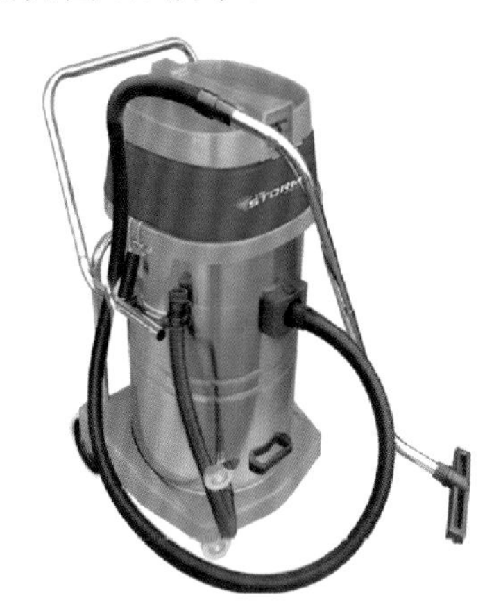

图 8.8　真空清洁器

5. 汞蒸气抑制剂

对于汞污染设备的检修及清洗过程，作业人员需与汞污染设备进行身体接触，为保障作业人员安全，必须对设备内部及设备周围空气环境中的汞蒸气浓度进行控制。可喷涂汞蒸气抑制剂，快速降低空气中汞蒸气浓度，达到安全标准后方可进行检修及清洗工作。国外汞蒸气抑制剂产品包括美国 Mercury Instruments 公司开发的 MeDeX 产品、美国 Ross Healthcare 公司开发的 Mercon™系列产品等，各类型汞蒸气抑制剂特性见表 8.4。

表 8.4　汞蒸气抑制剂产品特性

公司	产品名称	类型	主要成分	作用
Mercury Instruments	MeDeX 80	汞蒸气抑制剂	聚亚烷基二醇	去除大气中汞蒸气和汞化物
	MeDeX 81	碱性沉淀剂	—	将汞化物转化为单质汞和氧化汞，用于 MeDeX 80 后续的污水处理
Ross Healthcare	Mercon-X™ Mercon GEL™ Mercon VAP™	汞蒸气抑制剂	硫酸铜 硫代硫酸钠	不同工作场所的汞蒸气抑制

1) MeDeX 抑制剂

美国 Mercury Instruments 公司研制的 MeDeX 80 是一种螯合剂，能螯合大气中的汞颗粒，将其转换成一种易溶于水溶液的稳定化合物，可快速从大气中去除汞蒸气和汞化物，适用于设备和容器的停机清洗工作和检修工作。该化学品可生物降解，无毒、无害、无腐蚀性，可与水以一定比例溶解后直接在大气中喷涂，其水溶液也可作为化学循环清洗剂使用。MeDeX 80 亲水性较强，不会残留在烃类介质中，喷涂后可采用大量水冲洗，易于清理。

MeDeX 80 还可用于汞污染设备的清洗作业，将 MeDeX 80 喷涂在设备上或浸泡在溶液中，添加 MeDeX 81 碱性沉淀剂，与单质汞反应生成不溶性汞盐，受重力作用下沉到溶液底部，经沉积后形成污泥，降低上清液中汞含量。

2) Mercon™抑制剂

美国 Ross Healthcare 公司生产有 Mercon™系列产品，包括 Mercon-X™、Mercon GEL™及 Mercon VAP™，可根据实际应用场合选择相应的汞蒸气抑制剂，各类型 Mercon™产品适用场合见表 8.5。

表 8.5 Mercon™产品适用场合

产品名称	适用场合
Mercon-X™	建筑、工业设施、现场清理
Mercon GEL™	污水管道、收集器、池塘、田地、其他排水系统
Mercon VAP™	汞污染设备表面、高浓度流散汞

(1) Mercon-X™。

Mercon-X™为粉红色乳脂状液体(与汞接触时会变颜色)，由 60%(质量分数)的丙二醇、1.0%～2.0%(质量分数)的硫酸铜、0.5%～1.5%(质量分数)的碘化钾、0.5%～1.5%(质量分数)的硫代硫酸钠和 37%(质量分数)的专用成分组成。沸点大于 100℃，比水轻，可以安全地喷洒或冲洗汞污染的设备、生产平台、建筑物表面和土壤，可将其与水以 2∶1(体积比)的比例稀释。燃烧时可用干粉灭火器、二氧化碳、水喷雾或普通泡沫熄灭。燃烧的有害物质为二氧化硫和硫化氢。本品化学性质稳定，可与皮肤和眼睛接触，但不能咽下，人体暴露于本品时会短暂刺激胃部，通常储存于室温下，避免阳光直射，不慎泄漏时应用水冲洗清理。

(2) Mercon GEL™。

Mercon GEL™为黏稠透明液体，沸点 144℃，比水重。燃烧时可用干粉灭火器、二氧化碳、水喷雾或普通泡沫熄灭。有害燃烧产物为 CO、CO_2、SO_2、NO_2、SO_3、卤代化合物和少量金属氧化物。本品不能通过皮肤吸收、吸入，人体暴露于本品时会短暂刺激胃部，通常储存于室温下，避免阳光直射，不慎发生泄漏时应用水冲洗清理。

(3) Mercon VAP™。

Mercon VAP™为褐色液体，由 60%的丙二醇、15%～20%的甲醇、1.0%～1.5%的氯化铵、0.05%～0.3%的三氯化铁、0.05%～0.2%的硫酸铜及 9%的专用成分组成。相对密度 1.1(24℃)，沸点为 98℃，燃烧上限 36.5%，燃烧下限 6%。燃烧时可用干粉灭火器、二氧化碳、水喷雾或普通泡沫熄灭。其有害燃烧产物为氨和碘蒸气，急性暴露于本品可能导致呼吸不顺、眼睛红肿、失明(甲醇)等症状；慢性暴露的现象为皮肤过敏、红肿、神经系统损害等。本品应储存于室温下，避免阳光直射防止其分解，不慎泄漏时应用大量水冲洗清理。

6. 汞清洗剂

PEI 公司研发有 MMS100 表面活性剂及 MMS200 清汞剂，可同时去除汞污染设备内的汞和烃类。MMS100 主要为高效表面活性剂，由烃类和金属离子构成，可与烃类形成微乳液，释放烃类中包裹的汞，去除设备内残余烃类化合物，降低爆炸下限(LEL)，有利于后续清汞工作。MMS200 主要为水基清汞剂，由表面活性剂和螯合剂组成，可与单质汞反应形成无机可溶性汞盐，将汞浸出至清洗液中，随循环清洗系统一同清除，清洗液集中送至污水处理系统进行处理。汞污染设备内部气体初始汞浓度为 40.35μg/m^3，经 MMS100 处理后，汞浓度回升至 57.01μg/m^3，高于设备初始汞浓度。原因可归结于 MMS100 清洗液主要成分为表面活性剂，将设备表面附着的烃类溶解，使包裹在烃类中的汞扩散至设备内部，提高了设备内气相汞浓度；后续经 MMS200 处理后，汞浓度降低至 8.01μg/m^3，汞清除率达 85.95%，清洗后汞浓度可以达到安全标准要求的 20μg/m^3 以下。

8.2.3　物理清洗流程

通过在国内部分含汞气田历年清洗实践验证，汞污染容器物理清洗方法根据容器设计温度进行选择。设计温度低于 40℃选择喷射+气体置换+循环浸泡法，设计温度高于 40℃的选择喷射+蒸气蒸煮+气体置换+浸泡法对汞污染容器进行物理清洗。目前也有单独使用高温氮气进行吹扫。

容器蒸煮过程中设有蒸气、热水、氮气、冷水等四个进口点，同时设置蒸气、氮气出口和冷凝水排放等两个排放点，其中蒸气、氮气接入点采用下进上出，热、冷水接入点采用上进下出的原则。将蒸气管线与容器的排液口或排污口相连，蒸气采用低进高出的方式进入容器内，蒸煮过程采用氮气冲压边进边出的方式及时带走汞蒸气，废气采用冷水浸泡后再排放，容器蒸煮过程中蒸气、水排放原则上采用密闭排放(图 8.9)。

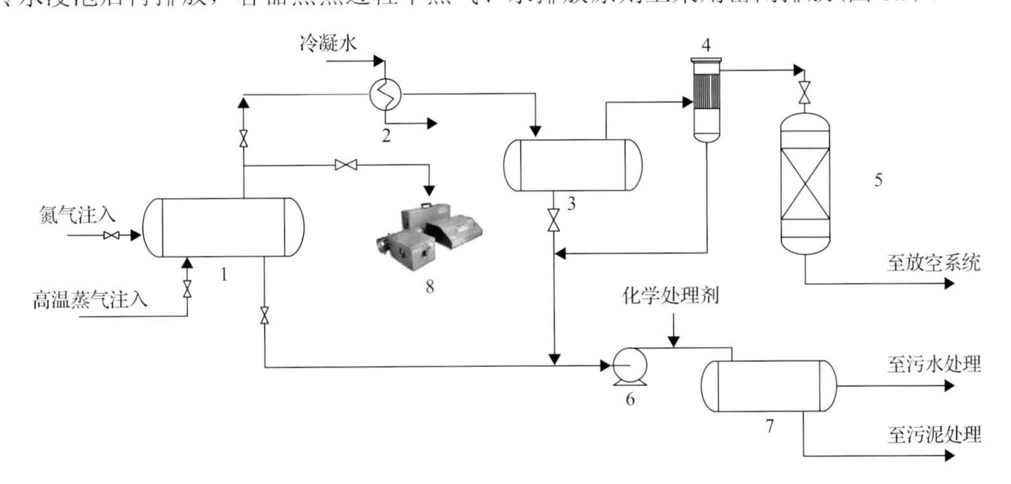

图 8.9　高温蒸气清汞工艺流程

1-汞污染容器；2-冷凝器；3-缓冲罐；4-气液聚集器；5-汞吸附装置；6-污水泵；7-化学沉降罐；8-汞检测仪

汞污染容器内部残余汞的处理宜采用以高温蒸气蒸煮为主组合式清洗方法，按照以下程序开展。

1. 冷水喷射冲洗

装置停运后，从容器顶端连接水管线，采用边进边出的方式，向容器内灌入大量的水将容器底部及罐壁的淤泥排尽。

2. 热水清洗

连接蒸气管线到容器顶部，启动蒸气车或蒸气发生器，向容器内注入温度在 75～85℃热水，注入约 70%热水后停留 30min，对容器进行初步清洗。然后用氮气加压将容器内的液体排至站外罐车内，将容器内构件及容器壁上的污油清洗干净。

3. 蒸气预清洗

(1) 从容器底部向容器内注入 115℃以上的蒸气，蒸煮过程中，从容器顶部接管线至站外装有 80%含汞抑制剂的清水罐车进行排气，同时从容器中下部向蒸煮容器通入氮气，目的是用氮气将容器内的汞蒸气排走。蒸煮 15h 后，排出的液体中烃类减少。

(2) 关闭排气管线阀门，持续进行蒸煮，向容器内注入蒸气 60min，打开液相排液阀将冷凝液及蒸气排至卧式零位罐，当容器内的液体排净后关闭排液管线手阀，打开气相排气阀进行排气。如果排液速度过慢，可适当通入 100～300kPa 氮气，以加快排液速度。待排液口排出的凝结水清洁无杂质时，表示分离器腔内的烃类及污渍已基本蒸煮干净。

(3) 重复第 (2) 步骤将容器蒸煮 48～72h，检测排出蒸气中汞含量下降至 20μg/m^3，且三个排液点的排液都干净、无杂质及烃类的时候，可停止蒸煮。

4. 冷水清洗

(1) 停止蒸煮后，待容器内部温度低于 50℃，拆除热水管线，连接清水管线，加入约容器 80%的冷水对其进行冷却。当容器壁冷却至环境温度通入氮气，向生产排污管线或者接临时管线排至零位罐。待排尽容器内部液体后，再用氮气吹扫 30min 左右停止，拆除容器排污管线，通过临时接头连接至工厂风管线，通入压缩空气进行吹扫。

(2) 打开容器人孔，在人孔处安装轴流风机，并打开容器的排污口、蒸气入口进行强制通风，通风时间应不少于 8h。检修作业人员进入容器前，应拆除安装在人孔处的轴流风机，并在容器底部通入 50～100kPa 微正压的压缩空气作为保护气体。

(3) 对蒸煮容器进行汞含量检测，汞含量能满足检修人员佩带长管呼吸器进入容器进行作业。同时按照工作场所汞浓度防护标准，进行施工作业。

8.3 化学清洗

在进行含汞设备检修清洗维护时，一些结构复杂的含汞设备或者有内防腐层的设备会采用化学清洗方法，即利用化学反应原理，使用高效化学清洗剂将含汞设备内各形态汞转化为低毒性汞络合物。通常采用化学清洗方法时，需要与物理清洗方法相互结合清洗含汞设备。

8.3.1　化学清洗方法

化学清洗主要包括化学循环清洗、可剥离涂层及化学擦拭等，由于汞不溶于水和多种无机酸，化学清洗的关键在于高效化学清洗剂的选择。化学循环清洗适用于汞污染较严重的密闭型容器；可剥离涂层适用于表面积较大、汞污染区域较平整的容器；而化学擦拭需要作业人员直接对容器表面进行操作，要求容器内部汞浓度较低，适用于作业人员可安全进入的容器，常用作清洗后的深度处理方法。实际工程中根据清洗环境及容器的不同，选择适合的清洗方法，以达到高效清汞的目的，美国能源部对汞污染表面化学清洗流程的推荐方法见图 8.10。

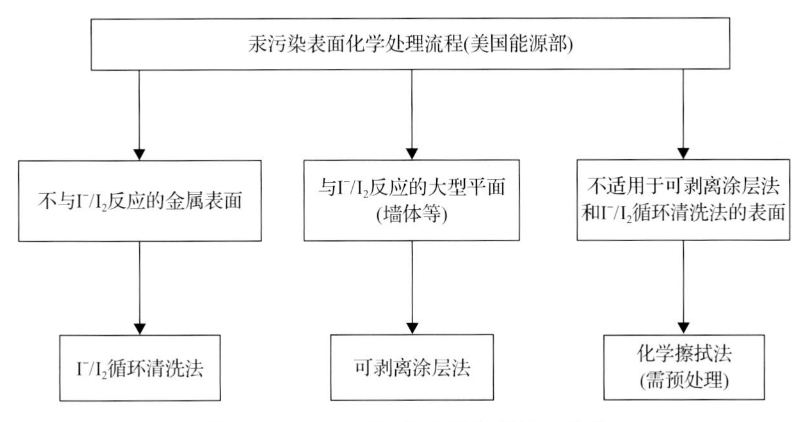

图 8.10　DOE 汞污染表面化学处理流程

1. 化学循环清洗法

化学循环清洗是一种通过化学清洗剂与汞进行充分接触，形成的可溶性离子态汞随含汞废液从容器中脱除出来的清汞工艺。清汞过程中产生的废液再进行统一处理，满足排放要求后排放。清洗流程主要由循环泵、化学剂储罐、流量调节阀、过滤器和清洗连接管组成。化学循环清洗的清汞效果关键在于汞清洗剂的选择，要求汞清洗剂对容器内壁无腐蚀、清汞效率高，汞清洗剂应根据容器、材质及汞清除的要求进行选择。设备表面多以单质汞形态存在，在水中溶解性较低，需将其转化为其他形态，以提高清洗效果。常用汞清洗剂多为氧化性物质，将单质汞及汞化合物氧化为离子汞，形成可溶性络合物，溶解至清洗液中，再经过大量水冲洗清除。

Perona 和 Brown[7]于 1993 年对汞污染容器化学循环清洗工艺进行了研究，由于汞不溶于水和多种无机酸，清洗过程中化学清洗剂的选择至关重要，多采用卤化物清洗剂作为化学清洗剂，如 NaClO、KI 等的水溶液，可与汞反应生成卤化汞(HgX_4^{2-})，将汞以络合离子形态溶入清洗液中，随清洗废液一同去除。考虑到后续废气、废液的处理及各类清洗剂的氧化性可能对钢材产生腐蚀，推荐采用 KI/I_2 水溶液进行化学清洗。

Foust[8]于 1993 年提出，KI/I_2溶液可对单质汞(Hg^0)、硫化汞(HgS)、氧化汞(HgO)等汞化合物进行高效清洗，清洗后汞以可溶性络合态(HgI_4^{2-})存在于清洗液中，随废液一同被清除，后续可采用电解法对废液中汞进行回收，或采用絮凝沉淀法将废液中汞进行稳定、固化，送至固废处理单元集中处理。

2. 可剥离涂层法

可剥离涂层是一种将配制好的有机聚合物(水基)通过刷涂、辊筒碾压、喷射等方式黏附于设备表面，与汞及污垢等污染物结合并发生化学反应，形成固态覆盖层，汞及其他污染物固定于涂层中，通过人工或自动剥离涂层的清汞工艺。

可剥离涂层工艺应用效果的关键在于涂层聚合物的配制方法，可在聚合物中加入强化型纤维，如棉织物，有效提高覆盖层的固化强度。还可采用硫化物改性聚合物，通过汞与硫的强结合力，将容器表面汞进行清除，室内实验效果较好，但尚未应用于工程实际当中。在使用聚合物喷涂前对表面进行预处理，可提高清汞效率。可剥离涂层法覆盖层材料多为有机化合物，其中汞以硫化物的形式存在，性质稳定，可通过焚烧法进行废物残渣处理，二次废物量少，方便经济。

可剥离涂层工艺目前尚未大范围应用，适用于污染程度适中、表面平整的容器，具有汞去除率高、成本低、废气废液量小、易于处理等特点。

3. 化学擦拭法

化学擦拭是一种需作业人员直接采用擦拭材料对容器表面进行处理的一种清汞工艺。化学擦拭要求容器内部汞浓度较低，一般用作清洗后的深度处理方法。常用的擦拭材料包括吸附性海绵、改性棉等材料，通过对擦拭材料进行改性，提高与汞的亲和力，对汞进行清除，其清除目标主要为离子汞(Hg^{2+})，对单质汞清除效率较低。

单独使用化学擦拭通常无法满足汞污染容器的清洗需求，需结合其他清汞工艺，将容器表面单质汞转换为“活性”的汞离子(Hg^{2+})，如 KI/I_2 化学循环清洗工艺等，经处理后即可采用化学擦拭进行深度处理，防止清洗后离子汞残余在容器内部，造成汞浓度回升，该方法适用于氧化处理后需深度处理的汞污染容器。

8.3.2 化学清洗原理

1. 药剂原理

汞污染容器汞的清洗是将气态单质汞和液态单质汞氧化成为离子汞，从而除去汞，其原理为

$$Hg^0 \xrightarrow{\text{氧化}} Hg^{2+} \tag{8.1}$$

但前提条件是可氧化单质汞成为汞离子的氧化剂必须能溶解于水溶液中，并且该氧化剂能够对天然气分离、集输容器无腐蚀性或者腐蚀性小，且使用和运输过程中安全。

Hg^{2+}/Hg^0 的标准电极电势是 0.85V，为了保证完全反应，汞脱除剂的氧化还原电势应该高出 0.3～0.4V。因此，作为汞脱除剂的氧化剂的电势至少在 1.2V。

根据以上原则，满足要求的氧化型汞清洗剂：重铬酸钾、高锰酸钾、过硫酸钠、次氯酸钠、双氧水、氯化铜、碘化钾/碘溶液、硫化钠，可以将它们配成溶液作为吸收单质汞的清洗剂。

天然气分离设施由三相分离器、低温分离器、闪蒸分离器、液烃分离器、凝析油储罐等容器及附属管线和阀门等组成，材质包括 2205、316L、304 不锈钢及 09MnNiDR、16MnD、其他 L 系列普通碳钢等组成。这些钢材除不锈钢外，其他的钢材均不耐酸性腐蚀，因此作为脱除汞的清洗剂绝对不能在酸性条件下使用，如高锰酸钾的硫酸溶液对单质汞具有非常好的氧化作用，可很好地脱除汞，但由于其强酸性，对天然气生产、集输中的汞污染容器有强烈腐蚀而不能够使用。另外，强氧化的释放氧气的氧化剂由于安全要求不能够使用，如双氧水；对人体毒性大的氧化剂也不能够使用，如硫化钠。

汞在油气田中主要以单质汞、无机汞、有机汞三种形态存在。天然气处理装置停运后，含汞设备中存在汞的形态有剩余天然气、凝析油中挥发的气态单质汞和容器底部、内表面及内部构件附着的液态单质汞，因此针对不同形态的汞，分别采用不同的氧化剂进行反应去除。

1) 汞氧化剂

根据室内试验，汞氧化剂一般选用高锰酸钾和碘/碘化钾溶液。

(1) 高锰酸钾。

高锰酸钾脱除单质汞是将其溶解于水中，调节 pH 以得到不同酸碱性的溶液，不同 pH 的高锰酸钾溶液脱除汞的效果不同，进行的化学反应机理也不同，在不同酸碱体系中，Hg^0 和 $KMnO_4$ 可能的化学方程式如下。

在强酸环境下，$KMnO_4$ 与 Hg^0 的反应式如下：

$$5Hg^0+2MnO_4^-+16H^+ \longrightarrow 5Hg^{2+}+2Mn^{2+}+8H_2O \tag{8.2}$$

在弱酸环境下，$KMnO_4$ 与 Hg^0 的反应式如下：

$$3Hg^0+2MnO_4^-+8H^+ \longrightarrow 3Hg^{2+}+2MnO_2+4H_2O \tag{8.3}$$

在中性/弱碱性环境下，$KMnO_4$ 与 Hg^0 的反应式如下：

$$3Hg^0+2MnO_4^-+H_2O \longrightarrow 3HgO+2OH^-+2MnO_2 \tag{8.4}$$

在强碱性环境下，$KMnO_4$ 与 Hg^0 的反应式如下：

$$Hg^0+2MnO_4^-+2OH^- \longrightarrow HgO+2MnO_4^{2-}+H_2O \tag{8.5}$$

通常高锰酸钾溶液在强酸性条件下脱汞效果最好，如用双道原子荧光光度计测定气态汞含量时，4% $KMnO_4$+10% H_2SO_4 溶液就作为气态汞吸收剂，它可吸收 99.9%以上的汞蒸气，有效脱除气态汞和液态单质汞。与强酸性高锰酸钾溶液比较，强碱性条件下高锰酸钾溶液脱汞效果有所下降，而在中性条件下的高锰酸钾效果进一步降低，不同 pH 高锰酸钾溶液脱除气态单质汞的规律大致如图 8.11 所示。高锰酸钾溶液脱汞效果次序：强酸性高锰酸钾溶液＞强碱性高锰酸钾溶液＞中性高锰酸钾溶液＞弱碱性

(pH=11)的高锰酸钾溶液。

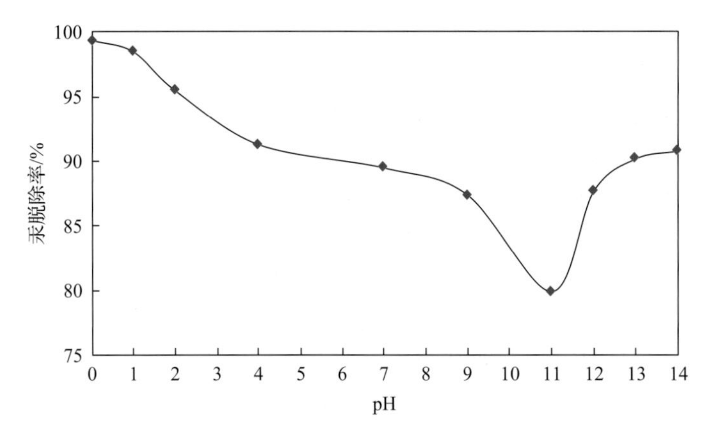

图 8.11　pH 对高锰酸钾汞脱除率的影响

根据汞污染容器清洗对化学清洗剂的要求，虽然 4% $KMnO_4$+10% H_2SO_4 溶液脱汞效果好，但由于其强酸性，会对容器产生强烈的腐蚀，对人体造成危害，一般不能够作为汞清洗剂。碱性和中性的高锰酸钾溶液不会对容器产生腐蚀，且脱汞效果也比较好，是目前汞污染容器清洗脱汞最好的清洗剂之一。

(2) 碘/碘化钾。

碘/碘化钾溶液的脱汞原理是碘能够氧化单质汞：

$$Hg^0+I_2 \longrightarrow HgI_2 \tag{8.6}$$

$$4KI+O_2 \longrightarrow 2I_2+2K_2O \tag{8.7}$$

碘/碘化钾溶液同高锰酸钾溶液一样是目前最有效的气态汞脱除清洗剂，在单质气态汞检测中被用来作为吸收剂，它同样可吸收 99.9%以上的气态汞。

以上作为可脱除汞的清洗剂，均是将氧化剂溶解于水溶液而制成的，对汞污染容器的清洗效果依次为：碘/碘化钾、高锰酸钾＞重铬酸钾、过硫酸钠、次氯酸钠、双氧水＞氯化铜＞载硫活性炭溶液、硫化钠。

2) 除油剂

化学清洗需要将容器内壁附着的含汞污染物清洗除去，同时还要将凝析油等含油污泥清洗掉，因此，清洗剂需具备清洗含单质汞和含油污泥的双重作用。

含油沉积物主要成分为凝析油、污泥、砂等，随着气田正常生产，沉积在分离器等容器底部。

含油沉积物清洗原理主要使用具有洗涤、去油、分散和乳化作用的表面活性剂，将含油污泥和凝析油从容器壁上洗涤、脱离，同时将污泥中的油和凝析油洗涤后分散和乳化在水中，阻止凝析油再次黏附在容器壁上。

2. 工艺原理

针对气液分离器结构复杂或者有内防腐层，为保障作业人员安全，降低危废产量，同时达到清洗效果，一般分三个阶段进行清洗，依次为高温氮气置换、喷射除油、浸泡搅拌清洗工艺。

1) 高温氮气置换

在汞污染容器打开清洗前，利用氮气置换，将容器内含汞天然气置换出来，并用汞清洗剂将天然气中的汞吸收，不仅降低了环境污染风险，同时降低了人员汞中毒风险。置换时间根据容器大小、内部构件、相连附件及污染程度确定。

根据室内试验，汞粒越大，单位质量汞的表面积越小，单位时间下的蒸发量就越少，蒸发慢。汞粒越小越容易蒸发；相同质量的汞粒分散为更小的颗粒，挥发增加。同时，容器内含有凝析油等挥发性烃类物质，将部分汞粒包裹阻止汞的挥发，因此采用高温氮气进行置换，主要作用为加快容器内单质汞、烃类物质的挥发。

针对部分容器采用涂刷内防腐层工艺，材料一般为有机涂层，温度过高会破坏涂层。因此，为加速汞蒸发，可适当将氮气升温，最高温度不超过 80℃，最大限度加速汞在容器内的蒸发。

2) 喷射除油

通过高温氮气置换最大限度减少了容器内汞的挥发，但容器内仍残留凝析油、油污等烃类物质将液态汞粒一同附着在容器内壁及内部构件等死角处，因此，需要结合物理清洗方法，选用 360°自动旋转喷头物理喷射技术，见图 8.12，利用聚焦流在冲击点上形成的冲击力无死角喷射除油剂，将容器内壁及内部构件上的凝析油、油污等烃类物质乳化，将液态单质汞清洗下来，达到容器内表面及构件除油效果。

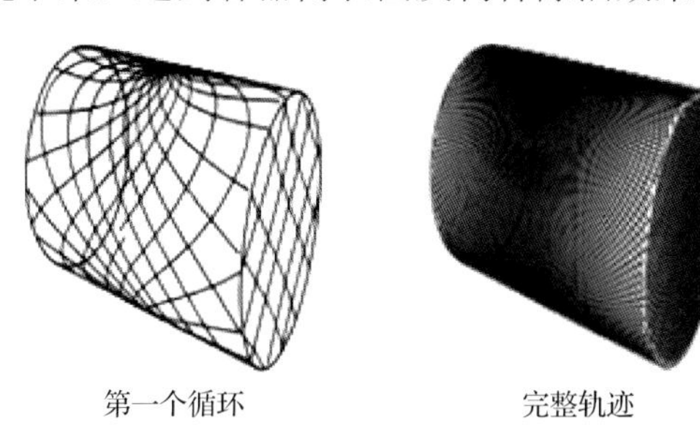

图 8.12　360°自动旋转喷头喷射轨迹图

3) 浸泡搅拌

通过喷射除油，将容器内剩余液态单质汞全部暴露出来，再注入液态汞氧化剂至注满整个容器，进行浸泡鼓气搅拌，通过底部鼓气搅拌的作用加速液态汞氧化剂与单质汞的反应。清洗时间根据容器大小及污染程度确定，一般在 12h 左右。

8.3.3　化学清洗步骤

1. 高温氮气置换

确认汞污染容器放空压力落零，液相排至排污系统。热氮气从容器气相进口进入，置换出的气体分别从容器底部及容器侧面排出。排出的气体分别进入气态汞脱除罐，罐内装有气态汞氧化剂溶液，充分吸收反应置换气体中的气体单质汞，置换过程中，控制气量为 40～50m^3/h，每 30min 检测一次气态汞脱除罐出口汞含量，汞含量＜20μg/m^3，则清洗有效。继续通入氮气，至容器内可燃气体浓度小于 10% LEL，气体置换完成，见图 8.13。

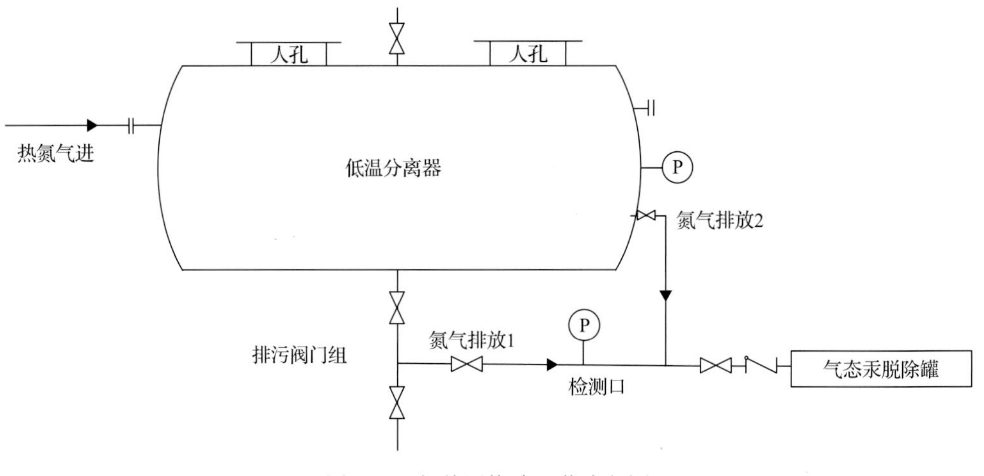

图 8.13　气体置换法工艺流程图

2. 喷射清洗

在汞污染容器的两端人孔处依次连接清洗喷头，通过喷射泵喷射除油剂，控制除油剂流速在 3m^3/h，每个点喷射 30min。喷射结束后放置 30～40min，容器内液体自流至缓冲罐，缓冲罐内的液体经过滤后，可利用循环泵返回喷射罐中，见图 8.14。

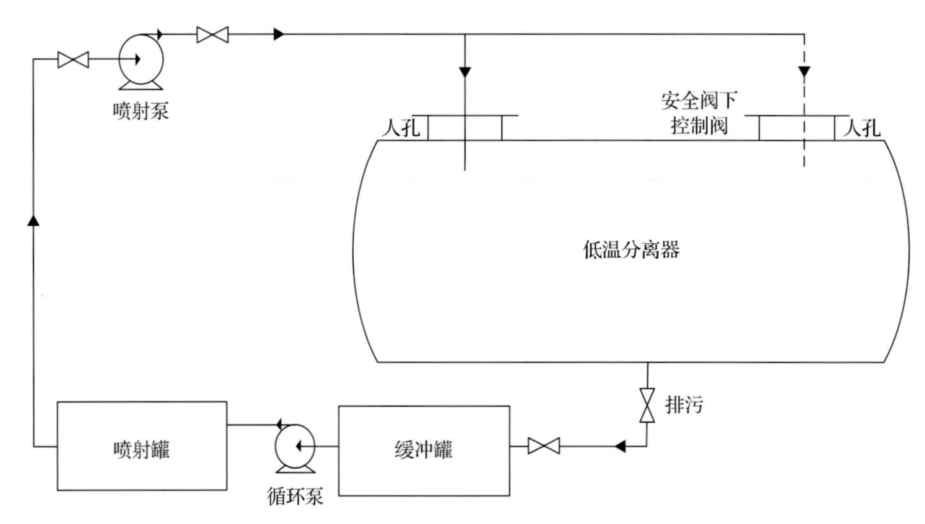

图 8.14　喷射清洗工艺流程图

3. 浸泡搅拌

在含汞容器内加入液态单质汞氧化剂，加注至容器 4/5 体积处。在两端人孔处同时放入鼓气管，缓慢通入氮气进行鼓气搅拌，观察通气量，防止气量过大，造成液体飞溅、鼓气管摆动。每循环鼓气 1h，停止 1h，反复操作 4～5 次，将清洗剂排至污水罐车，检测容器内气体汞含量＜$20\mu g/m^3$，则清洗合格，随后用清水清洗容器，见图 8.15。

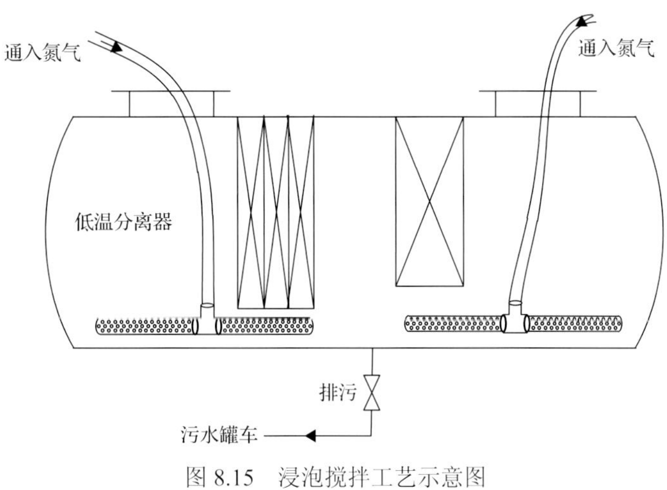

图 8.15　浸泡搅拌工艺示意图

4. 清洗废液处理

使用硫化钠溶液中和沉淀含汞废液汞离子：

$$Hg^0/Hg^{2+}+Na_2S \longrightarrow HgS\downarrow+2Na^+ \tag{8.8}$$

使用高锰酸钾、碘/碘化钾等溶液作为清洗剂时，清洗后的废液需进行脱色处理。例如，对于碘/碘化钾废液(棕红色和深咖啡色)，通过硫代硫酸钠进行脱色处理：

$$2Na_2S_2O_3+I_2 \longrightarrow 2NaI+Na_2S_4O_6 \tag{8.9}$$

对于高锰酸钾废液(深紫色)，通过草酸进行脱色处理：

$$2KMnO_4+5H_2C_2O_4+3H_2SO_4 \longrightarrow 2MnSO_4+K_2SO_4+10CO_2\uparrow+8H_2O \tag{8.10}$$

8.4　清洗技术要求

汞污染容器清洗不仅要考虑汞浓度合格，避免对人造成伤害，还要考虑不发生火灾、爆炸等其他事故，需要制定严格的清洗技术要求。

8.4.1 安全技术要求

汞污染容器中存在油气等易燃易爆介质及汞等有毒有害物质，清洗作业过程中主要防止中毒、窒息、防爆、防静电等情况。清洗时应根据作业现场的不同情况，制定具体的切实可行的清洗技术方案和安全防护措施，设置必要的安全警示标志，保障清洗人员在作业过程中的安全和身体健康。

8.4.2 清洗质量要求

汞污染容器清洗质量要求主要包括汞含量、腐蚀指标、表面清洁度等。清洗质量要求应在清洗技术方案编制时明确，清洗完成后严格按照指标考核，合格后才能开展后续工作。

8.4.3 含汞污染物处置要求

汞污染容器清洗过程中排放的废水、废气、淤泥汞含量相对较高，需全程采用密闭排放，防止汞泄漏造成环境二次污染。含汞废液的处理可以将传统的水处理方法和除汞法相结合，处理后的废液达到排放标准后可以就近排入污水处理系统；重力沉降罐中脱出的污泥进入污泥罐，然后进入污泥处理系统；尾气通过气体脱汞装置吸附后排放，处理流程如图 8.16 所示。

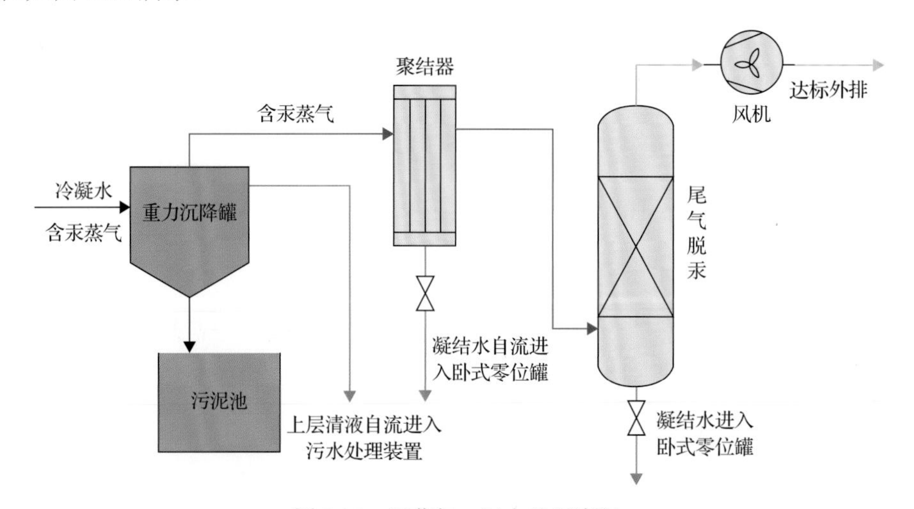

图 8.16　汞蒸气、污水处置流程

8.5 应用实例

某天然气处理厂采用低温分离工艺，流程如图 8.17 所示，共有 6 台气液分离器，容器材质为 Q345R，内衬为 22Cr，设计压力为 14MPa，直径为 1600mm。经过长时间运行，需对容器进行检维修，由于长时间接触含汞天然气，检修前需对容器内进行汞清洗，便于人员进入进行常规检查和在容器内进行焊接作业。

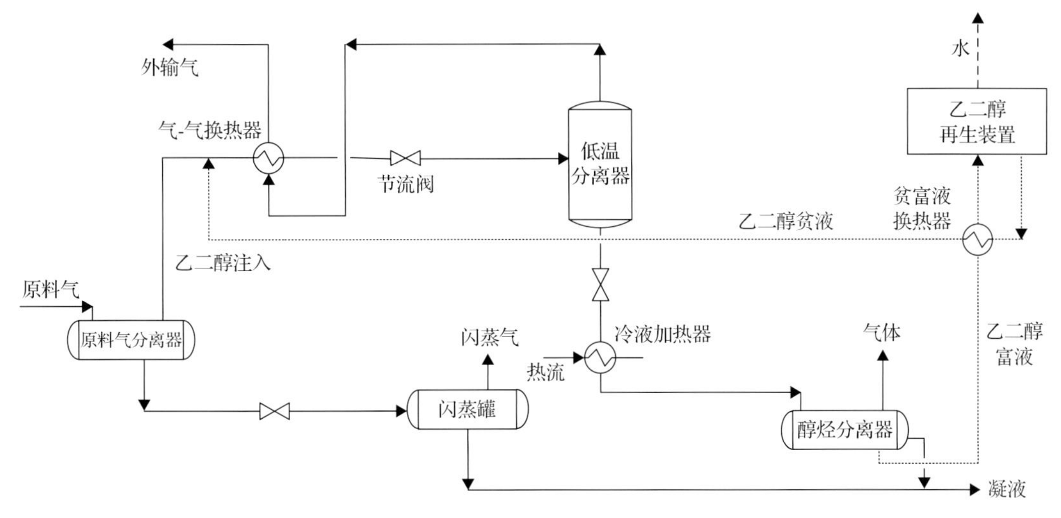

图 8.17　某处理厂天然气处理工艺流程简图

8.5.1　清洗准备工作

1. 清洗方案编制

耐清汞剂腐蚀性较差的容器(如内壁材质为 16Mn、Q235B、20#钢的容器)适用于物理清汞方法，而高汞污染容器及内壁材质为 22Cr、316L 等抗清汞剂腐蚀性能较强的容器适用于化学清汞方法。通过对后续尾气处理工艺进行改良，可有效保证作业人员安全。考虑气液分离器材质为复合板材质(筒体主材 Q345R、内衬材质 22Cr)，结合气液分离器清洗作业要求，提出物理清汞改良及化学清汞一起开展，在此基础上编制了气液分离器汞清洗方案。方案主要内容：清洗执行标准《工业设备化学清洗质量标准》(HG/T 2387—2007)；气液分离器基本情况及清洗的要求；安全组织机构(人员要求)；清洗选用技术及工艺流程；外部公用工程条件(水、电、蒸气、工厂风等)；安全防范措施、操作规程及应急预案；清洗范围及工作量；清洗的各种清洗容器、材料、分析测试仪器和各种化学清洗用药剂；含汞废物处理等。

2. 现场具体准备工作

1) 清洗系统划分和配套

依据提供的清洗范围，将现场 6 台气液分离器分为 6 个单独的清洗系统，每一个清洗系统单独清洗以确保足够的流速和流量。循环清洗罐具有供水、缓冲、沉淀、排油、密闭除汞等功能，实现容器循环清洗、三废密闭排放。

2) 清洗系统的建立

依据方案从容器排气、排液甩头、液位计法兰口等位置接临时清洗系统。将被清洗系统中不能参与清洗的部件，如流量计、流量孔板、调节阀、压力表、除沫网、过滤器、单向阀门等均应拆除；关闭阀门或临时加盲板措施，隔离不参加清洗设施，同时防止清洗液外漏；在循环清洗系统的吸入口处安装过滤网，过滤网应有足够的流通截面积。

3) 人员和器具

(1) 人员准备：组织参与容器清洗人员进行体检筛查，排查高血压、癫痫等职业禁忌病；每日作业前检测体温、测量血压，建立健康档案，持续跟踪人员健康状况。开展入场三级培训、心理辅导和汞防护专业培训，告知作业人员施工风险、风险控制措施，并开展汞的危害、作业环境汞含量标准、防护器具使用等专业知识宣讲，考核合格后签字确认，同时邀请值班医生对作业人员开展心理辅导，消除疑虑、提升作业人员防护意识。组织应急演练，模拟容器置换、清洗等过程中可能出现的突发情况，检验容器清洗应急预案的可行性，锻炼作业人员应急意识。开展现场技术、安全交底，确定容器打开、置换位置，明确清洗温度、压力、时间等关键参数，确定容器、环境汞含量检测位置、频次、公示地点，掌握容器汞含量变化规律，错开汞含量高的时间段施工，确保人员安全，明确现场防护要求，确保绿色、环保清洗。

(2) 器具准备：按照方案提前准备清洗所需转换接头、管线、风机、水、电、热源、氮气、储水槽、运水车等外部条件和设备，满足现场各项要求；依照容器位置合理安装密闭清洗、排液管线，利用“接液槽+活性炭吸附盒+防渗膜”，打造三层防护，做到三废不落地；提前组织热洗循环清洗装置试运，调试设备性能、状态；提前准备汞防护半面罩、全面罩、防护服及长管呼吸器，根据汞含量检测结果对进入人员配备相应防护器具；组织安装一体化淋浴、脱汞、收汞撬装化设备，培训该设备使用方法和使用条件；准备高压水枪、罗茨泵、缓冲槽等设备，做好非进入式清淤工作；提前准备收汞器、单质汞储存盒，如现场出现散落单质汞，立即收集并密闭储存，统一处置；清洗所用的原材料经验收合格后应妥善放置指定地点，并由专人保管。

8.5.2 清洗作业流程

1. 物理清洗

由于气液分离器内有折流板、波纹板、捕雾网等分离元件，如图 8.18 所示，物理清

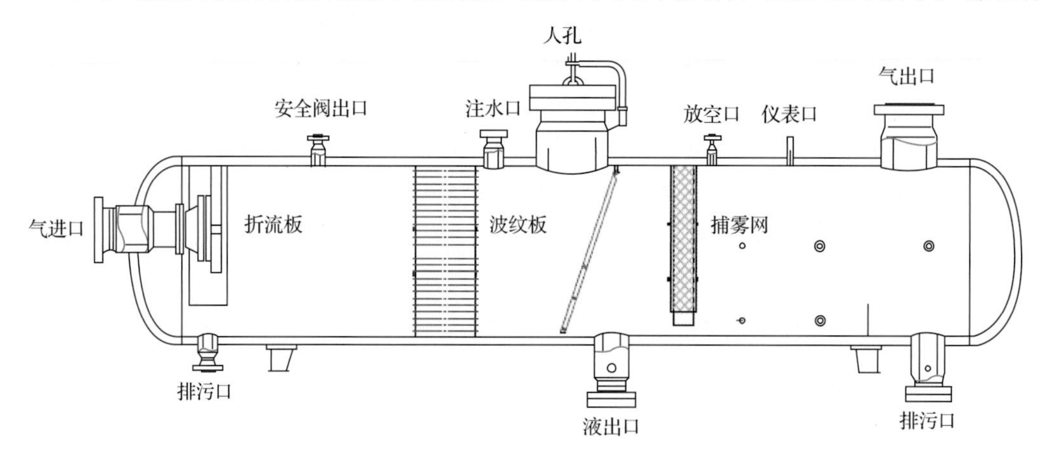

图 8.18　某处理厂气液分离器结构示意图

汞在原蒸气清洗流程的基础上，对后续尾气处理单元进行改良，添加了化学方法(增加气液聚集器及汞吸附装置)，大幅降低尾气中汞浓度，以确保作业安全，避免污染环境。现场物理清汞工艺流程由高温蒸气清洗单元、废气处理单元、废液处理单元及汞检测单元组成。物理清汞工艺流程见图 8.19。

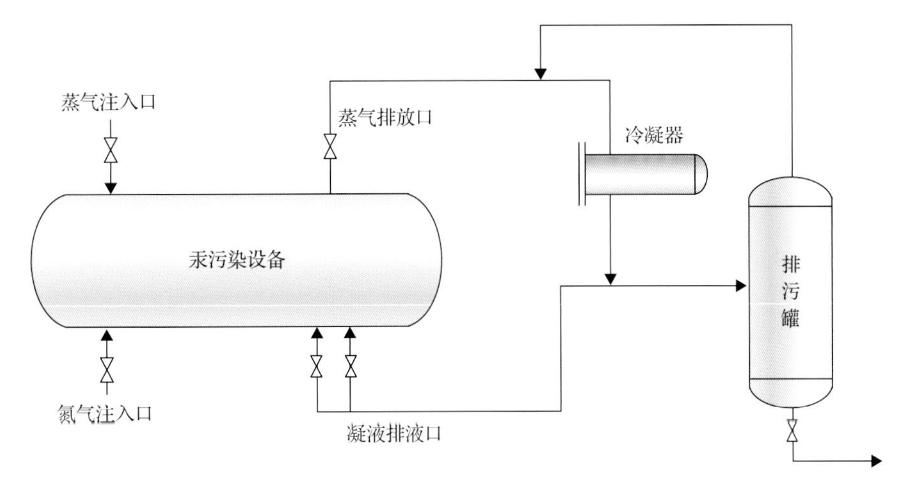

图 8.19　某处理厂物理清汞方案工艺流程

结合气液分离器的内部结构和材质分析，现场物理清汞流程主要如下。

(1) 热水清洗。利用站场已有的热水系统，保证热水出口温度在 70～90℃，从汞污染容器顶部连接热水管线，注满热水后保持 30min，保证容器初步清洗效果，清洗后将热水排尽。

(2) 蒸气预清洗。向容器内注入 115℃以上的蒸气，蒸煮过程中排液口先保持打开状态。蒸煮 15h 后，污水中烃类含量大幅降低，关闭排液口对容器进行积液。当腔内液位达到 50%，容器温度上升至 60℃以上，通入氮气(30～100kPa)，打开排液口进行加压排液，液腔液体排放干净(有气体从排液口排出)后关闭排液阀。此时容器内烃类及污渍已基本清除。

(3) 高温蒸气蒸煮。预清洗结束后通入高温蒸气去除容器内残余汞污染物和渗透入容器表面内的汞。保持容器外壁温度高于 85℃，同时通入氮气以稳定容器内压力为 30～100kPa，打开容器底部排液口将残余液态水排出。

(4) 高温蒸气蒸煮持续时间 50～60h，每隔 2～4h 检测容器内气体汞含量，低于 20μg/m^3 且排液口无杂质及烃类时停止蒸煮。最后通入氮气吹扫容器 30min，将容器内气体排出，降低温度至 50℃以下，即完成蒸气清洗流程。

2. 化学清洗应用实例 1

气液分离器化学清汞流程由化学循环清洗单元、废气处理单元、废液处理单元、汞含量检测单元组合而成。将汞清洗剂与水以一定比例在清洗剂循环罐中均匀混合后，经循环泵输送至汞污染容器，采用下进上出的方式进行清洗，清洗液经颗粒过滤器循环回清洗剂循环罐，流程中可采用加热器将清洗剂加热，提高清洗速率，温度不宜高于 50℃。根据清汞装置的不同，可选择不同类型及浓度的清汞剂，不同类型清汞剂适用场合见表 8.6。

表 8.6　不同类型清汞剂适用场合

种类	主要成分	适用装置
碘化物清汞剂(原液)	单质碘(3%)+碘化钾(10%)	汞污染程度高、内壁耐腐蚀性较强(如 22Cr、316L 等)
碘化物清汞剂(适当稀释)	单质碘(3%)+碘化钾(10%)	汞污染程度低、内壁耐腐蚀性较弱(16Mn、Q235B、20#钢等)
复配型清汞剂	单质碘(3%)+碘化钾(10%)+Amulan DF-30 或 AEO-9 型表面活性剂(1%)	含油污、水垢较多的装置，可根据汞污染程度适当稀释

通过分析，气液分离器化学清汞采用加入碘化物型清汞剂循环清洗法，现场化学清汞工艺流程见图 8.20。

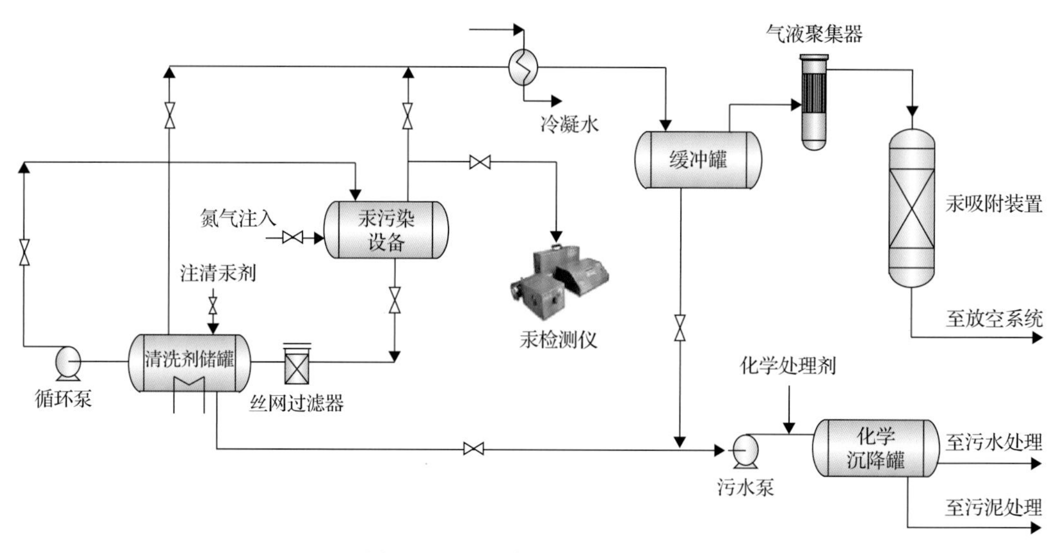

图 8.20　化学清汞方案工艺流程

化学清洗方案中根据实际情况，采用的清汞剂原液主要成分为单质碘及碘化钾，同时结合容器汞污染程度、耐腐蚀性、油垢含量要求对清汞剂原液进行改良，清洗温度控制在 20～50℃，以免导致清汞效率下降。

(1)溶液配制：对于汞浓度较高的装置，直接采用清汞剂原液进行循环清洗；对于汞污染程度较低的装置，将清汞剂适当稀释(1～20 倍)，以降低腐蚀性、减小废液处理难度；对于含油污、水垢较多的装置，采用复配型清汞剂，将碘化物与 Amulan DF-30 或 AEO-9 型表面活性剂组成复配型清汞剂，以去除油污、水垢中包裹的汞污染物，防止清洗后汞浓度回升。

(2)化学清洗：将清洗剂储罐内引入热水(约 50℃)，待罐内液位达 50%～70%后，启动循环泵，将热水从容器排污口及液相出口泵入容器，控制一定的流速从下往上流动，然后清洗液从容器气相进出口排出，经过滤器循环返回清洗剂储罐循环使用，油和蜡等污物从清洗剂储罐上部排出。清洗废液进入化学沉降罐分离后，污泥和污水分别进入污水、污泥处理装置。

(3) 循环清洗持续时间约 12h，每隔 2h 检测容器内气体汞含量，低于 20μg/m^3 且排液口无杂质及烃类时停止清洗。最后通入氮气吹扫容器内液体，将容器内液体排出，然后再通入空气至正常情况，即完成化学清洗流程。

(4) 化学清洗后人工清洗。按照第 3 步完成化学清洗后，对于部分清洗液难于流动的地方需进行人工清洗，当容器顶部的压力泄放点检测的汞浓度低于 20μg/m^3 才能打开人孔盖，作业人员进入容器内部，用刮具对容器内部死角进行人工清洗处理。某些部位需要擦拭清洗时需携带吸附性海绵或改性棉，用擦拭材料对容器内壁、元件表面进行擦拭。作业期间应 30min 检测一次，若汞浓度超出 20μg/m^3，可在人孔盖附近喷洒化学抑制剂。

3. 化学清洗应用实例 2

某气田检修期间，对低温分离器开展容器化学清洗试验。根据清洗工艺设计，分为三个阶段，依次为高温氮气置换、喷射除油、浸泡搅拌清洗。

(1) 根据工艺设计要求，用热氮气吹扫置换 36h 后，容器内汞含量呈明显下降趋势，且在排放口温度(80℃)保持不变时，增加氮气流量加速容器内汞含量蒸发，且置换出的气体进入气态单质汞脱除罐反应后排放至大气时汞含量 $<$ 4μg/m^3，满足大气排放 $<$ 12μg/m^3 的要求，见图 8.21 和图 8.22。

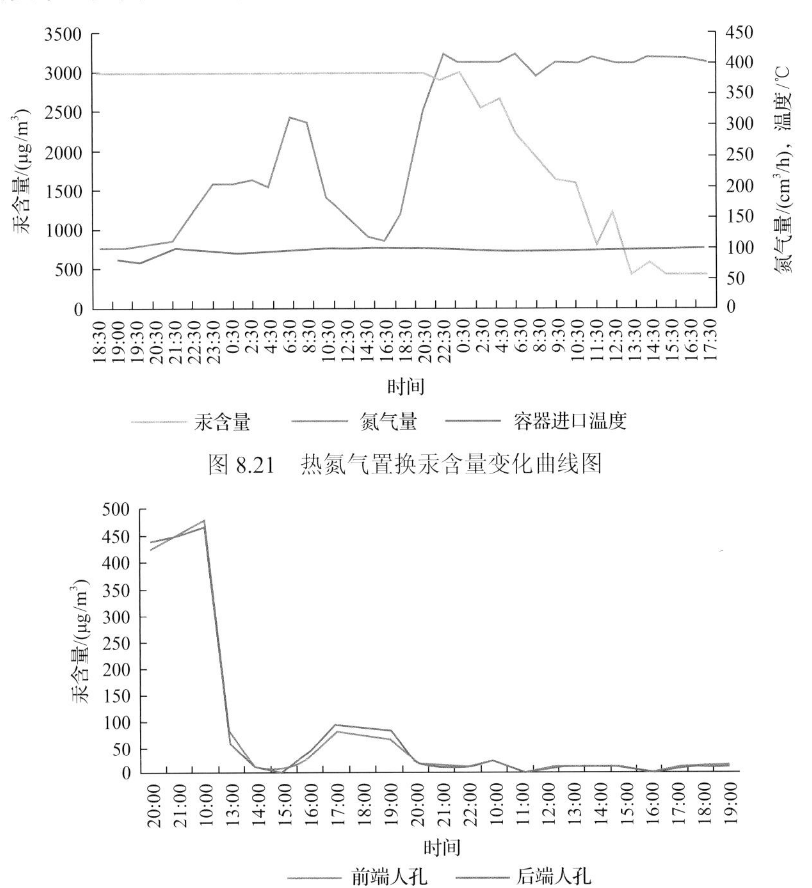

图 8.21　热氮气置换汞含量变化曲线图

图 8.22　喷射浸泡汞含量变化曲线图

(2)将高锰酸钾(pH＞12)溶液加注至容器 4/5 处，浸泡反应能够有效氧化容器内大部分液态单质汞，且能够抑制汞的挥发。鼓气管不断对溶液进行搅动，在抑制汞挥发的同时，加速了高锰酸钾溶液与液态汞充分、完全反应，进一步与残留的液态汞反应，使容器内汞含量进一步降低且基本不再挥发，清洗后，检测容器内汞含量保持在 10～15μg/m^3，满足接触限值＜20μg/m^3 指标要求，见图 8.21 和图 8.22。

8.5.3 汞含量检测及质量要求

1. 清洗过程汞检测

汞浓度测量应由具备专业测量资格的人员遵照《井口天然气中汞含量的测定 差减法》(SY/T 7321—2016)，佩戴个人安全防护用具，在检测点上风向进行，检测仪器宜采用便携式汞分析仪进行检测。检修过程中应对容器内的汞浓度进行连续检测，容器内的检测点应选在气流流动较慢的区域，开放区域的检测点应选取 2 个以上，且沿汞蒸气扩散方向间隔不小于 2.5m，检测频率为每 2h 一次；若检修作业中断超过 10min，再次作业前应对汞浓度进行重新检测。

2. 质量要求

(1)清洗后的容器垢除尽，汞含量检测合格，可见部位应清洁无污，钝化膜完整，不出现二次浮锈。

(2)被清洗面无局部腐蚀，均匀腐蚀率小于 0.076mm/a。

(3)应符合容器管理单位提出的其他技术指标。

(4)检修中含汞废物桶装后集中收集运离装置点，减少作业点附近环境污染。

8.5.4 清洗过程管理

汞污染容器清洗作业过程中，要严格监督检查，保证作业人员熟悉汞预防与急救措施，汞防护知识掌握到位，个人防护措施到位；含汞废物需有严格的防渗防漏措施，撒落后应及时回收处理；严格监测作业环境汞浓度，作业期间必须有 2 人及以上在旁进行监护，确保进入作业区域内的人员安全；进容器作业应考虑环境温度的影响，对于夏季高温时段应停止作业，避免金属内部的汞渗出对人员造成伤害。

参考文献

[1] Sadhukhan P, Bradford M. Thermal treatment and decontamination of mercury-contaminated waste: recent developments and comparative evaluation[J]. Remediation Journal, 1997, 7(4): 17-24.

[2] 国家卫生健康委员会. 工作场所有害因素职业接触限值 第1部分: 化学有害因素: GBZ 2.1—2019[S]. 北京: 中国标准出版社, 2019.

[3] Chaiyasit N, Kositanont C, Yeh S, et al. Decontamination of mercury contaminated steel of API 5L-X52 using iodine and iodide lexiviant[J]. Modern Applied Science, 2010, 4(1): 12-20.

[4] Lee Y H, Mowrer J. Determination of methylmercury in natural waters at the sub-nanograms per litre level by capillary gas chromatography after adsorbent preconcentration[J]. Analytica Chimica Acta, 1989, 221(3): 259-268.

[5] 黄相国, 陈刚, 崔涤尘, 等. 含汞天然气泄漏应急处理及清洗含汞设备的集成化装置: CN204455039U[P]. 2015-07-08.

[6] 蒋洪, 王阳. 含汞天然气的汞污染控制技术[J]. 石油天然气化工, 2012, 41(4): 422-444.

[7] Perona J J, Brown C H. Mixed waste integrated program: A technology assessment for mercury-containing mixed wastes[R]. Office of Scientific & Technical Information Technical Reports, 1993.

[8] Foust D F. Extraction of mercury and mercury compounds from contaminated material and solutions: US5226545[P]. 1993-07-13.

第9章　生产过程中汞防护规范化管理

含汞气田正常运行、应急处置、检维修过程中，含汞物流存在泄漏或超标排放可能性。为保障含汞气田安全生产、减少汞污染，根据汞浓度划分汞危害风险等级，充分结合人员作业过程汞接触限，在汞的分布规律研究和含汞气田生产实践基础上，对汞的危害进行识别，归纳提炼生产现场涉汞操作中汞防护措施，有助于规范含汞气田废气、废液、废渣等的处置，实现人员健康、设施安全、环境友好，对生产过程中汞防护规范化管理具有现实指导意义。

9.1　概　　述

含汞气田汞防护，是针对含汞气田正常生产、应急、检维修各个环节，因含汞可能引起的环境污染、设备腐蚀、人员中毒等，制定消减控制措施，保障健康、安全、清洁、绿色生产的全过程。重点是人的防护和环境保护。

9.1.1　汞危害风险等级

根据含汞环境检测出的汞浓度划分风险等级，不同的风险等级代表不同区域及工作活动的隐藏危险性，并结合其他危险因素做出风险评估，判定含汞危险区域，提前做好预防措施。不同的汞浓度对作业人员的危害不同，根据液体和气体中汞浓度的不同，含汞作业环境区域风险等级划分了低危险性、中等危险性和高危险性三类，不同的汞浓度代表着不同区域及作业的风险。

汞危险区域的划分是依据预测的汞污染程度建立的，结合现场的气候条件，区域的划分可能会发生变化。一般分为三个工作区：污染区、污染削减区和清洁区[1]。三个工作区域人员安全措施、许可条件及作业内容如下。

1. 污染区（$>5\mu g/m^3$）

包括所有潜在的汞污染面积。所有进入管制区的作业人员必须佩戴合适的个人防护装备，达到培训合格和医疗监测健康上岗的要求。其中污染区根据不同汞浓度的危害性，再分为控制区（$<20\mu g/m^3$）、中危区（$20\sim50\mu g/m^3$）、高危区（$>50\mu g/m^3$）、急性中毒区（$1.2\sim8.5mg/m^3$）和致死区（$>10mg/m^3$）。

2. 污染削减区

现场作业人员的防护装备卸下并清洗的区域、临时储存含汞废物和受汞污染的设备及材料区域。作业人员只有通过污染削减区出口的个人装备清洗站净化去污后，才能进入清洁区。

3. 清洁区（<5μg/m³）

该区是一个非污染区的服务区域，非危险品的存储和其他管理活动通常发生在该区域。清洁区应配备饮用水、急救箱、作业装备和清洁的个人防护装备。

9.1.2 劳动者职业接触限值

当空气中汞含量达到 100μg/m³ 时就会造成慢性中毒，达到 1200μg/m³ 时就会造成急性中毒。我国颁布的《工作场所有害因素职业接触限值 第 1 部分：化学有害因素》(GBZ 2.1—2019) 对金属汞(蒸气)、有机汞化合物(按 Hg 计)、氯化汞(升汞)职业接触限值提出了明确的卫生要求[2]，并规定一个浓度值来判定作业是否安全，该浓度反映的是劳动者在职业活动过程中长期反复接触有害因素，不会引起绝大多数接触者不良健康效应的容许接触水平。化学有害因素的职业接触限值分为时间加权平均容许浓度、短时间接触容许浓度和最高容许浓度三类。

(1) 时间加权平均容许浓度(PC-TWA)。以时间为权数规定的 8h 工作日、40h 工作周的平均容许接触浓度。

(2) 短时间接触容许浓度(PC-STEL)。在实际测得的 8h 工作日、40h 工作周平均接触浓度遵守 PC-TWA 的前提下，容许劳动者短时间(15min)接触的加权平均浓度。

(3) 最高容许浓度(MAC)。在一个工作日内、任何时间、工作地点的化学有害因素均不应超过的浓度。

如表 9.1 所示，对高含汞气田的汞职业接触限值应按照此标准执行。所以对于接触限制超过标准规定浓度的含汞气田的作业人员应该进行必要的个人防护。

表 9.1 国内工作场所空气中化学有害因素职业接触限值

名称	时间加权平均容许浓度/(μg/m³)	短时间接触容许浓度/(μg/m³)	临界不良健康效应
单质汞(蒸气)	20	40	肾损害
有机汞化合物(按 Hg 计)	10	30	中枢神经系统损害；肾损害

国外在确定含汞环境和潜在的暴露风险方面开展了大量研究，对汞蒸气暴露浓度的限值进行了规定。美国职业安全与健康管理局设定了汞的暴露规定，短时间最高允许接触浓度为 100μg/m³，8h 工作制的最高允许接触浓度为 50μg/m³。2005 年欧盟委员会联合研究中心规定 8h 工作制的最高允许接触浓度为 20μg/m³，血液中不得超过 0.01mg/L。在天然气处理厂，汞的危害主要体现在对检修人员的毒害上，一旦检修人员进入空间狭小含汞容器内很容易发生汞中毒，尤其是对设备进行高温作业时高温就会引起环境空气中汞含量的迅速升高，数分钟内就会致人昏厥，甚至是死亡。在荷兰东北部的气田进行维护作业(清理容器和过滤装置)时，局部空气中的汞含量高达 1500μg/m³。

汞的排放可能会造成处理厂及周边环境的污染，包括对大气、土壤和水体的污染。汞一旦进入生物体内，就可能转化成毒性更高的甲基汞、乙基汞等有机汞。1953 年在日本熊本县水俣湾地区出现的水俣病就是村民食用了含汞的鱼类而引起的，此次汞污染事件造成多人死亡，后来发现是一家化工厂长时间向水俣湾中排放含汞的废水所致[3]。

国外详细的汞及其化合物的职业接触限值见表 9.2。

表 9.2 国外汞及其化合物职业接触限值

标准	存在形式	浓度/(μg/m³)
德国职业接触限值(MAK)	单质汞和无机汞化合物	20(MAK)
《工作期间接触化学有害因素工人健康安全保护》IOELVs(欧盟 98/24/EC)	汞和二价无机汞化合物，包括氧化汞和氯化汞(测量汞)	20(TWA)
美国环境保护署(EPA) RFC	汞蒸气	0.3
世界卫生组织(WHO)与壳牌(SHEEL) OEL	汞蒸气	25
美国政府工业卫生学家会议(ACGIH) TLV-TWA	汞蒸气	25
毒物和疾病登记署(ASTDR) MRL	汞蒸气	0.2
美国政府工业医师协会 TLVs	烷基化合物(汞)	10(TWA) 0.03(STEL)
	芳香基化合物(汞)	100(TWA)
	芳香基化合物(汞)	25(TWA)

注：职业接触限值(MAK)是指工作场所空气中化学物质(气体、蒸气和颗粒物)可容许的最高浓度(通常为每天 8h、每周平均工作 40h)；IOELVs(indicative occupational exposure limit values)是指欧盟建立的指示性职业接触限值第三次列表；TWA(time-weighted average)表示时间加权平均浓度；RFC(reference concentration)表示参考浓度；OEL(occupational health exposure limit)表示职业卫生接触限值；TLV-TWA(threshold limit value-time-weighted average)：阈限值-时间加权平均浓度，是指 8h 工作日和 40h 工作制的时间加权平均浓度；MRL(minimal risk level)表示最低风险水平；短时间接触限值(STEL)指在工作日内任何时间某化学物质的浓度都不应超过的 15min 加权平均浓度；TLVs(threshold limit values)是指空气中化学物质浓度的最高限值，在此浓度下，近乎所有劳动者工作期间每日反复接触该化学物质而不致不良健康效应值。

9.1.3 汞的危害识别及处置

汞在环境中具有危害迁移的特点，生产单位需及时掌握环境中的汞含量的动态变化。对生产单位各种不同生产场所必须进行定期及不定期的汞含量检测，采用便携式汞检测仪定期检测空气中汞浓度，以防职业慢性中毒。

汞的危害广义上可分为汞污染和汞中毒，汞污染指由汞或含汞化合物所引起的环境污染，汞中毒主要发生在人的生产活动中，汞中毒以慢性为多见，长期吸入汞蒸气和汞化合物粉尘，引起精神异常、齿龈炎、震颤等症状，大剂量汞蒸气吸入或汞化合物摄入将发生急性汞中毒。

含汞气田正常生产、应急处置、检维修过程中，针对含汞天然气、凝析油、采出水、污泥等的处理、输送、储存、运输等环节，可能引起汞的危害。鉴于汞毒理性质、高挥发性和腐蚀性，将会对作业人员、环境造成危害，影响设备操作及维护人员的健康安全。为降低汞的危害，需要结合含汞气田生产特征，对汞污染和汞中毒进行细化分析，识别危险源，制定控制、防护措施。

汞对环境的污染，主要表现在汞在大气中的停留时间较长，由于汞迁移和转化性，会污染地表土壤和水环境。为控制汞污染，世界各国对汞的排放都提出了明确的要求。我国先后颁布了《大气污染物综合排放标准》(GB 16297—1996)、《生活垃圾焚烧污染控制标准》(GB 18485—2014)等国家标准[4,5]，规定排入大气的气体汞含量最高不得超过 15μg/m^3，污水汞含量控制指标小于 50μg/L，生活垃圾焚烧炉排放烟气中汞及其化合物(以 Hg 计)限值为 50μg/m^3。2000 年，欧盟制定了焚烧炉的排放标准是 50μg/m^3。

汞及其化合物理化性质与毒性见表 9.3。

表 9.3　汞及其化合物理化性质与毒性

	毒物名称						
	汞	氯化汞	氧化汞	硫化汞	甲基汞	二甲基汞	氯化甲基汞
分子式	Hg	$HgCl_2$	HgO	HgS	CH_3Hg	$(CH_3)_2Hg$	CH_3HgCl
物理状态	银白色液态	无色或白色结晶性粉末	黄色、橘黄色或红色的晶体粉末	黑色或红色粉末	具有挥发性、腐蚀性，无色无味的液体	无色，易挥发液体，易燃，味带甜	红色结晶，具有特殊臭味
密度/(g/cm^3)	13.546	5.43(固)	11.14(固)	8.10	0.88	2.961	4.063
毒性	剧毒	剧毒	剧毒	中度	剧毒	剧毒	剧毒
致死量	10mg/m^3 (IDLH)	1mg/kg (LD_{50})	18mg/kg (LD_{50})	10g/kg (LD_{50})	2mg/m^3 (LD_{50})	0.3mg/kg (IDLH)	16mg/kg (LD_{50})
解毒剂	二巯基丙磺酸钠(为主)、依地酸二钠钙、青霉胺、谷胱甘肽、二巯基丁二酸等						

注：IDLH 表示立即威胁生命健康浓度；LD_{50} 表示半数致死量(大鼠，口服)。

单质汞蒸气有高度的扩散性和较大的脂溶性，侵入呼吸道后可被肺泡完全吸收并经血液运至全身。金属汞慢性中毒的临床表现主要是神经性症状，有头痛、头晕、肢体麻木和疼痛、肌肉震颤、运动失调等。大量吸入汞蒸气会出现急性汞中毒，症状为肝炎、肾炎、蛋白尿、血尿和尿毒症等。油气生产现场含汞油气泄漏或装置检修时，容易出现汞中毒。

有机汞(尤其是甲基汞)能致脑损伤，且不可逆，迄今尚无有效疗法，往往导致死亡或遗患终身。世界八大公害事件之一的“水俣病”便是汞化合物中的甲基汞导致人体或动物脑萎缩、小脑平衡系统被破坏等多种危害引起的，该事件直接导致了全世界范围内《关于汞的水俣公约》的产生。该公约于 2013 年正式达成并开放签署，我国作为首批签约国签署了该公约。2016 年 4 月 28 日全国人民代表大会常务委员会正式审议批准该公约，8 月 31 日我国向联合国交存公约批准文书成为第三十个批约国。2017 年 8 月 16 日，《关于汞的水俣公约》对我国正式生效，标志着我国对汞的防治工作进入了全新的阶段。

无机汞化合物分为可溶性和难溶性两类。难溶性无机汞化合物在水中易沉降。悬浮于水中的难溶性汞化合物，虽可经人口进入胃肠道，但不易被吸收，不会对人构成危害。可溶性汞化合物在胃肠道吸收率也很低。

根据汞易挥发、有毒等特性及职业接触限相关防护标准，油气生产过程中，不同的作业汞污染源不一样，隐藏的汞暴露风险不同，考虑到汞对人体、环境、设备的危害，作业人员只有充分了解作业过程中的汞暴露风险，才能提前做好汞防护措施。含汞天然气处理厂的总体设计应遵循《工作场所防止职业中毒卫生工程防护措施规范》，从天然气处理厂建筑设计卫生要求、卫生工程防护设施管理、应急救援设施等方面应将汞暴露考虑在厂区设计、装备设计、防护措施内。结合国内外汞污染控制相关标准和汞的危害性，以下对不同作业过程汞污染源进行解析。

1. 正常生产运行作业

油气生产过程一般在密闭管道、设备内进行，含汞物流不易暴露在环境中，且正常生产运行作业区域相对开阔，空气流动性强，汞蒸气不易聚集。故汞暴露风险较低。

作业人员应充分了解不同作业区域工艺单元的汞分布情况，在这些单元附近，作业人员应重点巡视检查高浓度汞分布区域，防止这些区域出现泄漏，造成安全隐患。

以某气田为例，通过检测处理厂汞浓度分布判定高风险点。处理厂采用注乙二醇防止水合物冻堵、J-T 阀节流制冷脱水脱烃的处理工艺使外输气达到烃水露点要求[6]。针对处理厂脱水脱烃、乙二醇再生及注醇、凝析油稳定等装置中关键物流点，利用汞分析仪进行现场取样，并对天然气、凝析油、水、乙二醇等介质中汞含量检测分析，处理厂汞浓度分布见图 9.1。

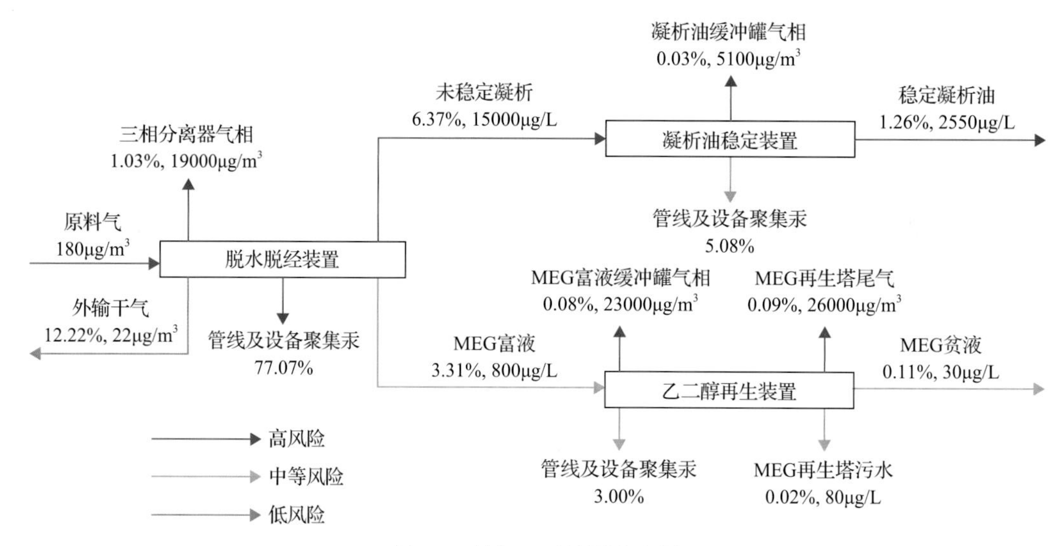

图 9.1　某气田汞检测分布图

根据图 9.1，原料气经三相分离器分离后，三相分离器气相出口汞大量聚集，脱水脱烃装置产生的污水、闪蒸气、乙二醇再生塔尾气等物流中聚集严重，汞大量聚集区域涉及相关的管线、设备均属于汞暴露高风险点。

含汞物流(污水、凝析油、天然气)中的汞极易挥发，且在低洼地带积聚，造成汞暴露风险高，作业人员应熟悉工艺系统中汞的分布，作业时应注意一些容易跑、冒、滴、漏的阀门和管道连接处，针对关键区域做好巡检记录，减少汞泄漏可能性。

在巡检装置时，一旦发生含汞天然气泄漏，应立即离开，不得逗留。要穿戴有效的防毒面具或正压式空气呼吸器、化学防护服和防渗手套，同监护人一道接近泄漏点处理泄漏。在含汞气体泄漏点悬挂警示牌。

2. 应急处置作业

含汞气田生产过程中，因控制系统、设备(管道)完整性等因素，存在含汞天然气泄漏、凝析油泄漏、污水泄漏等风险，一旦发生含汞介质泄漏，如不及时处理，会对周围环境造成污染，对暴露在环境中人员造成危害。

1)含汞天然气泄漏

含汞气田井口、采集气管道、集输设施、处理设施、增压设施、阀门等，可能发生天然气泄漏，需要及时处置，天然气流动性强，一旦泄漏，非常容易扩散，易造成人员中毒，与空气混合存在易燃易爆风险。提前制定应急处置措施并加强演练，可大大减少作业风险，减少人员中毒概率。在突发天然气大面积泄漏事故中，立即启动应急处置程序，迅速切断泄漏源或天然气来源，作业人员立即按逃生路线撤离到上风口的安全区集合。根据泄漏情况，及时与地方政府联系，划定警戒区域等。现场抢险人员应加强汞防护，穿戴安全的正压式空气呼吸器及其相关汞防护装备，在应急领导小组统一组织下，科学开展应急抢险。

2)含汞液体泄漏

含汞气田分离设施、脱水脱烃设施等装置产生的凝析油、采出水等含汞液体及污泥，在凝析油稳定装置、储罐区、凝析油泵房、装车区、油水管道、阀门处，可能发生泄漏风险。液体的流动性虽然比气体差，但可造成地面、土壤、地表水及生活用水污染，且含汞凝析油属于易挥发的轻质油品，挥发的蒸气不仅容易造成火灾或爆炸风险，而且还携带一定浓度的汞蒸气，危险性很高。与含汞天然气泄漏相同，如发生含汞液体泄漏，立即启动应急处置程序，迅速切断泄漏源，作业人员立即按逃生路线撤离到上风口的安全区集合。现场抢险人员按照应急措施做好科学施救。含汞液体泄漏抢险，如泄漏液体为凝析油或轻质油品，切记采用安全防爆工具处理，作业期间严禁烟火，防止发生火灾爆炸事故，在抢险作业中，带上护目镜，防止含汞液体溅到眼睛或皮肤。

3. 检维修作业

汞容易在设备金属表面积聚，且能渗透进入金属内部，在有限空间检修作业时，要制定相应的安全操作规程，特别对汞含量较高的低温分离器、闪蒸罐、乙二醇富液缓冲罐、乙二醇再生塔、污水罐的检修作业，金属表面的汞挥发，汞蒸气积聚在设备狭小区域内，设备内部空间通风不良，极易造成人员缺氧或汞中毒，甚至死亡，要高度重视作业人员的人身安全防护工作，检修作业人员应穿戴汞防护服，手戴防护手套，防止皮肤接触汞。含汞气田需要对单井、集气站、天然气处理装置、容器、罐、塔等定期开展检修，对部分隐患和工艺设施进行改造。作业人员在进入塔、分离器等大型设备检修作业时，应先对设备进行密闭清汞作业，具体清汞方法见第 8 章，清汞产生的废气、废液、废固应分类处理，达标后方可排放。清汞后确保设备内部的汞浓度小于 20μg/m³后方可进入。

4. 废弃脱汞剂卸载作业

在含汞油气生产的脱汞装置单元中，当脱汞剂吸附饱和或过饱和时，脱汞剂内存在单质汞的析出，脱汞塔后汞含量出现异常，影响到产品质量，需要更换脱汞剂，脱汞塔内废弃的失效脱汞剂应当按照危险废物进行处理，特别是在脱汞剂卸载时，脱汞塔设备表面和底部少量残渣、脱汞剂床层中的汞挥发，可能造成设备入口空气中及脱汞装置周围空气中的汞浓度超标，易对人员健康造成影响或汞中毒。因此，失效脱汞剂的卸载及运输，应尽可能实现全程密闭并对作业人员做好防护。脱汞塔周围应隔离出来，禁止非防护人员进入，再由工作人员全程穿戴汞防护服、防护手套卸载失效吸附剂，人员在卸载脱汞剂时实行两小时轮换制度，防止人员由于过热或疲劳导致的误操作，废弃的防汞服和防护手套应集中密封收集，并按照危险废料统一处理；卸载出容器的脱汞剂由专业团队统一收集，并密封外运回收；现场如出现遗留的液态汞，需由工作人员佩戴防护用具统一收集并水封，统一回收处理；施工现场空气中的汞含量小于 0.3μg/m³，人员方可无防护并连续工作。

5. 凝析油、轻质油装卸作业

含汞凝析油和轻质油在装卸、储存、转输过程中，尤其是装卸作业，油气和汞蒸气的挥发极易造成环境污染、人员汞中毒。装卸作业应实现全程密闭操作，装卸车过程应适时掌握周围汞浓度，并提前制定汞泄漏预案，鹤管与槽车人孔连接部位是高风险区。凝析油、轻质油装卸作业见图 9.2。

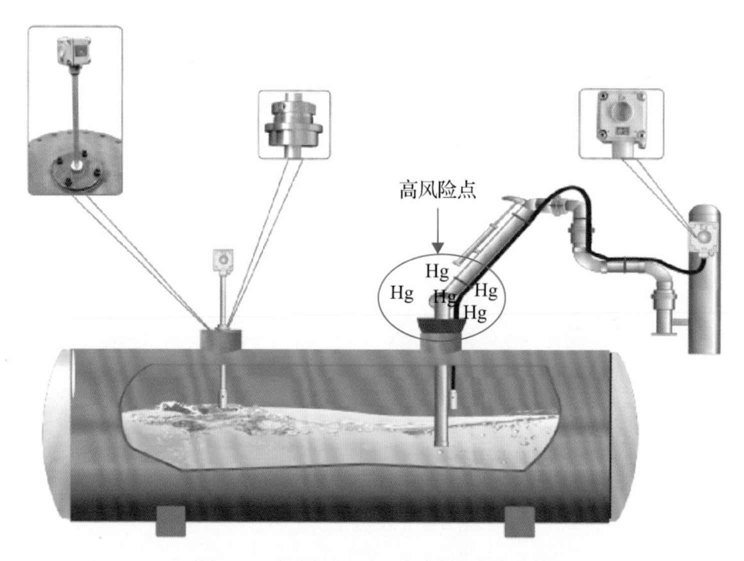

图 9.2 凝析油、轻质油装卸作业图

含汞乙二醇、三甘醇、胺液的更换过程会有大量的液态汞及汞蒸气，存在污染环境及人员汞中毒的风险，涉及回收乙二醇、三甘醇、胺液的各含汞生产场所，应设计密闭的乙二醇、三甘醇、胺液废料回收系统，保证回收过程全程密闭。

9.2 汞防护措施

在涉汞环境下，作业人员应根据汞浓度和作业特点，采用正确的汞防护措施。加强个体防护，防止汞的二次污染[7]。

9.2.1 汞防护设施的要求

1. 便携式汞检测设备

在进入密闭空间作业时，作业人员需要佩戴便携式汞检测设备。汞检测仪应定期检定及维护[8,9]，便携式汞检测仪半年校准一次。

设备的配置如图 9.3 和图 9.4 所示。

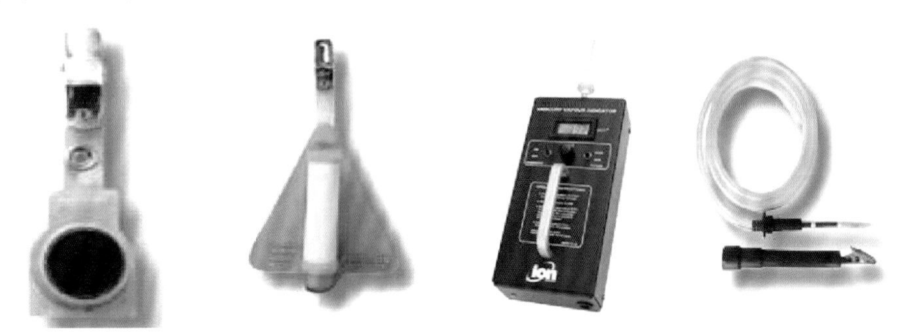

图 9.3 便携式汞蒸气采样设备

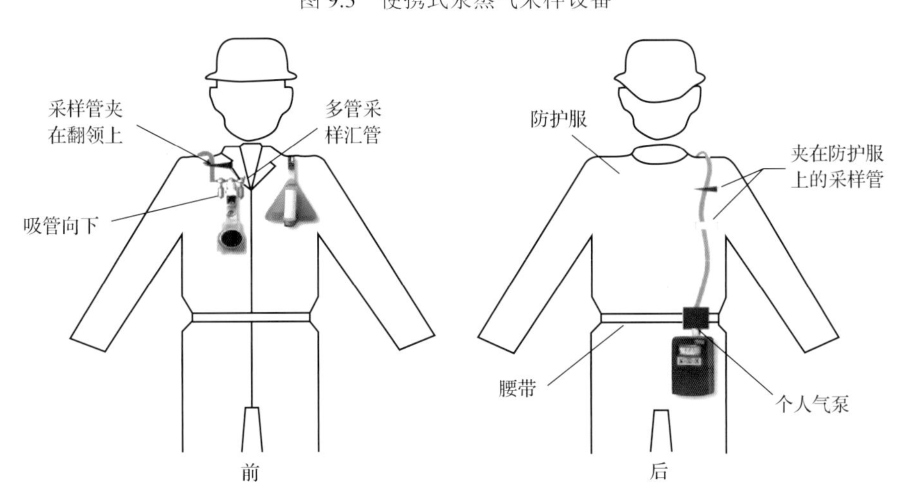

图 9.4 人员采样设备

如果工人习惯用左手，需将吸附管夹在左翻领上

2. 个人防护装备

含汞气田涉汞操作中，为保护作业人员安全与健康，防御吸入汞蒸气伤害，作业人员需要穿戴、配备和使用各种个人防护装备。生产经营单位配备个体防护装备总体应符

合《个体防护装备选用规范》(GB/T 11651—2008)。生产现场个体防护装备选用，应结合实际工作环境中主要危险特征及工作条件特点，根据可能造成的事故类型，结合国内外汞安全防护装备标准，选用合理的汞防护装置。在选用个人汞防护用品时也应当考虑其他有害气体的防护，多种防护因素结合选用防护用品。

吸入汞蒸气多为作业人员主要中毒途径，根据《呼吸防护用品的选择、使用与维护》(GB/T 18664—2002)，同时考虑是否缺氧、易燃易爆气体、有毒、空气污染及气体种类、特性及其浓度等因素之后，选择适宜的呼吸防护用品[10]。

根据有害环境性质和危害程度选择相应的呼吸防护产品，呼吸防护用品选择见表 9.4。

表 9.4　呼吸防护用品选择

有害环境性质	呼吸防护用品	细则
在高于 IDLH 浓度环境中	供气式呼吸防护产品	如正压自给开路式空气呼吸器(SCBA)或辅助逃生型呼吸器的正压供气式呼吸器(SAR)
在低于 IDLH 浓度环境中	过滤式或防护等级更高的呼吸防护产品	半面罩、全面罩、电动送风呼吸器
在 PEL 以下环境中	选择低等级防护用品	—
确认有毒气体存在	全面罩或通风头罩	—

注：汞的立即威胁生命或健康浓度(IDLH)为 10000μg/m^3，汞的允许接触限值(PEL)为 20μg/m^3。

个人防护装备品种繁多，涉及面广，包括呼吸防护用品、防护服、防护手套、防护靴等。不同类型的个人防护用品使用特点如下。

(1)正压自给开路式空气呼吸器：带低压警报的自给式正压式空气呼吸器，额定最短时间为 15min，在任何汞蒸气浓度下均可提供呼吸保护。该装置可允许使用者从一个工作区域移动到另一个工作区域。正压自给开路式空气呼吸器配备的全面罩适用于亚洲人脸型，佩戴舒适、视野宽阔，安全性更高。面罩密封边缘双层设计，避免环境中的有毒有害气体侵入防毒面罩。面罩配有口鼻罩，降低面罩内呼出的 CO_2 含量，面罩内部气流自动冲刷面屏，以防产生雾气。最大供气量可达到 450L/min 以上，呼吸器气瓶有 3L、4.7L、6.8L、9L、12L 等。正压自给开路式空气呼吸器见图 9.5。

图 9.5　正压自给开路式空气呼吸器图

(2)压力需求型空气管线正压式空气呼吸器：带辅助自给式空气源，额定最短工作时间为 5min，只要空气管线和呼吸空气源相连通，在任何汞蒸气浓度下均可提供呼吸保护。额定工作时间少于 15min 的辅助自给式空气源仅适用于逃生或自救。

(3)长管式呼吸器：多采用聚氨酯(PU)管、黄色素筋环绕加固，无死扣，不打结，可时刻保持顺畅呼吸。面屏材质多采用聚氨酸酯，通过空气压缩机供氧气。长管式呼吸器见图 9.6。

图 9.6　长管式呼吸器

(4) 全面罩：全面罩采用橡胶材质，质轻舒适，不刺激皮肤。低鼻梁、低轮廓设计，提供最佳视野。面具本体可清洗，配件可更换；梯形过滤盒，活性炭含量多，寿命长，吸收效果好。采用冷流量呼气阀，减少 55%呼气阻力，减少热量，湿气在面具内积聚，向下开口式呼气设计保护了呼气阀免受污染，适合恶劣工作环境。全面罩见图 9.7。

全面罩一般配备有专用于汞蒸气、氯气防护的滤毒盒。滤毒盒配有汞蒸气失效指示器，当指示器颜色从橙色变为棕色时，说明滤盒将穿透。在佩戴安装有滤毒盒的面罩后，应注意失效指示器。同时，使用时随时观察失效指示器是否变色，若变色应立即离开危险区域。滤毒盒见图 9.8。

图 9.7　全面罩

图 9.8　滤毒盒

图 9.9 全封闭化学防护服

(5) 全封闭化学防护服：适用于剧毒、腐蚀性的气体、液体和固体提供最高等级防护，适用于工业、危险品处理、石油化工等领域。面料非常耐用、耐穿刺、耐撕裂，有针对 260 种危险化学品的测试数据。外观黄绿色，能见度高。全封闭化学防护服的外形见图 9.9。

(6) 连帽化学防护服：可防高浓度无机酸碱，对大多数有机物提供有效防护，对汞的防护耐渗透时间达 480min 以上，兼具化学品和生物防护性能。防护服材料性能优良，进行化学品渗透及机械性能测试符合相关标准。防护服材料不含卤素，用后处置方便，一旦受污染则需采用污染物同等的方法处理。防护服设计合理，在艰苦的工作环境中穿着合体灵活。连帽化学防护服的外形图见图 9.10。

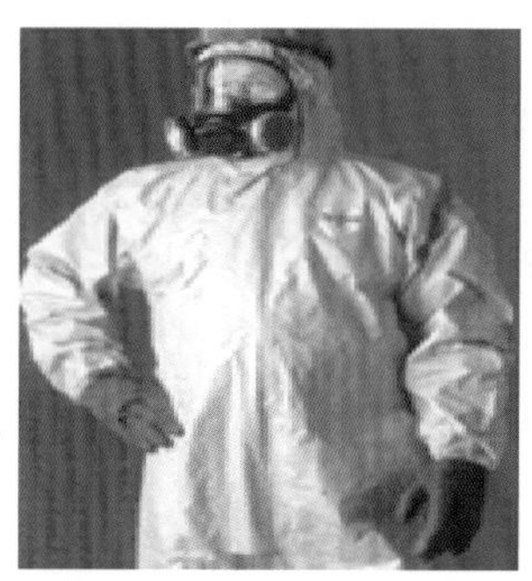
图 9.10 连帽化学防护服

(7) 内、外防化手套：这类手套是一种由高性能的丁腈橡胶制成的手套。这种手套既有较高的强度，又有较强的抗化学腐蚀及较高的耐刺穿、耐钩破特性，有较高的弹性、舒适性和灵活性，适用非常广泛。此手套长久以来一直认为是行业的标准。丁腈手套采用抗溶剂丁腈橡胶棉植绒，属直接佩戴式手套。手套厚度为 0.38mm，长度为 33cm。手套对汞的防护时间大于 480min。手套可配合防护衣使用，手套的外形图见图 9.11。

(8) 化学品防护靴：高级聚氯乙烯(PVC)安全靴，防 200 J 的钢头、防扎防化鞋底，靴内布里，穿着舒适。符合相关标准；粗帆布衬垫，海绵状物的内底，100%防水。防护靴可配合化学防护衣使用。化学品防护靴外形图见图 9.12。

9.2.2 运行中汞的防护

含汞气田从井口、集气、处理、储存、外运等各个环节，应在管道、设备、安全、职业卫生等满足气田有关规范和标准基础上，评估汞危害风险，并参照有关规范和标准进行设计、建设、施工、运行。生产运行阶段主要任务是管道、设施等的动态分析和动

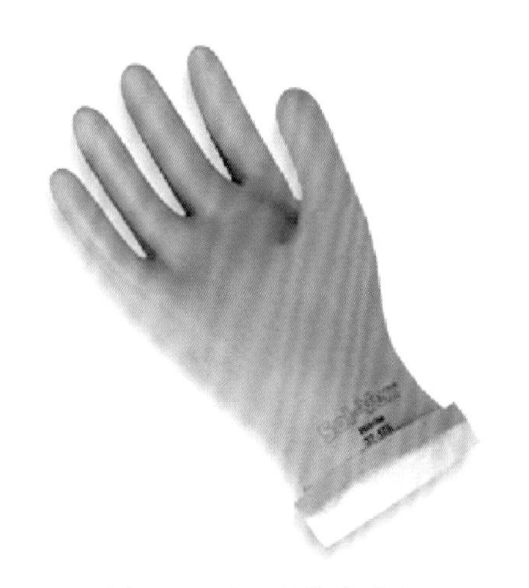

图 9.11　内、外防化手套

图 9.12　化学品防护靴

态管理，以确保涉汞设备、设施等处于合理、可控的运行状态。针对有毒有害日常作业，由于误操作、违章作业、生产设备破损或其他意外因素等，可能引起有毒有害气体大量逸出，为避免发生急性职业中毒或控制事故危害程度，应配备事故应急个人防护、通风、紧急停机、防火、防爆等急救设施。

对涉汞的生产工艺及设备，宜参照《工作场所防止职业中毒卫生工程防护措施规范》(GBZ/T 194—2007)有关规定，尽量考虑密闭化、自动化、机械化，密闭形式应根据工艺流程、设备特点、生产工艺、安全要求及操作维修条件等因素决定[11]，将汞浓度控制在接触限值以下，最大限度减少汞挥发。

1. 定期作业场所空间检测

应定期对作业场所空气中汞浓度进行监测，超标时要采取措施，将其控制在国家职业卫生标准接触限值以下。作业环境汞污染严重、暂时又难以改善的作业，应合理安排劳动和调配劳力，进行轮换操作，减少劳动时间或缩短接触时间。

2. 加强个体防护装备维护、保养管理

对于每个化学过滤式防毒面具或供氧(空气)呼吸防护器应配备专用记录卡，以便记明药罐(盒)或供气瓶的最后检查和更换日期，以及已用过的次数等。药罐在不用时应将通路封塞，以防失效。应定期检查防护用品是否损坏，以便及时更换，防止失效。面具应定期清洗、消毒，特别是公用的应在每次使用后立即进行，呼吸防护器应放置在阴凉干燥处。用于紧急救灾的呼吸防护器应定期严格检查并妥善存放在邻近可能发生事故的地点，方便取用。个人防护用品宜有专门管理室负责收、发、清洗、消毒、维护保养、更旧换新工作。

3. 规范巡检制度

在深化汞的分布规律认识和风险点识别基础上，规范巡检制度，针对性将风险提示、控制措施和应急处置融入日常巡检管理环节。对风险点识别高的设备、设施加密巡检，结合风险点、风频等因素，细化巡检路线图。在巡检过程中，对含汞有毒有害场所，随着物联、信息化水平的提高，为降低人员巡检存在的安全风险，降低劳动强度，部分站场或风险高的区域，应综合利用井、间、站等物联设施，运用人防、物防、技防等手段，实现科学规范安全巡检，提高管理成效。

在有毒工作场所的醒目位置应张贴警示标志和职业卫生作业守则，同时应有专门部门给予经常性的监督检查。

4. 建立操作指导卡和维护保养卡

针对日常运行过程中排液操作、泵的启停操作、变送器维护、液位计维护调试、流量计更换、压力表更换、孔板取出放入、调节阀维护调试、取样等操作，存在含汞气、液泄漏风险，应建立操作指导卡和维护保养卡，相关操作前，运行维护人员应对操作卡中风险提示、控制措施、应急处置、操作程序进行确认后，方可操作和维护。

5. 加强关键设备等的维修和管理

对易发生跑、冒、滴、漏的生产设备要加强维修和管理，各种防毒设备必须建立必要的操作规程和规章制度，特殊有毒作业应制定适宜的劳动制度与劳动组织形式，如双人巡检等。

6. 其他

利用早班会、轮流倒班等时间，对职工进行“预防为主”的观念教育，让职工掌握识别作业场所可能存在的汞中毒因素及危害防护技能，增强职工的自我保健意识。应定期对职工进行急性职业汞中毒现场救护技术的培训，并会使用现场配备的各种急救设施。生产企业对从业人员应实行上岗前健康体检，排除有职业禁忌证者参加接触毒物的作业，坚持定期体检和离岗体检，做到患病早治疗。

在处理站等涉汞工作场所，应设置盥洗设备、淋浴室、存衣室及专用更衣箱。存衣室中，便服、工作服应分室存放，工作服室应有良好的通风。

9.2.3 检维修中汞的防护

在含汞天然气处理装置检修过程中，可通过物理清洗、化学清洗或组合清洗方法，降低作业环境风险，但考虑到汞的渗透性，如作业环境存在动焊等情况，可能存在汞的析出和聚集，为确保作业安全，降低人员作业风险，检维修中应做好全面科学管控，作业人员应全程佩戴合适的防护设施。

1. 作业人员防护

做好专业人员个人防护工作，可有效降低汞污染。

1）作业人员个人防护

(1) 人员进入含汞容器操作时，必须有1人以上在外进行监护，并在作业现场安排2名救护人员。

(2) 含汞蒸气的受限空间单次作业时长和防护方法按照表9.5执行。

(3) 呼吸防护应采用带有汞蒸气滤毒盒的呼吸器。滤毒盒在使用前应包装完好、滤毒盒指示色带为黄色，同时呼吸器面罩应气密性完好且经消毒处理。

(4) 在高汞浓度环境(高于10μg/m^3)应穿戴气密性A级全身防护服并佩戴长管式呼吸器。

(5) 汞蒸气滤毒盒的连续使用时间不应超过其使用说明规定的时间，且在使用过程中滤毒盒指示色带的颜色由黄色变为灰色，应立即更换新的滤毒盒。

(6) 气密性全身防护服的连续使用时间不应超过其使用说明所规定的最长使用时间，且不可重复使用。

(7) 眼睛防护应佩戴化学防护眼镜，在佩戴全面罩空气呼吸器的情况下，可不佩戴化学防护眼镜。

(8) 手部防护应佩戴聚乙烯或丁腈橡胶材质的防危化品手套。

表9.5 含汞场所安全作业防护要求

工作环境汞浓度/(μg/m^3)	工作时间规定	汞防护措施
0～0.3	可连续工作	无需汞防护
0.3～10	连续工作时间不超过1h	佩戴防汞半面罩或全面罩呼吸器
10～20	工作时间不超过20min	需戴长管呼吸器并穿戴汞防护服
＞20	禁止作业	疏散至通风场所

2）淋浴除汞系统

检修人员工作结束后，需进行淋浴清洗，以减少环境汞含量。通过设计一套淋浴除汞系统可有效防止汞污染，保障检修人员职业健康。淋浴除汞系统主要包括以下四个部分。

(1) 防汞初淋间。检修人员穿戴防护服，首先进入防汞初淋间，喷淋除汞，去除防护服表面汞污染，并将防汞服置于临时存放处。淋浴污水经排污管线排至密闭收汞池收集；气相经活性炭吸附区净化，减少汞蒸气扩散，造成健康危害及环境污染。

(2) 污衣换衣间。检修人员脱掉工服，放置在被污染工服存放处，通过对污衣换衣间换气，并经活性炭吸附区净化，脱除工服汞污染。

(3) 净身淋浴间。检修人员经隔绝通道进入净身淋浴间，在净身淋浴间淋浴冲洗，防止汞经皮肤吸入造成危害。

(4) 净衣换衣间。检修人员淋浴冲洗完毕后，更换干净工服。通过对净衣换衣间换气，并经活性炭吸附区净化，降低室内汞含量。

淋浴除汞系统示意图见图9.13。

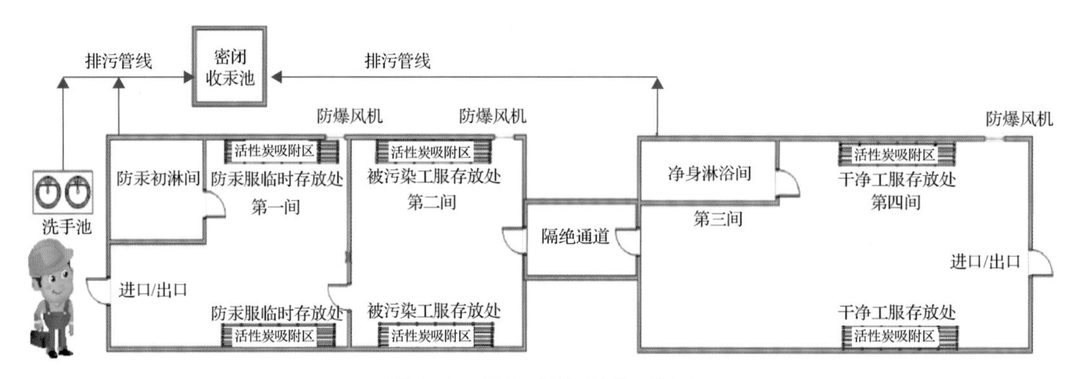

图 9.13　淋浴除汞系统示意图

2. 汞污染容器清洗管理制度

1) 清洗前准备工作

(1) 组织每一名汞污染容器清洗人员参加入厂前三级培训，告知参培人员汞污染容器清洗存在的危害风险及防护措施，考核评估并签字确认。

(2) 对所有运行人员和维护人员进行汞知识培训，确保所有人员知晓装置所属单位的汞防护管理标准、工作环境汞含量、对应工作时间及防护措施。

(3) 告知参与设备清洗人员作业环境及容器内汞含量的检测频次、检测结果现场公示位置。

(4) 提前准备汞防护半面罩、全面罩、防护服及长管呼吸器，根据汞含量检测结果对进入人员配备相应防护器具。

(5) 清洗前在作业现场周围设置防护服更衣室、移动式淋浴间及更衣间。

(6) 准备清洗后个人更换的工服、工鞋。

2) 清洗作业现场管理

(1) 严格落实属地检查措施，确保进入作业区域内的人员个人防护措施、汞防护知识掌握到位。

(2) 含汞废物防渗防漏，集中存放、单独处置，在人孔平台、排液点处铺设两层塑料防渗膜防止汞落地污染地面，撒落后应及时回收处理。

(3) 内构件等含汞废物集中桶装收集，称量后运离场地，减少作业点附近环境污染。

(4) 作业后个人劳保清洁：对清洗使用后的汞防护服进行喷淋，喷淋后报废防护服，更换日常用工装，避免员工携汞回生活区。

3) 作业环境汞控制

(1) 容器内汞浓度符合清洗作业的要求，且容器外壁温度低于 45℃，方可遵照容器打开相应规范要求组织容器人孔打开作业。

(2) 打开容器人孔、容器排污口、蒸气入口进行强制通风，在人孔处安装轴流风机，并进行抽风，轴流风机通风时间应不少于 8h。

(3) 对作业现场进行汞含量检测，现场粘贴公示，并告知作业现场作业人员检测结果。容器内汞浓度低于 0.3μg/m^3、氧含量为 18%～20%(体积分数)、可燃气体含量应低于其爆炸下限的 10%，人员方可进入进行清洗作业。

(4) 清洗作业人员进入容器前，应拆除安装在人孔处的轴流风机，作业过程中，宜打开轴流风机持续对容器进行强制通风。

(5) 作业过程中，必须连续监测作业环境中的汞浓度，一旦汞浓度高于 0.3μg/m^3，应立即停止作业，再采取措施，使汞浓度低于 0.3μg/m^3 后，方可恢复作业。

(6) 特殊情况需在汞浓度高于 0.3μg/m^3 环境下进行施工作业时，必须严格执行表 9.6 作业时间要求及汞防护规定。

表 9.6　生产单位工作场所汞浓度防护标准

工作区汞含量/(μg/m^3)	建议工作时长限制	建议防护要求
0～0.3	符合人居条件，可连续工作	符合人居条件，可连续工作
0.3～2	每天 8h 工作日，40h 工作周	不佩戴防护器且单次作业连续工作时间不超过 4h
2～20	每天 8h 工作日，40h 工作周	无任何防护下，单次连续工作不得超过 1h 超过 1h 佩戴汞防护半面罩或正压式呼吸器，每人每天累计不超过 8h
20～40	无任何防护禁止作业	佩戴汞防护半面罩或正压式呼吸器，单次作业连续工作时间不超过 1h，每人每天累计不超过 6h
40～400	无任何防护禁止作业	作业时必须佩戴汞防护半面罩或正压式呼吸器，佩戴半面罩单次作业连续工作时间不超过 15min，佩戴正压式呼吸器单次作业连续工作时间不超过 1h，每人每天累计不超过 4h
＞400	无任何防护禁止作业	作业时必须佩戴正压式呼吸器，单次作业连续工作时间不超过 30min，每人每天累计不超过 2h

3. 含汞装置检修密闭工艺

含汞装置检修的难点在于除汞困难。汞与油污常混合在一起，清除难度较大。一旦汞清除不干净，在检维修过程中会不断散发，造成汞含量超标，威胁检修人员健康，造成环境污染。经过不断实践，逐渐摸索出一套密闭循环热洗+冷洗降温工艺，即先以热水对容器进行高温清洗，去除容器油污、杂质及汞；待容器汞含量检测合格后停止热洗，以清水进行冷洗，降低容器温度，降低汞蒸发速率，进一步降低容器汞含量。

1) 密闭循环热洗工艺

首先，铺设热洗管网至各个容器清洗点，用循环热洗管网实现热水的循环密闭清洗，工艺流程如图 9.14 所示。清水经热水加热储罐 1 加热至指定温度后，通过循环泵 2 输送至被清洗容器 3，被清洗容器 3 的水经过管线与热水加热储罐 1 入口水管管线气相连接进入热水加热储罐 1，对被清洗容器进行循环清洗。

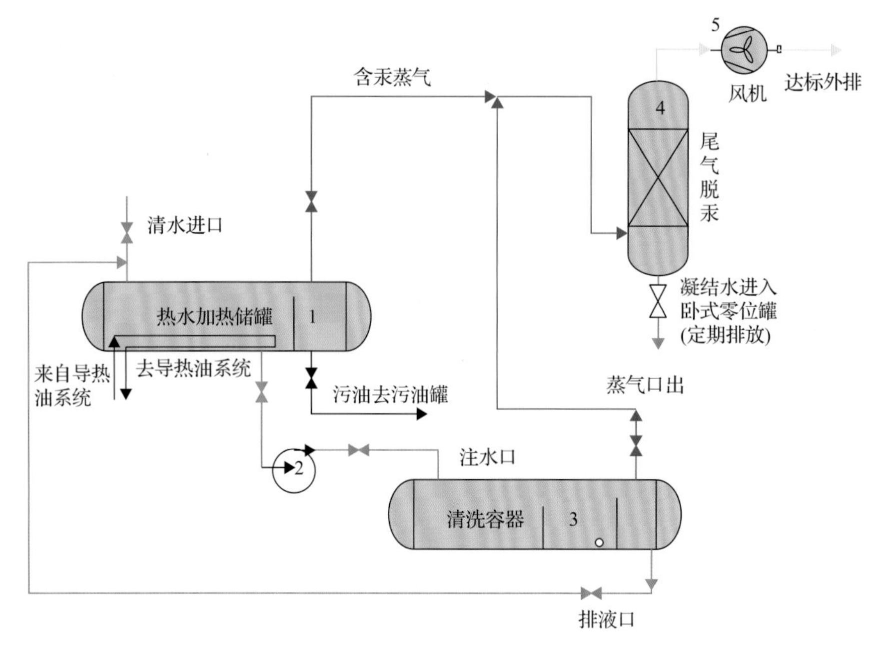

图 9.14　循环热洗流程图

热水加热及被清洗容器 3 气相(含汞蒸气)经管线输送至气体脱汞装置 4 分离脱汞，气相处理达标后经风机 5 排放到大气中，液相至污水系统。

利用导热油装置给水进行加温作为热水介质来源，可以快速生产热水，提高检修时效；利用循环泵对被清洗容器清洗，实现热水介质循环利用，可以大量减少用水量和热源消耗量；利用气体脱汞装置对汞蒸气进行尾气处理，可以降低汞蒸气挥发对环境的影响，做到绿色检修。

2)冷洗降温

对被清洗容器 3 进行汞含量检测，连续 3 次在泄压口所测量的汞浓度低于 10μg/m^3 时(同时，可燃气体浓度达标)，结束蒸煮。排掉被清洗容器 3 中的热水，并注入清水降温，降低汞蒸气挥发速率。当容器内温度低于 45℃之后，方可组织容器的人孔打开作业。

3)检修准备

(1)容器人孔打开后，在人孔处安装防爆型轴流风机，并打开容器的排污口、蒸气入口进行强制通风，通风时间应不小于 8h。

(2)检修作业人员进入容器前，应拆除轴流风机，并在容器底部通入 50～100kPa 的微正压空气作为保护气体。

(3)检测合格后进入容器，并佩戴必要的汞防护用具。

(4)及时检测容器汞浓度、可燃气体及氧气浓度，如出现异常，应及时通知检修人员撤离。

4. 汞中毒应急处置

1) 汞中毒现象

轻度中毒——短期内接触大量汞蒸气，尿汞增高，出现发热、头晕、头痛、震颤等全身症状，并具有下列一项者：口腔炎、牙龈炎或胃肠炎；急性支气管炎。

中度中毒——在轻度中毒基础上，具有下列一项者：间质性肺炎；明显蛋白尿。

重度中毒——在中度中毒基础上，具有下列一项者： 急性肾功能衰竭；急性中度或重度中毒性脑病。

2) 汞中毒预防及急救

(1) 作业过程中作业人员不可进食、进水。

(2) 单次作业完成后，作业人员必须更换受污染的衣物，并进行彻底洗浴后方可进入生活区。

(3) 皮肤接触应立即脱去受污染的衣物，并用流动清水彻底冲洗。

(4) 眼睛接触应立即提起眼睑，并用大量流动清水或生理盐水冲洗。

(5) 检修作业人员宜食用高含蛋白质、果胶、维生素 E 和硒的食物。

(6) 检修作业人员每年应由专业检测机构对尿汞含量进行取样检测。

(7) 发现汞中毒患者，将患者移至空气新鲜、通风良好的地方。如有条件，应对患者进行输氧。使患者安静，对神志昏迷者，应及早通知医务人员到现场抢救。如果患者呼吸停止，应立即进行人工呼吸，保护现场，及时向有关人员报告。职业性汞中毒症状、诊断及急救按照《职业性汞中毒诊断标准》(GBZ 89—2007) 执行。

9.3 汞防护管理制度

在总结国内主要含汞气田汞防护管理经验和教训基础上，系统梳理汞防护管理制度，有助于提升生产过程中汞防护规范化管理水平。

9.3.1 生产经营单位作业场所汞防护要求

为严格执行国家标准，保障生产单位作业人员职业健康，结合生产单位现有的防护装备，特制定生产单位工作场所汞浓度防护标准(表 9.6)。

9.3.2 检修作业中汞防护管理

正常生产过程中汞易在容器内聚集，检修时人员进入检修容器前采用以下措施对作业场所中的汞进行消除，保护作业人员的职业健康。

1. 消减容器、管线内汞含量

检修作业前，要对容器和管线进行清洗，具体清洗方法见第 8 章，为保证尽可能消减容器、管线内汞含量，应结合实际情况，将物理清洗和化学清洗结合起来。一般清洗结束后，应通空气吹扫，气体排出口的汞蒸气浓度低于 20μg/m^3 方可打开人孔；强制通风，未作业时检测汞含量在 2μg/m^3 以下才能进入容器。

2. 作业人员的防护

(1) 进入检修现场所有工作人员必须佩戴汞防护半面罩。

(2) 进入容器作业，在汞含量检测高于 20μg/m^3、低于 40μg/m^3 时(考虑到人员进入造成气体扰动及打磨、焊接等高温作业造成汞含量瞬间上升)，作业人员必须佩戴汞防护半面罩或正压式呼吸器，单次作业连续工作时间不超过 1h，每人每天累计不超过 6h。高于 40μg/m^3 时作业必须佩戴汞防护半面罩或正压式呼吸器，佩戴半面罩单次作业连续工作时间不超过 15min，佩戴正压式呼吸器单次作业连续工作时间不超过 1h，每人每天累计不超过 4h。

(3) 适时对容器中的汞含量进行监测，并将检测结果记录在气体监测记录表中，同时告知现场作业人员。

(4) 当容器内的汞含量检测值达到 40μg/m^3 以上时，现场监护人员立即通知容器内作业人员停止作业并离开作业现场。

9.3.3 汞防护器具的日常管理

(1) 配置必要的汞防护装置、气体便携式检测仪(包括可燃气体、汞、氧检测仪)、气体化验分析仪。

(2) 所有配备汞防护面具的生产单位必须保持防护面罩的完好并定期进行检查。

(3) 防护面罩使用完后，须用肥皂水进行清洗，然后用 75%的医用酒精进行消毒处理，并填写清洗、消毒记录，不得使用未经清洗和消毒的防护面具。

(4) 汞蒸气滤毒盒在使用前要进行包装完整性、滤毒盒有效期检查，在确认包装完好且在有效期内时才可以使用，不得使用无效滤毒盒。

(5) 汞蒸气滤毒盒为一次性用品，当失效后及时更换新滤毒盒。

(6) 有效滤毒盒与无效滤毒盒必须分开放置并做明显标识。

9.3.4 含汞废弃物的处置

1. 含汞污泥

污水中各种形态的汞及汞化合物通过脱汞药剂及絮凝沉淀分离后进入到固相污泥中，所产生的污泥总汞含量较高，属于含汞危废，需将其收集后委托相关方进行处理。

正常生产过程，不同工艺或工段，由于水质和选用药剂等差异，产生泥质也有所差异，应结合污泥特点以及污泥处理、储存、运输等环节安全环保风险和费用等情况，做好含汞污泥的科学处置。

含汞容器等检修过程中，清理出的污泥应尽量依托装置内已有污泥处理系统一并处理回收。

一般各处理装置设备排放污泥含水率约为 99%，要进行稳定化和减量化处理，经脱水减量后，污泥含水率由 99%可减量至 70%～80%，干泥体积为原有污泥的 1/(20～30)，减容减量效果显著，有助于降低危废外运处置费用。

2. 含汞废气

在气田含汞污水脱汞处理过程中，从脱汞工艺的各个处理单元均有含汞废气产生。由于含汞废气对环境、人身健康危害较大，故在污水脱汞处理过程中必须对污水处理装置进行密闭并对含汞废气进行收集和有效脱汞处理后才能排放。

在污水处理装置含汞废气的处理中，对于汞含量较低的含汞废气处理采用单一的处理工艺即可达到排放要求，如单一采用吸附法或单一采用溶液吸收法。对于废气量大、成分复杂、排放废气环保要求严格的含汞废气净化处理，采用单一处理工艺难以达标，可采用多种工艺结合方式，如采用吸附法与溶液吸收法相结合的联合净化法，以确保处理后废气中汞达到排放要求。联合净化法具有处理效率高且稳定、净化后废气达标稳定的优点，但工艺流程较长，操作复杂，成本偏高。

含汞装置检维修需要蒸煮、清洗，会产生含汞废气，应做好检修过程废气处理，消减作业环境污染和人员作业风险。

3. 含汞污水

随着含汞气田的生产和开发，气田采出水中汞含量偏高，含汞污水中汞含量超过国家规定排放标准，将危害操作人员的人身安全，不能直接外排，需要将污水脱汞达标后才能进行回注或者外排。应根据气田含汞情况，选择合适的含汞污水处理工艺，在项目设计、建设、运行全过程，要系统考虑含汞污水处理及管理。针对不同的含汞污水，处理工艺不同，高含汞污水首先应该采用絮凝/沉淀的预处理方法，低含汞污水可采用吸附法及离子交换树脂脱汞，其脱汞率超过 97%，超滤膜组件深度处理含汞污水可脱除大部分含汞悬浮物，脱除率在 90%以上，具体污水脱汞方案选择参照前面章节。

检维修过程产生的含汞污水，应尽可能依托已建污水处理系统，但考虑到检修污水中单质汞含量较高，在进入污水系统前，应进行沉淀、过滤等预处理，降低后续处理系统负荷。

4. 液态汞的管理及处置

含汞气田在正常生产过程中，因选用不同的脱汞工艺，不同工段会收集到液态汞，装置生产分离等预处理工段、低温工段等都会产生液态汞，选用可再生脱汞工艺，在再生过程，脱除的汞将需要回收。液态汞需要严格管理，应明确专门机构、人员和处理流程，应确保废弃物的集中、统一、无害化处理。

检维修过程中也会收集到液态汞，应一并纳入危险废弃物进行统一管理，建议如下。

(1) 收集的液态汞由生产单位指定部门专业人员负责统一回收和管理。

(2) 废弃脱汞剂密闭、及时处置，防止环境污染。

5. 废弃脱汞剂的管理及处置

生产过程中，脱汞装置使用的脱汞剂饱和或需要更换时，废弃脱汞剂的卸料、收集、存放、运输及处置应实现全过程密闭专业化管理，废弃脱汞剂应作为危险废弃物进行统一管理。废弃脱汞剂密闭收集后，需要委托相关方进行处理。

9.3.5 健康管理要求

(1) 含汞环境职业禁忌症者：明显口腔炎、胃肠炎、肾脏疾病患者。妇女妊娠期和哺乳期不应参加含汞天然气的有关作业。

(2) 将汞中毒的防治纳入职业安全管理工作中，进行汞中毒及防护安全教育，对相关人员(安全、管理及技术人员和职工等)进行有关汞危害、中毒防治、汞浓度检测和急救知识的培训，制定防治汞中毒的安全预案和应急措施，强调以人为本的原则，防止出现安全事故，维护员工的身体健康。

(3) 对作业人员应实行健康监护，每年进行一次职业性健康体检，发现职业禁忌症者，应及时调离含汞天然气的作业岗位。

参 考 文 献

[1] James V V. Minimizing occupational exposure to mercury in hydrocarbon processing plants[R]. Portnoy Environmental Inc., 2012.

[2] 国家卫生健康委员会. 工作场所有害因素职业接触限值 第1部分: 化学有害因素: GBZ 2.1—2019[S]. 北京: 中国标准出版社, 2019.

[3] 苗亚琼, 熊丹, 林清. 环境中汞的迁移转化及其生物毒性效应[J]. 绿色科技, 2016, (12): 59-61.

[4] 国家环境保护局. 大气污染物综合排放标准: GB 16297—1996[S]. 北京: 中国标准出版社, 1997.

[5] 环境保护部, 国家质量监督检验检疫总局. 生活垃圾焚烧污染控制标准: GB 18485—2014[S]. 北京: 中国环境科学出版社, 2014.

[6] Abdullah R A. Development of sorbent materials to remove mercury from liquid hydrocarbons[D]. Dhahran: King Fahd University, 2012.

[7] 国家质量监督检验检疫总局. 个体防护装备选用规范: GB/T 11651—2008[S]. 北京: 中国标准出版社, 2008.

[8] 地质矿产部. 测汞仪通用技术要求: DZ/T 0182—1997[S]. 北京: 中国标准出版社, 1998.

[9] 国家市场监督管理总局. 测汞仪检定规程: JJG 548—2018[S]. 北京: 中国质检出版社, 2018.

[10] 国家质量监督检验检疫总局. 呼吸防护用品的选择、使用与维护: GB/T 18664—2002[S]. 北京: 中国标准出版社, 2004.

[11] 卫生部. 工作场所防止职业中毒卫生工程防护措施规范: GBZ/T 194—2007[S]. 北京: 人民卫生出版社, 2008.